国家科学技术学术著作出版基金资助出版

污泥处理处置与资源化

戴晓虎 ◎ 著

中国建筑工业出版社

图书在版编目（CIP）数据

污泥处理处置与资源化 / 戴晓虎著. — 北京 ：中国建筑工业出版社，2022.11
ISBN 978-7-112-27495-6

Ⅰ. ①污… Ⅱ. ①戴… Ⅲ. ①污泥处理 Ⅳ. ①X703

中国版本图书馆 CIP 数据核字（2022）第 097417 号

本书是作者及其科研团队在污泥资源化领域内多年研究成果的总结，也是一本专门针对污泥处理、资源化的，具有系统性、全面性，同时也体现了不同学科交叉性的基础理论和前沿知识的专著。

本书共有 10 章内容，主要讲述了污泥的特性、研究现状、存在的问题，讲述了污泥中污染物的削减方法，讲述了以污泥为原料制备功能材料的研究进展，讲述了当前污泥处理处置的基本工艺等内容。

本书适合对污泥处理处置与资源化感兴趣的专家、学者阅读。

责任编辑：张伯熙
责任校对：赵　颖

污泥处理处置与资源化
戴晓虎　著
*
中国建筑工业出版社出版、发行（北京海淀三里河路 9 号）
各地新华书店、建筑书店经销
北京鸿文瀚海文化传媒有限公司制版
河北鹏润印刷有限公司印刷
*
开本：787 毫米×1092 毫米　1/16　印张：23¾　字数：478 千字
2022 年 8 月第一版　　2022 年 8 月第一次印刷
定价：**80.00** 元
ISBN 978-7-112-27495-6
（39652）

前　言

随着我国城镇污水处理规模的日益提升，污泥产量与日俱增，预计在 2025 年，我国污泥产量将突破 9000 万 t。由于我国长期以来“重水轻泥”，污泥处理处置问题未能得到有效解决，成为我国污水处理的短板，污泥处理处置形势十分严峻。

污泥是一种高含水、多介质、多组分的复杂体系，富含碳、氮、磷等资源物质和病原微生物、重金属、持久性有机污染物等污染物质，具有“资源”和“污染”双重属性。污泥的处理处置应以无害化为目标，以资源化为手段，在应对全球气候变化、资源短缺、碳达峰、碳中和的背景下，对污泥中能源和资源物质的高效回收利用，已成为污泥处理处置的国际研究热点。因此，围绕污泥资源化、无害化、减量化、稳定化的原则，国内外环境领域的科学家们开展了大量的研究，但目前还缺乏对污泥资源化处理研究的系统总结。本书以污泥资源化处理为核心，结合国内外的研究进展，系统总结了污泥“资源”属性中碳、氮、磷资源的回收利用，阐述了污泥“污染”属性中重金属、病原微生物和新兴污染物的无害化处理、环境行为及削减规律，综述了污泥脱水和利用污泥制备功能材料的研究进展，识别了污泥处理处置过程中的碳排放特征，展望了污泥资源化处理处置的未来研究方向。本书旨在为污泥处理处置领域感兴趣的研究人员提供相关的基础理论和前沿知识，以便他们更好地理解污泥资源化处理处置原理，提出或开发新技术、新方法。

本书共 10 章。第 1 章讲述了污泥的特性、处理处置的必要性以及当前污泥处理处置的现状，并对未来污泥资源化的研究方向提出了展望。第 2 章至第 4 章，分别阐述了对污泥中碳、氮、磷资源的回收利用，总结当前的研究进展，讲述存在的问题，并提出未来的研究方向。第 5 章至第 7 章，分别从研究现状、存在的问题、未来的研究方向三个方面总结了污泥中污染物质（重金属、病原微生物、抗性基因和微塑料）的削减方法和迁移转化规律。第 8 章，从制备方法、结构特征、应用现状和挑战等方面，系统地总结了以污泥为原料制备功能材料的研究进展，并提出了未来的研究方向。第 9 章，从污泥减量的角度，系统地阐述了当前污泥脱水的研究进展、面临的挑战、未来努力的研究方向。第 10 章，基于当前污泥处理处置的基本工艺，从碳排放的基本特点、核算方法和减排路径三个方面，识别了当前污泥处理处置碳排放特征。

本书凝聚了课题组多年来的研究成果，感谢董滨、许颖、院士杰、宫徽、武博然、杨东海、华煜、陈永栋、李磊、刘昊宇、丁燕燕、杨婉、刘芮、任飞凡、唐燕飞、宋梁、于鸿宇、陈淑娴、耿慧、安晓娜、段妮娜、王涛、徐友、薛永刚、熊南安、周思琦、刘志刚、李小伟等老师和同学在编写过程中给予的帮助，感谢中国建筑出版传媒有限公司张伯熙编辑对书稿内容的润色。

污泥处理处置与资源化是一个非常前沿的研究领域，涉及多种学科交叉，符合国家乃至世界的战略需求，该领域的发展日新月异，由于著者水平有限，书中难免存在一些不足，敬请读者批评指正。

戴晓虎
2022年4月

目　录

第1章 概述

1.1 污泥处理处置资源化的必要性

1.1.1 污泥泥质特性

污泥是城镇污水在生化、物化处理过程中的副产物，是一种由有机残片、细菌、无机颗粒、胶体等组成的，极其复杂的非均质体。采用传统活性污泥合成法处理污水时，污泥可富集污水中30%～50%的有机物、30%～50%的氮、95%的磷。根据国外的数据统计，污泥处理处置费用约占污水处理厂运行总费用的30%～50%。因此，从污染物去除角度看，污泥如果未得到合理的安全处理处置，污水处理的目标将大打折扣，我国污泥处理处置的理念和水平与国外发达国家差距甚大，是我国污水处理的短板。

我国城市污水处理厂污泥的物理和化学特征如表1.1-1所示。与欧美等发达地区和国家相比，我国污泥有机质含量较低，挥发性固体（VS）/总固体（TS）为30%～50%，而发达国家VS/TS一般为60%～70%。由于污水处理厂普遍采用圆形沉砂池，导致除砂效率不高。另外，由于我国有大量的基础设施建设，导致泥砂被排入污水管网系统，进入污泥中，使得污泥含砂量及细微砂比例较高、有机质含量较低，这在很大程度上影响污泥能源化利用的经济效益。此外，我国工业废水处理率较低，污泥中重金属、有机污染物、微塑料等污染物含量偏高。

我国城市污水处理厂污泥的物理和化学特征[1]　　表1.1-1

指标	样本数	范围	平均值	标准差
含水率	196	50.9%～86.2%	78.3%	5.9
TS	196	13.7%～49.1%	21.7%	5.9
砂/TS	88	14%～56.8%	34.3%	12.2
砂/无机固体	88	30.2%～78.9%	62.1%	14.5
砂粒度 $D50$	88	21.6～57.3μm	40.0μm	10.0

续表

指标	样本数	范围	平均值	标准差
砂粒度 *D*90	88	83.6～127μm	104.1μm	14.7
pH	196	6.6～8.2	7.1	0.2
电导率	8	0.62～1.07mS/cm	0.77mS/cm	0.17
VS/TS(干基)	196	14.2%～73.0%	42.8%	10.4
C	5	321.3～355.7g/kg 干重	329.7g/kg 干重	—
H	5	51.5～64.0g/kg 干重	55.3g/kg 干重	—
N	196	7.4～54.9g/kg 干重	27.2g/kg 干重	11.8
S	5	8.5～11.4g/kg 干重	9.4g/kg 干重	—
P	196	2.2～48.3g/kg 干重	17.1g/kg 干重	7.6
K	196	0.8～17.5g/kg 干重	4.3g/kg 干重	4.5
As	196	1.0～156.6mg/kg 干重	28.3mg/kg 干重	29
Cd	196	0～44.1mg/kg 干重	3.1mg/kg 干重	5.4
Cr	196	7.9～5370.0mg/kg 干重	335.9mg/kg 干重	655.1
Cu	196	8.4～4598.2mg/kg 干重	667.1mg/kg 干重	1019.3
Hg	196	0.2～8.8mg/kg 干重	1.7mg/kg 干重	1.2
Ni	196	5.7～653.2mg/kg 干重	62.9mg/kg 干重	87.2
Pb	196	9～4660mg/kg 干重	143mg/kg 干重	429.4
Zn	196	37.6～27300mg/kg 干重	1367.3mg/kg 干重	3217.4
抗生素	25	0.83～38700μg/kg 干重	8390μg/kg 干重	—
烷基酚聚氧乙烯醚	14	0～33810000μg/kg 干重	887000μg/kg 干重	—
双酚 A 类物质	11	34.6～127000μg/kg 干重	10500μg/kg 干重	—
激素	12	0～981μg/kg 干重	178μg/kg 干重	—
有机氯杀虫剂	7	9.0～3200μg/kg 干重	327μg/kg 干重	—
全氟化合物	12	0～9980μg/kg 干重	796μg/kg 干重	—
药物	9	0～4460μg/kg 干重	482μg/kg 干重	—
邻苯二甲酸酯类	9	680～282000μg/kg 干重	48400μg/kg 干重	—
多溴联苯醚类	15	3.46～7100μg/kg 干重	1020μg/kg 干重	—
多氯联苯	10	3.14～1400μg/kg 干重	81μg/kg 干重	—
多环芳烃	24	100～170000μg/kg 干重	15900μg/kg 干重	—
合成麝香	16	0～33200μg/kg 干重	8320μg/kg 干重	—
紫外稳定剂	5	288～2330μg/kg 干重	1040μg/kg 干重	—
微塑料污染物	79	1.60×10^{3}～5.64×10^{4} 个/kg 干重	2.27×10^{4} 个/kg 干重	12.1
矿物油	4	7～23mg/kg 干重	12.6mg/kg 干重	7.5
可吸附有机卤化物	4	331～778mg/kg 干重	481.8mg/kg 干重	204.4
挥发酚	4	0.01～2.6mg/kg 干重	0.70mg/kg 干重	1.3
总氰化物	4	0.01～0.25mg/kg 干重	0.07mg/kg 干重	0.12

注：表中干重，就是干污泥。

1.1.2　我国污泥产量

近年来，随着我国城镇化发展水平的提升，污水处理设施的日益完善，污水处理量也逐年增长。根据中华人民共和国住房和城乡建设部 2020 年 12 月公布的《中国城乡建设统计年鉴》（2012—2019）的相关数据，截至 2019 年底，全国地级以上城市污水处理厂有 2471 座，日处理污水量为 1.78 亿 m^3，年处理污水量为 525.85 亿 m^3；县级城市污水处理厂有 1669 座，日处理污水量为 0.359 亿 m^3，年处理污水量为 95 亿 m^3，为保障国家污水减排目标的实现和水环境质量的改善，做出了巨大贡献。随着污水处理的规模扩大，作为污水处理过程的副产物，城市污水处理厂污泥产生量也逐年增加。

根据《中国城乡建设统计年鉴》（2012—2019）的相关数据，2019 年我国地级以上城市污水处理厂干污泥产生量为 1103 万 t，干污泥处置量为 1064 万 t；县级城市干污泥产生量为 201 万 t，干污泥处置量为 175 万 t。以含水率 80%计算，县级及以上城市每年将产生 6520 万 t 污泥。图 1.1-1 为 2011～2019 年我国地级以上城市和县城污水处理厂污泥产生量变化情况。

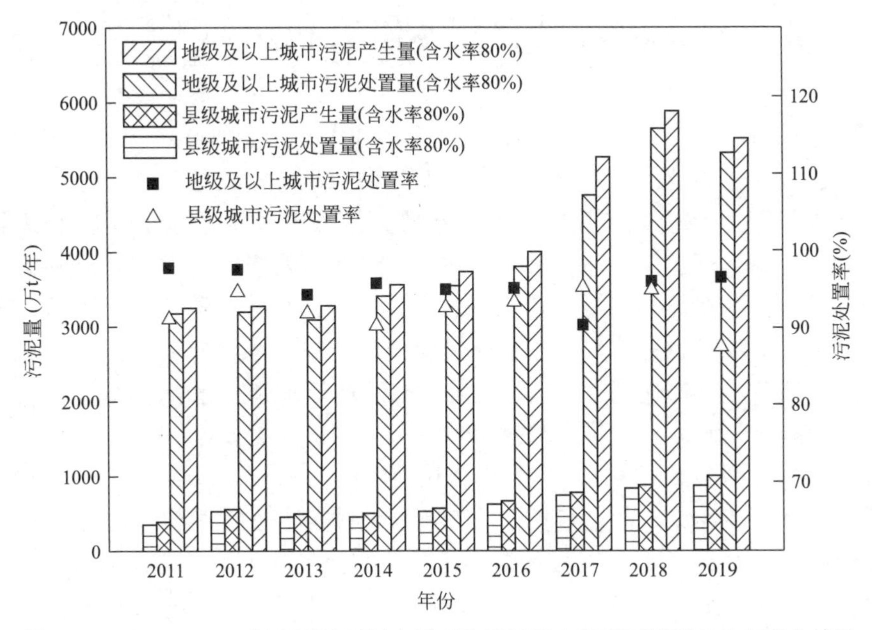

图 1.1-1　2011～2019 年我国地级以上城市和县城污水处理厂污泥产生量变化情况

数据来源：《中国城乡建设统计年鉴》（2012—2019）

1.1.3　污泥具有资源与污染双重属性

一方面，污泥富集了污水中的污染物，导致其含有致病微生物（如病毒）、寄生虫卵、重金属、持久性有机污染物（如抗性基因）、微塑料等有毒有害物质，未经无害化处置的污泥被随意堆置，将有二次污染的风险，具有一定的“污染”属性；另一方面，污泥富含有机质，富含氮、磷、钾等营养物质，有被资源化、能源化利用的潜力，具有显著的“资源”属性。以我国6000万t/年（含水率80%）污泥量计算，理论上，每年约可回收18亿m^3生物天然气、70万t氮、30万t磷，可为国家能源安全的保障提供支撑，减少化石燃料的需求，储备战略性磷资源，实现减污降碳。

欧洲发达国家通过城镇污泥中生物质能源回收和综合利用，可满足污水处理厂60%～80%以上的电耗需求，经济和社会效益显著。污泥中含有的腐殖质可改善土壤的物理、化学性质，提高土壤的微生物活性，改善土壤的结构，提高土壤保水能力和抗蚀性能，是良好的土壤改良剂，此外，污泥中的微量元素可以促进植物生长。因此，基于污泥的“污染”和“资源”双重属性，以资源化为手段，基于绿色、低碳、循环、健康的理念，加强污泥无害化处理处置，显得尤为重要，也是我国未来污水资源化的重要发展方向之一。

1.2　我国污泥处理处置技术研究现状

特定时间段污泥处理处置技术国内外专利申请数量如图1.2-1（a）所示。1999～2018年，国外污泥处理处置技术专利申请数量呈现先增加后减少的趋势，2003年达到峰值，而我国污泥处理处置技术专利申请数量呈现不断上升的趋势，特别是近十年，增长最为迅速，污泥处理处置技术得到我国研发人员的持续关注，创新性专利技术不断涌现。从2005年起，我国污泥处理处置技术年专利申请数量超过国外，在全球污泥处理处置技术的专利申请总数中，我国专利申请数量占比达到82.98%，为污泥处理处置新技术的发展做出了非常重要的贡献。与此同时，依托数据库检索了1995～2018年，国内外污泥处理处置技术论文数量，结果如图1.2-1（b）所示。2000年以前，我国在污泥处理处置领域发表的论文数量远低于国外该领域的论文发表数量，此后，呈逐年增加的趋势，2018年我国在该领域发表的论文数量在全世界占比为52%以上。经过二十余年的发展，我国在污泥处理处置领域的研究已在世界前列。

如图1.2-2所示，经过几十年的发展及研发投入，我国已经形成4条主流的污泥处理处置技术路线，即它们分别是：厌氧消化＋土地利用技术路线、好氧发酵＋土地利用技术路线、干化焚烧＋灰渣填埋或建材利用技术路线、深度脱水＋填埋技术路线。针对以上技术路线，研发了一系列关键技术与重大装备，并在示范工程上得到应用。使得我国污泥处理处置实现了从无到有、从点

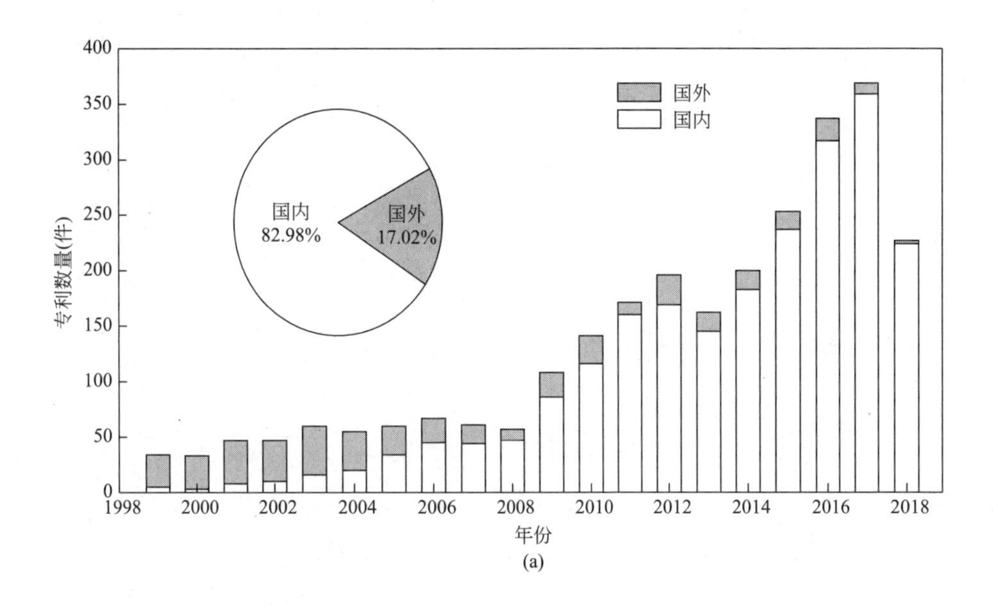

(a)

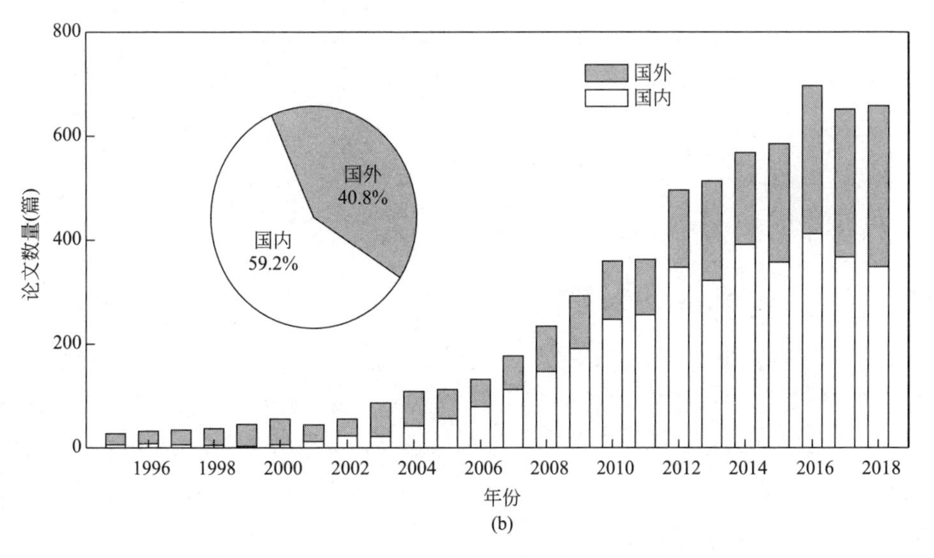

(b)

图 1.2-1　特定时间段污泥处理处置技术国内外专利申请数量和论文数量

到面的突破，为技术体系的完善奠定了基础。例如，已形成了基于高温热水解的污泥高级厌氧消化技术、污泥与餐厨等有机质的强化联合厌氧消化关键技术、膜覆盖高温好氧发酵集成技术、高压隔膜板框压滤技术等 49 项关键技术，研发了高温热水解成套装备、污泥多级闪蒸热水解装备、高压隔膜板框压滤装备等 30 余项装备。

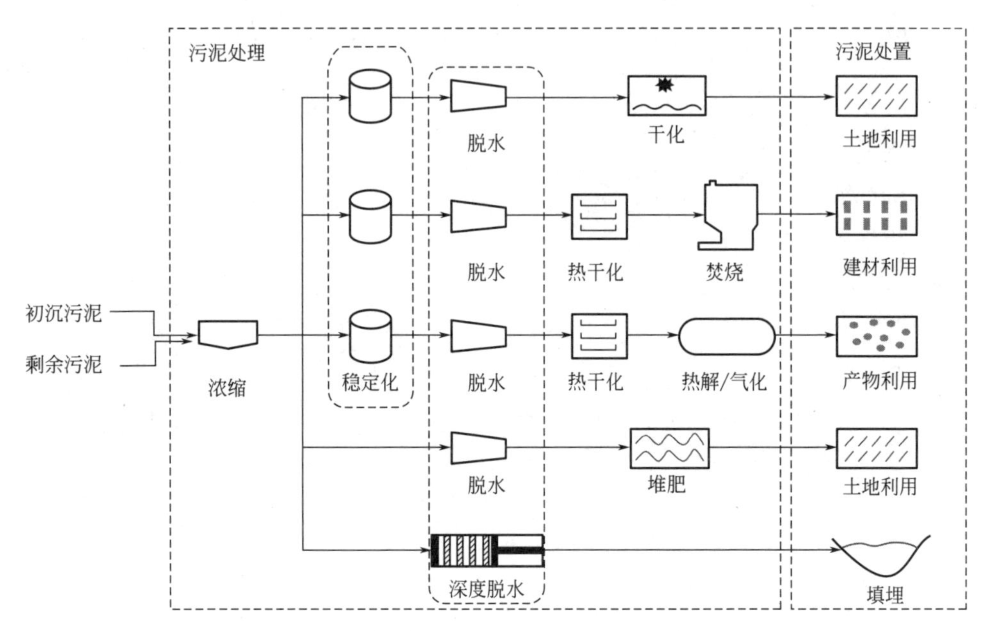

图 1.2-2 我国污泥处理处置的主要技术路线[1]

1.3 污泥处理处置资源化研究展望

1.3.1 资源化处理处置的发展趋势

1. 污泥资源化处理的研究热点

污泥资源化处理的基本理念是污泥再利用，将废弃的活性污泥在低能耗的基础上最大限度地转化成生物质能、高附加值产品以及营养物质。在降低污泥污染属性的同时，强化其资源属性，是一种可持续性的、绿色的废物处理方式。从物质元素组成层面上，通过生物或物理化学手段重新组合 C、H、O、N、P 和 S 等元素，改变由这些元素组成的分子，使之从一种低能量载体转变成另外一种高能量载体，实现污泥物质的资源循环利用和降低污泥对环境的污染。表 1.3-1 为污泥处理能源和物质回收的国际研究热点。根据当前的研究热点，主要有 2 种形式的污泥资源化利用：能源回收和物质回收，前者主要从污泥中回收能源，而后者主要从污泥中回收营养物质和制备污泥基功能材料。从能源和物质两个方面尽最大可能地将污泥“变废为宝”。

污泥处理能源回收和物质回收的国际研究热点 表 1.3-1

项目	回收项目	具体描绘	参考文献
能源回收	产甲烷	1kgCOD 理论上能转化成 0.35m^3 甲烷，即 12530kJ/gCOD	[2]
	产氢气	最大氢气产量为 0.27L/g COD	[3]
	产电	微生物燃料电池理论上 1kg COD 能产生 4kW·h 电能	[4]
	产热	污泥生物干化过程中产热值(12MJ/kg VS)	[5]
	生物柴油	美国污水处理厂每年可产生大约 $1.4\times10^6 m^3$ 的生物柴油	[6]
物质回收	补充碳源	作为污水除磷脱氮的碳源，氮和磷去除率平均提高约 30%	[7]
	制取 PHA	PHA 产生量达 0.59g/g COD，转化效率高达 36.9%	[8,9]
	回收蛋白质	污泥中回收 80%～90%的蛋白质	[10]
	制乳酸	污泥制乳酸产率可达 2.9g/(L·h)，浓度可达 73g/L	[11]
	植物激素	以干基计，污泥堆肥产物中富集赤霉素 2.75mg/kg，细胞分裂素 1.05mg/kg，以及生长素 3.80mg/kg	[12]
	氮回收	干污泥中氮含量的 3%～4%为有机氮	[13]
	磷回收	污泥中磷含量为 2%～3%	[14]
	金属提取	据估算，从全球污泥中回收的黄金约为 18t	[15]
	生物炭	污泥中获得的生物炭可用作土壤的调理剂	[16]
	有机肥	污泥可作为有机肥，含有植物生长所需微量、常量元素，为土壤微生物生长提供多肽、蛋白等有机底物	[17]
	功能材料	由于污泥富含碳、硅和金属，可被用于制备功能材料	[18]
	建筑材料	污泥灰渣可代替 5%～20%的水泥矿物原材料	[19]

注：COD，化学需氧量；VFAs，挥发性脂肪酸；PHA，聚羟基脂肪酸酯；VS，挥发性固体。

图 1.3-1 总结了从 2010 年到 2021 年 4 月，污泥资源回收和转化成生物质能研究发表的论文数量，以污泥资源回收（resource recovery from sludge）为关键词，搜索到的发表论文数量从 2013 年到 2019 年增长最为显著，可见，污泥资源回收的研究已经成为全球热点。此外，值得注意的是，以污泥资源转化成甲烷（methane production from sludge）和污泥资源转化成氢气（hydrogen production from sludge）为关键词，搜索到的发表论文数量呈现持续增长的趋势。由图 1.3-1 可知，2010～2020 年，污泥资源转化成氢气的论文发表数量始终高于污泥资源转化成甲烷的论文发表数量，并且，前者的增长速率也显著高于后者。与甲烷相比，氢气是一种更为清洁的生物质能，实现污泥高效产氢气是研究者们一直不断追求的目标。

2. **资源转化成生物质能的研究进展**

综合当前的研究报道，厌氧消化是污泥资源转化成生物质能的主流技术。该

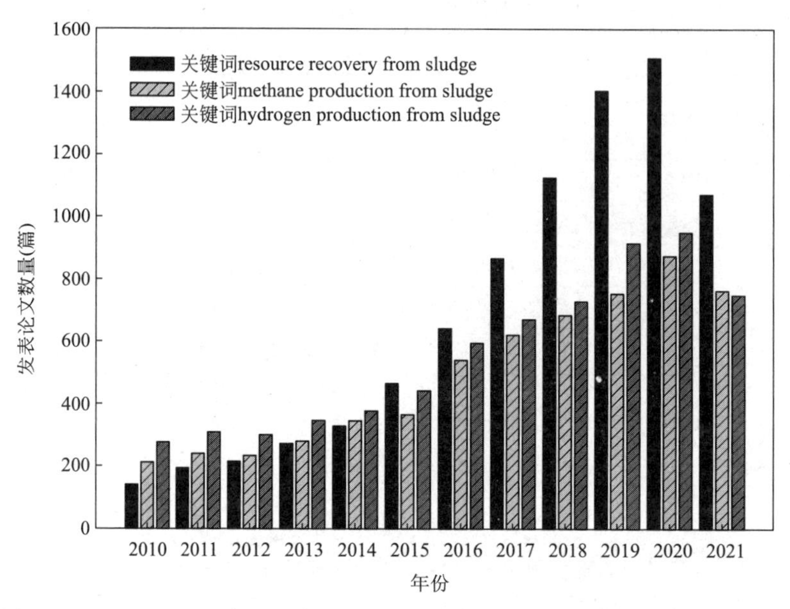

图 1.3-1　2010～2021 年污泥资源回收和转化成生物质能研究发表的论文数量

数据来源：Web of Science，2022 年 4 月

技术目标产物主要是为产甲烷和产氢气。

污泥厌氧消化产甲烷。研究者们基于厌氧功能微生物的生理特性，分别从对污泥的预处理、优化处理工艺中影响功能微生物活性的基本参数和反应器运行参数、调整工艺运行形式、添加外源物质等方式，开展了大量研究，强化污泥厌氧生物转化产甲烷效率。例如，基于水解反应是污泥厌氧生物转化产甲烷的限速步骤，研究者们探究了物理法、化学法和生物法预处理，对污泥厌氧生物转化产甲烷的影响，并阐述了相应的提升机制[20]；基于 pH、氧化还原电位（ORP）和温度等基本参数，对功能微生物和相应酶活性的影响，一部分研究者提出了通过调节这些基本参数，富集功能微生物，提高污泥向甲烷的定向转化[21]，另一部分研究者通过运行厌氧反应器，发现固体停留时间、反应器搅拌时间、反应器搅拌强度、功能微生物的接种量，以及反应器的有机负荷，都不同程度地影响污泥厌氧生物转化产甲烷的效率，通过优化上述参数，在一定程度上提高了甲烷的产率[21]。此外，改变反应器的运行形式，如两相厌氧消化、多种有机固体废物协同厌氧消化、高含固厌氧消化、多级厌氧消化等，也不同程度地提高了污泥厌氧生物转化产甲烷效率[20]。这些研究虽然强调了污泥有机质水解反应是整个反应的限速步骤，提出了通过预处理强化污泥有机质的溶出和水解，但大多是从提升功能微生物和相应酶活性角度出发，忽略了污泥有机质本身的组成、结构和性质对其厌氧消化产甲烷的影响。许颖等人通过研究污泥组分、结构和性质，对其厌

氧生物转化产甲烷的影响，揭示了污泥中关键结构组分和胞外聚合物质的空间构象，对污泥产甲烷的影响机制，提出了基于等电点预处理的第二代预处理新方法。从污泥物质结构性质的角度，讨论了限制污泥有机质厌氧生物转化产甲烷的机制和强化产甲烷的可能方法，填补了污泥组分结构限制厌氧消化的研究空白[22]。

污泥发酵产氢。根据当前的文献报道，光发酵和暗发酵是两种主要的生物发酵产氢气方式，与传统的热化学和电化学工艺相比，生物发酵产氢气的效率较低。例如，在当前报道中，尽管污泥中的有机质可以被用于生物发酵产氢气，但污泥发酵产氢气通常仅有 18.6mL/gVS，报道的最大产量也只有 228.5mL/gVS[23]。根据已有的研究报道，通过调节碳源、氮源、碳/氮比、光强、光源、微量金属、搅拌速率、pH、温度、水力停留时间（HRT）和氢分压等参数，能强化光发酵或暗发酵产氢气效率[24]。例如，Yang 和 Lee 研究发现，与其他挥发性脂肪酸相比，丙酸因其不容易被用于合成聚—β—羟丁酸成为微生物在光发酵过程中转化为氢气的理想碳源[25]。Liu 等利用乙酸作为碳源，对比了不同氮源（谷氨酸盐、氯化铵、尿素、牛肉提取液和蛋白胨）对 *Rhodopseudomonase* 生长和氢气生成的影响，发现，将牛肉提取液作为氮源有利于提升氢气产量[26]；Yang 等通过将杨树落叶、花卉废物和黑麦草，按一定比例加入到污泥暗发酵产氢气的序批式实验中，发现，提高碳氮比或增加多糖的含量，能显著提高污泥暗发酵氢气产量[27]。此外，Yokoi 等人通过将 *Clostridium butyricum* 和 *Enterobacter aerogenes* 共同培养研究发现，光发酵细菌和暗发酵细菌可以在一个反应器中通过协同作用产生氢气[28]。Akhlaghi 和 Najafpour-Darzi 通过总结已有的研究发现，将暗发酵置于光发酵底层，在竖直空间形成上层光发酵—下层暗发酵的混合体系，能显著提升氢气的产生效率。他们同时发现，调节初始 pH、初始有机质浓度、光照强度、暗发酵和光发酵接种物的比值，能显著影响光发酵—暗发酵微生物混合体系产氢气的效率[24]，前期的研究还发现，将初始 pH 调整到光发酵微生物的最适合 pH，降低暗发酵和光发酵接种物的比值都有利于提升混合系统产氢气的效率[29,30]。所有这些研究旨在为产氢气微生物和相应的酶活性提供有利的环境条件，以强化厌氧生物转化产氢气的效率。此外，还有一部分研究则通过多种预处理方法提高污泥有机质的水解，从而强化污泥生物发酵产氢气的效率。常见的污泥预处理方法有：物理预处理方法、化学预处理方法、生物预处理方法、多种预处理方法联用。研究结果显示，预处理方法可提高污泥生物发酵产氢气效率[31]。

3. 资源转化成高附加值产品和营养物质的研究进展

酶是一种可以被广泛应用的生物催化剂，准备培养基的成本通常占总生产成本的 30%～40%[32]。从污泥中回收各种酶（例如水解酶、脱氢酶、糖苷酶、过氧化物酶和氨基肽酶等），不仅可以降低生产成本，而且是实现污泥资源转化的一种有效途径。Nabarlatz 等探究了多种从污泥中提取生物酶的方法，发现超声波或者超声波—离子交换树脂联用，是一种有效地从污泥中回收生物酶的方法[33]。尽管超声波处理污泥能够提高酶的提取量，但酶的纯度和活性是其能否被直接应用的关键，当前缺乏对从污泥中提取的酶纯度和活性改善的研究。

Andreadakis 研究发现，在污泥中，碳元素约占总量的 35%[34]，其中，有机质中碳元素占总量的 50%～55%[35]，表明污泥中富含碳源，具有被生物发酵成乳酸、聚羟基脂肪酸酯（PHA）、聚羟基丁酸酯（PHB）的潜在优势。Nakasaki 等最早将处理造纸废水产生的污泥用于发酵产乳酸，他们通过生物法（使用外源酶水解和产乳酸菌株 strain LA1）预处理污泥，获得了较高的乳酸浓度（6.91g/L）[36]，Maeda 等开展了剩余污泥发酵产乳酸的实验研究，获得了较高的乳酸浓度（8.45g/L），并且显著提高了污泥减量程度（+38.2%）。他们发现，在发酵温度为 50℃和发酵体系 pH 呈现振动变化（每 24h 调节 pH 为 6.8）时，能获得较高的乳酸产量[37]。尽管对污泥发酵产乳酸的研究在 20 年前就已开始，但研究进展缓慢，目前，关于污泥单独发酵产乳酸的研究依旧很少，更多的是将污泥与餐厨垃圾等其他有机固体废物共同发酵产乳酸，其主要原因可能是污泥有机质的可生物降解性较差、副产物多，污泥中消耗乳酸的微生物多，导致其产乳酸效率低于其他有机固体废物（如餐厨垃圾）。PHA 和 PHB（PHB 是 PHA 的一种）是可完全被生物降解的聚合物，被认为是将来可以替代传统石油化工塑料的绿色产品，也称为生物塑料。Salehizadeh 和 Van Loosdrecht 早在 2004 年就提出污泥可以作为混合培养基来制备 PHA 或者 PHB（PHA 含量占细胞干重的 62%），他们认为与传统的纯培养基获取 PHA 或者 PHB（PHA 含量占细胞干重的 88%以上）相比，尽管当前从混合培养基获得的 PHA 或 PHB 含量低于从纯培养基获取的 PHA 和 PHB 含量，但它们的工艺更简单，同时，可提升废物的利用率[38]。事实上，污泥资源转化成 PHA 或者 PHB，一方面，有利于降低利用纯菌种生产 PHA 或者 PHB 的成本；另一方面，削减了污泥的污染属性。Arcos-Hernandez 等通过研究提出剩余污泥可以作为生产商业级 PHA 的原材料[39]，进一步说明了污泥资源转化成 PHA 的巨大潜在优势。一般而言，通过混合微生物产生 PHA 或者 PHB 通常有 3 步：①有机质溶出水解，并进行酸发酵，在该过程产生大量的有机酸，如挥发性脂肪酸（VFA）；②发酵体系中产生大量有机酸可以有效地筛选功能微生物，并使其富集；③功能微生物利用各种有机酸合成 PHA 或者 PHB。研究发现，环境条件（如 pH、温度、碳氮磷比、抑制因子等），基质的特性（如挥发性脂肪酸的组成、有机负荷、停留时间等）和功能微生物种群结构，都能显著地影响 PHA 或者 PHB 的产生效率[40]。例如，Liu 等研究发现，当污泥中乙酸钠的浓度在6.0g/L、初始pH为7.0，并在间歇曝气的条件下，能获得最大的PHB含量（占细胞干重的67%）[41]。近年来，关于利用混合培养基获取PHA或PHB的研究多集中于其他有机废物（如餐厨垃圾等），而污泥因其差的生物降解性，导致PHA或PHB生产效率一直受到限制。Bluemink等研究认为，当前利用污泥获取PHA或PHB更多的是技术驱动，即从技术上是可行的，但如果不能突破生产效率（提高PHA产量和纯度），则未必能有很好的经济效益[42]。

蛋白质是动物饲料中提供能量和氮的重要成分，也可以作为植物肥料或者动物辅料，被广泛应用。污泥中的主要有机组成是蛋白质，约占污泥总有机质含量的40%～60%[20]。近年来，从污泥中回收蛋白质得到了广泛关注。研究表明[43]，污泥中胞外聚合物（EPS）和微生物细胞胞内物质的溶出，是实现污泥中蛋白质高效回收的前提，因此，包括物理法预处理（如水热法、超声法、微波法、加电法等），化学法预处理（如酸法、碱法、盐法、氧化法、表面活性剂法等），生物法预处理（外源酶和菌株）和多种方法联合预处理（如水热—碱法、微波—碱法、超声波—碱法、水热—酸法等）的污泥预处理方法是从污泥中高效回收蛋白质的关键。尽管上述污泥预处理方法在一定程度上提升了污泥中回收蛋白质的效率，例如，Hwang等研究发现，通过超声波—碱法联合预处理之后，污泥蛋白提取率高达80%以上[10]，但提取到的污泥蛋白质纯化仍然面临较大挑战。例如，尽管García等利用添加硫酸铵从热水解和湿式氧化预处理的污泥中提取到超过86%的污泥蛋白质，但提取到的蛋白质中仍有不能被去除的重金属，进一步限制了对提取到的蛋白质应用[44]。此外，预处理方法的工业化应用对污泥蛋白质结构的破坏导致其变性，也是未来在污泥蛋白质回收研究中应考虑的问题。

污泥中含有丰富的氮（占总量的2.4%～5.0%）、磷（占总量的0.5%～0.7%）等营养物质。其中，关于氮资源回收，通常分为有机氮资源回收和无机氮资源回收，前者可以通过回收蛋白质的方式实现，后者可以通过对厌氧生物处理污泥产生的沼液中氨/铵氮回收的方式实现。例如，荷兰Nijhuis公司开发了脱CO_2—脱氨两段式氨回收系统，氨氮去除率可以达到80%～90%[45]。Ukwuani和Tao研究发现污泥消化液在65℃和25.1kPa负压条件下，真空热吹脱1.5h，可去除95%的氨氮[46]。He等提出了利用沼液回收氮肥，同时实现沼气提纯的方法，并通过减压膜蒸馏方法实现沼液氨氮的回收，对该过程的传质机理进行了探讨[47]。污水中90%以上的磷被转移到污泥中，污泥中磷的回收对于解决全球磷危机具有重要意义。研究者们曾开展了大量通过结晶形成磷酸钙和磷酸铵镁的方式，从污泥中回收磷的研究，该方法曾在日本和荷兰被广泛应用[35]，但是，由于该方法运行费用非常高，经济效益较低，所以，需要开发效率更高的磷回收技术。近年来，关于从污泥中直接回收磷的研究主要集中在强化污泥磷释放的预处理方法和磷形态原位分析上，但受表征手段和多介质污泥的复杂性限制，相关的研究进展相对缓慢，如何低能高效地释放磷，成为未来污泥直接磷回收技术开发的重点。此外，从污泥焚烧后的灰中回收磷，逐渐引起人们的关注，Cieślik 等研究发现，在大型污泥处理厂，从污泥灰中回收磷是直接从污泥中回收的磷的 5～10 倍[48]。这些研究为从污泥处理后的副产物中回收磷资源提供了重要参考。

1.3.2 污泥资源化处理的研究展望

1. 识别污泥资源化处理的瓶颈

当前，无论是污泥资源转化成生物质能（CH_4 和 H_2），还是转化成高附加值产品，或者是从污泥中提取回收氮、磷等营养物质，传统的污泥资源化处理技术普遍存在转化效率低、副产物多、回收效率低、限制效率的关键因素不明确等问题。图 1.3-2 总结了污泥资源化处理研究存在的主要瓶颈。

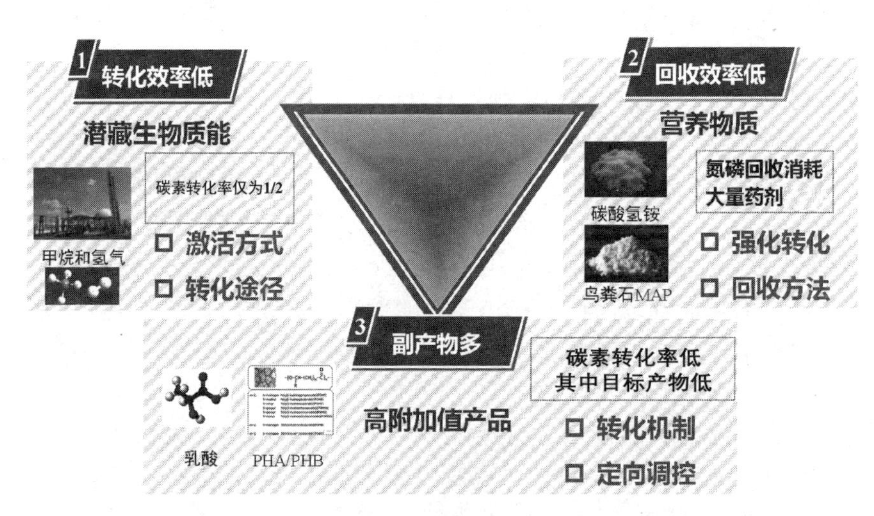

图 1.3-2 污泥资源化处理研究存在的主要瓶颈

在污泥资源转化成生物质能方面，CH_4 和 H_2 产生效率低成为限制该类技术发展的关键因素，许颖等总结了近年来污泥厌氧消化产生 CH_4 效率的研究[20,22]，发现当前污泥厌氧消化的 CH_4 产量普遍低于 300L CH_4/kgVS，沼气中 CH_4 占比通常不高于 65%，污泥有机质降解率低于 50%，消化周期长达 20d 以上。此外，Yang 等[27] 发现：当前每千克污泥资源转化为氢气，其产量不高于 18.6L，严重限制了污泥厌氧转化成生物质能的效率。尽管当前对于提升污泥厌氧生物转化产 H_2 和 CH_4 的研究在一定程度上提升了转化效率，但仍存在 2 个主要的问题：①基于当前研究条件，污泥厌氧生物转化产 H_2 和 CH_4 的最大值仅能达到理论值的一半左右，污泥中潜藏大量生物质能有待被识别和激活，限制污泥有机质深度转化成生物质能的因素有待被进一步识别和揭示；②尽管生物质能生成的基本原理已清楚，但对利用基本原理实现污泥有机质转化机制的识别，仍然停留在微生物的代谢途径上，忽视了对非生物途径的研究，例如，在污泥厌氧生物转化生物质能的过程中，电子、信号因素等在多介质的迁移、转化规律尚不清楚。

在污泥资源转化成高附加值产品和营养物质方面，当前的研究主要存在成本高、效率低和副产物多等问题。从污泥中直接提取生物酶和蛋白质的效率有待进一步提高，并且需要开发新型提取方法来提升它们的纯度和生物酶活性。此外，由于污泥的生物降解性差、成分复杂，导致污泥单独发酵产生乳酸、PHA 和 PHB 的效率低、经济效益差，并且存在大量的副产物。在未来的研究中，如何提高污泥的生物可降解性和减少副产物的生成，是实现污泥高效发酵产生乳酸、PHA 和 PHB 的关键。污泥中无机氮、磷营养物质的回收，目前多以高成本的物化手段进行，并且，回收效率和纯度相对较低，产业化应用受限，因此，如何高效低能耗地从污泥及其处理的末端产物中回收氮、磷是未来重要的研究方向。

2. 突破污泥资源化处理的技术瓶颈

近年来，基于污泥资源化处理的理念，相应的处理技术方案相继被提出。在已报道的资源化处理技术中，不乏极具潜力，但尚未突破效率瓶颈的技术方向(如厌氧和好氧微生物定向转化的调控方法和系统智能化控制，低成本沼液处理和低成本除臭)，在未来的研究中应被重点关注。此外，水热液相产物高效利用、热传质效率和尾气污染物控制分别是热化学处理技术、热解技术和干化焚烧技术的瓶颈。针对这些技术瓶颈，一方面，应在基本原理和污泥结构性质的基础上，提出新的原理和方法，突破固有理论的体系，构建新的技术理论框架；另一方面，应基于该类技术的基本原理，不断升级改造反应器和相应的配套装备，优化技术参数，以期扩大实际应用的范围。

3. 强化目标产物的获取，并减少有毒有害物质

在污泥资源化处理过程中，获取目标产物如 CH_4、H_2、生物酶、蛋白质、乳酸、PHA、PHB、无机氮和磷等的同时，会产生大量的副产物，如何降低甚至消除副产物对目标产物的影响，是实现污泥高效资源化处理的关键，也是未来污泥资源化研究的一个重点。目前，人们在城市进行生产生活的同时，产生了大量具有潜在毒害效应的天然或人工合成化合物，如抗生素类药物、个人护理用品和化学添加剂等。据统计，仅在 2015 年，我国生产和消费的新兴有机污染物已达 1600 万 t[49]。这些新兴污染物会以有机固体废物的形式最终进入生物处理系统，并富集到污泥中，使污泥成为含有有毒有害物质的潜在污染源，严重威胁生态安全和公共健康。因此，减少有毒有害物质是实现污泥资源化处理处置的一个重要保障。

4. 开发污泥资源化处理新技术

当前，基于对污泥进行资源化处理的共识，污泥资源转化的研究呈现多种形式，但传统的污泥资源化处理大部分以单一目标产物的获取作为资源转化的研究路线。实际上，污泥是一种多介质、多组分、复杂结构的有机—无机综合体，假如仅采用单点、单一目标产物的资源回收方法或技术，则容易造成对某一种目标产物获取有利，而不利于后续对其他目标产物的回收。因此，在将来的研究中，应该从整体规划对污泥的资源化处理，基于污泥性质、目标产物特性和资源回收技术特点，采取分级梯度回收污泥资源，形成污泥资源全量获取的新技术路线。

参考文献

[1] 戴晓虎. 城市污泥厌氧消化理论与实践 [M]. 北京：科学出版社，2019.

[2] DAIGGER G T. Evolving urban water and residuals management paradigms: water reclamation and reuse, decentralization, and resource recovery [J]. Water Environment Research, 2009, 81 (8): 809-823.

[3] KOSKINEN P E P, LAY C H, PUHAKKA J A, et al. High-efficiency hydrogen production by an anaerobic, thermophilic enrichment culture from an Icelandic hot spring [J]. Biotechnology and Bioengineering, 2008, 101 (4): 665-678.

[4] HALIM F A, HASRAN U A, MASDAR M S, et al. Overview on vapor feed direct methanol fuel cell [J]. APCBEE Procedia, 2012, 3: 40-45.

[5] ZHAO L, GU W M, HE P J, et al. Effect of air-flow rate and turning frequency on bio-drying of dewatered sludge [J]. Water Research, 2010, 44 (20): 6144-6152.

[6] DUFRECHE S, HERNANDEZ R, FRENCH T, et al. Extraction of lipids from municipal wastewater plant microorganisms for production of biodiesel [J]. Journal of the American Oil Chemists' Society, 2007, 84 (2): 181-187.

[7] LI X, CHEN H, HU L F, et al. Pilot-scale waste activated sludge alkaline fermentation, fermentation liquid separation, and application of fermentation liquid to improve biological nutrient removal [J]. Environmental Science & Technology, 2011, 45 (5): 1834-1839.

[8] TAKABATAKE H, SATOH H, MINO T, et al. PHA (polyhydroxyalkanoate) production potential of activated sludge treating wastewater [J]. Water Science and Technology, 2002, 45 (12): 119-126.

[9] YAN S, TYAGI R D, SURAMPALLI R Y. Polyhydroxyalkanoates (PHA) production using wastewater as carbon source and activated sludge as microorganisms [J]. Water Science and Technology, 2006, 53 (6): 175-180.

[10] HWANG J, ZHANG L, SEO S, et al. Protein recovery from excess sludge for its use as

animal feed [J]. Bioresource Technology, 2008, 99 (18): 8949-8954.

[11] MARQUES S, SANTOS J A L, GRIO F M, et al. Lactic acid production from recycled paper sludge by simultaneous saccharification and fermentation [J]. Biochemical Engineering Journal, 2008, 41 (3): 210-216.

[12] TOMATI U, GRAPPELLI A, GALLI E. The hormone-like effect of earthworm casts on plant growth [J]. Biology and Fertility of Soils, 1988, 5 (4): 288-294.

[13] KALOGO Y, MONTEITH H. State of science report: energy and resource recovery from sludge [R]. Global Water Research Coalition, UK, 2008.

[14] CHEN Y, LIN H, SHEN N, et al. Phosphorus release and recovery from Fe-enhanced primary sedimentation sludge via alkaline fermentation [J]. Bioresource Technology, 2019, 278: 266-271.

[15] MULCHANDANI A, WESTERHOFF P. Recovery opportunities for metals and energy from sewage sludges [J]. Bioresource Technology, 2016, 215: 215-226.

[16] WOOLF D, AMONETTE J E, STREET-PERROTT F A, et al. Sustainable biochar to mitigate global climate change [J]. Nature Communications, 2010, 1.

[17] SHARMA H. Life-cycle assesment of different technologies to process sewage sludge [D]. Delft: Delft University of Technology, 2017.

[18] YUAN S J, DAI X H. Heteroatom-doped porous carbon derived from "all-in-one" precursor sewage sludge for electrochemical energy storage [J]. RSC Advances, 2015, 5 (57): 45827-45835.

[19] YEN C L, TSENG D H, LIN T T. Characterization of eco-cement paste produced from waste sludges [J]. Chemosphere, 2011, 84 (2): 220-226.

[20] XU Y, LU Y Q, ZHENG L K, et al. Perspective on enhancing the anaerobic digestion of waste activated sludge [J]. Journal of Hazardous Materials, 2020, 389.

[21] GERARDI M H. The microbiology of anaerobic digesters [M]. New Jersey: John Wiley & Sons, Inc., 2003.

[22] 许颖. 剩余污泥中关键组分结构对其厌氧生物转化的影响及机制 [D]. 上海：同济大学，2018.

[23] HE Z W, ZHOU A J, YANG C X, et al. Toward bioenergy recovery from waste activated sludge: improving bio-hydrogen production and sludge reduction by pretreatment coupled with anaerobic digestion-microbial electrolysis cells [J]. RSC Advances, 2015, 5 (60): 48413-48420.

[24] AKHLAGHI N, NAJAFPOUR-DARZI G. A comprehensive review on biological hydrogen production [J]. International Journal of Hydrogen Energy, 2020, 45 (43): 22492-22512.

[25] YANG C F, LEE C M. Enhancement of photohydrogen production using phbC deficient mutant Rhodopseudomonas palustris strain M23 [J]. Bioresource Technology, 2011, 102 (9): 5418-5424.

[26] LIU B F, JIN Y R, CUI Q F, et al. Photo-fermentation hydrogen production by *Rhodop-*

seudomonas sp. nov. strain A7 isolated from the sludge in a bioreactor [J]. International Journal of Hydrogen Energy, 2015, 40 (28): 8661-8668.

[27] YANG G, WANG J L. Enhanced hydrogen production from sewage sludge by co-fermentation with forestry wastes [J]. Energy & Fuels, 2017, 31 (9): 9633-9641.

[28] YOKOI H, TOKUSHIGET, HIROSEJ, et al. H_2 production from starch by a mixed culture of Clostridium butyricum and Enterobacter aerogenes [J]. Biotechnology Letters, 1998, 20 (2): 143-147.

[29] ZAGRODNIK R, LANIECKI M. The role of pH control on biohydrogen production by single stage hybrid dark- and photo-fermentation [J]. Bioresource Technology, 2015, 194: 187-195.

[30] ZHU D L, GAO G Q, WANG G C, et al. Photosynthetic bacteria Marichromatium purpuratum LC83 enhances hydrogen production by Pantoea agglomerans during coupled dark and photofermentation in marine culture [J]. International Journal of Hydrogen Energy, 2016, 41 (13): 5629-5639.

[31] YANG G, WANG J L. Fermentative hydrogen production from sewage sludge [J]. Critical reviews in environmental science and technology, 2017, 47 (14) .

[32] RAHEEM A, SIKARWAR V S, HE J, et al. Opportunities and challenges in sustainable treatment and resource reuse of sewage sludge: a review [J]. Chemical Engineering Journal, 2018, 337: 616-641.

[33] NABARLATZ D, VONDRYSOVA J, JENICEK P, et al. Hydrolytic enzymes in activated sludge: extraction of protease and lipase by stirring and ultrasonication [J]. Ultrasonics Sonochemistry, 2010, 17 (5): 923-931.

[34] ANDREADAKIS A D. Physical and chemical properties of activated sludge floc [J]. Water Research, 1993, 27 (12): 1707-1714.

[35] TYAGI V K, LO S L. Sludge: a waste or renewable source for energy and resources recovery? [J]. Renewable and Sustainable Energy Reviews, 2013, 25: 708-728.

[36] NAKASAKI K, AKAKURA N, ADACHI T, et al. Use of wastewater sludge as a raw material for production of I-Iactic acid [J]. Environmental Science & Technology, 1999, 33 (1): 198-200.

[37] MAEDA T, YOSHIMURA T, SHIMAZU T, et al. Enhanced production of lactic acid with reducing excess sludge by lactate fermentation [J]. Journal of Hazardous Materials, 2009, 168 (2-3): 656-663.

[38] SALEHIZADEH H, VAN LOOSDRECHT M C M. Production of polyhydroxyalkanoates by mixed culture: recent trends and biotechnological importance [J]. Biotechnology Advances, 2004, 22 (3): 261-279.

[39] ARCOS-HERNANDEZ M V, PRATT S, LAYCOCK B, et al. Waste activated sludge as biomass for production of commercial-grade polyhydroxyalkanoate (PHA) [J]. Waste and Biomass Valorization, 2013, 4 (1): 117-127.

[40] SABAPATHY P C, DEVARAJ S, MEIXNER K, et al. Recent developments in Polyhydroxyalkanoates (PHAs) production: a review [J]. Bioresource Technology, 2020, 306: 1-14.

[41] LIU Z G, WANG Y P, HE N, et al. Optimization of polyhydroxybutyrate (PHB) production by excess activated sludge and microbial community analysis [J]. Journal of Hazardous Materials, 2011, 185 (1): 8-16.

[42] BLUEMINK E D, VAN NIEUWENHUIJZEN A F, WYPKEMA E, et al. Bio-plastic (poly-hydroxy-alkanoate) production from municipal sewage sludge in the Netherlands: A technology push or a demand driven process? [J]. Water Science and Technology, 2016, 74 (2): 353-358.

[43] XIAO K K, ZHOU Y. Protein recovery from sludge: a review [J]. Journal of Cleaner Production, 2020, 249.

[44] GARCÍA M, URREA J L, COLLADO S, et al. Protein recovery from solubilized sludge by hydrothermal treatments [J]. Waste Management, 2017, 67: 278-287.

[45] MENKVELD H W H, BROEDERS E. Recovery of ammonium from digestate as fertilizer [J]. Water Practice and Technology, 2017, 12 (3): 514-519.

[46] UKWUANI A T, TAO W D. Developing a vacuum thermal stripping-acid absorption process for ammonia recovery from anaerobic digester effluent [J]. Water Research, 2016, 106: 108-115.

[47] HE Q Y, YU G, TU T, et al. Closing CO_2 loop in biogas production: recycling ammonia as fertilizer [J]. Environmental Science & Technology, 2017, 51 (15): 8841-8850.

[48] CIEŚLIK B, KONIECZKA P. A review of phosphorus recovery methods at various steps of wastewater treatment and sewage sludge management. The concept of "no solid waste generation" and analytical methods [J]. Journal of Cleaner Production, 2017, 142: 1728-1740.

[49] 刘娜，金小伟，王业耀，等．我国地表水中药物与个人护理品污染现状及其繁殖毒性筛查 [J]. 生态毒理学报，2015，10 (6)：1-12.

第2章　污泥中碳资源利用研究

2.1　污泥中含碳物质的赋存形态及转化瓶颈

2.1.1　污泥中含碳物质的识别与赋存特征

1. 污泥中含碳物质的识别

污泥是污水处理厂在净化污水时得到的沉淀物质，含有混入生活污水或工业废水中的泥沙、纤维、动植物残体等固体颗粒及其凝结的絮状物，是各种胶体、有机质和被吸附的金属元素、微生物、病菌、虫卵等物质的综合体。它主要是由具有活性的微生物、微生物自身氧化残余物、吸附在活性污泥表面上尚未被降解或难以降解的有机物和无机物组成[1]。

碳元素是污泥中重要组成元素之一。污泥中的含碳物质主要是指污泥中以碳骨架为主的有机物和以碳酸盐矿物态碳为代表的无机物。在污泥体系中，矿物态的无机碳相对含量较低，也难以被资源化回收利用，因此，污泥中最主要的含碳物质是以碳骨架为主的有机物。污泥有机物中的碳含量约为58%（质量比，按干基计算），此外还有少量的氢、氧、氮、硫和磷元素。按照传统的有机物分类方法，污泥中的有机物可被分为蛋白质、多糖、脂肪和一些其他有机物，如腐殖质、糖醛酸、核酸等[2]，它们在城市污泥中的比例关系如图2.1-1所示。

污泥不是一个单纯的有机物体系，其中，还存在着大量的无机物（如水、砂、重金属等），有机物与无机物混合交织在一起，混乱不均。传统的有机物分类方法难以指导污泥高效资源化回收利用技术的选择，因此，很有必要探究污泥中的有机物空间分布规律和赋存状态。

2. 污泥中含碳物质的赋存特征

从空间的角度上划分，将污泥中的有机物分为微生物细胞内的有机物和微生物细胞外的有机物。贮存在微生物细胞内的有机物是指已经被微生物摄入，并同化成为自身结构组成部分的细胞生物质（CB），包含了微生物的各种细胞器和磷脂双分子层构成的细胞膜，有些微生物（如细菌）还具有细胞壁和荚膜，它们的

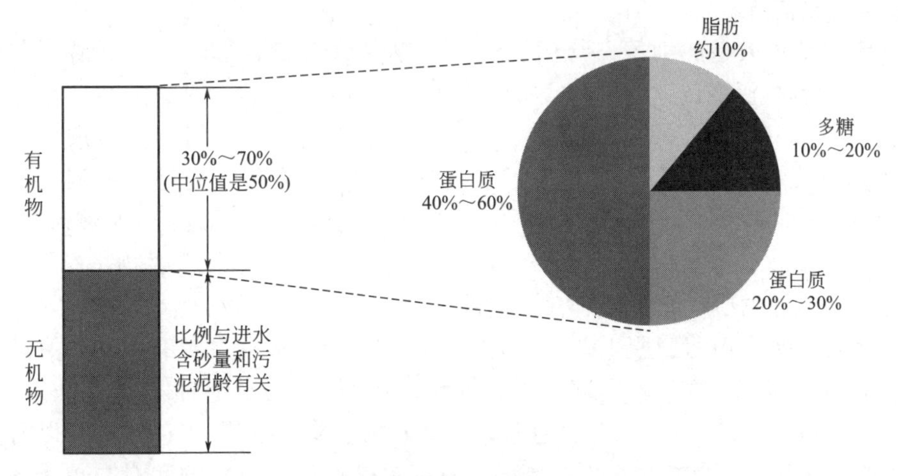

图 2.1-1　城市污泥中的有机物比例

主要成分有传统有机质分类方法所提出的蛋白质、多糖、脂质、核酸等。赋存在胞外的有机质统称为胞外有机质（EOS），在污泥体系中，微生物 EOS 可以继续被划分为附着在微生物细胞表面的胞外聚合物（EPS）和吸附在污泥液相部分的有机物（AOS）。同样，EOS 中也包含蛋白质、腐殖质、多糖、脂质、核酸等。污泥中有机质再分类示意图如图 2.1-2 所示。该分类方法避免了传统的分类方法中有机化合物相互联结，难以分辨的缺点，也简化了研究对象，便于识别对污泥处理处置与资源化回收利用起关键作用的有机质。

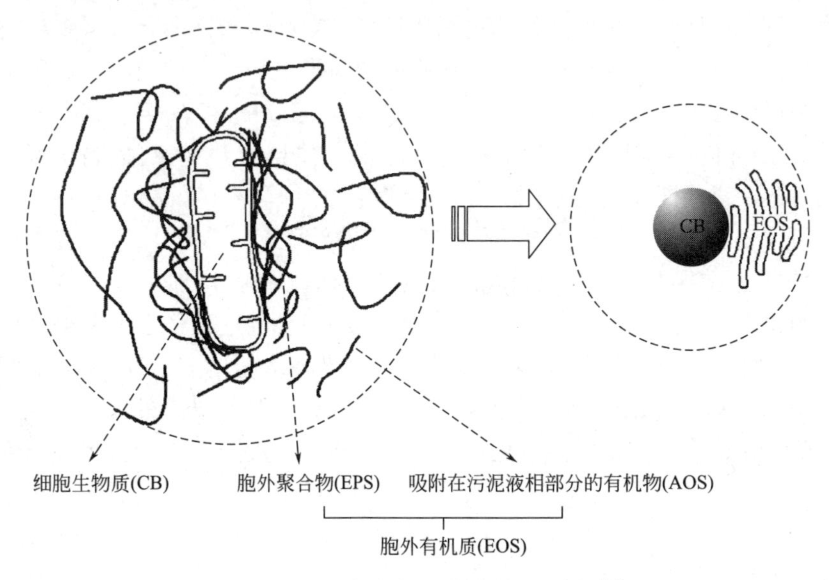

图 2.1-2　污泥中有机质再分类示意图[3]

(1) 细胞生物质 (CB)

污泥是由大量的细菌、霉菌、藻类、原生动物和后生动物等微观生物组成，组成活性污泥的这些生物之间相互吸附，形成一个个的小颗粒，被称为菌胶团。每一个菌胶团内部的微生物都能通过微生物的代谢反应形成一个食物链，菌胶团吸附废水中的有机污染物或其他营养成分，通过一系列的生物化学反应，将这些物质转化为 H_2O 和 CO_2，同时合成新的微生物细胞，使污水得到净化。通过以上对污水生化处理过程的描述可知，微生物是参与污水净化的功能性物质，并且通过在污水处理过程中的生命活动得到繁殖。污泥中的微生物主要有细菌、原生动物、后生动物和藻类，此外，还有少量的真菌和病原微生物等。在这些微生物中，细菌在细胞总量上占有绝对优势，占微生物细胞总量的 90%～95%，它们通常以菌胶团和丝状菌的形式存在，而以游离态存在的较少。污泥中 CB 的含量可以根据单位重量微生物的数量与单个细菌细胞的重量 (1×10^{-12}g) 的乘积获得，通常占污泥中有机物总量的 14.1%～30.1%[4]。

蛋白质是微生物细胞内含量最多的有机物，其次是多糖、磷脂、核酸等。生命活动的最基本特征就是蛋白质的存在，有研究表明：细菌中蛋白质含量占细胞干重的 50%～60%，而微型动物中蛋白质含量占细胞干重更是高达 80%[5]。微生物细胞内的多糖主要是肽聚糖，它主要用来包含细胞物质，维持细菌形状，以及防止微生物体内原生质受渗透压而发生破裂。肽聚糖属于聚合物，其分子形成纵横交叉的网状结构，肽聚糖中的任何键的断裂都有可能使肽聚糖对细菌的保护作用丧失，从而使细菌破裂，细胞内物质流出。在细胞壁外围有一层多糖类物质(荚膜)，同样对细胞起保护作用[6]。细胞内的磷脂主要存在于细胞膜、细胞器膜中，最高可达细胞干重的 10%。细胞内的核酸主要是指存在于拟核中的，较大分子的 DNA 和游离在质粒中较小的环状 DNA，质粒的 DNA 可以自主复制，一般编码一些次级代谢相关的基因，如抗生素等。

有研究表明：CB 的含量与污水处理过程的污泥龄 (SRT) 存在着明显的负增长关系，这主要是因为：①随着污泥龄的增加，AOS 增加，因而增大了胞外有机质的比重；②随着污泥龄的增加，污泥中细菌种群达到稳定的菌群结构，细胞增长速率变缓，对 EOS 的摄取量减小，因此造成大量的 EOS 积累和储存。该解释也得到了 Pala-Ozkok 等[7] 和 Andreadakis 等[8] 研究结果的印证。此外，研究还表明：在采用相同污泥泥龄处理的不同含砂量、重金属含量的污水产生的剩余污泥中，含砂量和重金属含量较低的污泥中 CB 所占的比例 (27.6%) 显著高于高含砂量、高重金属含量污泥中 CB 所占的比例 (19.1%)[4]，这也暗示着污泥中的含砂量和重金属含量会显著地影响污泥中有机物的赋存形态，进而影响污泥的处理处置与资源化回收利用手段。

（2）胞外有机质（EOS）

就空间分布而言，EOS主要由EPS和从污水中吸附AOS构成。

1）胞外聚合物（EPS）

在空间上，EPS是关联污泥中各部分有机质的关键物质，其广泛存在于污泥絮体中，并形成高度水化的有机矩阵。EPS可作为紧密结合的外周囊附着在细胞表面成为紧密胞外聚合物（TB-EPS），或作为无组织（无定形）黏液，脱落到周围环境，即松散结合的EPS（LB-EPS）。由于EPS支撑整个污泥絮体，污水中的有机质不可避免地被吸附到EPS有机矩阵中，增加了EPS的含量。作为污泥中唯一的生命物质，微生物细胞则通常镶嵌于EPS有机矩阵中。一方面，利用EPS作为保护自身的盾牌；另一方面，直接或间接利用EPS吸附的有机质，供自身繁殖。由于EPS高度水化，为含水率约为99%的微生物细胞提供了充足的水环境。从组成污泥的具体化合物而言，蛋白质和多糖是EPS的主要成分，占絮凝体EPS质量的75%～90%[9]，少量的腐殖质、糖醛酸和核酸构成了剩余的有机物质[10]。

虽然污泥EPS由多种有机和无机分子组成，但据报道，蛋白质是细胞外基质中含量最多的有机成分[11,12]，Park等[13] 的研究结果表明，胞外蛋白质含量至少为160mg/gVS。蛋白质可以影响活性污泥絮凝体的表面和体积特性，从而调节活性污泥的疏水性，影响絮凝、脱水和消化效率，进而影响污泥的处理处置方式及效果。因此，更好地理解活性污泥中细胞外蛋白质的功能和赋存形态，对于污泥的资源化回收利用至关重要。Park等[13] 的研究结果表明，污泥中蛋白质按功能划分主要有四大类型，分别为：①与细菌防御相关的胞外蛋白质；②细胞的附属物；③细胞表面外膜蛋白；④进水污水中未被降解的蛋白质。这些组分在胞外蛋白质组中的比例与进水特征、操作因素和微生物群落动态有关。

污泥EPS中的多糖主要以菌胶团的形式存在于剩余污泥中。菌胶团的形成主要依靠细菌分泌的黏液，这种黏液在细菌的旺盛生长期被大量分泌，其中含有较多的多糖。由于多糖具有较强的凝聚作用，导致细菌的凝聚作用加强。另外，一些原生动物也会分泌出多糖类物质，促进细菌和胶体粒子发生凝聚反应，促进菌胶团的形成。同时，由于这种黏液的作用，使剩余污泥菌胶团的表面有多糖类黏质层。

污泥EPS中含有的糖醛酸和核酸来自微生物细胞的裂解。随着细胞的衰亡，细胞膜磷脂双分子层受到破坏，胞内的有机物被释放，成为EPS有机物的主要构成部分。EPS中的糖醛酸和核酸含量，最高可达污泥EPS含量的10%。

污泥EPS中也含有较多腐殖质和前体物质，主要是动植物残体以及它们被微生物分解后的有机质。由于腐殖质是有机质经微生物腐殖化的产物，因此，其不会存在于CB中，而主要存在于EPS中。腐殖质由胡敏酸（俗称腐殖酸）、富里酸和胡敏素组成，分子结构主要以芳香环作为骨架，同时，存在一定数量的多环环烷烃、含氮杂环，且在芳香环上还含有大量多种含氧官能团，包括羧基、酚羟基等。在污水处理过程中，由于生物处理过程中微生物很难降解腐殖质，它们主要被活性污泥吸附，转移至污泥中。

污泥 EPS 中还存在相当数量难以生物降解的木质纤维素，主要来源于污水体系，污水中的木质纤维素来源于家庭下水道和市政雨污管网。根据郝晓地等[14]的测算，在某些剩余污泥样本中，木质纤维素组分高达污泥 TS 的 14%～44%。

2）吸附在污泥液相部分的有机质（AOS）

AOS 是指在污水处理过程中，由于沉淀、吸附、团聚作用，附着在污泥絮体表面的有机质，因此，AOS 的种类与处理的污水性质有密不可分的关系。有研究表明，AOS 中有机质的量与污泥类型和污泥龄有关，初沉池污泥中 AOS 含量要显著高于二沉池污泥中 AOS 含量，长污泥龄的污泥比短污泥龄的污泥含有更高的 AOS 比例[4]。

事实上，每一种化合物在污泥体系中都不是独立存在的，不同的化合物间存在相互关联和作用，形成结构和功能更加复杂的有机物复合体。比如，污泥中的糖蛋白，在测定的时候，既可能被归结到蛋白质类，也可能被归为多糖类。污泥中的腐殖质，在蛋白质腐殖化的过程中，腐殖质中的某些官能团也可能被归结为蛋白质。因此，在污泥有机质的资源转化过程中，依据传统的分类方法，难以识别是哪一种有机质在资源转化中起到关键作用。另外值得注意的是，EOS 中含有的各种类型的有机物（复合体）可能会与污泥体系中数量庞大的无机物结合，构成内部结构极其复杂的有机—无机体系。该复杂体系会抑制污泥中的有机物生物转化，因此，十分有必要根据污泥的特性选取合适的资源回收手段，或对污泥进行“分质分相”“多级多相”处理处置和资源回收。

2.1.2 污泥中碳资源的转化潜力与瓶颈

1. 污泥中碳资源转化潜力

污泥中的碳资源通常可以通过能源化和资源化的手段进行转化和回收利用。常用的能源回收方式有：厌氧消化产甲烷、生物发酵产氢、微生物燃料电池产电、生物干化产热。常用的资源回收方式有：提取燃料油、提取蛋白质、制备生物碳源、制备聚羟基脂肪酸酯（PHA）、制备生物炭土等。

厌氧消化是从污泥中回收碳基能源最常用的方式。在厌氧消化过程中，污泥中的复杂有机物在微生物的作用下，经过水解、产酸、产氢、产乙酸、产甲烷作用，最终转化为清洁能源——甲烷。这个过程是将有机物中的生物质能/转化成化学能的过程，能量转化效率可以通过单位有机物产甲烷量来衡量。理论产甲烷潜能（TMP），即单位有机质量完全用于厌氧消化产气所能产生的最大产气量，单位为 $mLCH_4/gVS$，其值根据 Buswell 方程[15] 计算得出，见式（2.1-1）。

$$C_nH_aO_bN_c+\left(n-\frac{a}{4}-\frac{b}{2}+\frac{3c}{4}\right)H_2O\longrightarrow\left(\frac{n}{2}+\frac{a}{8}-\frac{b}{4}-\frac{3c}{8}\right)CH_4+\left(\frac{n}{2}-\frac{a}{8}+\frac{b}{4}+\frac{3c}{8}\right)CO_2+cNH_3 \quad (2.1\text{-}1)$$

测定了实验材料主要组分——脂肪、蛋白、碳水化合物的含量，因此根据式（2.1-1）以及三种主要组分的化学式[16]，计算得出各组分理论产甲烷潜能，如表 2.1-1 所示。

各组分理论产甲烷潜能（TMP）　　表 2.1-1

组分	化学式	理论产甲烷量(mL/gVS)
脂肪	$C_{57}H_{104}O_6$	1014
蛋白质	$C_5H_7NO_2$	496
碳水化合物	$(C_6H_{10}O_5)_n$	415

在实际的污泥厌氧消化过程中，挥发性固体（VS）的降解效率通常不足50%，且单位降解污泥有机质的实际产气率低于 $300mLCH_4/gVS$，远低于理论计算值（$450\sim600mLCH_4/gVS$）。造成污泥厌氧消化过程中有机物降解效率低、产甲烷效果差的原因在于污泥中的有机物通常与一些无机物（细砂、重金属等）紧密结合在一起，这些物质的存在改变了 EOS 中有机物的赋存形态，限制了污泥中有机物的有效溶出，进一步影响了有机物的水解酸化和产甲烷[4]。

聚羟基脂肪酸酯（PHA）是一种可由微生物合成的热塑性聚酯的总称，其热力学性质与某些热塑性材料（如聚丙烯）类似，但 PHA 具有生物可降解性和生物可相容性等独特优点，使其成为一种环境友好的绿色材料。这种新型高分子材料的合成原料为糖、脂肪酸等有机物，而这些有机物是污泥有机物的微生物代谢产物，因此，利用污泥为原料生产 PHA 是可行的。

根据化学计量学计算结果，理论上，1g 葡萄糖能够产 0.48gPHA，1g 蔗糖能够产 0.56gPHA，1g 甘油能够产 0.70gPHA，1g 亚油酸能够产 1.38gPHA。而实际研究中，糖类底物的 PHA 生产量为 0.3～0.4g，脂肪类底物的 PHA 生产量为 0.6～0.8g。有研究使用污泥作为底物合成 PHA，最大合成量为 0.48gPHA/gVS[17]，显著低于 PHA 的理论生产值，一方面归结于污泥中的有机物赋存形态复杂，难以被高效利用；另一方面是生产 PHA 的功能微生物难以在污泥复杂体系中高度地富集。

由于污泥产量大、来源广，且富含油脂，可以作为生物柴油的原料，将污泥中的有机物合成生物柴油也是污泥资源化利用的途径。目前，采用的污泥生产生物柴油的方法有原位生产法和溶剂提取合成法（两步法），这两种方法都是利用酯交换的原理合成生物柴油。低碳醇（主要是甲醇或乙醇）与天然油脂进行酯交换，酯交换后得到长链脂肪酸的低碳醇酯，相对分子质量便降到300，接近柴油的相对分子质量，理化性质接近于柴油，性能同柴油差别不大。

污泥中的有机物合成生物柴油的产量，通常为2.8～96.8mg/gTS[18]，与以下因素有关：首先，污泥中脂质的含量是影响生物柴油产量的决定性因素，脂质含量越高，可以作为合成生物柴油的原材料就越多；其次，由于污泥中的大部分脂质都贮存在微生物细胞内，胞内脂质的溶出度影响了生物柴油的产生量；此外，催化剂的催化效率以及制备方法也会影响生物柴油的产量。

2. 污泥中碳资源转化的瓶颈

（1）功能微生物的富集困难，生物催化作用效率较低

污泥碳资源转化过程需要特定功能微生物和关键酶的参与。由于污泥体系复杂，资源转化过程涉及反应较多，特定功能微生物难以在污泥复杂体系中富集。污泥中含有大量的重金属等有毒有害物质，微生物的酶活性会受到一定程度的抑制，进而降低生物催化作用效率，影响污泥碳资源的生物转化。

（2）污泥中复杂分子解聚困难，平台分子产生效率较低

污泥的胞外有机质（关键有机质）容易与腐殖质、金属离子和微米级砂粒发生位阻效应、络合反应、吸附作用，改变易降解有机质的赋存形态，限制生物转化效率，影响平台分子的生成，导致胞外有机质生物转化较差。

（3）污泥中微米级无机颗粒、多价态金属、腐殖质与有机质相互作用限制生物转化

污泥中易被生物降解的有机物与无机颗粒、多价态金属、腐殖质等通过吸附、络合、交联等作用紧密结合，构成了一个结构极其复杂的有机—无机体系。该复杂体系会抑制污泥中的有机质生物转化速率和潜势，成为污泥中有机质生物转化的又一问题。

（4）物质代谢途径多元，目标产物的定向调控困难

由于污泥成分复杂，在碳资源转化过程中涉及的副反应多，资源转化效率低，产生的大量副产物降低目标产物的纯度，影响产物的高效利用。

2.2 污泥高含固厌氧（共）消化的研究进展

2.2.1 概述

非污泥类有机固体废物厌氧消化系统，按其总固体含量可分为低含固厌氧消

化系统（TS 含量低于 15%）和高含固厌氧消化系统（TS 含量高于 15%）[19]。由于污泥中含有大量的水，在污泥传统厌氧消化操作中，总固体含量保持较低水平（0.2%～5%）。Zhang 等[20,21] 研究了污泥 TS 含量对厌氧消化和传质效能的影响，确定了污泥类有机固废厌氧消化高含固与低含固的边界条件（系统 TS 含量为 6%）。污泥低含固厌氧消化常因处理规模过小或污泥有机质含量较低（VS/TS<50%）而运行不稳定，且效率不高。截至 2019 年，在我国 5200 余座污水处理厂中，仅有 70 座污水处理厂采用低含固厌氧消化系统处理污泥，且仅有 20 座污水处理厂能正常运行，中国许多地区的污泥 VS 含量（通常 TS 含量低于 55%）远低于发达国家泥质条件（通常 TS 含量高于 70%）[3,22]。高含固厌氧消化可能是解决这些问题的可行方法，因为这种污泥处理技术使用更小体积的反应器和更低的加热能耗，产生更少的沼液废水，且较传统的低含固系统有更高的单位容积负荷和沼气产率。到目前为止，关于高含固污泥的定义在研究中差异较大，例如，一些研究人员对污泥进行了高含固厌氧消化操作，污泥的 TS 含量为 4%[23]。Chen[24] 研究了初始 TS 为 5%的污泥高含固厌氧消化，而 Duan 等[25] 利用脱水污泥（TS 含量分别为 10%、15%和 20%）证明了污泥在中温条件下高含固厌氧消化的可行性，并发现，在游离氨浓度低于 600mg/L 时，高含固系统可维持稳定，此外，他们还发现，尽管污泥在高含固体系的产甲烷量和 VS 降解率与低含固系统相似，但在相同的固体停留时间下，高含固体系的单位容积产甲烷率得到显著提升。Hidaka 等[26] 也成功实现了在中温条件下 TS 含量 10%的污泥高含固厌氧消化过程，并强调了通过控制总氨浓度可使反应体系保持稳定。这些发现被 Liao 等[27] 进一步证实，即污泥高含固厌氧消化显著提高了沼气池单位容积产气率和处理能力。

图 2.2-1 统计了每年在 ScienceDirect 的出版物中包含“high-solid anaerobic digestion of sewage sludge”（污泥高含固厌氧消化）和“high-solid anaerobic digestion”（高含固厌氧消化）关键词的论文数量。值得注意的是，这类论文的数量在过去 15 年中一直呈上升趋势，而含有“高含固厌氧消化”关键词的论文比含有“污泥高含固厌氧消化”关键词的论文多出一倍以上，其中，也包含了非污泥类有机固废的处理[19,28,29]。此外，如图 2.2-1 所示，包含“高含固厌氧消化”一词的年度发表论文数量在 2006～2010 年保持稳定，但在 2011 年之后急剧增长。

2.2.2　污泥高含固厌氧消化研究现状综述

1. 污泥高含固厌氧消化的影响因素

高含固厌氧消化性能的不稳定性是限制其被广泛应用的关键因素，且影响污泥高含固厌氧消化稳定性的因素有很多。根据文献报道，操作参数和内在因素是

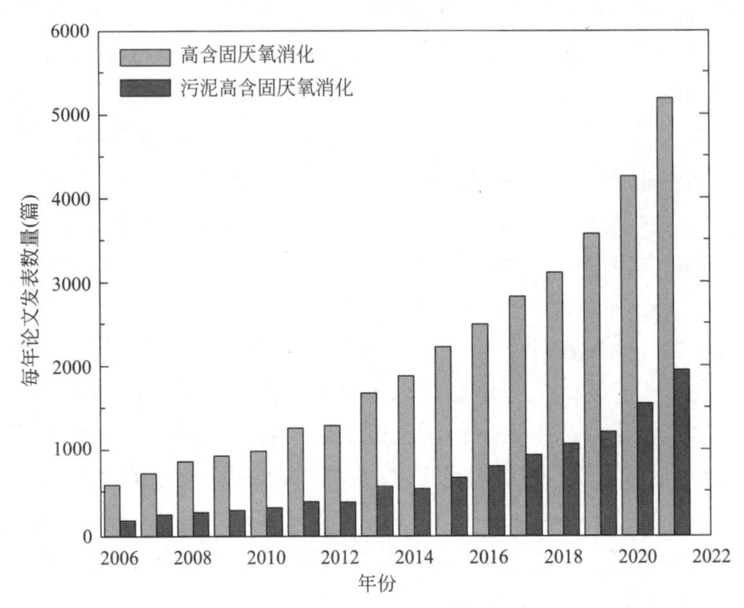

图 2.2-1　以“高含固厌氧消化”和“污泥高含固体厌氧消化”为关键词的发表论文数量

来源：Science Direct，2022 年 4 月 20 日

影响污泥高含固厌氧消化稳定性的两方面主要因素。

（1）操作参数

Duan[25] 证实了在 TS 含量分别为 10%、15%、20%的情况下，污泥高含固厌氧消化系统的半连续式中温运行是可行的，这说明通过调整主要工艺参数，污泥的高含固厌氧消化可以达到令人满意的稳定性。如表 2.2-1 所示，影响污泥高含固厌氧消化效率的操作参数，包括含固率、搅拌强度、污泥停留时间、温度和 pH 等。

最直接的因素是含固率，它是限制污泥高含固厌氧消化的效率和稳定性的重要因素[23,27]。例如，Lay[23] 研究了中温条件下含水率对污泥厌氧消化的影响，发现当污泥含水率从 96%下降到 90%时，相对产甲烷活性从 100%下降到 50%。Le Hyaric 等[30] 进一步证实了这些发现，他们认为，污泥中较低的含水率降低了分子的扩散效率，导致产甲烷活性大幅度下降。Liao[27] 也发现当 TS 含量从 4.47%增加到 15.67%时，有机物的缓慢降解期延长，沼气产量下降，他们认为，这是由于高 TS 含量导致快速生成高浓度的中间代谢物（即挥发性脂肪酸 VFAs 和氨）所致，它们在体系内积累而不是进一步被转化。Zhang[20,21] 的研究表明，在污泥高含固厌氧消化期间，传质抑制是一个不可忽视的问题，在没有搅拌的情况下，将 TS 含量从 6%增加到 15%，会导致扩散系数的急剧下降，TS 含量对高含固厌氧消化过程中的传质效率也有显著影响。Liao 等[31] 强调，通过改善搅拌可以缓解高含固污泥中的传质抑制，他们使用增强搅拌系统对中试规模的污泥高含固厌氧消化系统进行了9个多月的研究，发现VS的降解率、单位有机质产气量与低含固系统相似，这与Duan等[25]的研究结果一致。因此，高含固厌氧消化的反应器设计及搅拌强化传质功能对高含固厌氧消化技术的效能提升具有重要意义。污泥停留时间是污泥厌氧处理的关键参数，适当的污泥停留时间对于平衡污泥高含固厌氧消化的水解酸化段和产甲烷段稳定至关重要。众所周知，设置较长的停留时间，特别是针对水解为限速步骤的污泥类有机物[32-34]，可以提高VS的去除效率，而污泥停留时间长会增加污泥处理成本[32]。选择合理的污泥停留时间，是污泥高含固厌氧消化的重要因素。Nges和Liu[35]将在高温和中温条件下高含固厌氧消化系统的污泥停留时间从35d缩短到12d，他们发现，单位容积负荷、产气速率和单位体积甲烷产率皆得到提高，节约了反应时间，而VS的去除效率降低。Jahn等[34]通过3.0L中温条件下的半连续实验，研究了污泥停留时间对污泥高含固厌氧消化的影响，他们发现，仅需保证最小的污泥停留时间为15d，用初始TS含量为6.7%～7.8%的污泥，可以成功实现高含固厌氧消化过程稳定运行，而10d的污泥停留时间会导致系统的崩溃。这些结果在德国水、污水和废物处理协会（DWA）设计规范中也有体现[36]，DWA提供了厌氧消化器的设计建议（包括最短污泥停留时间的要求为15d）。此外，污泥停留时间通常与有机负荷率相关，将其维持在微生物分解固体和有机分子进一步代谢转化两种过程的稳定区间至关重要，可以防止抑制因子（如酸和游离氨等）的积累。

温度是污泥高含固厌氧消化的另一个重要操作参数，嗜中温（37℃±2℃）和嗜热（53℃±2℃）温度条件在厌氧消化中应用最广泛。虽然嗜热比嗜中温厌氧消化VS降解率更高，但由于反应温度高，能耗也更高。此外，嗜热厌氧消化中的微生物仅在一个狭窄的温度区间内活跃，因此，温度的变化会迅速破坏厌氧消化过程微生物系统的稳定性[34]。然而，目前尚不清楚哪种温度对污泥的高含固厌氧消化最有利。Hidaka等[26]在实验室规模的连续流反应器中对污泥的嗜中温和嗜热高含固厌氧消化进行了600d的性能研究，发现TS初始含量为10%的污泥在嗜中温条件下，可在总氨氮浓度为3000mgN/L状态保持稳定，VS去除率达60%，与污泥的低含固厌氧消化性能相似。与此相反，当总氨氮浓度为2000mgN/L时，TS初始含量为7.5%污泥的嗜热高含固厌氧消化失稳，需要几周才能恢复产甲烷活性。Hidaka等[26]也发现高含固污泥的高黏度给其中温处理带来了挑战，而对于实现污泥嗜热条件下稳定的高含固厌氧消化需要更加谨慎的操作。在其他的研究中，Wu等[37]同样描述了在嗜中温和嗜热条件下污泥高含固厌氧消化的性能，初始TS含量为10%，有机负荷率为4gVS/(L·d)，运行时间为170d，发现污泥嗜中温高含固厌氧消化系统均能稳定运行，而嗜热高含固厌氧消化系统受到氨的轻微抑制。他们报道了污泥的嗜热高含固厌氧消化比嗜中温高含固厌氧消化表现出更好的VS降解和沼气产率，但更容易受到氨的抑制。他们还发现污泥的嗜中温厌氧消化系统是由比嗜热高含固厌氧消化系统更丰富、更多样化的活性微生物群落组成，这解释了为什么污泥的嗜热高含固厌氧消化是一个不稳定的过程，此发现得到了 Wang 等[38]的证实。

pH 对酶活性有影响，它是影响污泥高含固厌氧消化的另一个关键参数。研究表明，当 pH＜6.3 或 pH＞7.8 时，产甲烷菌的活性降低[3,39]。Gerardi[40] 确定了大多数厌氧细菌在 pH 为 6.8～7.2 内活跃度表现良好。但是，这些结果是在低含固厌氧消化条件下得到的，所以在污泥的高含固厌氧消化过程中，这个 pH 范围是否最适合厌氧细菌生长代谢尚不清楚。Lay 等[23] 通过计算提出，在 pH 为 6.8 时，污泥的高含固厌氧消化甲烷产率很高，而在 pH＜6.1 或 pH＞8.3 时，该过程可能会失败。在他们的研究中，当 TS 初始含量为 4%～10%时，污泥的高含固厌氧消化在 pH 为 6.8 时，产甲烷的滞后时间最短。

（2）主要内在因素

虽然污泥高含固厌氧消化是一种很有潜力的技术，可以在较小的反应器中进行，比低含固厌氧消化消耗更少的能耗，但在高浓度环境下的潜在抑制物质（氨、VFAs、高浓度条件下释放的有毒有害物质等），以及高含固污泥较差的流变性能，对厌氧消化工艺的效率产生消极影响。

有报道称，在污泥高含固厌氧消化的稳定系统中，游离态氨的浓度可达 600mg/L[25]，显著低于低含固厌氧消化体系的阈值（200mg/L）[41,42]。值得注意的是，当游离态氨浓度为 4000mg/L 时，污泥高含固厌氧消化系统仍是稳定的，明显大于其他有机废物高含固厌氧消化的抑制阈值（1000mg/L）[25,43]。这大概是由于在污泥高含固厌氧消化系统中特殊微生态系统的作用。显然，氨氮的过量生产可以抑制甲烷生成，可能在高含固厌氧消化过程中使微生物群落结构失稳[43-45]。Lay 等[23] 发现，当游离态氨浓度从 1670mg/L 增加到 3720mg/L 时，产甲烷活性下降 10%；当游离态氨浓度从 4090mg/L 增加到 5550mg/L 时，产甲烷活性下降 50%；当游离态氨浓度大于 5880mg/L 时，产甲烷过程失活。Li 等[46] 探索了氨胁迫对污泥高含固厌氧消化中细菌和古菌群落代谢途径的影响。在铵态氮胁迫下，污泥高含固厌氧消化主要有 3 条产甲烷途径，分别为：乙酸营养产甲烷途径、氢营养产甲烷途径和甲基营养产甲烷途径，其中，乙酸营养产甲烷途径为主要途径。Li 等[46] 也发现在污泥高含固厌氧消化中，22 个氨相关基因中，只有 6 个基因表达上调，在铵态氮胁迫下，部分氨基酸相关基因的表达量降低，从而加速了乙酸的氧化反应。例如，醋酸磷酸激酶（AckA）、乙酰转移酶（PTA）、乙酸参与可逆反应的转换，在铵态氮胁迫下，乙酸酯的氧化活性分别从8670和6858个位点富集到10004和7120个位点，表明铵态氮胁迫对乙酸酯的氧化活性有一定的影响。虽然关于如何有效地控制污泥高含固厌氧消化中的铵态氮胁迫鲜有报道，但从氨抑制中恢复有机固废的厌氧消化性能的各种措施已被报道[47]。例如，在厌氧消化系统中添加生物炭、沸石和活性炭，可以通过吸附反应降低氨浓度[48-50]。此外，Liu等[51] 报道了碳基和铁基添加剂（零价铁）在加速菌群适应氨胁迫方面发挥的重要作用。这些措施可为缓解污泥高含固厌氧消化过程中氨的抑制作用提供重要参考。

VFAs的积累是污泥高含固厌氧消化的另一个问题。例如，Duan等[25] 研究发现，在进行污泥高含固厌氧消化的反应器中，VFAs浓度高达4500mg/L，这导致了高含固厌氧消化进程的失败。Boe和Angelidaki[52] 也报道了高有机负荷厌氧消化池易因VFAs积累而失效，这是因为互养菌和产甲烷菌之间的失衡导致。典型的高含固厌氧消化，具有较高的有机负荷和较低的中间代谢物扩散率，前者有利于VFAs的产生，后者不利于VFAs的代谢。这就导致了VFAs的积累，并直接使污泥高含固厌氧消化系统不稳定。Wang等[53] 发现，在污泥的高含固厌氧消化过程中，厌氧微生物之间传统的种间氢转移过程往往受到抑制，而在高含固厌氧消化中，促进直接种间电子转移可有效阻止VFAs的积累。因此，他们通过添加磁铁矿（Fe_3O_4）增强了污泥高含固厌氧消化中的直接种间电子转移通路。有报道称，在高含固厌氧消化系统中添加废铁和纳米零价铁，可以加速VFAs转化为甲烷[54,55]。如Zhang等[54] 报道，表面有氧化铁的废铁可诱导微生物铁还原，加速VFAs的转化。Zhou等[55] 发现，加入纳米零价铁后，污泥高含固厌氧消化过程中的丙酸更容易被分解。这与Yin和Wu[56] 的研究结果一致，他们发现，在厌氧消化体系中添加导电材料，可以加速直接种间电子转移，加快丙酸和丁酸的降解。此外，Lv等[57] 提出，通过丰富微生物种间关联，同步增强其生态功能是缓解VFAs积累的有效途径。Nguyen等[58] 在相关工作中开发了一种间歇氧化还原电位控制的微曝气系统，通过调节兼性异养菌防止VFAs在高含固厌氧消化过程中积累。具体来说，他们使用微曝气精确控制厌氧消化过程中的氧化还原电位，并发现VFAs被兼性异养菌迅速消耗。他们得出结论，间歇性氧化还原电位控制的微曝气系统可以丰富兼性异养菌，并为产甲烷菌保留关键的厌氧生态位，通过该方法可以恢复由于VFAs的积累处于失效边缘的厌氧消化池。虽然这一发现并非基于高含固污泥系统，但对于缓解污泥高含固厌氧消化过程中VFAs的积累具有重要的参考价值。

污泥中的有毒有害物质也可能影响污泥高含固厌氧消化效率，通常是与其浓度密切相关。例如，Zhi和Zhang[59] 研究了污泥高含固厌氧消化期间抗生素残留（土霉素、磺胺二甲氧嘧啶、磺胺甲恶唑、恩诺沙星、环丙沙星、氧氟沙星和诺氟沙星残留）对甲烷产量和微生物活性的影响。他们发现，低浓度的抗生素（10mg/L）对甲烷的产生没有明显影响，而高浓度（500mg/L）的抗生素在高含固厌氧消化工艺初始阶段抑制产甲烷，他们还发现，这些抗生素影响了古菌群落，但对细菌群落没有显著影响。

在相关研究中发现，聚丙烯酰胺（PAM）是一种用于污泥脱水的常用难降解的絮凝剂，在高含固污泥中普遍存在[60-63]。Dai 等[64] 研究发现，在高含固厌氧消化处理的污泥中，PAM 的生物降解通常伴随着高浓度有毒丙烯酰胺单体（AMs）的积累，这会抑制微生物活性[65]。在污泥的高含固厌氧消化过程中，PAM 可以在碳链主链的不同位置被水解，水解后的 PAM 片段与富含酪氨酸的蛋白质结合形成胶体复合物。Litti 等[63] 和 Baudez 等[66] 进一步证实了这些发现，添加 PAM 导致污泥高含固厌氧消化中甲烷产量下降，将其归因于大絮凝体的形成和随之而来的传质抑制。这些研究结果表明：虽然在污泥高含固厌氧消化过程中可能存在或形成高浓度的代谢抑制物质，但只要控制在一定水平，系统具备对这些物质的耐受性。

据报道，污泥的流变性对其在厌氧消化池中的性能起着重要的作用（特别是在厌氧消化池的设计、选择和运行中[64,66-68]）。虽然有学者对 TS 含量为 0.2%～4%的污泥的流变性能进行了较深入的研究[68-70]，然而，高含固污泥的流变性能不同于普通污泥，有关这方面的报道较少[71-73]。污泥浓度的增加，会导致污泥的黏度呈指数级增加，扩散系数呈指数级降低[21]。Cheng 和 Li[73] 发现 TS 含量为 7%～15%的高含固污泥具有触变性，即当 TS 含量增加到 6%、8%、10%和 12%时，对应的污泥黏度分别增加了 5.0 倍、9.1 倍、25.7 倍和 24.9 倍。Zhang 等[21] 报道污泥的扩散系数随着 TS 含量从 6%增加到 12%时，会急剧下降，随着 TS 含量从 12%增加到 15%时，污泥的扩散系数缓慢下降。污泥高含固厌氧消化的高黏度和低扩散系数，会导致厌氧消化池的不均匀和非理想流动（即未完全混合、短流、钝化和停滞区增加）[74]，会进一步导致 VFAs 和游离氨的积累，进而导致污泥高含固厌氧消化的不稳定。Feng 等[75] 采用热水解（170℃，60min）处理，显著降低了高含固污泥的黏度、剪切应力和黏弹性，Urrea 等[76] 的研究结果进一步证实了这点。Liu 等[77] 研究了微波—H_2O_2 预处理对高含固污泥流变性能的影响，发现该方法提高了污泥的流动性，降低了黏弹性。Hu 等[78] 进行了流场研究，考虑到流变性，提出了可以更有效地混合高含固污泥的方法，减少 VFAs 和氨的积累，以及对高含固厌氧消化过程的抑制。

影响污泥高含固厌氧消化的主要因素如表 2.2-1 所示。

影响污泥高含固厌氧消化的主要因素　　表 2.2-1

项目	系统稳定性	微生物活性	沼气/甲烷生产	VS 去除	参考文献
含固率	随着 TS 含量从 6%增加到 15%，稳定性降低	随着 TS 含量从 4%增加到 10%，产甲烷菌活性从 100%降低到 50%	随 TS 含量从 4.47% 增加到 15.67%	VS 的降解时间延长	[21]，[27]，[28]，[29]，[30]
搅拌	通过改善搅拌，稳定性增加	—	通过改善搅拌增加	通过改善搅拌增加	[21]，[23]
污泥停留时间	稳定性随停留时间从 15d 降低到 10d	—	产气速率随停留时间从 35d 降低到 12d	随停留时间的增加而增加	[31]，[32]，[33]，[34]
温度	随着温度由中温转变为高温，稳定性降低	嗜中温比嗜热高含固厌氧消化系统具有更丰富的微生物群落结构	嗜热产沼气效果优于嗜中温	随温度升高而升高	[24]，[33]，[36]
pH	当 pH＜6.1 或 pH＞8.3 时，高含固厌氧消化过程可能会失败	当 pH＜6.3 或 pH＞7.8 时，产甲烷菌活性降低	—	—	[3]，[28]，[39]
氨/铵胁迫	当游离氨浓度＞600mg/L，总氮浓度＞4000mg/L 时，高含固厌氧消化过程可能会失败	随着总氮浓度从 4090mg/L 增加到 5550mg/L，产甲烷活性急剧下降	随游离氨浓度的增加而降低	—	[23]，[28]，[42]，[44]
挥发性脂肪酸	当挥发性脂肪酸浓度＞4500mg/L 时，高含固厌氧消化过程可能会失败	产甲烷活性随挥发性脂肪酸的积累而降低	随着挥发性脂肪酸的积累而减少	—	[23]，[51]，[52]，[53]，[54]，[55]
有毒有害物质	稳定性随浓度的增加而降低	随着抗生素残留量和聚丙烯酰胺浓度的增加而降低	抗生素残留量在 100mg/L 时，增加；当抗生素残留量为 500mg/L 时，降低。随着聚丙烯酰胺的存在而减少	—	[59]，[60]，[61]，[62]，[63]，[64]
流变特性	稳定性随黏度的增加或扩散系数的减小而降低	—	黏度高或扩散系数低时，黏度降低	—	[21]，[70]，[71]，[72]，[73]，[77]

2. **污泥高含固厌氧消化的预处理**

据报道，预处理污泥可有效地提高污泥的可生化性和水解度[3]。多种物理、化学和生物（及其组合）的污泥预处理方式常在低含固厌氧消化前进行[3,79]，但在污泥高含固厌氧消化之前，仅有热法和碱法预处理被报道，并实现了工程化应用[80-82]。这两种预处理方法均显著改善了污泥的流变性能和有机物溶解性能，提高了污泥的高含固厌氧消化效率。Zhang 等[83] 探索了低温和高温热预处理对高含固污泥（TS 含量分别为 14.2%和 18.2%）的影响，随着处理时间的增加，有机溶解性能呈对数增加，高含固污泥线性黏弹性区弹性模量呈对数减少，导致污泥黏度显著降低，这有利于污泥后续的高含固厌氧消化过程。上述结果也与 Xue 等[84]、Liao 等[85] 的研究结果一致。前者表明：热预处理是提高污泥有机增溶、降低污泥黏度的有效方法。后者研究了低温热预处理对污泥高含固厌氧消化的影响，发现低温热预处理增加可接触底物的浓度，降低污泥黏度，最终导致污泥高含固厌氧消化中沼气产量的增加。碱性预处理也被使用，Li 等[81] 提出高含固污泥可能比低含固污泥更适合这种预处理，8%～12%含固率的污泥经过碱性预处理（0.05mol/L 的 NaOH 溶液处理 30min），在随后的高含固厌氧消化过程中，甲烷产量略有增加，消化时间大幅度减少。此外，热—碱耦合预处理对污泥也产生积极作用，例如，Guo 等[82] 探索了热碱预处理（105～135℃ 和 5～35mg NaOH/gTS）对污泥高含固厌氧消化的影响，该预处理显著提高了高含固厌氧消化过程中的有机物溶出和甲烷产量。热碱预处理特别是高温情况下的热处理，虽然有利于污泥有机质的水解，更多的生物甲烷可以通过有机物的溶出和水解进一步被转化，但在预处理过程中，也会形成一些难降解有机污染物和有毒物质，高含固污泥比低含固污泥释放的有机污染物和有毒物质的浓度高，这些污染物和有毒物质也可能影响后续的高含固厌氧消化过程。

3. **污泥与其他有机质高含固厌氧共消化**

利用不同有机废物的特性进行能源回收和废物处理，可以优化资源利用。因此，高含固厌氧共消化是一种有前途的有机废物利用和管理方法。值得注意的是，高含固厌氧共消化可能是比单独高含固厌氧消化降解污泥更稳定的方法，因为它稀释了抑制物质，改善了营养平衡，协调了微生物之间的共同作用[86-88]。Lee 等[88] 成功地进行了污泥、餐厨垃圾和庭院垃圾的长期高含固厌氧共消化研究，实现了 VS 平均减少 38%。此外，餐厨垃圾的存在导致甲烷产量比污泥的高含固厌氧消化高 1.43 倍，共消化底物的混合比例、接种比例和接种源是高含固厌氧共消化长期成功运行的重要因素。Dai 等[86] 对污泥和餐厨垃圾的高含固厌氧共消化和污泥的高含固厌氧消化的稳定性和性能进行了比较，发现添加餐厨垃圾提高了系统稳定性和单位体积产气量（因为氨和钠离子的稀释）。研究人员还发现，污泥和餐厨垃圾的混合比例决定了其高含固厌氧共消化体系的性能。Liu

等[89] 和Latha等[90] 的进一步研究证实了这一发现。Liu等[89] 研究发现，在弱碱性环境（pH=7.5~8.5），污泥VS与餐厨垃圾VS混合比例为1∶1时，高含固厌氧共消化处理低含固污泥产气效果最佳，协同效应最佳。Latha等[90] 确定了高含固厌氧共消化工艺中污泥TS和餐厨垃圾TS的最佳混合比例为1∶3（利用间歇性的沼气循环搅拌，这种混合策略增加了CO_2酸化与高VFAs产量的协同作用）。因为牛粪的碳氮比低，单独厌氧消化不稳定，故牛粪是另一种经常用于与污泥共消化的有机废物[91]。Xu等[36] 对污泥和牛粪的高含固厌氧共消化进行了研究，发现污泥VS和牛粪VS的最佳混合比为3∶7，初始pH为9.0，VFAs最高产量为98.33g/kgTS，甲烷最高产量为120.0L/kgTS。

4. 污泥高含固厌氧消化过程的物质迁移转化特征

(1) 有机物腐殖化在污泥高含固厌氧消化中的作用

有机物腐殖化被广泛认为是污泥处置过程中表征稳定性的重要指标[92]，并且可以在污泥的厌氧消化中实现[93]。因此，有必要探索污泥有机质的腐殖化，以提高污泥在高含固厌氧消化期间的稳定性。为了揭示污泥高含固厌氧消化中腐殖质形成和转化的潜在机制，Tang等[94] 在污泥的48d高含固厌氧消化期间监测了腐殖质类物质的芳香度和消化液的植物毒性，发现有腐殖质类物质再聚合后的芳香度和消化液植物毒性之间存在显著的正相关性，还提出可通过降低盐度来调节消化液的植物毒性。基于这些发现，他们进一步研究了污泥高含固厌氧消化中腐殖质化对胞外聚合类物质的影响[95]，发现胞外蛋白质的水解和分解导致胞外聚合物中腐殖质高度交联结构的变化，也导致腐殖质芳香基团和结合位点暴露。在分析产甲烷过程的电子交换能力和代谢活性的基础上，他们提出胞外聚合物蛋白质的结构变化，促进了厌氧微生物的分解代谢和合成代谢，代谢产物（如类蛋白质和腐殖质物质），有利于污泥高含固厌氧消化过程胞外聚合物的重建。

(2) 热预处理前后污泥高含固厌氧消化系统中有机物转化特征

如前所述，随着TS含量的增加，由于传质受阻、扩散差、黏度高，污泥高含固厌氧消化过程中的物理、化学、生物反应都会发生改变，因此，在高含固厌氧消化过程中，污泥有机质的转化不可避免地受到影响，了解这一转化过程对于提高污泥的高含固厌氧消化的效率具有重要意义。Han等[96] 通过监测COD的变化，以及污泥中甲烷、碳水化合物、VFAs和其他含氮、硫、磷物质的生产情况，研究了有无热处理条件污泥在高含固厌氧消化过程中的有机转化过程及规律，如图2.2-2所示。研究发现，热预处理显著提高了污泥高含固厌氧消化期间的沼气产量，并导致沼气中甲烷含量的增加。未经热预处理，污泥厌氧消化的产气速率和甲烷含量与常规厌氧消化相似。Chen等[97] 发现热预处理将产甲烷途径从严格的乙酸营养产甲烷，转变为乙酸源/氢源营养产甲烷。Han等[96] 发现在高含固厌氧消化过程中，热预处理导致50%以上的颗粒物氮转化为液态，

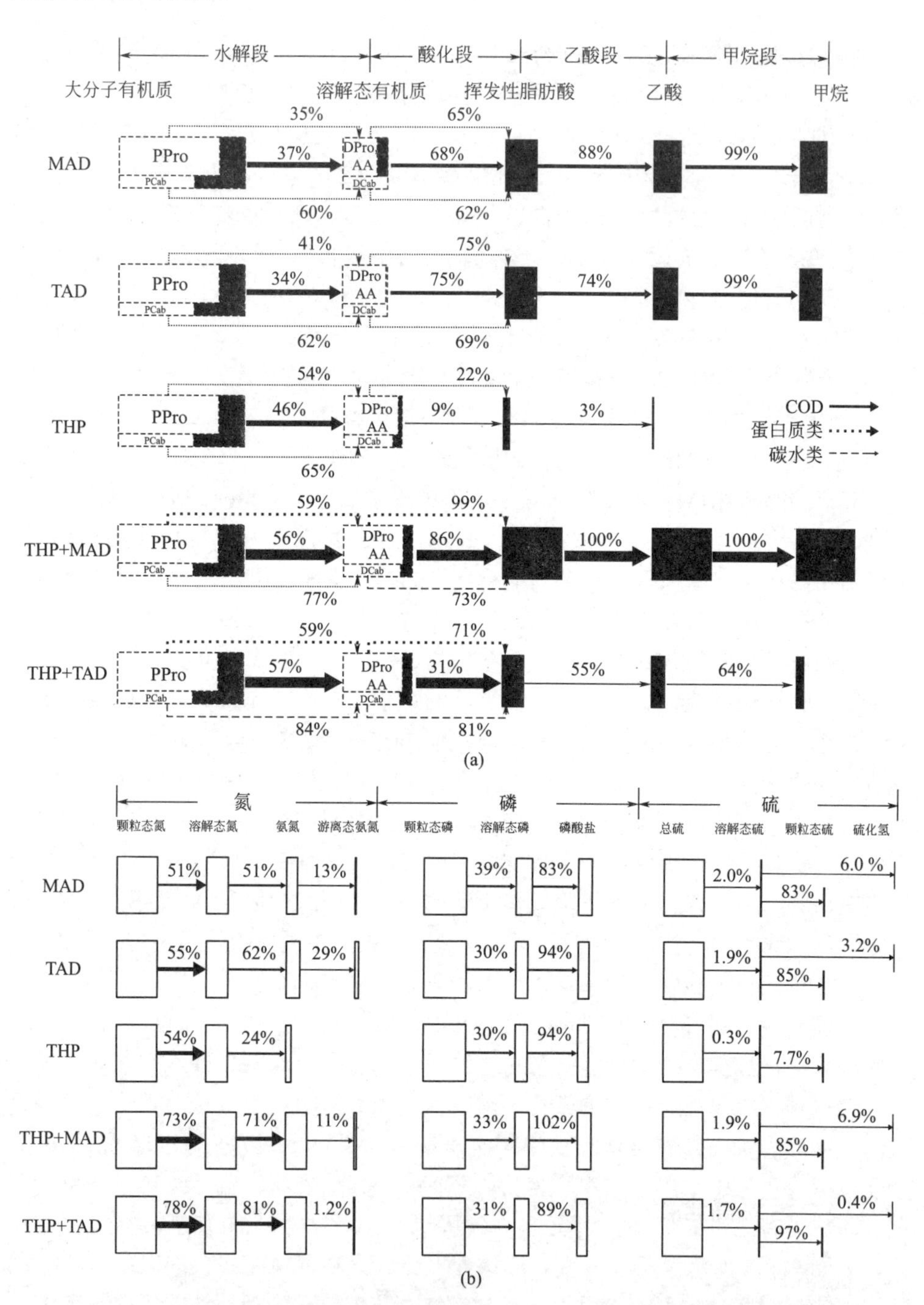

图 2.2-2 污泥中温/嗜热高含固厌氧消化过程中，在有/无热处理条件的物质转化[95]

(a) COD、蛋白质和碳水化合物的转化图；(b) 氮、磷、硫的转化图

MAD—中温厌氧消化；TAD—高温厌氧消化；THP—热水解工艺；PPro—颗粒蛋白质；PCab—颗粒多糖；AA—氨基酸；DCab—溶解性多糖；DPro—溶解性蛋白质

总氨氮浓度增加到3.57g/L，但对磷的转化影响不大，总磷的32%～35%主要是通过聚磷酸盐的水解过程转化为磷酸盐。Liu等[98] 给出的一个可能的原因是，热预处理可以提高磷酸盐的释放，但在高含固厌氧消化过程中，磷酸盐通过鸟粪石的沉淀转化为固态，沉淀中存在高浓度的重金属，并通过合成三磷酸腺苷（ATP）吸附到微生物细胞中，磷酸盐的释放和再沉积的中和作用，使得热处理污泥的高含固厌氧消化过程对磷的转化影响不大。

有报道称，在热处理前后，污泥高含固厌氧消化产生的沼气中，H_2S含量远低于污泥低含固厌氧消化产生的沼气中H_2S含量。例如，Han等[96] 在污泥高含固厌氧消化中发现，沼气中H_2S含量最多可达（168.0±19.2)mg/L，远低于污泥的低含固厌氧消化（大约1500mg/L）。Liao等[85] 的研究也证实了这一结果，发现厌氧消化产生的沼气中H_2S含量随着TS含量的增加而降低，且TS为20%时，污泥高含固厌氧消化产生的沼气中H_2S含量最高为45mg/L，这是由于pH、重金属和含硫蛋白质水解的影响。具体分析如下：①H_2S为酸性气体，在较高的pH下消耗；污泥高含固厌氧消化时pH为8.0，大于污泥低含固厌氧消化时pH（7.0～7.5）。②TS含量的增加导致污泥高含固厌氧消化中重金属浓度大于低含固厌氧消化中重金属浓度，导致重金属硫化物沉淀增多。③由于污泥高含固厌氧消化期间含硫蛋白质水解效率低下，含硫化合物的浓度仍然处于较低水平[96,99]。Li等[100] 报道了另一个涉及硫素物质的有趣现象，污泥的热预处理后的高含固厌氧消化过程能够直接促进有机硫转化为挥发性硫化合物。他们发现，甲硫醇、二甲基硫、二甲基二硫和H_2S是典型的挥发性硫化合物，TS初始含量为10%的污泥经热预处理后厌氧消化生成的沼气中，甲硫醇被转化为二甲基硫（18%）、二甲基二硫（4%）和H_2S（78%），他们还揭示热预处理增加了腺嘌呤磷酸硫酸盐和亚硫酸盐等相关还原酶的活性。相关的研究结论也被证实，热预处理污泥在高含固厌氧消化过程中，硫素的转化路径也已被研究[100-102]，经过热预处理后，污泥初始有机硫含量从96%下降到90%，其中，蛋氨酸和半胱氨酸含量分别从61%和35%下降到59%和31%。

总体来说，污泥高含固厌氧消化过程中硫物质的迁移转化研究还相对缺乏，为了更好地完善污泥高含固厌氧消化理论，还需开展深入研究。

2.2.3　污泥高含固厌氧消化的研究瓶颈

1. 特征污染物在污泥高含固厌氧消化过程中的迁移和转化尚不清晰

污泥含有惰性有机污染物（微塑料、苯、氯酚、多氯联苯、多氯二苯呋喃），无机污染物（如重金属）和微生物污染物（肠道病毒、大肠杆菌、原生动物、寄生虫及其卵）[103-105]。虽然在污泥低含固厌氧消化中，污染物的浓度较低，但这些污染物的浓度可能会随着TS含量的增加而增加，且具有环境持久性和潜在的毒性。由于目前研究方法的限制，还难以精准识别有机污染物在污泥中的迁移转化规律，在一定程度上制约了对污泥高含固厌氧消化过程的认识和发展。

2. 污泥高含固厌氧消化过程中有机物的代谢途径尚不清晰

尽管传统厌氧消化中有机物的代谢途径已相对明确[106]，但是该代谢机制主要是假设复合颗粒均匀分布，且水分充足[107]。这种方法适用于描述复合颗粒废物在废水或传统活性污泥（TS 为 0.2%～2%）厌氧消化，因为在这些系统中存在足够多的水，可以有效地维持复合颗粒废物的固有特性。然而，随着固体浓度的增加，复合颗粒废物的含水量降低，复合颗粒废物附近的微环境发生了变化，极大程度上改变了附近的离子强度，导致了复合颗粒废物与水之间微界面的变化，进而导致了复合颗粒废物界面结构和性质的变化，最终导致了复合颗粒废物高含固厌氧消化期间与低含固厌氧消化期间代谢途径的显著差异。因此，为了丰富厌氧消化的理论，为改善污泥的高含固厌氧消化系统提供直接的理论依据，研究复合颗粒废物在高含固厌氧消化条件下的代谢机制具有重要意义。

3. 污泥高含固厌氧消化反应动力学的数学模拟尚不完善

过程稳定性和运行效能是污泥高含固厌氧消化规模化应用的两个关键瓶颈[25,27]，对其评价和预测具有重要意义。数学建模被广泛认为是评估和预测过程效能的重要工具[108]。厌氧消化模型 1（ADM1）用于评价和预测污泥的厌氧消化已有 15 年以上的历史，但它更适合预测污水或低含固污泥（TS 为 0.2%～2%）的厌氧消化过程[108,109]。近年来，随着高含固厌氧消化工艺的发展，有机固废厌氧消化的数学模型被广泛提出和研究[110,111]。然而，由于污泥的结构和性质与其他有机废物有很大差异，很难用其他有机固废厌氧消化的数学模型来描述污泥的高含固厌氧消化系统。因此，开展升级高含固污泥厌氧消化效能的数学模型研究，准确地预测污泥的稳定性和性能，具有重要意义。

2.2.4 污泥高含固厌氧消化的研究展望

虽然高含固厌氧消化已被成功应用于有机垃圾的处理，但其在污泥处理中的应用研究相对较少。污泥厌氧消化含固率越高，反应体系负荷越高，所呈现的经济效益越显著，含固率的提升也引起污泥某些关键特性（如扩散系数、黏度等）发生显著变化，但由于污泥具有多介质属性，具有与多物料交互的复杂体系，地区性物料组分差异大，污泥的高含固厌氧消化研究尚处于起步阶段，还有众多科学问题有待解决。物质的迁移和转化是污泥高含固厌氧消化的基础，现有的研究集中在易于被生物降解的有机物（蛋白质、碳水化合物和 VFAs）和营养物质（氮、硫和磷）在固相、液相和气相中的转化，但研究还不够深入，缺乏对该复杂系统的物质间相互转化机制的量化描述和精准调控。例如，在污泥的高含固厌氧消化中，蛋白质、碳水化合物和脂质的定量转化和调控机制还不清晰，高含固条件下抑制物质的阈值不明确，高含固条件下微生物生态系统种群间的电子传递和能量代谢有待被深入研究。此外，由于高含固厌氧消化中污泥剩余有毒有害污染物（惰性有机污染物、无机污染物和微生物污染物）的浓度也会相应增加，这些有毒有害物质的削减及对环境风险的影响，需要被进一步地深入研究。为了克服污泥高含固厌氧消化应用的瓶颈，应尽快建立能准确预测该工艺稳定性和性能的数学模型。到目前为止，污泥的高含固厌氧消化运行通常依赖经验操作，缺乏使用数学工具改进参数控制、解释机制和预测过程性能。污泥的高含固厌氧消化实验参数的确定和优化非常耗时，所得到的参数及其数值并不普遍适用，这强调了精确数学模型的必要性。虽然其他有机废物高含固厌氧消化已有相应的数学模型[94]，但由于其他有机废物与污泥的结构和性质存在很大差异，这些数学模型还不能完全适用于污泥高含固厌氧消化。

大多数高含固污泥含有一定量的脱水药剂，而脱水药剂对污泥高含固厌氧消化的影响还有待被进一步探讨。污泥高含固厌氧消化对脱水药剂提出更高要求，应考虑开发易于被生物降解的脱水剂。

此外，应关注在高含固条件下，制备高附加值产品（如乳酸、生物蛋白质、多羟基烷烃酸盐和聚 β—羟基丁酸盐）的研究。随着污泥浓度的增加，在目标产物浓度提高的同时，也伴随着抑制性物质浓度的提升，高含固生物制备高附加值产品的相关研究还有待完善。

2.3　基于电子调控的高效厌氧互养产甲烷

在厌氧消化中，复杂的微生物群落通过一系列生化反应，将污泥等有机废物转化为沼气，包括水解、酸化、乙酸化、甲烷化等，产甲烷过程也代表了污泥厌氧生物处理过程中碳物质流的重要部分。因此，稳定和高效的厌氧产甲烷过程，高度依赖于多种微生物之间的互养关系，而互养共生中最基本的原理便是达到氧化还原平衡，也就是说，产甲烷菌和共生伙伴的氧化还原状态和能量平衡高度依赖于最初电子供体和最终电子受体的特性和可及性。种间电子传递（IET）作为电子传递的一种模式，是互养产甲烷微生物合作氧化有机物，还原二氧化碳产甲烷的关键机制。微生物群落中生化反应的发生和速率也因此受电子流的调控。

2.3.1 互养产甲烷微生物种间电子传递的机制

产甲烷菌可以利用的底物均为小分子（甲酸、甲胺、甲醇、乙酸、氢和二氧化碳等），其中又以乙酸、氢和二氧化碳为其最主要的底物来源，而这些底物均可以由产氢、产乙酸菌代谢产生，因此，产氢、产乙酸菌和产甲烷菌之间形成了互养共生的关系，也被称为互养产甲烷代谢。一直以来，产氢、产乙酸菌和产甲烷菌之间的电子与能量交换形式被认为是通过可溶性电子载体（如氢、甲酸等）传递[112]，即种间氢传递（IHT）。然而，氢/甲酸传递由于扩散效率低、传质距离长等因素，速率缓慢，且间接[113]；此外，高浓度的氢/甲酸浓度被证实会使丙酸和丁酸的降解热力学不自发，对互养体小的扰动就会导致 VFAs 的积累，抑制甲烷产生，从而大大降低厌氧消化的效率。因此，氢/甲酸介导的种间电子传递被认为是厌氧甲烷化的瓶颈[114]。

种间直接电子传递（DIET）在硫还原地杆菌（*Geobacter sulfurreducens*）和金属还原地杆菌（*G. metallireducens*）的共培养体系中，被首次报道。它被认为是对氢/甲酸介导的种间间接电子传递的替代。种间直接电子传递过程不需要氢气作为电子载体，是目前提高厌氧消化过程的具有发展前景的途径[115]。在直接电子传递中，不同微生物间胞外电子的传递通过导电菌毛、细胞色素、导电材料来实现[116]。细菌和古菌被证实能通过这种电连接的方式互养产甲烷，也涉及厌氧消化中的乙酸化、乙酸氧化和甲烷化等过程。同时，直接电子传递介导的生化过程也被证实具有更高的电子传递和生物转化效率[53]。例如，磁铁和其他导电材料被报道能通过促进直接电子传递过程强化有机质降解和甲烷产生，这为提高污泥等有机废物厌氧消化效率提供了新的思路。

地杆菌是最早被证实与种间直接电子传递有关的细菌，也是直接电子传递过程中最为人熟知的电子供体微生物，广泛参与了直接电子传递介导的互养产甲烷过程。地杆菌属下的多个种，均被报道具有参与直接电子传递的能力，包括 *G. sulfurreducens*、*G. metallireducens*、*G. lovleyi* 和 *G. hydrogenophilus* 等。研究者们对与种间直接电子传递有关的细菌和甲烷菌进行了广泛的研究，从而达到加快和稳定厌氧消化中的生化反应的目的。例如，*G. metallireducens* 和 *Methanosaeta harundinacea*（一种严格的乙酸利用型甲烷菌，无法利用氢气或甲酸）的共培养被证实能通过电连接的方式，并利用乙醇产甲烷，也具备高达 96%的电子利用效率[117]。代谢 1mol 乙醇可以产生约 1.5mol 甲烷，说明由乙醇氧化产生的额外电子被 *M. harundinacea* 还原为二氧化碳。此外，通过对带 ^{14}C 的碳酸氢盐放射性示踪剂的分析确定了 $^{14}CO_2$ 还原为 $^{14}CH_4$，表明鬃毛杆菌属的甲烷菌（*Methanosaeta* spp.）接受了来自地杆菌属的电子却将二氧化碳还原为甲烷，由此这两种微生物间的种间直接电子传递途径被最终证明。除鬃毛杆菌属外，甲烷八叠球菌属（*Methanosarcina* spp.）的 *Methanosarcina barkeri* 也被证实能与地杆菌建立种间直接电子传递途径的互养关系[118]。

种间直接电子传递途径主导的互养产甲烷群落不需要产生氢气/甲酸来作为电子供体，因此，它们不需要通过复杂的酶促反应来产生、分散、消耗这些氧化还原介体，而这凸显了能代替氢/甲烷转移引导更稳健和高效的厌氧消化过程的潜力。大多数的研究都确认地杆菌在种间直接电子传递介导的互养产甲烷反应器中作为电子供体细菌，然而，*Syntrophomonas*、*Coprothermobacter*、*Thauera*、*Corynebacterium*、*Spirochaeta* 和 *Clostridium* 也都曾被报道可能具备扮演电子供体微生物的角色。考虑到这些细菌都曾在生物电化学系统（微生物燃料电池和微生物电解池）的阳极膜中被检测到，因此，可以合理地假设它们也可能在产甲烷反应器中向电子供体提供电子。此外，研究表明一些互养微生物可以通过种间直接电子传递完成丙酸和丁酸的氧化，例如 *Syntrophaceae*、*Syntrophomonas*、*Anaerolineaceae*、*Smithella* 等细菌和甲烷菌[119]。进一步地，与直接电子传递有关的参与乙酸氧化的微生物可能也在厌氧消化中扮演了重要角色。*G. lovleyi* 被报道可以将乙酸氧化为二氧化碳，同时释放电子给 *Methanosaeta concilii* 用来还原二氧化碳最后产生甲烷[120]。*Thauera* 也被报道能通过种间直接电子传递途径进行乙酸氧化[121]。

上述的研究表明，种间直接电子传递是在厌氧消化 VFAs 等有机物降解过程中互养微生物间电子传递的重要机制。这种细胞到细胞形式的电子传递依赖于基本的功能组分，如细胞色素 C 和导电菌毛。细胞色素 C 是跨膜的含铁蛋白质，在氧化还原过程中能传递电子[122]。几乎所有的活微生物中都存在细胞色素 C，它们在电子传递过程中起着重要作用，细胞外的电子受体可以通过产电微生物（如地杆菌和希瓦氏菌）的细胞色素 C 获得电子。希瓦氏菌和地杆菌等电子供体利用细胞色素 C，将电子传递给各种细胞外的电子受体，包括生物电化学系统中的固体电极、不溶性的铁或锰氧化物，以及可溶性的氧化还原组分（腐殖质、核黄素等）。已发现的细胞色素 C（包括 OmcA、MtrC 和 CymA 等）是金属还原细菌 *Shewanella oneidensis MR*-1 的胞外电子传递途径的重要组成部分[123]。类似的，硫还原地杆菌中的细胞色素 OmcS 也被认为是关键的电子介体，据报道，它促进了电子从导电菌毛向电子受体的传递[124]。

菌毛，在电子传递背景下也被称为纳米导线或导电菌毛，在直接电子传递中也十分重要。它们是锚定在细胞膜上的丝状蛋白，也参与 DNA 转运、细胞固定和运动等。据报道，硫还原地杆菌的导电菌毛具有与有机合成金属（如 PEDOT 导线）相当的导电率，范围从 37μS/cm（pH 为 10.5）到 188mS/cm（pH 为 2）。尽管对导电菌毛导电率的机制仍有待深入研究，但已有两种机制被提出：第一种是类金属导电，电子通过氨基酸 π-π 轨道的重叠在丝状蛋白网络传输，即离域电子产生的导电性[125]。这最初被认为是硫还原地杆菌中导电菌毛的电子传递机制。

第二种机制涉及电子通过导电菌毛在细胞色素之间跳跃或隧穿[126]。据报道，希瓦氏菌的导电菌毛是细胞周质和外膜的延伸，并且和进行电子传递的多种细胞色素有关[127]。因此，一些 *S. oneidensis MR-1* 的导电菌毛被认为促进了细胞色素之间的，多步氧化还原跳跃机制的产生。

综上所述，在厌氧消化中，电子供体细菌与甲烷菌间的电子交换，可以通过种间氢传递和直接电子传递两种方式发生，如图 2.3-1 所示。种间氢传递中涉及的多种机制对代谢物的转移和能量的交换有很大的影响，从而导致不同的反应效率。在种间氢传递中，代谢产物需要保持在极低的浓度，以保持持续的代谢过程的热力学自发性。互养微生物群落间电连接的建立所形成的直接电子传递，比种

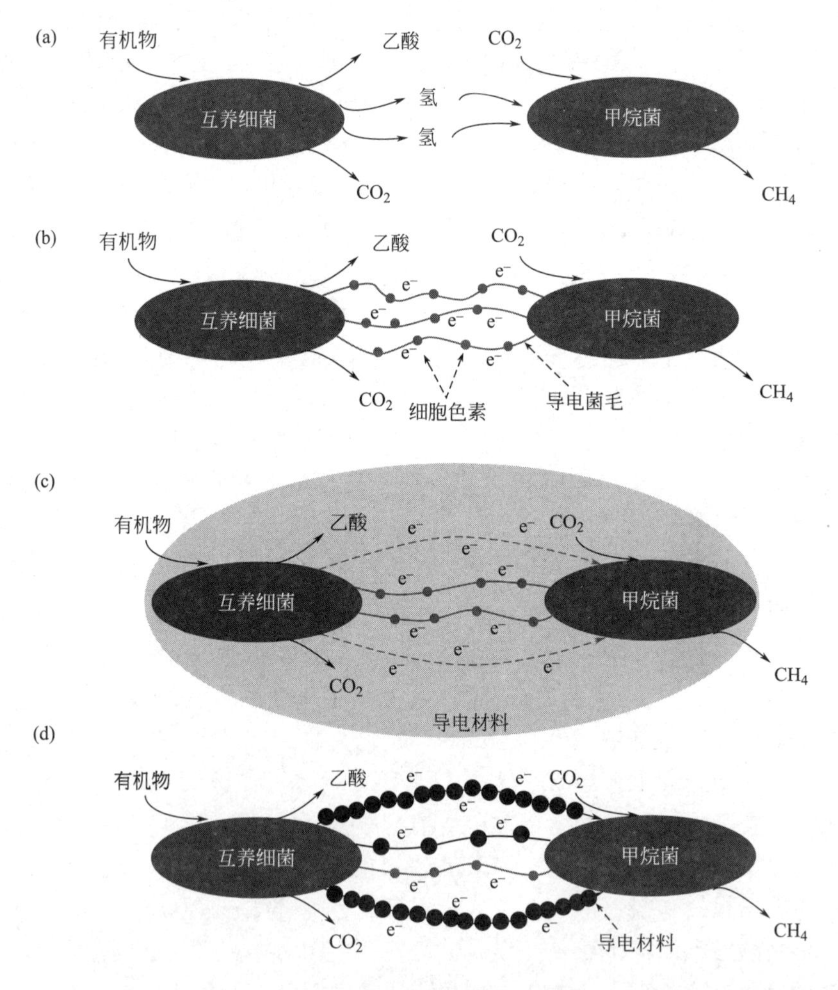

图 2.3-1　种间氢传递和直接电子传递的示意图

(a) 种间氢传递；(b) 种间直接电子传递；(c) 表面积大的导电材料介导的种间直接电子传递；(d) 表面积小的导电材料介导的种间直接电子传递

间氢传递能更有效地进行电子传递[128]。直接电子传递过程与传统的氢或甲酸传递方式不同，该过程不受氢浓度和扩散速率的限制，电连接的方式使其拥有更快的传递速率；也不受甲烷菌类型的限制，不管是氢利用型产甲烷菌，还是乙酸利用型产甲烷菌，均有潜力进行这一过程。同时，这一过程具有更广阔的拓展空间，可以借助导体材料或外部电路完成[129]。带来了强化污泥厌氧消化产甲烷的新途径、新方法、新工艺，可基于电子调控强化互养产甲烷的过程。

2.3.2　电子调控强化互养产甲烷的研究进展

直接电子传递过程在研究中被证实后，许多研究开始探讨在厌氧产甲烷过程中建立和强化直接电子传递。基于直接电子传递的产甲烷群落最早在处理啤酒废水的升流式厌氧污泥床反应器（UASB）中被发现，其中，乙醇是主要的底物。微生物聚集体主要由甲烷鬃毛杆菌属和地杆菌属组成，它们与硫还原地杆菌的导电菌毛和生物膜相似，表现出了类似金属的随温度变化的导电性[130]。随后证实地杆菌的存在与产甲烷反应器中聚集体的导电性密切相关，证明了种间直接电子传递通过导电菌毛发生。厌氧消化中直接电子传递的应用依赖于基质的特性，各种研究探索了不同电子供体用于直接电子传递的适宜性——大多数研究使用了简单的有机酸（乙酸、丙酸、丁酸等）和醇类（乙醇、丁醇等），只有少数研究使用了复杂的有机物（如污泥等）。这可能是由于能够进行直接电子传递的电子供体细菌主要利用简单有机物作为基质。

地杆菌被认为是能通过直接电子传递途径与甲烷菌进行共培养的具有代表性的电子供体细菌，乙醇是其最主要的基质。研究表明，富含乙醇的基质能将地杆菌的丰度富集至 25%，并刺激了相应的种间直接电子传递过程。同时，乙醇的富集能强化丙酸和丁酸的降解。通过乙醇的添加，可以实现更高的 COD 去除率和甲烷产量[131]。由此可见，两相厌氧发酵是在复杂有机物（如污泥等厌氧消化）中强化直接电子传递的潜在方法，首先，将复杂有机物在产醇相转化为富含乙醇的基质，再将此基质用于在产甲烷相建立直接电子传递。据报道，通过这种方式，预醇化能够提高甲烷产量和与直接电子传递有关的微生物的丰度，从而在环境扰动的情况下保持系统稳定性[132]。然而，在其他反应器，如连续搅拌釜式反应器（CSTR）中很难建立这种紧密的电连接，从而限制了实际应用。

导电材料的添加也被证实可有效地促进直接电子传递过程。2012 年，刘芳华等[133] 在金属还原地杆菌和硫还原地杆菌的共培养体系中，首次证实了颗粒活性炭可以促进种间直接电子传递，通过分别删除硫还原地杆菌内编码 PilA、OmcS 和氢化酶的基因，揭示了地杆菌附着在颗粒活性炭表面依赖其高的导电率和大的比表面积来实现长距离的直接电子传递过程。金属还原地杆菌和甲烷八叠球菌也被发现可以在颗粒活性炭的促进下，直接进行电子传递产甲烷代谢。此后，磁铁矿、生物炭、碳布等导电材料均被证实能促进直接电子传递的互养产甲烷过程。导电材料的添加也因此成为基于电子调控强化厌氧甲烷化的潜在方法。

现有的研究表明，导电材料的添加，可以通过直接电子传递途径触发更稳定和高效的厌氧消化过程，相比传统的种间氢传递途径对高氢分压等不利条件更不敏感。与此同时，还发现导电材料的添加能提高厌氧甲烷化的稳定性和效率，使互养体系对系统不平衡的状况（如高有机负荷和酸积累等）具有更强的抵抗力和弹性。通过铁氧化物的添加，建立直接电子传递途径的互养代谢体系，能缓解氨的胁迫，从而避免对厌氧甲烷化的抑制。同时，数项研究表明，添加生物炭可以促进氨和酸抑制情况下的产甲烷，并强化互养产甲烷微生物间的直接电子传递[134]。然而值得一提的是，先前的研究主要以批次实验进行，导电材料快速消耗，从经济可行性角度对工程应用提出了挑战。基于固定化导电材料的应用，生物量的回收也许会是在长期运行中保留更多导电颗粒的可持续方法[135]。

导电材料除了可被直接添加进厌氧消化系统外，还经常在生物电化学系统中作为电极材料使用，如用导电碳纤维制成的碳布、碳刷、碳毡，以及基于纳米技术应用开发的各种碳基纳米材料，如石墨烯和碳纳米管。这些电极材料在生物电化学系统，尤其是微生物电解池（MEC）的应用中，对于直接电子传递也具有促进作用。电极可以在电化学反应器中作为微生物呼吸的电子汇或者源，在电活性微生物和电极之间进行直接的胞外电子传递或者依赖氧化还原介体（如 H_2）的间接胞外电子传递[136]。据报道，与混合体系相比，甲烷菌能在电极上富集，在氢营养型甲烷杆菌中也观察到直接的电子吸收[137]。在理想的微生物电解池耦合厌氧消化系统中，生物阳极会发生有机物的氧化分解，阴极发生二氧化碳的还原产甲烷过程。在这个系统中，产甲烷的促进归因于阳极对于部分潜在的难降解有机物的强化降解，以及阴极将 CO_2 还原为 CH_4，其中，氢营养型产甲烷菌起着生物阴极的作用（$CO_2+8H^++8e^-\longrightarrow CH_4+2H_2O$，$E_0\approx-0.44V$ 相对于标准氢电极）[138]。目前，直接电子传递在生物电化学产甲烷系统中的贡献度还没有肯定的结论，需要未来进行更多研究，但可以肯定的是，外源电压的供给和电极材料的加入，会给污泥等有机物厌氧消化系统带来新的产甲烷效应和机制，推动厌氧产甲烷技术的发展。

2.3.3 电子调控强化互养产甲烷的研究展望

在种间直接电子传递的机理解析和促进厌氧甲烷化研究逐渐深入的同时，我们也应看到，对直接电子传递在污泥等复杂有机物厌氧消化中的特征的理解仍处于起步阶段，尽管简单底物的共培养实验已经被广泛地用来研究直接电子传递的机制，但直接电子传递在多介质环境（例如污泥）中的潜在机制仍有待揭示。例如，研究报道导电材料可通过提高电子传递速率促进复杂有机物厌氧消化过程的直接电子传递，但我们对这种多介质环境中提高电子传递速率，以及导电材料与功能微生物之间特定相互作用的机制了解甚少。同时，在复杂有机物厌氧消化中，许多电活性微生物都有潜力参与直接电子传递，它们在其中的角色和主要代谢途径有待进一步研究。此外，由于越来越多的互养微生物均被发现具有能在厌氧消化中直接传递电子的导电菌毛，对它们在参与直接电子传递过程中的协同作用机制要进行探究。与此同时，复杂有机物厌氧消化中的直接电子传递需要有直接证据，这对合适的表征方法的开发与组合提出了要求。例如，我们对电活性甲烷菌的了解还比较少，目前仅确认少数物种（*Methanosarcina barkeri*、*Methanosaeta harundinaceae* 等）能够进行直接电子传递，迫切需要直接证据来证明对直接电子传递的研究中涉及的电活性产甲烷菌，以及在多介质环境中描述基于直接电子传递的产甲烷作用的生物学机制。

电子调控是促进污泥厌氧消化的有效手段，然而，目前没有有效的手段来预测污泥厌氧消化直接电子传递途径的效果，以及如何评估这些效果。我们知道现阶段已经有用于厌氧消化工艺运行和沼气生成预测的通用模型，即厌氧消化模型 1（ADM1）。该模型描述了厌氧消化过程中主要的生化反应和物理化学反应，例如酸碱反应、气液转移反应和气液平衡过程，但它只是对厌氧消化过程的一般描述，忽略了厌氧消化过程涉及的特定电子转移反应。到目前为止，尚无关于厌氧消化中直接电子传递途径的数学模型。随着大家对厌氧消化中电子传递机制的日益关注，直接电子传递途径强化的厌氧消化中涉及的生化反应和气—液—固相系统需要被更深入研究。因此，需要进一步研究开发全面的厌氧消化电子传递模型，从而优化系统操作和沼气生产，并准确评估过程中的改进效果。

直接电子传递在厌氧消化上的应用是促进有机物转化、提高甲烷产量的方法，可以实现相关运行的稳定，以及从有机废物中高效回收能源。但是，现有的大多数研究都是在实验室规模或中试规模的系统上进行的，对基于电子调控强化污泥等复杂有机废物厌氧消化，目前还没有大规模工程实践的报道。污泥厌氧消化过程中的传质效果不如污水，会降低微生物之间的相互作用，并意味着具有直接电子传递途径的互养共生关系难以建立。因此，有助于在电活性微生物间建立电子传递网络的厌氧生物膜或颗粒的发展，更有助于污泥的厌氧消化，这种生物膜或颗粒可在导电材料的介入下形成，并通过反应器的设计提高其运行效果。导电材料的加入，可以提高直接电子传递介导的小分子有机物互养产甲烷的性能，具有很大的应用潜力，可以促进电子调控强化污泥厌氧消化的工程应用进程。但是，添加导电材料不可避免地会改变系统的特性，这意味着必须探索导电材料对复杂的有机物厌氧处理系统的性能的影响。此外，目前导电材料的流失问题尚未得到解决，还需要定期添加导电材料到厌氧反应器中，这会增加运行成本，最后，污泥和其他复杂有机物的预发酵和共同消化也可能是在实际工程中改善互养产甲烷过程，建立直接电子传递途径的合理方法，值得进一步探索。

2.4 基于功能材料的污泥高效厌氧消化

厌氧消化系统是一个由复杂生物菌群有序分解有机物而形成的复杂体系，体系的生化反应活性，决定了整个过程的效率和稳定性。在污泥厌氧生物过程中，互营共生、代谢、酶催化等生化活性，能够直接调节厌氧生物处理效率，影响甲烷产率。然而，厌氧消化过程中挥发性脂肪酸和氨等抑制因子的产生和积累，会减慢厌氧消化速度，导致厌氧反应体系崩溃。

功能材料能够通过强化污泥生化活性，缓解抑制因素，改善厌氧生物处理稳定性，实现高效产甲烷。值得注意的是，由于污泥厌氧体系复杂，多数应用于污泥厌氧消化的功能材料不是通过单一的作用机制，而是通过多种作用机制实现厌氧体系的高效性和稳定性。因此，本节将从以下几个方面对功能材料强化污泥厌氧消化技术进行分类介绍：①用于强化微生物互营共生的功能材料；②用于提高代谢活性的功能材料；③用于提高催化活性的功能材料；④用于缓解抑制因素作用的功能材料。此外，根据不同功能材料对污泥厌氧消化的作用机制和影响，提出基于功能材料强化污泥厌氧消化技术的未来展望。

2.4.1 功能材料对污泥厌氧消化的作用机制及影响

1. 强化微生物互营共生

在厌氧环境中，产甲烷菌与厌氧细菌互营共生，实现污泥中小分子有机物的厌氧互营氧化产甲烷过程。在该过程中，细菌和古菌之间的种间电子传递被认为是关键步骤。控制微生物群落之间电子转移速率和途径决定了整个过程的效率。

在传统的厌氧消化产甲烷过程中，以氢/甲酸盐作为电子载体的间接种间电子转移，是产甲烷过程中最主要的电子转移途径。污泥中有机物在水解酸化阶段会产生大量的电子，这些电子被还原为 H^+ 产生 H_2。在氢营养型产甲烷途径中，H_2 作为细菌和古菌之间的电子传递的载体，通过扩散被传递给厌氧污泥中的氢营养型产甲烷菌。此外，研究表明，在以丙酸为底物的 *Syntrophospora bryantii* 和 *Methanospirillum hungateii* 共培养体系中，进一步证明甲酸也可以被甲酸—氢裂解酶转化为 H_2，实现互养微生物种间电子和能量交换[139]。厌氧消化体系中 H_2 浓度决定着氢营养型产甲烷过程。在标准状况下，由于丙酸和丁酸的氧化过程以质子作为末端电子受体，因此，只有在维持厌氧体系内 H_2 分压足够低的情况下，才能保证丙酸和丁酸向乙酸转化，防止由于大量有机酸积累，出现产甲烷菌活性降低的现象。但是，当 H_2 浓度过低时，由于其在污泥中的扩散速率缓慢，限制了厌氧消化中耗氢甲烷化过程。因此，以 H_2 为载体的种间电子传递被认为是产甲烷过程中的瓶颈。除了 H_2 和甲酸盐等一些溶解性化合物外，在厌氧环境中，互营微生物也可以通过不溶性胞外化合物（如腐殖质、醌、吩嗪）作为电子载体实现种间电子传递[140]。

近年来，研究者们提出了适用于厌氧消化产甲烷过程中新的电子传递机制，即种间电子传递（DIET），DIET 存在于 *Geobacter metallireducens* 和 *Geobacter sulfurreducens* 的共培养体系[141] 中。与传统的种间氢传递相比，DIET 产甲烷可以避免酶促反应、能量消耗、电子载体扩散等过程，被认为是一种比种间氢传递更高效的产甲烷途径。然而，细菌的菌毛等生物附属结构材料导电性非常微弱，仅为 2～20μS/cm[117]。相比之下，导电材料可作为电子导管用于互补菌种之间直接交换电子，从而强化微生物之间的互营代谢过程，实现污泥高效产甲烷过程。添加导电碳基材料可以作为电子导体促进 *Geobacter* spp. 与 *Methanegenesis* spp. 之间的 DIET，以加速互营养代谢产甲烷过程。目前常用的导电材料包括：碳基材料，如颗粒状活性炭（GAC）、生物炭、碳布、石墨烯、碳纳米管；铁基材料，如磁铁矿。外加导电材料促进 DIET 示意图见图 2.4-1。

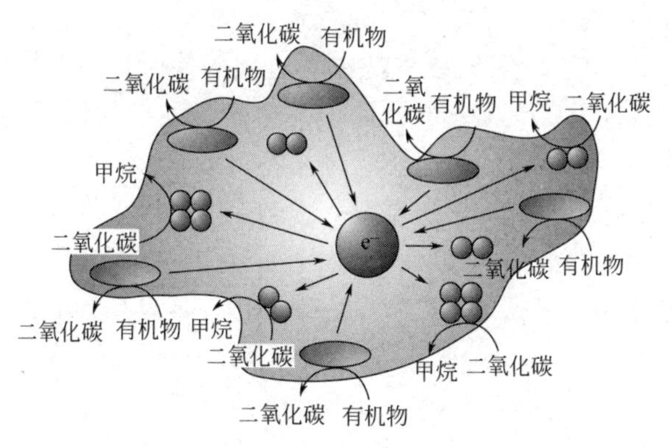

图 2.4-1 外加导电材料促进 DIET 示意图[112]

活性炭是一种具有高孔隙率和高吸附能力的无定形结构的碳质物质。在厌氧介质中，活性炭可以充当电子导体促进 DIET 加快互养代谢速率。在 *G. metallireducens* 和 *G. sulfurreducens* 代谢乙醇的共培养体系中初次证明了这一结论[133]。研究表明，将 GAC 投加到 *G. metallireducens* 和 *G. sulfurreducens* 的共培养体系下，乙醇氧化速率、延胡索酸还原速率、厌氧瓶中两种微生物细胞增殖速率均有大幅度提高。这说明 GAC 能够有效地参与并强化 *G. metallireducens* 和

G. sulfurreducens 通过 DIET 互养代谢乙醇的过程。进一步采用分子生物学手段删除 *G. sulfurreducens* 的 PilA 基因，避免由导电菌毛介导的菌种间胞外电子传递过程的出现。结果表明，在该情况下，*G. metallireducens* 和 *G. sulfurreducens* 的共培养体系无法进行互养乙醇代谢过程；然而，投加 GAC 的上述共培养体系仍然可以进行正常的互养乙醇代谢过程。这足以说明，在上述共培养体系中，GAC 能够代替导电菌毛实现基于 DIET 的互养乙醇代谢过程。此外，将 GAC 投加到 *G. metallireducens* 和 *Methanosarcina barkeri* 的共培养体系中发现，乙醇的氧化速率和甲烷产生速率都有显著提高，进一步说明在厌氧体系中 GAC 能够通过建立 DIET 强化产甲烷过程。值得注意的是，将 GAC 投加到 *G. metallireducens* 和 *Methanosarcina barkeri* 的共培养体系时，乙醇的氧化速率和甲烷产生速率都得到了显著的提高，说明在厌氧体系中 GAC 能够基于 DIET 强化甲烷产生。除了纯培养体系，目前已有研究也表明，GAC 能够有效地刺激污泥厌氧体系中的 DIET 路径，从而提高产甲烷活性，在投加 GAC 的上流厌氧污泥床（UASB）中，产甲烷活性从 20mL/（gVS・d）显著地提高至 58mL/(gVS・d)[142]。除了 GAC，粉末活性炭同样能够有效地提高污泥厌氧消化过程中产甲烷性能[143]。

向厌氧消化体系中投加生物炭，同样可观察到强化 DIET 的现象。生物炭的加入会明显提高 *Methanosarcina* 的丰度，此外，投加生物炭后厌氧体系中产甲烷的起始阶段停滞期变短，嗜氢产甲烷菌丰度降低，这表明生物炭刺激产酸菌与 *Methanosarcina* 之间的电子转移[134,144]。与普通的导电材料不同，生物炭作为一种复杂的材料，其促进厌氧消化的作用不完全是归因于强化了 DIET，其表面上的官能团（如蒽醌）能够接收电子和给微生物贡献电子，因此，其可作为电子穿梭体，促进厌氧消化产甲烷。煅烧温度是影响生物炭表面性质和内部结构的重要因素之一。低温煅烧的生物炭表面含有丰富的官能团，但是其内部具有较差的导电性能。高温煅烧的生物炭含有更有序的碳结构，具有高导电性和高电子传递速率[145]。研究表明，与其他温度下制备的生物炭相比，在投加中低温度下（400℃）制备的生物炭的反应器中，甲烷产率最高[146]。这是由于在这类生物炭表面的氧化还原官能团（如醌和吩嗪），对电子传递起到主要作用。因此，在低温条件下煅烧制备的生物炭，由于含有丰富的氧化还原活性官能团（如蒽醌），更多体现了电子的穿梭作用；而高温条件下煅烧的炭材料表面官能团较少，但是导电能力更强，主要体现为导体作用。尽管生物炭的电导率是颗粒活性炭电导率的 1‰[147]，但其促进厌氧消化产甲烷的效果却相对较高。然而，目前为止，生物炭介导的厌氧环境中参与 DIET 的具体菌株并没有被证实存在。

除了导体碳材料外，半导电 Fe（Ⅲ）氧化物也能促进基于 DIET 的产甲烷过程。与碳材料相似，三价铁导体材料，如（半）导体氧化铁矿物、磁铁矿颗粒也具有良好的导电性[148]。由于低电势有利于富集铁还原菌（*Geobacter*），三价铁固体氧化物可以作为 *Geobacter* 和产甲烷菌间电子导体，促进互营养产甲烷代谢过程[149]。2012 年，有研究表明，在水稻土中添加（半）导体氧化物（如磁铁矿和赤铁矿），通过 *Geobacter* 与 *Methanosarcina* 的 DIET 作用可提高产甲烷性能，而添加绝缘的水铁矿却不能促进 *Geobacter* 与 *Methanosarcina* 之间的电子传递[114]。此外，添加纳米 Fe_3O_4 可以显著提高以丙酸为底物的产甲烷速率（最大 33%）[144]。在高氢分压条件下，没有添加 Fe_3O_4，厌氧消化产甲烷过程受到抑制，而添加 Fe_3O_4 后，这种抑制作用会被大大缓解。纳米 Fe_3O_4 能够充当连接丙酸氧化产乙酸菌和二氧化碳还原产甲烷菌的电子导线，使两种微生物之间建立种间直接电子传递，从而促进丙酸降解产甲烷过程。理论计算得出，通过直接电子传递的最大电子载体通量是氢气传递的 10^6 倍，说明添加纳米 Fe_3O_4 建立的种间直接电子传递是一种更高效的电子传递方式。研究表明，纳米 Fe_3O_4 能够在复杂的高含固污泥厌氧体系中构建 DIET 途径，为污泥厌氧消化过程提供一种更高效的电子转移途径，实现沼气中甲烷比例的提高[53]。

2. 提高代谢活性

微量元素在厌氧微生物的物质代谢和能量代谢中扮演着必不可少的角色。尽管产甲烷菌对痕量金属的需求非常有限，但少量痕量金属的缺乏会导致微生物生长代谢所需的微量元素不足，导致厌氧系统运行稳定性发生波动[150]。由于产甲烷是厌氧消化过程的最后一步，因此，产甲烷菌的代谢强度直接决定了甲烷的生产效率。据报道，微量金属能够刺激产甲烷菌的活性，从而促进甲烷的产生[151]。目前，有许多金属已被证明能够刺激产甲烷菌，产甲烷菌需要包括铁、镍、钴、钼、硒和钨的几种金属作为必需的微量元素[152,153]。产甲烷菌细胞中的元素组成如表 2.4-1 所示。值得注意的是，尽管一些产甲烷菌起源于同一分支，其细胞内金属的含量也存在显著差异，例如，*Methanosarcina barkeri*、*Methanothrix soehngenii* 和 *Methanococcus ofnielli* 的生长对铁的需求量分别为 35μmol/L、10μmol/L 和 5μmol/L[153]。然而，产甲烷菌对不同微量元素的反应均具有相同的趋势，如产甲烷菌对铁的敏感性最低，且在铁浓度没有达到很高之前不会产生反应，说明产甲烷菌对铁元素的需求量较大。对于铁、钴和镍三种微量元素来说，只有当铁的含量足够多时，钴和镍才能够激活产甲烷菌。研究表明，将铁和其他微量金属添加到用甘蔗喂养的 UASB 反应器中后，由于产甲烷菌的活性增强，挥发酸的积累显著降低，乙酸盐减少约 86%，丙酸盐减少约 95%，丙酸减少近 100%[154]。零价铁作为一种特殊的铁系功能材料，具有很强的还原特性，也可以通过降低体系的氧化还原电位，为产甲烷菌和其他专性厌氧微生物创造更有利的生存环境，改善其代谢过程[155]。厌氧产酸过程有三个主要的发酵途径：丁酸型（主要生产丁酸和乙酸）、丙酸型（主要生产丙酸和乙酸）和乙酸型（主要生产乙酸和乙醇)[156]，而氧化还原电位的变化会直接影响中间产物（如挥发性脂肪酸）的组成。在氧化还原电位高于－278mV时，丙型发酵是厌氧消化过程的主要途径，而乙酸型和丁酸型发酵主要发生在更低的氧化还原电位条件下[157]。研究表明，安装有零价铁床的UASB的污泥反应器中氧化还原电位（－270～－320mV）比没有安装零价铁床的对照UASB反应器低（－225～－275mV）[155]。因此，零价铁能够通过降低体系的氧化还原电位改变体系的发酵类型，有利于厌氧体系中甲烷生成。

产甲烷菌细胞中的元素组成[152]　　**表2.4-1**

元素	质量分数范围(g/kg)	元素	质量分数范围(g/kg)
C	370～440	Mg	0.9～5.3
H	55～65	Fe	0.7～2.8
N	95～128	Ni	0.065～0.18
Na	3～40	Co	0.01～0.12
K	1.3～50	Mo	0.01～0.07
S	5.6～12	Zn	0.05～0.63
P	5～28	Cu	0.01～0.16
Ca	0.085～4.5	Mn	0.005～0.025

除了作为微量元素强化厌氧微生物的生长和活性，铁系功能材料能够通过微生物的异化铁还原作用，强化与水解酸化相关的厌氧微生物代谢过程，提高污泥中复杂有机物的水解酸化，为产甲烷阶段提供更多可利用底物。在异化铁还原过程中，异化铁还原微生物能够以胞外不溶性的铁（氢）氧化物作为末端电子受体，并在氧化电子供体还原Fe（Ⅲ）的过程中获得生命所需的能量。异化铁还原过程中电子转移机理如图2.4-2所示，它包括四种胞外电子传递途径：(a) 直接接触电子转移；该过程通过细胞外膜蛋白质将电子转移给铁（氢）氧化物，实现了Fe（Ⅲ）还原为Fe（Ⅱ）的过程；(b) 螯合溶铁促进铁还原机制，不溶性的铁（氢）氧化物在螯合剂或胞外低分子量有机化合物的作用形成可溶性螯合铁，可溶性螯合铁通过扩散作用到达微生物表面，从而通过提高微生物与Fe（Ⅱ）的接触效率，实现高效铁还原过程；(c) 电子穿梭体介导的电子转移机制，在Fe（Ⅲ）还原微生物与Fe（Ⅱ）表面难以直接接触的情况下，电子穿梭体（如：细胞自身合成的氧化还原介体）能够将Fe（Ⅲ）还原微生物产生的电子传递给Fe（Ⅲ）氧化物，从而实现异化铁还原过程；(d) 纳米导线传递电子，该过程中铁还原微生物*Geobacter metallireducens*会形成导电菌毛，可远距离向铁氧化物传递电子[158]。

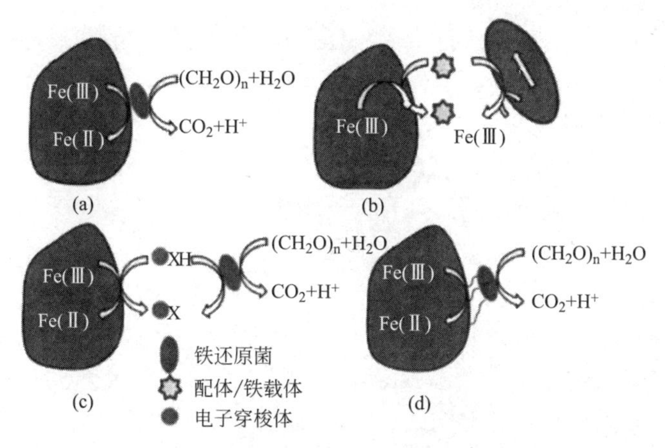

图 2.4-2　异化铁还原过程中电子转移机理[159]

3. 提高催化活性

厌氧消化产甲烷是微生物经过多种生物酶的催化作用实现的。研究表明，金属元素涉及 30%的厌氧消化相关生物酶的合成或活化过程[160,161]。因此，金属材料有望用于合成或活化与污泥中有机物水解酸化和甲烷化相关的多种酶，从而提高生物体系中酶的催化活性，加速污泥厌氧产甲烷过程。污泥厌氧消化过程中，有机物的水解酸化是甲烷化的前提，发酵类型和发酵产物的数量控制随后的甲烷产生。与水解酸化相关的关键酶主要包括：脱氢酶、丙酮酸—铁氧还蛋白氧化还原酶（POR）、乙酸激酶（AK）、磷酸转乙酰酶（PTA）、丁酸激酶（BK）和磷酸反丁酰酶（PTB）。POR 作为一种含铁酶，其活性中心中的三个［4Fe-4S］簇，提供了坚固的结构基础，可催化丙酮酸和乙酰辅酶 A 的相互转化。研究表明，在投加零价铁的厌氧体系中，POR 活性是未投加零价铁的厌氧体系的 17 倍[162]。从零价铁浸出的 Fe（Ⅱ）被认为是维持 POR 高活性的主要因素之一，它加速厌氧生物过程中有机物的水解酸化，为产甲烷过程提供足够的底物。此外，污泥厌氧消化过程中的 AK、PTA、BK 和 PTB 的活性均能够被零价铁强化。目前，关于金属材料对污泥厌氧消化过程中水解酸化阶段的酶促反应的研究较少。而对于产甲烷过程，无论是氢营养型产甲烷，还是乙酸营养型产甲烷，含铁酶占据了相当大比例，几乎所有参与甲烷生成的金属酶都含有多种［2Fe-2S］簇、［3Fe-4S］簇或［4Fe-4S］簇[163]。参与氢营养型甲烷生成的含铁酶包括：甲酰甲基呋喃脱氢酶、还原 F420 的氢化酶和辅酶 M 甲基转移酶，所有参与甲烷生成的加氢酶均含有铁镍活性位点。除了铁和镍之外，钴、硒、钨、钼也能够增强厌氧系统中酶的催化活性[153]。钴主要存在于产甲烷菌的类可啉中，硒、钨和钼作为中心原子存在于甲酸脱氢酶中。尽管其数量有限，这些微量元素可在很大程度上促进产甲烷菌的生长和金属酶的活性。因此，对于产甲烷过程，投加废铁比投加零价铁效果更好，由于废铁中含有锰、镍、镁、钴、硒和钨等元素，可以协同作用于强化酶的催化反应，从而实现污泥厌氧高效产甲烷。

4. 减缓抑制作用

在污泥厌氧消化过程中，尤其是高含固污泥，因有机负荷高、传质不均而存在有机酸积累、氨抑制等问题。高含固污泥中过多的有机质在厌氧消化过程中会产生大量的挥发性脂肪酸，然而，产甲烷菌短时间内无法及时消耗产生的挥发性脂肪酸和 H_2，造成体系酸积累以及 pH 下降，最终导致厌氧体系崩溃。城市污泥中蛋白质含量高，因此含氮量较高，碳氮比约为 6～8。在高含固污泥厌氧消化过程中，氨氮浓度通常大于 3000mg/L，同时系统 pH 会升至 8.0 以上，造成游离氨浓度大大提高，从而降低微生物活性。因此，酸积累和氨抑制均会造成厌氧体系稳定性降低，产气性能下降。

（1）克服氨抑制。生物炭由于具有较大的比表面积，能够通过吸附作用降低厌氧体系中 NH_3 和 NH_4^+ 的浓度，从而有利于甲烷生成。除了具有吸附性能的功能材料，目前，投加具有导电性能的功能材料被认为是用于减轻厌氧体系中氨抑制的一种有效方法[134,164,165]。研究表明，在高氨水平下，导电材料的投加仍能够有效提高厌氧体系中甲烷产率（10%～58%）。大多数导电材料（如活性炭和磁铁矿）并不像生物炭一样具有吸收氨的物理化学性质[166]，其克服氨抑制作用并不是通过降低体系中氨的浓度，而主要归因于导电材料所强化的 DIET 过程。在抗氨抑制过程中，产甲烷菌需要消耗额外的能量，以达到质子平衡，并维持细胞内 pH，而导电材料介导的 DIET 被认为是一种具有更高节能性的电子传递过程，能够缓解由氨抑制引起的能量短缺问题，从而维持厌氧体系的产甲烷性能。研究表明，在含有 19g/LNH_3 的厌氧反应器中，未经处理的活性炭可将产甲烷的滞后时间减少 25%[50]。

（2）克服酸积累。由于生物炭上的酸性和碱性官能团可以在溶液中提供一定的缓冲力，因此，在应用于厌氧消化过程中具有一定的酸缓冲特性，可以作为解决过量酸抑制的功能材料。研究表明，向厌氧体系中投加生物炭，能够同时强化沼气的产生和中间酸的降解[167]。在食品垃圾的两阶段厌氧消化中，生物炭的添加将甲烷生产的滞后时间减少 41%～45%，同时，将挥发性脂肪酸的消耗和甲烷的产量得到了改善[168]。此外，研究表明，锯末衍生生物炭比污水污泥衍生生物炭能够更有效地延迟厌氧体系中挥发性脂肪酸积累阈值（30gCOD/L）的时间[169]。生物炭应用在生物制氢的过程中也能使体系维持在稳定的 pH[170]。然而，对于已经发生酸积累的厌氧反应器，添加生物炭并不能将 pH 调节到正常范围。除了具有缓冲能力的功能材料外，导电材料由于能够强化 DIET，加速中间酸的转化，能减轻厌氧消化过程的酸抑制，为厌氧微生物提供良好的生长代谢环境。在高含固污泥厌氧消化体系中，投加导电材料 Fe_3O_4 已被证明能够通过强化DIET路径，减少高含固污泥厌氧消化过程中过量酸积累，为产甲烷菌提供适宜的生长环境，从而提高乙酸裂解型产甲烷和二氧化碳还原型产甲烷的途径，为高含固污泥高效厌氧产甲烷提供一种新思路[53]。Fe_3O_4 强化高含固污泥厌氧消化产甲烷见图2.4-3。

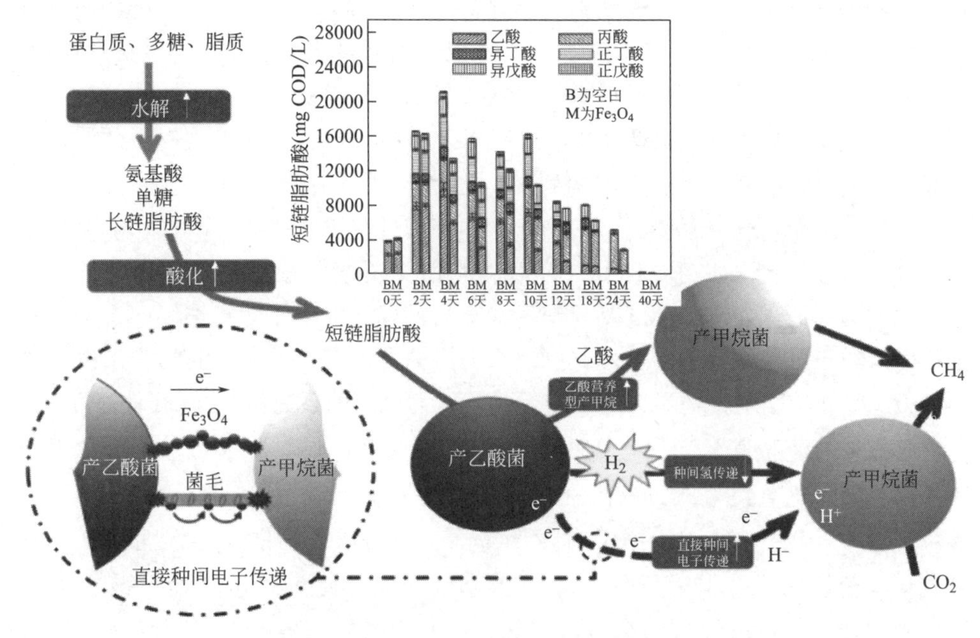

图2.4-3　Fe_3O_4 强化高含固污泥厌氧消化产甲烷[162]

2.4.2　功能材料强化污泥厌氧消化技术的研究展望

大量研究表明：功能材料能够提高污泥厌氧消化过程中有机物降解率，能够提高甲烷产率和产量。但是，目前大多数相关研究仅停留在实验室水平，功能材料在实际污泥厌氧消化工程中的应用还面临一些挑战。

发展低成本可持续的功能性材料，是实现其在污泥厌氧消化工程中应用的关键。在实际的连续流厌氧消化反应器中，必须定期向反应器中补充功能材料。研究表明：将颗粒活性炭与厨房垃圾混合后，加入到半连续流中试规模的沼气池中，甲烷生产率虽能够提高40%，但是每天需要补充消化池排放过程中损失的颗粒活性炭（0.345kg），大幅度地提高了材料应用于厌氧消化的成本[171]。功能材料的固定化和可回收性，能够延长其在厌氧消化反应器中的停留时间，降低其用量和使用成本。具有固定床和铁改性沸石作为微生物营养载体的杂化生物反应器，可通过改善微生物固定化，支持厌氧消化过程中的电子转移，增强 H_2

的生产[172]。此外，与非导电高密度聚乙烯的载体相比，石墨粉与高密度聚乙烯混合形成的导电载体，通过液压混合和外部回流的方式，在提高材料可持续利用性的同时，将某厂废物中甲烷产量提高了7.8%～23.3%[173]。因此，使用功能材料作为可循环载体的涂层或直接使用功能材料作为载体介质，能够在防止材料流失的同时，增强厌氧微生物的营养代谢。除了改善功能材料的流失，降低功能材料的制备成本也是实现功能材料在污泥厌氧消化中可持续利用的关键。有机废物（如剩余污泥、稻草、椰子壳）可以作为碳源合成低成本功能材料。例如，同时含有大量碳源和铁源的芬顿污泥，可以用来制备具有导电性的复合磁性碳。由芬顿污泥作为原料制备出的含 Fe_3O_4 的生物炭，已被证明能够有效改善厌氧微生物的电子传递，并促进甲烷的产生[174]。

尽管已证明功能材料可以有效地提高污泥厌氧消化的性能，但是功能材料对消化残渣后续处置（如污泥脱水、污泥热解和土地利用）的影响尚不清楚。在污泥脱水方面，消化残渣中的碳基材料可以充当具有高抗压强度的骨架助洗剂，增强污泥饼的不可压缩性和渗透性，降低污泥饼的含水率，提高污泥的脱水性。添加 $FeCl_3$ 改性的稻草生物炭，能够将原污泥饼的可压缩系数从1.50降低至0.86，显著提高了污泥的脱水性[175]。消化残渣中的金属基材料在脱水过程中可被用作活化剂，活化过氧化氢或过硫酸盐，从而改善用于污泥脱水的高级氧化工艺。掺杂 $FeAl_2O_4$ 的生物炭单元中的Fe/Al原子，具有出色的催化剂性能，可降低过氧化氢分解的活化能，增强羟基自由基的产生，使污泥絮凝物被破坏[176]。生物炭中现有的持久性自由基是活化剂，可活化氧化剂来增强基于高级氧化的污泥脱水过程。在稳定污泥的热解过程中，一些残留在消化残渣中的功能材料（生物炭和金属材料）可被用作优化热解产物的催化剂。由于孔结构和生物炭表面上丰富的活性位点，热解中间体可与材料相互作用形成催化剂，导致高度脱水、脱羰和脱羧，显著提高热解质量。此外，金属材料（镍、钴、钼和铈）的分散，可增加催化剂的活性位，并进一步提高废物热解中的催化剂性能。对于厌氧消化后的污泥处置，土地利用是回收污泥资源的重要方法。污泥中的重金属（锌、铜、铬、铅、镍、镉和汞）和持久性有机污染物，可能污染土壤，因此，在污泥厌氧消化中添加金属材料时，应考虑选择低毒性金属材料，调整金属材料的用量。碳基功能性材料，可以通过提高土壤pH，增加微生物菌群，降低大多数污染物的生物可利用性而提高土壤的质量。因此，考虑功能材料对消化残渣后续处置的影响，可以进一步优化应用于污泥厌氧消化中功能材料的种类及用量。

总之，将功能材料应用于污泥高效产甲烷技术，的确具有很好的应用前景，但是，应用的可持续发展性和对污泥后续处理的影响需要被进一步探究。

2.5　污泥厌氧消化过程数学模拟与模型

2.5.1　概述

厌氧消化对于温度、pH、搅拌及中间产物浓度等众多因素异常敏感，如调控不当易导致其出现过度酸化，甚至有体系崩溃等不良情况出现。不仅会使其资源化属性被大幅削减，还会被迫导致处理流程中断，进而对整个工艺的经济性与周边环境造成严重影响。厌氧消化涉及的微生物与底物情况非常复杂，仅通过经验性判断无法保证其能处在最佳的运行工况上，而精准的优化控制又要掌握详细的过程信息，这就需要对其复杂的中间过程进行模型化描述，呈现过程动态。动态模型通常使用数学函数来简化描述复杂系统中各特征属性随时间变化的关系，基于已有的测试表征结果，以及所涉及的过程信息，可以使用如图 2.5-1 所示的动态系统建模技术。

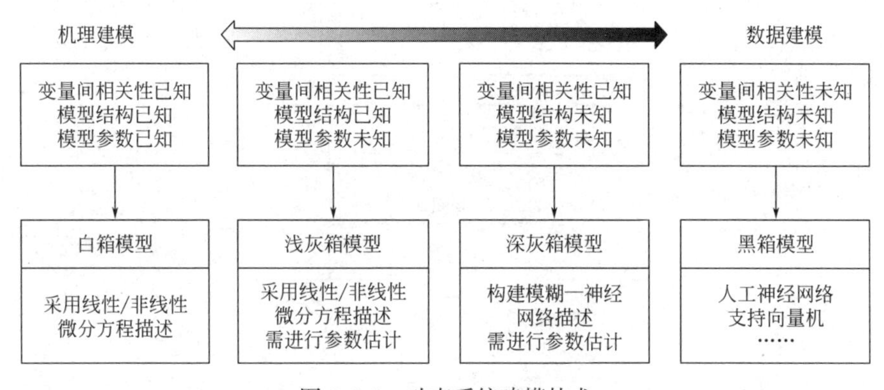

图 2.5-1　动态系统建模技术

由于厌氧消化涉及的因素过于复杂，过程机理尚未被明晰，已有的数据不足以支撑白箱模型的建模路线，故将厌氧系统视作黑箱，基于运行数据，并借助人工神经网络等数据挖掘算法，似乎是一种合理选择。但此种方法难以将已知数据纳入模型结构，模型的性能在很大程度上取决于测试数据所蕴含过程信息的全面程度，而受限于基质类型、操作状态和工艺条件等样本因素，测试结果仅能呈现厌氧过程的部分特性，因而，此类模型的信息转移能力及可被推广性十分有限。在这种情况下，灰箱模型对理论解释和数据挖掘，提供了一个折中的可能性。此类模型基于物理、化学、生物等多学科的基础理论或经验性规律，使用以线性和非线性微分方程为主的数学语言，对厌氧的各主要过程进行描述，并给出相应参数，应用时，先通过合适的参数估计程序适应各种工艺条件的变换，完成后，便能呈现过程动态。新兴的深灰箱模型使用模糊逻辑语言抽取厌氧经验性规律中蕴含的过程知识，并基于部分运行情况数据，结合神经网络的自学习能力，构造出具有自适应学习能力的神经模糊系统。此类模型主要面向厌氧消化运行过程中的优化调控，不能体现出过程动态，无法呈现出过程机理。

2.5.2 厌氧机理建模

1. 厌氧生物转化过程

厌氧消化是在多种细菌和古菌的作用下，有机底物逐步降解为甲烷和二氧化碳的过程。厌氧降解过程通常分为四个具有不同反应途径和代谢产物的阶段：水解、酸化、产氢产乙酸和产甲烷，如图 2.5-2 所示。各降解步骤同时在连续或半连续式的反应罐中进行，这导致了在复杂基质的降解过程中极易出现限制性因素的干扰，因而厌氧消化罐的稳定运行对环境和操作条件都有较高的要求。在这种情况下，对不同降解途径性质和限制性因素的理解对于过程优化或建模便具有决定性。

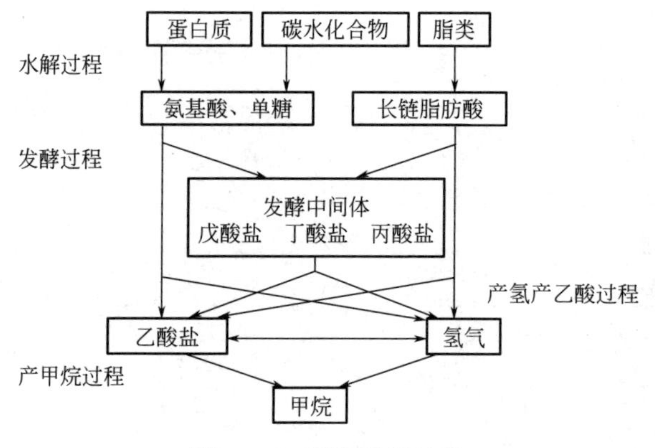

图 2.5-2 厌氧降解过程

（1）水解反应

在水解过程中，细菌分泌的胞外水解酶能够催化化学键的水解裂解，会将典型如碳水化合物、蛋白质和脂肪的高分子有机聚合物分解为基本构造单元。根据底物的组成和微生物的利用程度，水解过程会产生不同比例的糖、氨基酸、甘油和长链脂肪酸。

底物组成决定着体系的水解速度和各发酵中间体占比，可溶性有机化合物可直接作为后续发酵过程的底物。在底物成分复杂和难降解成分比例较高时，水解通常是整个消化过程中的限速步骤。水解的作用使得溶解的有机质能够通过微生物的细胞膜，进而被吸收用于细胞代谢和厌氧降解的后续步骤。

（2）酸化反应

酸化过程中，水解产物在各种发酵细菌的作用下产生短链有机酸、氢、二氧化碳、乙醇、氨和硫化氢，降解途径随微生物种类各异，但均强烈受到如氢分压和温度等环境条件的影响。

① 单糖的酸化。通常采用葡萄糖作为描述溶解性单糖酸化过程的底物，其通过底物磷酸化过程，将分离电子转移至载体分子 NAD^+，ADP 再生为 ATP，从而获取厌氧降解所需能量。单糖发酵产物的分布主要受氢分压、pH 和温度的影响。例如，在高氢分压下会形成更多的丙酸和丁酸，因此，会生成更少的乙酸、氢和二氧化碳。除上述降解途径外，目前还报道了如乙醇或乳酸等多种不同发酵中间体的单糖酸化途径，如表 2.5-1 所示。

单糖酸化途径　　　　**表 2.5-1**

反应物	化学反应方程式
丙酸	$C_6H_{12}O_6+2H_2 \longrightarrow 2CH_3CH_2COOH+2H_2O$
乙酸、丙酸	$C_6H_{12}O_6 \longrightarrow CH_3CH_2COOH+CH_3COOH+2CO_2+2H_2$
丁酸	$C_6H_{12}O_6 \longrightarrow 2CH_3[CH_2]_2COOH+2CO_2+2H_2$
乙醇	$C_6H_{12}O_6 \longrightarrow 2CH_3COOH+2CO_2$
乙醇、乙酸	$C_6H_{12}O_6+H_2O \longrightarrow CH_3CH_2OH+CH_3COOH+2CO_2+2H_2$
乳酸	$C_6H_{12}O_6 \longrightarrow 2CH_3CHOHCOOH$
乳酸、乙醇	$C_6H_{12}O_6+H_2O \longrightarrow CH_3CH_2OH+CH_3CHOHCOOH+2CO_2$

② 氨基酸的酸化。氨基酸的降解既能以斯提柯兰氏反应（Stickland 反应）成对发生，也可以通过外部电子受体使氨基酸脱水发生单独降解。Stickland 反应描述了一种成对氨基酸相互进行氧化还原结合反应的过程，氨基酸分别以电子给体和受体的形式参与该反应，因而在反应步骤中，氨基酸通过脱氨和脱羧降解，同时生成 ATP。在氨基酸的氧化反应中，会产生碳原子数比原始氨基酸少一个的羧酸、二氧化碳和氨气，如丙氨酸→乙酸盐，与氢反应的氨基酸通常被还原为氨和具有相同链长的氨基酸，如甘氨酸→乙酸酯。由于 Stickland 反应比氨基酸单独降解的速度更快，因而该降解途径通常作为建模中氨基酸酸化过程的理论基础[177]，不同氨基酸受浓度和结构决定，可以酸化产生各种短链脂肪酸、二氧化碳、氨、氢和硫化氢。

③ 长链脂肪酸的酸化。长链脂肪酸通过 β 氧化过程分解，该过程主要取决于脂肪酸的碳原子数，以及双键位置和构型，因而偶数链脂肪酸的酸化产物主要为乙酸，奇数链脂肪酸为丙酸。在脂肪酸的微生物降解过程中，酰基辅酶 A 合成酶通过在脂肪酸的羧基和辅酶 A 之间形成富含能量的硫酯键来活化脂肪酸，进而形成酰基辅酶 A，活化的脂肪酸在 β 氧化过程中通过氧化、水合和硫解循环作用，被还原为两个碳原子。该循环通常须重复几次，将脂肪酸完全分解为乙酸和丙酸。

④ 产氢产乙酸。在产氢产乙酸过程中，前阶段的各代谢产物将降解为乙酸盐、氢气、二氧化碳。产氢产乙酸过程如表 2.5-2 所示。为改变平衡状态，必须保证低的氢气分压，故在甲烷生成过程中，乙酸化细菌的代谢依赖于其与氢利用古菌的共生关系，如丁酸降解产生的氢气可直接用于氢营养型甲烷的形成，而两过程涉及的菌种物理间距通常很小，以方便直接进行种间氢传递。因此，为创造乙酸化和氢利用型产甲烷过程热力学上的有利条件，需保证体系较低的氢分压。从理论上讲，许多反应物的合成降解过程需要竞争氢气。在同型产乙酸过程中，氢也被用于将二氧化碳还原为乙酸盐。但在整体反应过程中，该反应对氢的竞争能力有限，仅能在酸性环境或在低温等特殊环境条件下影响氢平衡。在体系硫酸盐浓度高的情况下，硫酸盐还原过程也会导致体系中的氢气减少，这便导致产甲烷菌代谢的底物可能较少，进而造成沼气产量降低。氢的利用过程取决于现有的微生物群落、底物特性和工艺运行条件。

产氢产乙酸过程 **表 2.5-2**

反应物	化学反应方程式	标准吉布斯自由能 ΔG°
丙酸盐	$CH_3CH_2COO^- + 3H_2O \longrightarrow CH_3COO^- + H^+ + 3H_2$	76.5
丁酸盐	$CH_3[CH_2]_2COO^- + 2H_2O \longrightarrow 2CH_3COO^- + H^+ + 2H_2$	48.3
戊酸盐	$CH_3[CH_2]_2COO^- + 2H_2O \longrightarrow CH_3COO^- + CH_3CH_2COO^- + H^+ + 2H_2$	48.3
己酸盐	$CH_3[CH_2]_4COO^- + 4H_2O \longrightarrow 3CH_3COO^- + 2H^+ + 4H_2$	97.7
乳酸盐	$CH_3CHOHCOO^- + 2H_2O \longrightarrow CH_3COO^- + HCO_3^- + H^+ + 2H_2$	−4.0
乙醇	$CH_3CH_2OH + H_2O \longrightarrow CH_3COO^- + H^+ + 2H_2$	9.6
甘油	$C_3H_8O_3 + 2H_2O \longrightarrow CH_3COO^- + HCO_3^- + 2H^+ + 3H_2$	−73.1
	氢利用型方程式	
氢型产甲烷	$4H_2 + CO_2 \longrightarrow CH_4 + 2H_2O$	−130.7
同型产乙酸	$4H_2 + 2CO_2 \longrightarrow CH_3COO^- + H^+ + 2H_2O$	−94.9
硫酸盐还原	$4H_2 + SO_4 + H^+ \longrightarrow HS^- + 4H_2O$	−152.1

(3) 产甲烷反应

在产甲烷过程中，专性厌氧菌将乙酸、氢和二氧化碳转化为甲烷、水和二氧化碳。理论上，有通过甲酸酯还原二氧化碳以及甲醇、甲胺歧化等多条产甲烷路径[178]，但产甲烷过程通常是基于乙酸营养型和氢营养型实现的，如表 2.5-3 所示。乙酸型产甲烷菌对乙酸盐的亲和力强，虽然生长速度较慢，但其在较长的停留时间和较低的乙酸盐浓度的条件下仍能在与氢营养型产甲烷菌的竞争中处于优势，在自然环境下，甲烷主要通过乙酸降解产生，这也与现有文献中关于污水污泥厌氧甲烷化过程的描述相符。通常 70%厌氧产甲烷是由乙酸降解形成的，30%是通过氢营养型甲烷化形成的，但在某些环境条件下，乙酸也可能发生氧化反应生成氢和碳酸氢盐，如表 2.5-3 所示。当体系的有机酸浓度较高或氨负荷较大时，强烈的抑制作用会影响乙酸型产甲烷菌的活性，不可避免地会通过乙酸盐氧化和氢营养型甲烷化过程降解。乙酸盐氧化过程仅在体系处于高温、酸浓度较低的情况下，优于乙酸型产甲烷过程[179]。目前，由于各降解途径间存在多层相互作用关系，降解途径的分析方法过于复杂，尚无法获得实际操作的参考标准，但可以确定的是，对于高负荷、短停留时间的生物质消化过程，乙酸盐氧化途径的占比明显上升，甲烷化过程会显著向氢营养型转移。

产甲烷过程　　**表 2.5-3**

反应物	化学反应方程式	标准吉布斯自由能 ΔG°
乙酸盐	$CH_3COO^- + 2H_2O \longrightarrow CH_4 + HCO_3^-$	−31.0
氢气	$4H_2 + HCO_3^- + H^+ \longrightarrow CH_4 + 3H_2O$	−135.5
甲酸盐	$HCOO^- + 3H_2 + H^+ \longrightarrow CH_4 + 2H_2O$	−134.2
甲醇	$CH_3OH + H_2O \longrightarrow CH_4 + H_2O$	−112.5
	乙酸消耗方程式	
乙酸盐氧化	$CH_3COO^- + 2H_2O \longrightarrow 2HCO_3^- + 4H_2 + H^+$	104.5

2. 厌氧微生物过程影响因素

微生物群落组成及影响因素的相关研究，对厌氧降解过程的评估优化及建模至关重要，厌氧微生物群落可按代谢产物特性分为发酵细菌和产甲烷古菌，具体情况如表 2.5-4 所示。目前，对于厌氧微生物代谢过程的检测和分析，仅聚焦在单一的微生物种群，种群间的相互作用关系仍未知，且有大量种群无法根据现有的微生物分类学组被归类。细菌和古菌在厌氧体系中通常的占比分别为 15%～30%和 70%～85%，但生物群落组成会随着体系的运转过程发生连续变化。对于建模，可以通过描述厌氧消化特定过程参数和微生物基本依存关系来实现微生物变量的定义，而无须详细说明微生物群落的组成。

厌氧微生物分类　　**表 2.5-4**

厌氧步骤	域	门	纲
复合物水解	细菌	Firmicutes	Clostridia Bacilli Erysipelotrichi
营养物质单体酸化		Proteobacteria	Alphaproteobacteria Deltaproteobacteria Gammaproteobacteria
发酵中间体产氢产乙酸		Bacteroidetes Actinobacteria Spirochaetes Thermotogae	Bacteroidia Actinobacteria Spirochaetes Thermotogae
乙酸型和氢型甲烷化	古菌	Euryarchaeota	Methanomicrobia Methanobacteria

（1）营养供应

厌氧微生物的正常生理活动需要充足、多样的营养物质供应，缺乏营养通常会导致微生物繁殖速度减慢、沼气利用率低和系统酸积累，通常是工艺条件不稳定的主要原因。在污泥的单基质消化过程中，常能观测到养分分布不均的现象，需要添加互补性的共消化基质或补充微量元素，以保证工艺的稳定运行。

常量营养素和离子（表 2.5-5）对微生物至关重要，其参与了 ATP/NADP 和酶的合成，并且是组成细胞的基本成分。厌氧过程的微生物生长速率和生物质产量较低，因而对大量营养素的需求相对较低，但在一些情况下，磷和硫的缺乏会严重影响过程的稳定性和产气量。少部分工作研究了基质中大量营养素的最佳配比，但结果差异很大，通常认为合理的营养配比大约为 C：N：P：S＝3000：50：3：1～600：15：5：1。

常量营养素和离子作用 **表 2.5-5**

元素	常量营养元素作用	元素	离子作用
C	细胞结构基本组成成分 微生物的主要能量来源	K	支持细胞的营养运输和能量平衡 重要的无机阳离子
		Ca	胞外酶的组成成分（淀粉酶和蛋白酶）
N	蛋白质、核酸和酶的组成成分 参与能量载体 ATP 和 NADP 的合成	Mg	多种酶的辅酶因子和激活剂 核糖体、生物膜和细胞壁的组成成分
P	核酸、磷脂和多种酶的组成成分	Na	ATP 的形成 胞内营养运输
S	半胱氨酸和蛋氨酸的组成成分 多种酶的辅酶因子和组成成分	Cl	重要的无机阴离子

微量营养素的作用包括：①参与辅酶因子和酶的活化/形成；②作为氧化还原反应中的电子受体；③作为沉淀剂缓解抑制作用。目前，已有相关报道提到厌氧体系中缺乏铁、镍、钴、钼、硒、钨等微量元素对运行的影响以及补充后的作用，如添加铁、铜和镍会增加乙酸型产甲烷菌的浓度，但过高的微量元素浓度也会降低微生物生长速率，甚至产生抑制作用。虽然，目前已有大量的相关报道，但仍无法描述单微量元素或多微量元素是如何协同影响微生物活性和代谢的情况，关于常见底物消化添加剂的最佳剂量，也存在着许多不同意见。对于建模过程，常量营养元素对消化过程的影响可以通过底物降解过程的化学方程式和相应中间体的代谢/抑制情况进行描述。对于微量元素/离子的影响是难以进行普适性描述的，但针对具体应用，可以基于主要营养元素的适宜浓度测试结果，结合扩展的化学方程式和抑制函数进行描述。

（2）温度

温度是除营养物质外影响微生物生长和活性的最重要因素之一。为具有更快的生长速率，厌氧降解通常发生在较高的温度下，从而提升处理效率与产气速率。根据操作温度，大多数厌氧处理温度包括：低温（10～20℃）、中温（30～40℃）和高温（50～60℃）三种。

低温下微生物生长速率低，消化过程中易出现过度酸化的情况，因而降解和产气表现不佳。与低温相比，中温可明显改善复杂底物的水解效率，对于更长的保留时间，与高温相比，气体产量差异并不明显，而中温下具有最高的微生物多样性[180]，这使得微生物群落较为平衡，工艺条件更稳定，也是厌氧处理厂的常规工作温度。高温能使底物的黏度明显降低，在均质化方面有明显技术优势，此外，还能实现底物快速降解，增大负荷，缩短停留时间。但是降解速率的提高会导致中间体浓度提升，这也加大运行风险。由于产甲烷菌对温度的高敏感性，实际厌氧过程均保持在恒温条件下，以保证稳定的降解性能，在建模过程中，温度对微生物的影响主要通过构建温度—动力学参数间的关系实现。

（3）pH

厌氧过程中的 pH 取决于带酸碱性的代谢产物与底物间的反应情况，其作用包括：①直接影响微生物群落的生长和组成；②调节重要酶的活性、稳定性和溶解性；③控制重要的酸性或碱性中间体的分解，从而影响其对微生物生长条件的抑制或刺激作用。厌氧体系中的缓冲对能够降低 pH 的变化幅度，厌氧体系中的缓冲对如表 2.5-6 所示。缓冲对包含相对浓度更高的弱酸及其共轭碱，在其有效 pH 范围内，只有组分的电离平衡发生变化，才能使 pH 保持稳定。

厌氧体系中的缓冲对　　表 2.5-6

缓冲对	解离平衡	弱酸电离常数的负对数 pK_a
碳酸盐类	$CH_2+CO_2 \longleftrightarrow H_2CO_3 \longleftrightarrow H^+ + HCO_3^-$	6.35
	$HCO_3^- \longleftrightarrow H^+ + CO_3^{2-}$	10.33
氨	$NH_3+H_2O \longleftrightarrow NH_4^+ + OH^-$	9.25
硫化物类	$H_2S \longleftrightarrow H^+ + HS^-$	6.99
	$HS^- \longleftrightarrow H^+ + S^{2-}$	12.89

（4）抑制剂

抑制剂是对微生物群落生长和代谢具有抑制作用的物质，可能以底物中的有害组分进入反应过程，或在发酵过程中作为中间体产生。典型抑制剂除特定的降解产物外，还包括抗生素、消毒剂、除草剂、盐和重金属等。抑制作用主要取决于抑制剂浓度，即使是必需的常量或微量元素（如氮或硫），也可能在高浓度下发生抑制作用[181]。典型抑制机制包括：与细胞成分发生反应；与酶、辅酶因子和底物吸附/络合；干扰厌氧反应步骤和细胞的控制功能；改变环境条件。

（5）氨抑制

氮是微生物必不可少的营养素，在含蛋白质的底物水解和发酵过程中，主要以氨氮的形式释放。大多数细菌依靠 NH_4^+ 来提供氮营养，但未被电离的 NH_3 会抑制微生物的代谢和活性。NH_3 能在细胞膜中自由扩散，从而影响细胞内pH，主要影响产甲烷菌，尤其是影响乙酸型产甲烷菌的生长[182]，通常采用竞争性吸收型抑制函数来描述。

（6）硫化物抑制

造纸或糖蜜、酒精、柠檬酸、食用油、海鲜等食品生产工业废水中的硫浓度较高。少量的硫化物对产甲烷过程具有积极作用，硫离子可通过沉淀成为金属硫化物，会将各种重金属（如钴、锌、镍或铁）的浓度降低到抑制限度以下[183]。但过量的硫和硫酸盐也会对厌氧消化过程产生负面影响，包括：硫酸盐还原过程会与发酵和产甲烷过程竞争碳源；硫酸盐还原的产物（硫化物和硫化氢）会对微生物生长产生抑制作用；金属硫化物的沉淀，会影响微量元素的营养供应及相应微生物的活性；沼气中硫化氢会腐蚀气体净化装置；沼液中的硫化物，会严重影响其作为肥料的使用。与产甲烷菌相比，硫酸盐还原菌的代谢途径多样性更高[184]，并且能与乙酸型产甲烷过程竞争中间体，硫酸盐还原途径如表 2.5-7 所示。当氢、有机酸和醇在标准条件下转化时，硫酸盐还原菌由于热力学条件更佳，在与产甲烷菌的竞争中处于优势地位。此外，对单菌群的动力学研究结果表明，硫酸盐还原菌比产甲烷菌具有更高的底物亲和力（更小的 K_S 值）和更快的生长速率（更高的 μ_m 值）[185,186]，厌氧底物和中间体更可能被硫酸盐还原菌吸收利用。

硫酸盐还原途径 **表 2.5-7**

反应物	化学反应方程式	标准吉布斯自由能 ΔG°
氢	$4H_2+SO_4+H^+ \longrightarrow HS^-+4H_2O$	−152.1
乙酸	$CH_3COO^-+SO_4^{2-} \longrightarrow HS^-+2HCO_3^-$	47.6
丙酸	$CH_3CH_2COO^-+0.75SO_4^{2-} \longrightarrow 0.75HS^-+HCO_3^-+CH_3COO^-+0.25H^+$	37.6
丁酸	$CH_3[CH_2]_2COO^-+0.5SO_4^{2-} \longrightarrow 0.5HS^-+2CH_3COO^-+0.5H^+$	27.8
乳酸	$CH_3CHOHCOO^-+0.5SO_4^{2-} \longrightarrow 0.5HS^-+CH_3COO^-+HCO_3^-+0.5H^+$	80.1
乙醇	$CH_3CH_2OH+0.5SO_4^{2-} \longrightarrow 0.5HS^-+CH_3COO^-+0.5H^++H_2O$	66.4

（7）有机酸抑制

基于大量的工作研究和讨论认为高浓度酸对厌氧过程的抑制作用，其导致的体系 pH 下降通常被认为是厌氧过程抑制的主要原因。但单种类酸也可能直接抑制微生物的生长和代谢，抑制强度主要与未电离的有机酸浓度有关（抑制强度很大程度上由体系 pH 决定）。一般而言，抑制作用随有机酸的碳链长度增加而增强，因而对于特定的长链脂肪酸，在较低浓度下也能强烈抑制丁酸和丙酸的发酵，强烈抑制产甲烷过程，不同的长链脂肪酸的特定组合还可能发生协同作用而进一步放大抑制作用。长链脂肪酸黏附在细胞壁，限制细胞膜的转运和保护功能。早期的研究认为其对产乙酸和产甲烷菌的毒性作用是不可逆的，但最近的研究表明，长链脂肪酸的抑制作用是可逆的，即使在高负荷下，微生物也能够再生[187]，因而可采用可逆性抑制函数形式来描述。

3. 机理模型结构

对厌氧转化生物过程的原理有了基本了解后，进行全过程建模还需要掌握涉及各部分的描述方法。这包括厌氧生化过程化学反应方程式、动力学和抑制函数形式选择与物化过程描述，以及目前已建立的厌氧过程模型结构。

厌氧过程建模一般仅针对连续搅拌釜式反应器（CSTR），通过对体系内基本生化和物理过程的描述，以物料流和质量流形式表达组分变化和厌氧各阶段情况。模型通过忽略各组分的空间分布避开复杂的偏微分方程，将过程的描述以一阶微分方程的形式实现，整体上各组分变化情况可用以下形式描述：

组分浓度变化＝进出料＋生化反应＋相变

其中，进出料可描述为：

进出料＝进料流速×进料组分浓度－出料流速×反应相组分浓度

除了进出料的影响外，厌氧生化过程化学反应方程式、动力学及抑制函数形式选择，物化过程的描述，是模拟厌氧过程的核心要素。

4. 厌氧生化过程化学反应方程式

化学反应方程式能够对各反应物、中间体和产物进行定量计算，目前已有许多描述厌氧消化的各代谢途径的化学反应方程式。最简单的厌氧终态化学反应方程式采用复合形式描述底物，如表 2.5-8 所示。

厌氧终态化学反应方程式　　　　**表 2.5-8**

文献	厌氧终态化学反应方程式
Buswell[15]	$C_aH_bO_c+\left(a-\frac{b}{4}-\frac{c}{2}\right)H_2O\longrightarrow\left(\frac{a}{2}-\frac{b}{8}+\frac{c}{4}\right)CO_2+\left(\frac{a}{2}-\frac{b}{8}-\frac{c}{4}\right)CH_4$

续表

文献	厌氧终态化学反应方程式
Boyle[188]	$C_aH_bO_cN_dS_e+\left(a-\frac{b}{4}-\frac{c}{2}+\frac{3d}{4}+\frac{e}{2}\right)H_2O\longrightarrow\left(\frac{a}{2}-\frac{b}{8}+\frac{c}{4}+\frac{3d}{8}+\frac{e}{4}\right)CO_2+\left(\frac{a}{2}+\frac{b}{8}-\frac{c}{4}+\frac{3d}{8}-\frac{e}{4}\right)CH_4+dNH_3+eH_2S$
McCarty[189]	$C_aH_bO_cN_dS_e+\left(a-\frac{b}{4}-\frac{c}{2}+\frac{3d}{4}+\frac{e}{2}-3\alpha\right)H_2O\longrightarrow\left(\frac{a}{2}-\frac{b}{8}+\frac{c}{4}+\frac{3d}{8}+\frac{e}{4}-\frac{5\alpha}{2}\right)CO_2+\left(\frac{a}{2}+\frac{b}{8}-\frac{c}{4}+\frac{3d}{8}-\frac{e}{4}-\frac{5\alpha}{2}\right)CH_4+(d-\alpha)NH_3+\alpha C_5H_7O_2N+eH_2S$

单一化学反应方程式仅能计算理想状况下底物中有机质的最大甲烷产量，既不能获得准确的沼气潜力评估，又无法描述厌氧过程动态，故需结合已知的厌氧过程涉及的物化、生化过程，将单一的化学反应方程式扩展，从而对各子过程及中间过程进行更详细描述。在厌氧动态模型的建立过程中，应将重要的过程包含在模型结构内，并采用参数合理描述各工艺条件，早期的厌氧机理模型也正是在对厌氧中间过程持续进行扩充描述中发展起来的。

5. 动力学及抑制函数形式选择

（1）生化反应动力学

可以采用多种形式的生化反应动力学描述各变量的动态情况。单微生物的酶促水解或降解过程通常以简单的一级反应动力学进行描述，从而可以基于限速底物浓度直接模拟颗粒底物发酵过程中的降解和产物形成，而无须考虑生物质增长。对发酵中间过程，尤其是溶解性底物组分和中间体的生化转化过程，通常需要对所涉及的微生物代谢和生长过程进行描述。目前已有大量模型基于底物、产物和生物质浓度以及其他生物、物理和化学因素，采用不同的生长动力学来描述微生物生长行为，然而这些函数关系大多是基于经验的描述结果，并不涉及机理关系，因而只有少部分常见的动力学形式被证明适用于实际应用，如表 2.5-9 所示。污泥动力学参数表如表 2.5-10 所示。

不同形式生化反应动力学函数　　表 2.5-9

增长函数	提出人	函数表达式
线形	Grau 等[195] Blackman[196]	$\mu=\mu_m\cdot\frac{S}{K_s}$　$S\leqslant K_s$ $\mu=\mu_m$　$S>K_s$

续表

增长函数	提出人	函数表达式
S形	Monod[197]	$\mu=\mu_m \cdot \frac{S}{K_s+S}$
	Moser[190]	$\mu=\mu_m \cdot \frac{S^n}{K_s+S^n}$
	Contois[194]	$\mu=\mu_m \cdot \frac{S}{B \cdot X+S}$
	Tessier[191]	$\mu=\mu_m \cdot (1-e^{-\frac{S}{K_s}})$
	Chen[192]	$\mu=\mu_m \cdot \frac{S}{K_s \cdot (S_{in}-S)+S}$
	Haldane	$\mu=\mu_m \cdot \frac{S}{K_s+S+\frac{S^2}{K_I}}$

注：μ 为微生物的比增长速度，即单位生物量的增长速度；

μ_m 为微生物最大比增长速度；

K_s 为半饱和常数，为当 $\mu=\mu_m/2$ 时的底物浓度；

S 为单一限制性底物浓度；

B 为增长系数；

S_{in} 为输入底物浓度；

X 为微生物浓度；

K_I 为抑制系数。

目前已有的描述厌氧微生物生长动力学函数形式可按函数曲线形状分为线形和S形两类。微生物比生长速率 μ 主要受生长限制底物 S 的浓度影响，不同的动力学形式采用了不同方式描述 S 与 μ 间的关系。

Monod动力学是基于实验测量值的回归分析结果而非机理描述，用描述酶催化反应的米门定律转移描述微生物的生长过程，是目前采用最多的动力学形式。此外，Moser[190]、Tessier[191] 和 Chen[192] 的S形动力学也清楚地描述了此经验依存关系。Haldane方程[193] 还考虑了高浓度底物的抑制作用，而Contois[194] 则考虑了基于生物质浓度限制生长速率。为描述其他抑制剂或生长限制性底物的影响，可以通过添加合适的抑制函数扩展各动力学的形式。

（2）抑制函数

目前，结合不同的微生物生长动力学形式，已有多种描述抑制作用的函数形式报道，按抑制功能类型可分为可逆抑制、pH抑制和基质抑制三类，不同类型抑制函数如表2.5-11所示。可逆抑制是由酶反应动力学推导而来，基于Monod动力学描述了抑制微生物生长的各因素。竞争性抑制的影响通过增大半饱和常数 K_S 来描述，而非竞争性抑制则通过底物浓度的影响来描述。

污泥动力学参数表 **表 2.5-10**

分解和水解参数

序号	k_{dis}(d^{-1})	k_{hyd_CH}(d^{-1})	k_{hyd_PR}(d^{-1})	k_{hyd_LI}(d^{-1})	确定方法	底物	pH	温度(℃)	参考文献
1			0.2		间歇	初沉污泥	7	35	[198]
2		0.30	0.28		静态	初沉污泥	5.14	35	[199]
3		0.41	0.39		静态	初沉污泥	5.85	35	[199]
4					静态	初沉污泥	6.67	35	[199]
5		1.94	0.10	0.17	静态	初沉污泥		35	[200]
6		0.21	0.0096	0.0096	静态	初沉污泥		35	[200]
7	0.25					初沉污泥	7.2～7.7	35	[201]
8	0.4					初沉污泥	7	55	[201]

单糖酸解的动力学参数

序号	k_m (d^{-1})	K_s (kgCOD/m^3)	Y	k_{dec} (d^{-1})	μ_{max} (d^{-1})	确定方法	底物	温度(℃)	pH_{UL}	pH_{LL}	pH表现	参考文献
1	27	0.050	0.15	0.80	4	动态	初沉污泥	35	5.5	4.5	降低	[201]
2	107	0.200	0.15	3.20	16	动态	初沉污泥	35	5.5	4.5	降低	[201]

氨基酸酸解的动力学参数

序号	k_m (d^{-1})	K_s (kgCOD/m^3)	Y	k_{dec} (d^{-1})	μ_{max} (d^{-1})	确定方法	底物	温度(℃)	pH_{UL}	pH_{LL}	pH表现	参考文献
1	27	0.050	0.15	0.80	4	动态	初沉污泥	35	5.5	4.5	降低	[201]
2	107	0.200	0.15	3.20	16	动态	初沉污泥	35	5.5	4.5	降低	[201]

续表

序号	k_m (d^{-1})	K_s ($kgCOD/m^3$)	Y	k_{dec} (d^{-1})	μ_{max} (d^{-1})	确定方法	底物	温度 (℃)	pH_{UL}	pH_{LL}	pH表现	参考文献
LCFA酸解的动力学参数												
1	12	1.00	0.05	0.06	0.55	动态	初沉污泥	35	6.7	5.8	降低	[201]
2	37	2.00	0.05	0.20	1.65	动态	初沉污泥	35	6.7	5.8	降低	[201]
丙酸酸解的动力学参数												
1	11	0.020	0.05	0.06	0.55	动态	初沉污泥	35	6.7	5.8	降低	[201]
2	33	0.150	0.05	0.20	1.65	动态	初沉污泥	35	6.7	5.8	降低	[201]
乙酸分解产甲烷的动力学参数												
1	13	0.040	0.03	0.05	0.33	动态	初沉污泥	35	6.7	5.8	降低	[201]
2	52	0.300	0.03	0.20	1.30	动态	初沉污泥	55	6.7	5.8	降低	[201]
氢利用型产甲烷的动力学参数												
1	44	1.0×10^{-6}	0.05	0.30	2.0	动态	初沉污泥	35	6.7	5.8	降低	[201]
2	178	5.0×10^{-6}	0.05	1.20	8.0	动态	初沉污泥	55	6.7	5.8	降低	[201]

注：k_m 为比增长系数，K_s 为半饱和系数，Y 为细胞产率，k_{dec} 为衰亡系数，μ_{max} 为微生物最大比增长速度，pH_{LL} 为酸抑制出现的 pH 下限值，pH_{UL} 为酸抑制出现的 pH 上限值，k_{dis} 为分解速率系数；k_{hyd_CH} 为碳水化合物的水解速率系数；k_{hyd_PR} 为蛋白质的水解速率系数；k_{hyd_LI} 为脂类的水解速率系数。

不同类型抑制函数　　表 2.5-11

<table>
<tr><td colspan="2">可逆抑制</td></tr>
<tr><td>竞争性抑制[202,203]</td><td>$\mu=\mu_m\cdot\frac{S}{K_S\cdot\left(1+\frac{S_I}{K_I}\right)+S}$</td></tr>
<tr><td>非竞争性抑制[202,203]</td><td>$\mu=\mu_m\cdot\frac{S}{K_S+S\cdot\left(1+\frac{S_I}{K_I}\right)}$</td></tr>
<tr><td>非竞争性抑制[202,203]</td><td>$\mu=\mu_m\cdot\frac{S}{K_s+S\cdot\left(1+\frac{S_I}{K_I}\right)}$</td></tr>
<tr><td colspan="2">pH 抑制</td></tr>
<tr><td>下限抑制|类型 1[177,204]</td><td>$I_{pH}=\begin{cases}\exp\left[-3\left(\frac{pH-pH_{UL}}{pH_{UL}-pH_{LL}}\right)^2\right] & pH<pH_{UL}\\ 1 & pH\geqslant pH_{UL}\end{cases}$</td></tr>
<tr><td>下限抑制|类型 2[205]</td><td>$I_{pH}=1-\frac{K_{pH}^n}{K_{pH}^n+pH^n}$　　$K_{pH}=\frac{pH_{UL}+pH_{LL}}{2}$
$n=pH_{UL}\cdot pH_{LL}$</td></tr>
<tr><td>下限抑制|类型 3[204]</td><td>$I_{pH}=\frac{K_{pH}^n}{K_{pH}^n+10^{-pH\cdot n}}$　　$K_{pH}=10^{-\frac{pH_{UL}+pH_{LL}}{2}}$
$n=\frac{3}{pH_{UL}-pH_{LL}}$</td></tr>
<tr><td>双限抑制[177]</td><td>$I_{pH}=\frac{1+2\times10^{0.5(pH_{LL}-pH_{UL})}}{1+10^{(pH-pH_{UL})}+10^{(pH_{LL}-pH)}}$</td></tr>
<tr><td colspan="2">基质抑制</td></tr>
<tr><td>竞争性吸收[177]</td><td>$\mu=\mu_m\cdot\frac{S}{K_S+S}\cdot\frac{S_I}{S_I+K_I}$</td></tr>
<tr><td>次级底物[177]</td><td>$\mu=\mu_m\cdot\frac{S}{K_S+S}\cdot\frac{S_I}{S+K_I}$</td></tr>
</table>

注：μ 为微生物的比增长速度，即单位生物量的增长速度；
μ_m 为微生物最大比增长速度；
K_s 为半饱和常数，为当 $\mu=\mu_m/2$ 时的底物浓度；
S 为单一限制性底物浓度；
S_I 为抑制物浓度；
K_I 为抑制系数；
I_{pH} 为 pH 限制系数；
pH_{LL} 为酸抑制出现的 pH 下限值；
pH_{UL} 为酸抑制出现的 pH 上限值。

pH的影响可通过单限（下限）或双限抑制来描述。当pH较高时，微生物生长主要受氨抑制的影响，因而仅描述低pH环境下的抑制效果已被证明能够呈现pH抑制情况。

抑制功能的表达可通过描述对生物质生长、底物降解和产沼气的影响，并结合典型的生长动力学来实现，然而，无论是生长动力学，还是抑制功能的表达都是经验性的描述，相比于数学表达形式的选择，受限制过程分析与参数的合理选择对抑制特性的呈现更为重要。此外，抑制作用的建模研究通常是在基于控制变量条件下通过实验室进行的分析和测试结果，从理论角度讲，这是合理的，但由于厌氧消化过程受众多且大量未知的因素协同影响，这种描述在大型污水处理厂规模的应用是极其有限的。

6. 物化过程描述

物化过程能够描述非生物因素对厌氧过程的影响。体系的pH通过反应相离子的电离平衡确定，液相和气相间的相变则是基于双膜理论。

电离平衡和pH计算。通常根据有机酸、碳酸盐和铵离子、其他阳离子和阴离子的特征解离产物的离子平衡计算pH，部分模型还包括SO_4^{2-}、Na^+或$H_2PO_4^-$等其他离子。

相变。液相和气相之间的传质通常由亨利定律描述，即液相中可溶性组分的稳态浓度与其在气相中的分压成正比。在水溶液和不饱和溶液中，此线性关系由特定物质和温度相关的亨利系数K_H根据公式（2.5-1）定义：

$$S_{liq,i}=K_H \cdot p_{gas,i} \tag{2.5-1}$$

根据Whitman[206]和Lewis[207]提出的两层膜理论，该基本关系可以通过体积传质系数k_{La}来描述挥发性中间体和产品的动态传递速率，如公式（2.5-2）所示（$\rho_{T,i}$是CO_2、CH_4、H_2O中任一气体在两相间的传递速率，$S_{liq,i}$是液相中CO_2、CH_4、H_2O中任一气体的浓度，$p_{gas,i}$是气相中CO_2、CH_4、H_2O中任一气体的分压，n是单位转化系数）。

$$\rho_{T,i}=k_{La}(S_{liq,i}-nK_H \cdot p_{gas,i}) \tag{2.5-2}$$

7. 参数估计方法

（1）参数选择

根据测试情况，需要选定模型的部分参数进行数值估计，从而实现对系统过程和变量的精确描述。根据系统理论，可参考敏感性分析结果，选定高影响参数作为估计对象。

（2）目标函数

目标函数及相应的优化算法的选择会显著影响参数估计的结果。表2.5-12列出了常用评估和最小化剩余模型偏差的目标函数。在厌氧消化模拟过程中，通常使用测量值与模拟结果间的各类差值来确定目标函数值[208]。为减少极端值与离群值的影响，常使用平均绝对误差或均方对数误差代替均方误差的结果。此外，目标函数还可扩展为特定参数的权重或时间的权重，从而将各变量在测量过程中的不确定性纳入参数估计的考虑范围。

常用评估和最小化剩余模型偏差的目标函数 **表 2.5-12**

目标函数[208]	公式	目标函数[208]	公式
平均绝对误差	$\frac{1}{n}\cdot\sum_{i=1}^{n}\lvert y_i-\hat{y}_i\rvert$	均方根误差	$\sqrt{\frac{1}{n}\cdot\sum_{i=1}^{n}(y_i-\hat{y}_i)^2}$
均方误差	$\frac{1}{n}\cdot\sum_{i=1}^{n}(y_i-\hat{y}_i)^2$	均方对数误差	$\frac{1}{n}\cdot\sum_{i=1}^{n}(\ln y_i-\ln\hat{y}_i)^2$

（3）优化算法

选定目标函数后，还需使用合适的优化算法对模型参数进行迭代求解。优化算法分为局部和全局两类，传统的局部优化算法能够求解出接近初始值的局部最优值，而全局优化算法则可在选定的目标函数边界范围内，确定总体最优值，常用优化算法如表 2.5-13 所示。

常用优化算法 **表 2.5-13**

是否基于梯度	局部优化算法	全局优化算法
基于梯度	牛顿法 高斯—牛顿法 莱文贝格—马夸特法 Garcia-Ochoa 等[209]、Deveci 等[210]、Martin 等[211]、Lokshina 等[212]、Simeonov[213] 顺序二次规划法 Sales-Cruz 等[214]	—
无梯度	割线法 CHEN 等[215] 单纯形法 Simeonov[213]、Ruel 等[216]、Haag 等[217]	遗传算法(GA) Jeong 等[218]、Abu-Qdais 等[219]、Wichern 等[220] 粒子群算法(PSO) Wolf 等[221] 模拟退火算法(SA) Haag 等[217]

① 局部优化算法。牛顿法的运算需要获得一阶和二阶导数的信息，根据搜索方向确定目标函数的最小值。对于厌氧消化等非线性系统，二阶导数的计算较困难，高斯—牛顿法采用雅可比矩阵，以线性逼近方式近似计算目标函数，如此可以保证各迭代步骤都有唯一确定的数值解。莱文贝格—马夸特法将上述两算法的优点通过与附加的步长或阻尼因子相结合，其鲁棒性强于高斯—牛顿法，且收

敛能力也强于牛顿法。除梯度算法外，在厌氧消化的模拟过程中，也会采用如割线或单纯形法等无梯度的局部方法进行参数估计。

② 全局优化算法。全局优化算法通常不依赖于梯度的计算，而是基于生物学或物理现象，以在边界范围内确定目标函数的全局最优参数值组合。

③ 遗传算法（GA）。GA 受达尔文进化论的启发，按照类似生物界自然选择、变异和杂交等自然进化方式，用字符串来类比生物中的染色个体，通过选择、交叉、变异等遗传算子来模拟生物的进化过程，采用适应度函数来评价染色体所蕴含问题解质量的优劣，通过种群的迭代来提高平均适应度，通过适应度函数引导种群的进化方向，并基于此，使得最优个体所代表的问题解逼近问题的全局最优解。自 20 世纪六七十年代引入以来，GA 已应用在各种不同的工程领域。Wolf 等[221] 使用 GA 结合 ADM1 来优化农业和工业沼气厂的进料。Barik 和 Murugan[222] 开发了一种 ANN-GA 模型，以提高沼液的沼气质量和肥料价值。GA 存在多个能够并行工作的染色体，且能够处理不连续的数据，具备极佳的探索能力，但每次迭代所需的求解时间长。

（4）模拟退火算法（SA）。SA 是基于 Monte Carlo 迭代求解策略的一种随机寻优算法，其出发点是基于物理中固体物质的退火过程与一般组合优化问题之间的相似性。在某一初温下，随着温度参数的不断下降，结合概率突跳特性在解空间中随机寻找目标函数的全局最优解，能概率性地跳出局部最优解并最终趋于全局最优。SA 适合于解决大规模组合优化问题，是一种 NP 完全类问题的通用有效近似算法，具有描述简单、使用灵活和初始限制条件较少等优点。Gaida 等[223] 在 Matlab 的 SA 工具箱中实现了 ADM1 的参数优化。在目前已有的报道中，SA 已用于非线性系统的参数估计，并与实际的生物过程进行了比较，优化模型参数来模拟厌氧消化过程等厌氧消化建模领域。SA 在搜索域中的探索能力已在研究应用中得到证实，但由于使用过程中需要对搜索域进行广泛的扫描，故求解所需的收敛时间较长。

（5）粒子群优化（PSO）。PSO 是一种基于群体智能理论的全局寻优算法，通过群体中粒子间的合作与竞争所产生的群体智能来指导搜索优化过程。与遗传算法相似，首先，随机生成初始解，通过更新世代来搜索最优值。每个问题的潜在解被称作粒子，所有粒子都有一个由目标函数决定的适应度值和一个决定它们位置及飞行方向的速度。然后，粒子群以该速度追随当前的最优粒子在解空间中进行搜索，而粒子的飞行速度则根据个体的飞行经验和群体的飞行经验进行动态调整。PSO 算法迭代包括三个步骤：①对每个粒子的适应度评估；②更新最佳适应度和位置；③更新速度。在农业厌氧消化厂的底物进料优化方面，PSO 相可以得到最好的结果，且在参数数量变化时的运行效果仍能保持稳定。PSO 已用于改进 ADM1 的参数估计，以模拟 VFA 的动态变化情况，优化过程中显示出其在无须交叉和突变的情况下直接在多维空间中寻找最优值的优势。有研究人员对厌氧反应器的稳态和瞬态情况进行了模拟，并使用 PSO 进行了动力学参数拟合[224]，证明该算法能成功应用于非线性系统。在优化问题上，PSO 性能优于传统算法和遗传算法，且由于仅需简单的数学运算符，所需计算成本较低。但如果粒子离最优解距离较远，则可能会陷入局部最优中，从而导致过早收敛，通过在搜索空间中引入新粒子可以帮助解决此问题。

8. 厌氧机理建模现状

对于厌氧这种多步骤并行的微生物主导过程，各步骤的描述是厌氧系统建模工作的核心内容。自 Andrews[225] 开发首个厌氧处理动态模型以来，由于微生物生化代谢机理研究不断加深，推动厌氧建模领域不断发展，目前，已开发了大量基于不同参数和结构来描述厌氧过程的模型。对于早期模型，由于先验知识的缺乏，便基于短板效应，通过描述限制全过程速率的核心步骤来实现模型的构建，即描述乙酸或葡萄糖的厌氧降解过程。此后，对随着厌氧微生物代谢机理方面研究的逐步深入，对降解底物的描述由最初的单一种类分子变成复合物、营养物质混合物，对厌氧过程的描述也从开始的几个限速步骤，逐步演变成复杂的、多途径的微生物代谢过程。整体上看，以厌氧微生物代谢机理为主导的模型结构，沿时间顺序按底物成分的复杂性可分成四类，由简至繁分别是乙酸盐、葡萄糖、复合物和营养物质，部分文献的描述可能有所不同，但大多是对已有模型结构的调整或扩展，出于归纳角度无法将其全部囊括。

第一类乙酸盐模型仅包括 Andrews 开发的模型[193,225]，如表 2.5-14 所示。该模型的降解过程仅考虑乙酸盐转化为甲烷和二氧化碳，模型结构中将厌氧微生物视作一个整体，认为电离的乙酸盐会产生抑制作用，采用 Haldane-Monod 形式描述动力学过程，并以碳元素离子电离过程描述了系统的 pH 变化，气—液转化过程使得能够确定产气中的 CO_2 浓度。

各类厌氧模型特点汇总 **表 2.5-14**

项目	聚合物	单体	酸	气体	抑制剂	生化步骤数目	微生物变量数	物质定量单位
初始底物类型								
Ⅰ. 乙酸								
Andrews			Ac	CH_4 CO_2	Ac	2	1	mol
Ⅱ. 葡萄糖								
A. 葡萄糖→乙酸								
Kleinstreuer		Su	Ac	CH_4 CO_2	Ac Toxic[a]	4	2	mol
Moletta		Su	Ac	CH_4	Ac	4	2	kg

续表

项目	聚合物	单体	酸	气体	抑制剂	生化步骤数目	微生物变量数	物质定量单位
Kiely		Su	Ac	CH_4 CO_2	Ac NH_3	4	2	mol kg
B. 葡萄糖→挥发性脂肪酸								
Mosey		Su	Bu Pro ac	CH_4 CO_2 H_2	pH H_2	10	5	mol
Costello		Su	Bu LCFA Pro Ac	CH_4 CO_2 H_2	pH H_2 VFA	12	6	mol
Kalyuzhnyi		Su	Et[c] Bu Ac	CH_4 CO_2 H_2	pH H_2 Et VFA	10	5	mol kg
Ⅲ. 复合物								
C. 有机底物								
Hill and Barth	xOS[c]	sOS	VFA	CH_4 CO_2 NH_3	VFA NH_3	5	2	mol kg
Smith[b]	xOS	sOS	VFA	CH_4 CO_2	VFA	6	2	COD mol
Negri[b]	xOS sOS	sOS	VFA	CH_4	pH	7	3	kg
I Havlík	xOS	sOS	Ac	CH_4 CO_2 H_2	Ac NH_3	5	2	mol kg
Bernard	OS		VFA	CH_4 CO_2	VFA	2	2	COD mol
D. 复合物								
Bryers	xOS	AS[d] Fa	Pro Ac	CH_4 CO_2		9	3	COD mol

续表

项目	聚合物	单体	酸	气体	抑制剂	生化步骤数目	微生物变量数	物质定量单位
				H_2				
Siegrist	xOS	Su	Pro	CH_4	pH	11	5	COD
		Aa	Ac	CO_2	H_2			
		Fa		H_2	Ac			
Vavilin	xOS	Su	Pro	CH_4	pH	15	7	kg
		Aa	Ac	CO_2	H_2			
		Fa		H_2	NH_3			
				H_2S	H_2S			
				NH_3	Pro			
Ⅳ. 三类营养物质								
Angelidaki	Ch	Su	Va	CH_4	pH	18	8	kg
	Pr	Aa	Bu	CO_2	VFA			
	Li	Fa	Pro	H_2S	Fa			
			Ac		NH_3			
					IN			
Batstone	Ch	Su	Va	CH_4	pH	21	9	mol
	Pr	Aa	Bu	CO_2	H_2			
	Li	Fa	LCFA					
			Pro					
			Ac					
ADM1	Ch	Su	Va	CH_4	pH	19	7	COD
	Pr	Aa	Bu	CO_2	H_2			mol
	Li	Fa	Pro	H_2	NH_3			
			Ac		IN			

注：a. 模型包含不确定的底物毒性抑制；

b. 模型结构是在 Mosey 和 Costello 的基础上修改或扩展而来，未单独呈现；

c. 乙醇；

d. 模型将单糖与氨基酸合并为同一变量。

第二类葡萄糖模型可归为两类，A 类仅采用乙酸盐作为葡萄糖厌氧产甲烷过程的唯一中间体，而 B 类采用挥发性脂肪酸的逐步分解来描述厌氧发酵中间过程，两类的降解途径基本相同，而模型间的差异主要由所采用的动力学过程步骤数量、不同动力学形式的组合，以及物化平衡计算不同导致，如表 2.5-14 所示。Kleinstreuer 和 Poweigha[226] 基于 Andrews 和 Graef[193,225] 的模型，开发了第一个模拟葡萄糖厌氧消化的模型，物化过程将温度对微生物生长的影响纳入了考虑，并在抑制剂类型中增添了不明确的毒物。Moletta 等[227] 模型的主要特点在于定义了葡萄糖降解过程中的能量界限，以能量用途为界，划分为用于微生物生长的能量和用于底物降级的能量。Kiely 等[228] 模型的创新点在于采用具有更高精度的迭代法来计算系统的 pH，并在抑制剂中添加了氨抑制剂。B 类模型在葡萄糖发酵中间体的描述上也有差异，Mosey[229] 的模型基于氢分子调节微生物代谢过程的思路，沿着葡萄糖在厌氧过程中的转化路径，对全过程涉及的各物质动力学过程进行分析描述，提供了一个基于氢分子的新型厌氧机理解析视角。Costello 等[230] 和 Pullammanappallil 等[231] 在系统 pH 计算和抑制剂方面对 Mosey[229] 的模型进行了扩展，前者将乳酸盐加入到酸化过程的中间产物中，两模型的主要区别在于电离平衡的描述及酸抑制函数形式的选择。Kalyuzhnyi[232] 开发的模型也是在 Mosey[229] 的基础上，将乙醇作为中间产物纳入厌氧降解路径中，并考虑了乙醇对微生物生长的抑制作用。

在简单成分基质厌氧消化模型发展的同时，也有一些学者围绕粪便、污泥等成分复杂的基质，以颗粒性混合有机质描述进料底物从而实现建模。第一类模型以整体有机质的混合形态来描述进料复合物的成分，第二类模型则采用碳水化合物、蛋白质和脂质三类营养物质的混合形态来进行更具体的描述，而对应到水解底物，前者仅用使底物溶解来描述水解过程，后者则依据营养物质水解后的单体，对应为单糖、氨基酸和长链脂肪酸。但采用这种细分为营养物质的方式来描述成分如此复杂的底物会造成定量上的困难，因而通常采用 COD 来进行基质的定量描述。

在 Andrews 的首个厌氧模型[225] 发布几年后，Hill 更为详细描述了各发酵中间体形成和进一步降解的化学反应路径和基本动力学原理，微生物变量也扩充为不同类型的产酸菌和产甲烷菌，且将氨抑制和高浓度酸抑制对微生物繁殖的影响纳入了考虑[233]。而在物化过程方面，该模型采用了迭代法来确定 pH，并描述了温度对微生物生长速率和亨利系数的影响。Smith 等[234] 和 Negri 等[235] 为模拟活塞流反应器及多级反应器的情况，基于已有模型结构进行了组合，均按底物降解难易程度将其划分为快速降解组分和缓慢降解组分两种，后者还对颗粒性底物的水解速率进行了描述，认为水解酶数量是颗粒性底物相对表面积的函数。包含数量更多的动力学过程意味着对厌氧过程的描述更加全面，但以 Monod 动力学形式为例，一个动力学过程同时伴有 3 个需要定量的动力学参数，因而过程描述得更详细意味着更多需要定量的参数以及更高的计算成本。基于上述情况，Bernard 等[236] 开发了一个能够发挥模型实时监控功能的简化模型，为避免复杂的化学计量平衡，仅用基于 COD 和质量守恒的单中间体经验方程式便完成了厌氧过程的描述，并对离子平衡和气液转换过程进行了简化描述。对于 D 类模型，

Bryers[237] 和 Siegrist 等[238,239] 的模型结构均是建立在 Gujer 和 Zehnder[240] 提出的污水污泥发酵降解途径理论基础上的，采用三类营养物质的单体来描述水解产物，进而与丙酸和乙酸两种发酵中间体进行关联，前者将蛋白质与多糖的水解产物归纳为单糖与氨基酸混合物的单一组分，但并未考虑抑制作用对微生物生长的影响。Vavilin 等[241] 采用经验方程对厌氧动力学过程进行了非常详细的描述，模型除基础的水解、酸化、甲烷化过程外，还描述了硫酸盐还原过程以及硫酸盐还原菌与酸化菌之间的竞争关系，并将硫元素相关物质扩展到了离子平衡、气体组成和抑制剂中，并描述了胞外酶对水解速率的影响。

第四类模型直接采用三类营养物质的大分子聚合物来描述基质的底物，此类模型结构也是近年来厌氧建模所采用的主流方式。基于 Hill[233] 提出的化学反应方程式，Angelidaki 等人[242,243] 建立了第一个对碳水化合物、蛋白质和脂质进行完整厌氧消化过程描述的综合模型，采用详细的分步过程来描述厌氧发酵，并考虑了蛋白质降解过程中气态硫化氢的生成，抑制剂中还包括了长链脂肪酸。Batstone 等人[177,244] 通过添加蛋白质和脂质的厌氧降解途径扩展了 Mosey[229] 和 Costello 等[230] 的模型结构，并利用气相中的氢分压来调节酸和乙酸生成过程中各个中间体的比反应速率常数和化学计量分布，此外，该模型还根据有效酶浓度对水解速率进行了差异化描述[245]。

在对厌氧生化、物化过程进行大量研究测试后，已有各类厌氧模型被提出，因而开展对成果的整合工作，提出一个通用普适的模型框架有助于该领域的进一步发展，这便是国际水协会发布 ADM1 的时代背景。迄今为止，ADM1 已经在大量的研究应用中定义了厌氧过程建模的标准，并且针对不同应用对象，已有多种针对 ADM1 结构进行修改及扩展的报道，包括添加反硝化过程、硫酸盐还原过程、释磷过程等 ADM1 未包含的厌氧伴随过程，添加乳酸/乙醇作为发酵中间体来对单糖降解途径进行改进，添加微量元素络合作用对厌氧过程的影响描述等。可以说，ADM1 的出现使得以微生物代谢描述为核心的厌氧消化建模领域有了一个研究者共同搭建和维护的基准平台。

2.5.3 厌氧数据建模

1. 人工神经网络（ANN）模型

ANN 是在人类对其大脑神经网络的认知基础上，为实现特定功能而人为构造的网络系统，它对人脑进行了简化、抽象和模拟，可作为大脑生物结构的数学模型。ANN 由大量功能简单、具有自适应能力的信息处理单元（即人工神经元）按照大规模并行的方式，通过拓扑结构连接而成。ANN 能够训练不同类型和结构的数据，可用于预测或估计复杂系统的行为动态。近年来，ANN 已成功应用于非线性、多变量的过程建模，以及污水处理厂好氧和厌氧处理过程中的问题识别和控制。Abu-Qdais 等[219] 开发了一个用于模拟和优化有机废物厌氧消化中的沼气生产过程的 ANN-GA 模型。他们发现：ANN 的模拟结果与实际情况保持高度一致，并认为 ANN 和 GA 的结合可以作为模拟和优化厌氧甲烷化过程的有效工具。Kana 等[246] 使用 ANN 和 GA 对木质纤维素的共消化过程进行建模和优化，并指出，结合 GA 的 ANN 能够有效地描述厌氧消化中的非线性生物过程行为。此研究表明，基于人工智能的建模方式能够显著减少过程机理研究所需的时间。Ghatak[247] 研究了三层 ANN 模型对木质纤维素共消化系统产沼气的预测性能，他们发现，使用 ANN 模型可以成功预测 99.7%的特定沼气产量数据，且与测量值的偏差为±10%，通过 ANN 建模的预测能力，可以大大减少在线控制生产沼气的过程时间。然而，ANN 存在的一些固有问题仍无法被忽视，如对于训练集范围外问题的外推能力弱，无法从网络结构中提取输入与输出层间的相互作用机理，计算成本高，易过度拟合等。因此，在目前厌氧消化过程的主导因素尚未被明确的情况下，基于部分样本构建的黑箱模型难以在进料成分时空差异巨大的背景下稳定发挥作用，当复杂过程的大部分机理已经明晰时，数据模型才能发挥真正的作用。

2. 模糊神经网络模型

模糊逻辑（FL）理论最初由美国加州大学伯克利分校扎德（L. A. Zadeh）教授提出，用来预测需要考虑语言规则的行为。基于 FL 的模型能够对模糊性的规律进行量化描述，从而得出运行系统的精确解。FL 的推理值是语言，而不是清晰的数值，并处理完全正确和完全错误（0～1）之间的真值概念。语言表达定义了定性过程方面，而逻辑允许人们监视和控制机械模型无法轻松描述系统的行为。表达不确定性的不同方式包括模糊集理论和概率论。

Zareei 和 Khodaei[248] 开发了一种自适应模糊神经模型预测和优化牛粪和玉米秸秆的沼气产量。他们发现，在模型建议的最佳条件下（$R^2=0.99$），能将沼气产量提升约 8%。Ruan 等[249] 开发并比较了三个模糊神经网络（FNN）模型，用于模拟处理造纸厂废水的大型 IC 反应器中的生物降解和沼气生产。结果表明：所开发的 FNN 模型产生的偏差较小，并在模拟废水质量和沼气产率方面表现出优异的预测性能，故该研究认为模糊神经技术可以在厌氧处理系统的实时监控操作中发挥巨大作用。Abdallah 等[250] 开发了一种 FL 模型，用于模拟渗滤液再循环和污泥添加对垃圾填埋场沼气生产的影响，其研究结果表明：FL 能够有效描述垃圾填埋系统中的复杂物理和生化过程。Araoye 等[251] 开发了一种用于模拟沼气生产的 FL 控制器模型，以预测和控制沼气的产生，研究结果表明：使用其所开发的模糊控制器后，沼气发电量增长了 45.6%。Ostrovskij 和 Werner[252] 使用 FL 建模方法分析了厌氧消化产生的沼气中的不同成分，他们基于由单个模糊指标（IFI）和质量指标（QI）组成的组合模糊指标（CFI），确定了 11 种成分变异。Finzi 等[253] 开发了一种改善农场沼气厂管理情况的 FL 系统，发现利用所开发的FL系统进行管理能够显著提升沼气产量。他们认为在对隶属函数进行针对性校准之后，所开发的FL系统能够在所有沼气厂的运行管理中发挥重要作用。

2.5.4 污泥厌氧消化过程数学模拟与建模研究展望

厌氧过程建模领域发展到现阶段，在机理建模方面取得了以ADM1理论为典型的显著成就，在数据建模方面，也开发了大量算法模型。然而，对于大规模处理厂层次的模拟，现有模型能发挥的作用甚微，在过程机理仍存在大量不确定性的情况下，数据模型的构建也缺乏方向感，机理性探究仍是厌氧建模领域要攻关的重点。

1. 完全混合假设与简略的物化结构

ADM1假设在所有时刻反应相内的物质及微生物的浓度均匀，对于低固体浓度、低黏度的液态基质，此假设产生的误差尚可接受，但对于半固态或固态的基质，随着基质流变性能的改变，以及反应器规模的增大，反应相内不可避免地会出现混合不匀导致的浓度梯度，且由于物质浓度易达到其溶解限度，沉降过程对厌氧过程的影响显著增强，对于较大规模的反应器，搅拌产生的流场、浓度场变化也无法在ADM1模型框架内呈现。

2. 参数众多且难以定量

ADM1框架具有详细的生化过程描述，伴随着极其庞大的参数体系，计算速度的问题会在联用迭代法计算pH时凸显，导致模型调试工作的烦琐程度显著提升。此外，各模型参数虽有基准值，但具体应用过程中的参数调整却缺乏对照标准。当体系内的变量和过程数量达到一定程度时，系统整体与单一因素间的关系将不会是简单线性关系，这也使得即便对于经验丰富的建模人员，也难以给出不同条件下参数的变化趋势，参数过程的调试变得带有盲目性和主观性，这与ADM1的特性是矛盾的。

3. 初始条件无法确定

营养物质、微生物浓度与模型输入值的测试及转化非常困难，目前通常以稳态值作为初始值，对于此类复杂非线性系统，初始值的微小差异很可能导致稳态结果差异显著，虽然目前还没有关于ADM1混沌现象的报道。

上述问题并不是独立的，Heinzle等[254]在总结厌氧消化模型时讨论了文献中报道的微生物动力学参数的变化范围广泛的情况，并明确指出无论从定性上，还是从定量上，建立与实验数据相一致的CSTR模型都非常困难，认为动力学参数广泛变化的原因是反应器运行条件差异巨大，且测量程序可能并不准确。Fleming[255]认为，Heinzle等[254]提到的条件差异巨大实际上是由于反应器不完全混合导致的。因而在反应器内部混合状态不明确的情况下，给出的模型生化动力学参数指导意义不强，对于具备一定处理规模的反应器，要使厌氧模型发挥作用，必须对反应器内部的流场—传质等物化过程进行更加详细地描述，避免简单的完全混匀假设的不足。

数学模型是实际系统的简化与代表，是真实世界的某些断面或侧面。与实际情况相比，模型的简化主要表现为两个方面：参考模式和动力学描述。前者通过省略实际情况涉及的事件范畴实现，后者通过假定动力学过程符合某一确定的线性或非线性函数特点实现。建模的理想情况为：参考模式能够涵盖实际情况的主要事件范畴，此时，模型误差的主要来源是所选函数的适用性，误差可控。而当参考模式无法满足上述要求时，误差则同时来源于参考模式和动力学描述两个方面，模型失效。

厌氧消化是微生物过程，各因素的作用效果通过影响微生态系统内部结构呈现，表现出典型的复杂性。一方面，复杂性很大程度上表现为不确定性，即系统行为在确定的范畴内存在多种可能情况，但因其涉及的事件范畴之广，使研究者无法通过检测手段结合基准值的方式，实时确定系统的具体行为；另一方面，复杂性因未知性而加剧。现有的厌氧理论由于缺乏对厌氧微生物群体的系统性认知，只能依靠降解、产气等系统宏观表现作为判别依据，并不能描述出反应器的设计运行与微生态系统健康之间的关系，导致缺乏可以量化微生物代谢情况的指标。传统的厌氧生物处理动力学基于成分和负荷确定的底物厌氧消化实验结果，在反应器对微生态系统的影响未知的情况下，采用特定的线性/非线性函数对动力学过程进行描述及参数估计，并未真实反映涵盖实际情况的主要事件范畴，导致效果不显著。

综上所述，未来的厌氧建模发展，一方面要匹配参考模式与实际情况的主要事件范畴，这要求模型面向具体问题（如何评估多介质底物的降解运转情况，如何处理高含固底物，不同反应器间处理效率差异的原因是什么，颗粒污泥是如何形成及衰老的、如何有效处理毒害性底物等）；另一方面，对现有的厌氧理论仍需完善，能够描述出反应器的设计运行与微生态系统健康间的相关关系。一个可行的方法是，基于已有对厌氧微生态系统行为的观察结果进行系统论分析，并结合对传统厌氧理论的批判性解读，面向问题构建系统动力学半定量模型。

2.6 污泥植物生长激素种类和生成潜力

2.6.1 污泥超分子植物生长激素——腐殖质

1. 污泥有机质好氧堆肥、厌氧消化过程的腐殖化机制

腐殖质是一种公认的、超分子的植物生长激素和长效土壤肥料。腐殖质组分

中，胡敏酸具有较高共轭度的芳香结构和更多元的羧基基团，表现出更高的异质性、质子亲和力[256]，而富里酸则与之相反（脂肪结构较多，质子亲和力小）[257]。胡敏酸含有丰富的芳香共轭结构，芳香核心结构与多元小分子含羧基物质之间依靠氢键或者醚键以及金属桥接作用从而形成稳定的结构[258-260]。农学研究发现，胡敏酸的生化活性是基于富芳香碳的疏水性结构而成[261]。唐燕飞等[94]认为污泥胡敏酸的芳构化程度高，意味着其缩合着更丰富的含氧官能团（羧基、酮基等官能团[262]），其通过离子交换特性吸附污泥处理过程产生的高氨氮、高游离盐等污染物，对削减植物毒性有十分重要的意义。因此，胡敏酸的芳构化应该作为评价面向土地应用的污泥处理处置效果的重要指标之一。腐殖化理论认为，富里酸是蛋白质水解产物氧化而来的结构，是多酚—胺路径合成胡敏酸的中间体[263]。污泥腐殖化过程主要表现为富里酸的转化，以及胡敏酸的逐渐积累[264]，换言之，也就是易腐蛋白质类物质以富里酸为中间体，转化为胡敏酸的过程。

在污泥厌氧消化腐殖化方面，文献报道，高含固污泥厌氧消化比低含固污泥厌氧消化表现出更高的蛋白质降解效率，从而可以推测高含固基质的厌氧消化可能产生更多的富里酸用以缩合为胡敏酸[94,257]。这暗示着较高的有机负荷和丰富的厌氧微生物可能有利于加速有机质矿化过程，从而筛选累积难降解有机物，同时，为胡敏酸的芳香重构提供了更多的前体物质[94]。唐燕飞等[94]系统研究了高含固污泥厌氧消化过程中的污泥有机质腐殖化，提出其中的机制为：①蛋白质的水解使得胡敏酸的醌式内核暴露，加速胞外电子传递，提高厌氧消化降解蛋白质类易腐有机质的能力；②蛋白质降解物的氧化态形式（可能以富里酸形式）作为必要的氨基物质参与醌式内核主导的自组装过程，形成了新的胡敏酸结构，从而实现了胡敏酸芳香重构驱动的污泥蛋白质稳定化。

在污泥好氧堆肥腐殖化方面，目前的研究普遍强调木质素类辅料的作用，甚至认为污泥好氧堆肥腐殖质的形成途径主要为起源于木质素的木质素学说和多酚学说[265]。木质素学说[266]认为，木质素首先被好氧微生物不完全利用，残余物经过甲氧基基团丢失，并生成羟基酚，脂肪侧链氧化形成羧基基团，改变后物质再和氮化合物进行未知的变化，生成胡敏酸。多酚学说[267]认为，木质素在腐殖酸合成中仍然起着重要作用，但方式不同。木质素在微生物的降解作用下释放出酚醛和酸，转化为多酚，并与纤维素和非木质素衍生的多酚一起，在酶的作用下氧化成醌，醌和氨基化合物反应生成低分子量的富里酸，后者再聚合成胡敏酸。然而，近年来的研究发现，依赖于木质素转化的污泥堆肥途径十分缓慢，主要受限于木质素的微生物分解[268,269]。越来越多的研究关注到起源于蛋白质的腐殖化过程[257,270,271]，其中的生化路径涉及蛋白质水解、氧化为合成胡敏酸的中间物质，此外，芳香蛋白质水解得到的芳香氨基酸，其氧化衍生物更是优选的芳环和氨基化合物[270]。

2. 污泥有机质腐殖化的强化手段

污泥好氧堆肥腐殖化的瓶颈为有机前体的形成，尤其是芳香类有机前体的形成。Yamada 等[272] 发现，高温预处理堆肥处理牛粪和锯末时，可以产生更多的胡敏酸组分。Huang 等[273,274] 在堆制前对物料进行 85℃预处理 4h，再进行好氧堆肥，研究发现，该高温预处理好氧堆肥的堆制时间比常规堆肥缩短 10d（按照堆肥积温法计算），且对物料降解更为彻底，堆肥产品的总氮质量分数和腐殖化指数较高[275]。高温前处理一定程度上可以激活功能菌的演替，强化好氧堆肥腐殖化。比如，在堆体升温阶段，某些嗜热菌如卵形拟杆菌（*Bacteroides ovatus*）、芽孢杆菌（*Bacillus*）对于蛋白质降解形成腐殖酸前体有重要的作用[276]。在中温期和腐熟阶段，放线菌和共生的圆褐固氮菌（*Azotobacter chroococum*）可以产生一种类似胡敏酸结构的大分子物质[277]，还有一些真菌会对腐殖化起直接的促进作用，例如白腐菌等真菌会加速富里酸的降解[277]。

超过 100℃高温处理在理论上更有助于将复杂的有机化合物转化为易于降解的组分，但目前研究较少。较高的温度会破坏细胞壁和细胞膜上的化学键，导致细胞外多聚物的释放，如多糖和蛋白质。多酚、还原糖和氨基酸等较易降解的产物可以生成稳定的腐殖质基质[278,279]。唐燕飞等[94] 将污泥经过 120℃预处理 30min（0.1～0.2MPa），再进行好氧堆肥，发现这种做法能够提高胡敏酸总量，加快芳构化的进程，同时，通过强化蛋白质参与腐殖化过程，保留更多的有机氮元素[269]。

与好氧过程相比，厌氧环境的有机质氧化和缩合等反应较为受限，具体为：①蛋白质降解效率低下导致的氨基类前体供应不足；②厌氧环境下芳香氨基酸的合成和代谢受限于能量代谢（需要强化供应能量传输载体）[94,270,280,281]。由此，通过热水解强化蛋白质水解暴露内源醌式物[282]、微好氧消化[283]、间歇好氧—厌氧消化[58]、提供铁氧化物为介质[284,285] 等活化内源电子穿梭体或通过适量氧气、铁氧化物（赤泥）、电流为载体提供电子的方式，在理论上都能够使得胡敏酸芳构化增强。研究认为，还可以尝试直接使得胡敏酸芳香内核暴露，即激活内源电子穿梭体的方式，加速胞外有机质电子传递，使得蛋白质类易腐有机质加速、加深降解[270]。鉴于以上技术均处于实验室验证阶段，其放大过程仍待探究，尚未有定论何种方式最经济有效，对此方面还需要深入的研究。

除此之外，研究表明，通过非生物方法也可以促进多酚途径。祁光霞指出，金属氧化物、天然矿物、无机废渣可以促进以多酚为前体物的反应体系生成腐殖酸，不同物质的强化性能与其中所含的金属离子性质有关，铁离子和锰离子催化作用较强[286]。除了催化多酚氧化，投加金属盐还能够通过促进胡敏酸内核与氨基羧基组分之间金属桥联作用，即自组装过程，从而促进胡敏酸的生成。然而，这种做法可能导致末端产物由于金属含量过高而有二次污染环境的风险。

2.6.2 污泥低分子植物生长激素——植物激素和化感物质

1. 污泥源植物生长调节激素种类、量化表征

目前在固体有机废物中识别到的低分子植物生长激素可以概括为植物激素和化感物质两类。植物激素是指在植物体内能够产生且对植物生长发育起调节作用的一类物质，公认的植物激素有细胞分裂素、脱落酸、生长素、赤霉素、激动素、乙烯。化感物质是植物激素之外同样具有激素效应的物质，最初在根际土壤中被发现，它们也能够负责植物的生长和发育，还能够对周围的杂草产生影响，目前发现的种类有氨基酸、脂肪酸、芳香和线性羧酸[287]。它们可以用于土壤、水培溶液或叶面处理，作为极具潜力的污泥资源化目标产物，有必要探讨其在污泥处理过程的定量表征手段和产生机制。

污泥成分复杂，低分子植物生长激素类物质含量低，不易被检测，污泥源植物生长激素的提纯、富集和定量分析手段还很缺乏。针对植物激素类物质本身低分子量、不稳定、易降解等性质，要想有效反映污泥产品的促植物生长效应，就需要一种高效、全面的表征手段。气相色谱质谱联用（GC/MS）通过比对分子碎片与代谢物数据库的碳水化合物、醇类、氨基酸和脂肪酸等物质，识别并半定量分子量小于1000Da（Da是道尔顿）的有机物。基于GC/MS的通用性和该方法的稳健性[288]，已经有几项研究将其用于天然溶解性有机物表征[289]，检测微生物过程中生物质转化以及植物生理研究[290]。在精确定量方面，高效液相色谱（HPLC）是更为常用的手段[291]。然而，通常将高效液相色谱用在基质较为单一的检测中，目前，较为成熟的方法定量依据为紫外光谱的特定吸收，其靶向精确性有待商榷。唐燕飞等经过测试发现，高效液相色谱以及高效液相色谱联用一级质谱，在定量检测污泥源植物生长激素时的样品回收率难以达到60%，检测图形的峰形不清晰、不稳定，难以满足方法学的要求。经过探索，唐燕飞等采用SAX-HLB固相萃取、高效液相色谱/质谱/质谱（LC/MS/MS）、靶向定量（ppb级别）的方式，实现了污泥源植物生长调节激素分子检测，使样品回收率达到90%～105%（专利授权号ZL202110321208.3）。另外，在分析有机固废的污泥源植物生长激素的分布和转化规律时，可以考虑将定性较为全面的GC/MS和较为精确的LC/MS/MS联合使用。

2. 污泥源植物生长激素富集的强化方法

直接针对污泥处理过程的植物生长激素富集转化技术开发较少，目前可以在其他有机固废基质的处理探索中获得启发。

在好氧生物处理方面，最常用的是蚯蚓和微生物协同好氧堆肥处理技术。蚯蚓可将有机质转化为易于被植物吸收的各种营养成分，排出具有抗菌活性和促植物生长活性的蚓粪。研究认为，可能是因为蚯蚓肠道内的微生物及相关酶把蚯蚓食物中的植物激素前体物质转化成了植物激素；也有研究认为，这些植物激素是由蚯蚓肠道或者蚓粪中的产激素类微生物释放出来的。另外，蚓粪中的腐殖酸类也能够通过形成激素—腐殖酸结合体的形式，影响植物的营养吸收和蛋白质合成，促进植物生长发育和提高作物的品质[292]。此外，堆肥产品中的假单胞菌和芽孢杆菌还具有拮抗真菌活动作用和生物肥料效应[293]。

在厌氧生物处理方面，以畜禽粪便为基质的吲哚类物质变化规律及其形成机制被逐渐明确，给污泥生物处理过程带来启发。李欣[294] 通过对比几种吲哚类物质标准样品与沼液样品的液相色谱谱图，确定沼液中吲哚类物质只有色氨酸、吲哚乙酸（IAA)、粪臭素和吲哚。在发酵过程中 IAA 以恒定的速率持续增加，这可能是由于微生物代谢色氨酸产生的，或者是由于动物粪便被降解释放产生的[295]。另外，以色氨酸为底物进行厌氧发酵实验，结果显示，色氨酸在厌氧反应器中主要有两条代谢途径：①IAA 和粪臭素产生途径，即一部分色氨酸首先通过侧链的去氨基和脱羧反应生成 IAA，随后转化为粪臭素；②吲哚的产生及矿化途径，即一部分色氨酸直接被降解为吲哚[280,296]。Li 等[297] 开发了氨汽提、真空蒸发等物化手段，完成沼液肥料的产品化生产方法，这说明有机固废厌氧消化资源化产物除了甲烷以外，还包括植物生长激素。

上述植物生长激素主要为芳香氨基酸衍生物，包括吲哚类物质和芳香羧酸[298,299]，也表明对污泥生物处理，需要强化芳香氨基酸的转化。值得关注的是，芳香氨基酸的转化其实也是污泥腐殖化过程内源产生新的芳香结构的重要途径，即芳香羧酸类植物生长调节剂与醌类物质的缩合（图 2. 6-1)。因此，富集低分子芳香族植物生长激素是污泥面向土地利用资源化的另一种出路，也是调控污泥腐殖化的重要路径。然而，芳香氨基酸和醌类物质的合成需要消耗大量高能磷酸键，提升污泥生物处理过程的能量供应，支撑低分子芳香羧酸和超分子胡敏酸可能是未来新技术的开展方向。

有关污泥源低分子植物生长激素的研究很少，目前，仅有的报道是通过热水解这一非生物手段从活性污泥中以液体肥料的形式回收植物生长激素[300]。Lu 等报道，采用热水解在 165℃处理活性污泥，可以富集 662. 8μg/L 吲哚乙酸到液相中[291]。虽然 Lu 等人采用高效液相色谱法定量测试植物生长激素而未联用质谱分析，其靶向精确性有待商榷，但这在一定程度暗示污泥有机质转化为低分子植物生长激素的潜力。理论上，120℃以上的热水解有利于杀灭污泥病原菌，提高污泥的脱水能力[301]。更重要的是，120℃以上的热水解能够有效解聚含氮化合物中的化学键，从而促进污泥颗粒溶解和含氮化合物释放[302]。不过，除了目标产物的增溶，热水解这一非生物手段能否将低分子植物生长激素前体转化为目标产物的机制尚不清楚。此外，热水解也有一些负面作用，例如，不可控地使金属释放[84,291]，以及在 140℃以上碳水化合物与氨基酸反应易生成难降解的黑素，即美

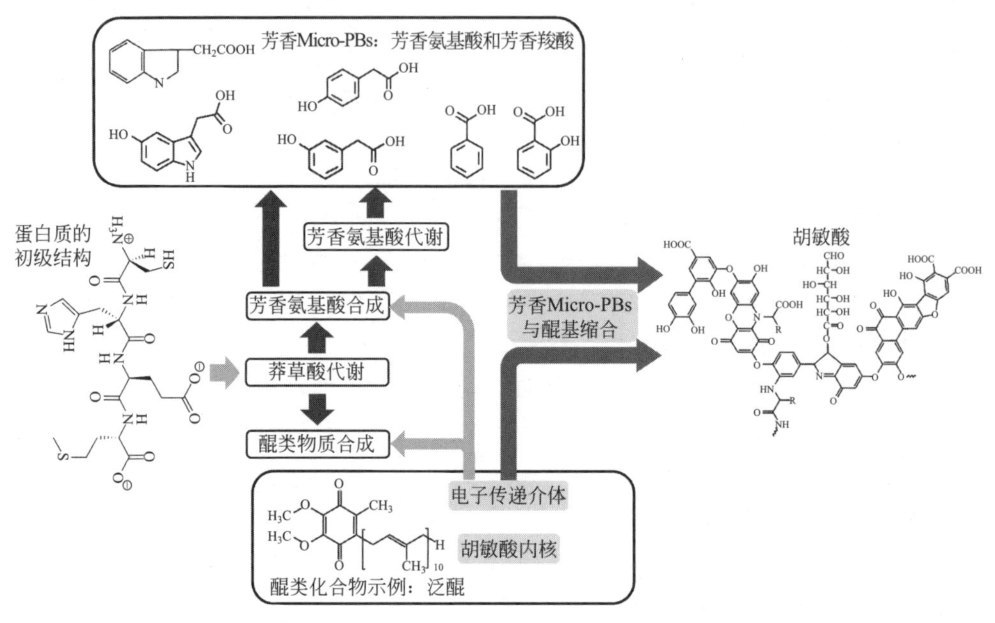

图 2.6-1　以蛋白质为起源的胡敏酸合成路径示意图[271]

拉德反应（Maillard reaction）[303]。

与单一热水解相比，联合碱处理的热水解可以强化有机聚合物的解聚甚至细胞裂解，释放更多植物生长营养和植物生长激素前体。这是因为当污泥样品的 pH 升高时，细菌表面的负电荷越来越多，高静电斥力导致大多数胞外聚合物的破解[304]。唐燕飞等的研究结果表明：污泥经碱（生石灰）处理，联合 160℃热水解后，液相中吲哚乙酸和羟基苯乙酸达到 1.156mg/L，吲哚衍生物和芳香羧酸达到 4.95mg/L。实验室调查和田间调查均表明，联合碱和热水解处理得到的污泥液肥在不引起重金属污染和土壤盐碱化的情况下，促进了植物生长，提高了作物品质。

综上所述，尽管普遍认为污泥有机质具有较高的氮、磷以及较低的碳氮化等适宜土地利用的条件，然而，由于污泥有机物形态变化影响污泥肥效且污泥的直接土地利用还存在二次环境污染的风险，对上述污泥腐殖化和植物生长激素生成过程涉及的芳香蛋白质和芳香氨基酸的研究具有重要意义，通过对其相互作用机制的深入研究及精准量化，为污泥最终土地资源化利用提供理论依据。这对于其他固废有机质的资源循环同样具有重要的理论和实际意义。

2.7　污泥发酵产聚羟基脂肪酸酯

传统一次性塑料难以被降解，对其处置不当，会给环境带来严重的白色污染。因此，研制可被自然微生物分解利用的生物可降解塑料成为解决塑料污染问题的重要途径之一。根据生物可降解塑料的原料来源，可将其分为生物基生物降解塑料及石化基生物降解塑料两类。生物基生物降解塑料主要分为四类：①由天然材料直接加工得到的塑料；②由微生物发酵和化学合成共同参与得到的聚合物，如聚乳酸（PLA）；③由微生物直接合成的聚合物，如聚羟基脂肪酸酯（PHA）；④由以上这些材料共混加工得到的或这些材料和其他化学合成的生物降解塑料共混加工得到的生物降解塑料[305]。石化基生物降解塑料是指以化学合成的方法将石化产品单体聚合而得的塑料，如聚丁二酸丁二醇酯（PBS）、二氧化碳共聚物（PPC）等[306]。在生物降解塑料中，PLA 的生产技术较为成熟，它是由农作物（如玉米、大米、红薯）所提取的淀粉原料经发酵制成乳酸，再经高分子合成转换成的聚酯。由于 PLA 在生物可降解塑料中价格较低，因此，在当前全球生物可降解塑料总需求中占比为 47%[307]。但是，PLA 为线性聚合物，相对分子量分布较宽、脆性高、热变形温度低、抗冲击性差，需要在改性后才能投入使用，并且只有 3 种单体，导致它的可应用领域有限[308-310]，这促使应用潜力更高的生物可降解塑料 PHA 的研究热度兴起。PHA 是微生物在碳源过量，在氮、磷、氧等微生物必需营养物质受到限制的情况下，作为碳源和能源在细胞内合成的一种热塑性聚酯（图 2.7-1）[311]，可以将其提取、配制和加工后再用于塑料生产。PHA 以球形胞内包涵体的形式沉积在细胞内，在某些细菌中可达到干细胞重量的 90%。如今，在已鉴定出的 90 多种能产生 PHA 的微生物中，可以产生 150 多种不同的 PHA 单体，其中，最常见的是聚—β—羟基丁酸酯（PHB）[312]。根据链长的不同，产出的 PHA 可以是热塑性聚酯，也可以是弹性体或者是黏性树脂[313,314]。与生产化石燃料塑料相比，生产 1kg 的 PHA，平均可节省 2kgCO_2 排放量和 30MJ 的化石资源，PHA 在陆地、海洋等自然环境中微生物的作用下能被降解，具有良好的环境友好性[315]。同时，PHA 的原料来源十分丰富，纯化学品、餐厨垃圾、秸秆和污水污泥均可作为 PHA 的原料来源，为其大规模的工业化生产奠定基础。PHA 具有良好的生物相容性、可吸收性，并且可调控降解时间，这些特点为其在医药、农业及其他行业中的应用提供了条件。所以，PHA 是一种应用前景和发展前景都很广阔的生物降解高分子材料。

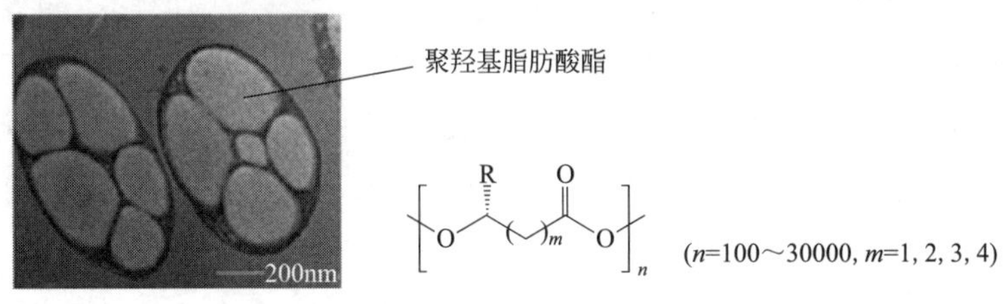

图 2.7-1　PHA 在细胞内的电镜图及 PHA 的结构通式

近年来，从活性污泥中富集功能菌种，并以活性污泥为碳源的PHA合成方法（也叫活性污泥合成法）逐渐受到人们关注，这种方法既有优势，又有不足[316]。在利用脂肪酸、葡萄糖等纯物质和纯种微生物合成PHA时，需要严格满足无菌操作条件，需要消耗大量有机碳源，成本较高，难以规模化推广，而利用活性污泥合成法制备PHA在解决此类问题上则有一定优势。一方面，PHA作为污水生物处理过程中多种微生物的中间代谢产物，活性污泥合成法使碳源的选择从昂贵的单一碳源转向了低廉的混合碳源，同时，也降低了活性污泥合成工艺的运行难度，使其无须在无菌条件下进行，降低了生产成本；另一方面，剩余污泥中通常含有丰富的有机物，通过厌氧发酵，可以产生大量的挥发性脂肪酸（VFA），是微生物用来合成PHA的绝佳原料，发酵液中也存在大量蛋白质和碳水化合物可被利用，因此，节约了碳源成本，并能有效地实现污泥减量化和资源化。相较于纯种微生物法，活性污泥合成法也存在不足：①由于活性污泥中的微生物是由不同菌种组成的混合微生物，每种微生物在生产过程中积累的PHA拥有不同摩尔质量、结晶度和单体组成，导致产物不能达到高度均一，产量较低（一般在50%左右）；②由于活性污泥体系中杂质的存在和废物组成变化，导致PHA产量不稳定，每次使用新废料都需要在大规模实验前进行实验室规模的优化，会产生额外的成本；③最终产品可能有病毒、质粒、细菌或基因污染，不能保证安全性，无法达到医疗级应用。

2.7.1 PHA的合成机理与机制研究

近十年来，以有机废水为碳源，利用活性污泥进行PHA合成的研究蓬勃发展，众多的研究者采用工业废水、农业废水和其他有机废水进行PHA生产。以有机废水为碳源进行PHA的合成，不仅能降低生产成本，而且能够合成出与纯种微生物所合成的PHA具有相同性质的PHA产物[317]。有机废水发酵产物VFA是活性污泥中微生物合成PHA所利用的主要碳源，乙酸、丙酸、丁酸等常见VFA被较早地用于PHA合成研究。由于VFA成分单一，易被微生物利用，为研究工作带来很多便利，因此，常作为模型物质用于PHA的合成研究，也是目前商业化生产中使用的碳源之一。通过调控污泥发酵生产的VFA浓度、种类、配比来调控PHA的产量、性能是当前的研究热点。缩短反应时间、调节pH或添加产甲烷抑制剂等手段，都可用于抑制产甲烷菌，并促进VFA的产生[305]。PHA单体种类取决于VFA组成，Yin等的研究表明，偶数碳底物倾向于生成3—羟基丁酸（3HB）单体，而奇数碳底物倾向于生成3—羟基戊酸（3HV）单体[318]。王远鹏等以乙酸、丙酸为碳源，利用二沉池活性污泥在序批式反应器（SBR）中发酵合成了聚—β—羟基丁酸—戊酸酯（PHBV），积累率可达74%[319]。另外，生产不同PHA单体，消耗VFA的速率不同，短链碳基团通常会使PHA产量更高[320]。有机废水中除了能够发酵产生 VFA 外，还存在大量蛋白质、碳水化合物等可利用的基质，相比纯化学物质碳源，它实现了资源可再生利用，促进了自然界碳元素的良性循环。

在污泥发酵生产 PHA 的过程中，主要涉及三条生物合成途径（图 2.7-2）。PHB 直接合成途径（途径Ⅰ）是最常见的合成途径，广泛存在于多种微生物中，β—酮基硫解酶（PhaA）催化 2 个乙酰辅酶 A 形成乙酰乙酰辅酶 A，在还原酶（PhaB）的作用下，还原为（R）—3—羟基丁酰辅酶 A，最后，通过 PHA 聚合酶（PhaC）将其聚合成 PHB（PHA 的一种）[321]。在脂肪酸 β—氧化途径（途径Ⅱ）中，（R）—烯酯酰水合酶（PhaJ）催化中间产物形成 PHA 前体（R）—3—羟基酯酰辅酶 A，前体在 PHA 聚合酶（PhaC）的作用下合成 PHA[322,323]。在脂肪酸从头合成途径（途径Ⅲ）中，转移酶（PhaG）将中间产物催化形成 PHA 的前体（R）—3—羟基酯酰辅酶 A，最后由 PHA 聚合酶（PhaC）聚合成

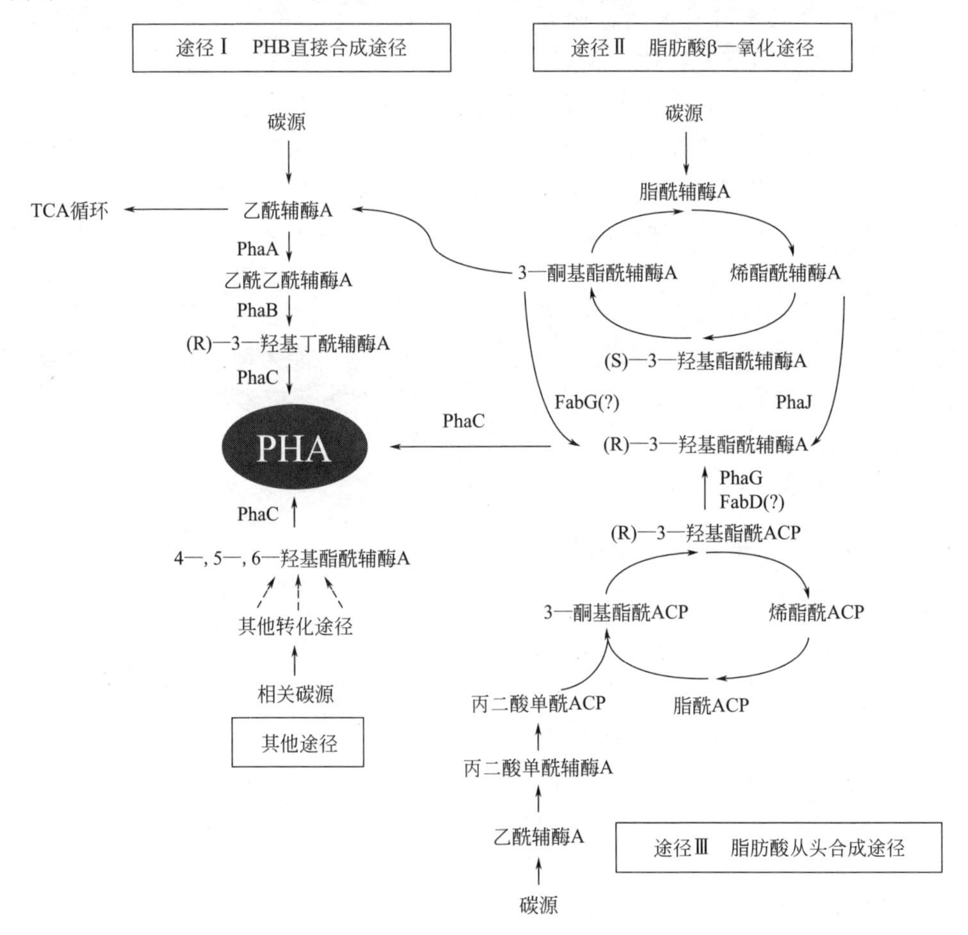

图 2.7-2　污泥发酵生产 PHA 的合成途径

PHA[324,325]。途径Ⅰ和途径Ⅲ均是以糖作为碳源，途径Ⅱ则是利用污泥的发酵产物脂肪酸作为碳源。Rodriguez-Perez 等的研究表明，污泥菌群利用脂肪类废物的 PHA 产量（0.6～0.8g/g）高于糖废物的 PHA 产量（0.3～0.4g/g）[326]，因此，探索具有途径Ⅱ的微生物，对提高污泥 PHA 产量具有重要意义。目前，发现蜡状芽孢杆菌、巨大芽孢杆菌、钩虫贪铜菌等菌种，均具有利用脂肪酸合成 PHA 的能力。

活性污泥合成 PHA 的工艺通常是基于环境条件的变化来为微生物提供合适的积累环境，主要依据两种细胞代谢原理。在第一类工艺中，PHA 在某些特定微生物的生理代谢中能作为中间产物，具有重要功能，微生物体内会发生 PHA 的累积。例如，污泥微生物聚磷菌和聚糖菌均能在厌氧条件下合成 PHA[327]，聚磷菌可以在胞内存储 PHA、糖原和聚磷酸盐等多种聚合物，通过分解聚磷酸盐得到能量，进而将环境中的碳源转化为胞内 PHA。聚糖菌作为聚磷菌厌氧环境下的碳源竞争者，自身不能存储聚磷酸盐，而是通过降解糖原获得能量生产 PHA[328]。在第二类工艺中，微生物在不平衡的生长条件下会产生储存碳源和能源的应激反应，此类合成 PHA 的工艺被广泛研究。研究者们通过不同的喂养策略以控制碳源的可获得性，目前使用较多的是好氧瞬时补料工艺（丰盈—饥饿模式），该工艺使微生物在丰盈和饥饿状态下反复交替。在丰盈状态下，菌群可以将过量碳源转化成 PHA 储存在体内；而在饥饿状态时，这些物质可以被利用供微生物生长和代谢。最新研究表明，混合微生物利用污泥生产 PHA 需要一个真正的丰盈阶段，而不在于严格的饥饿阶段。Fradinho 等提出光合作用下的永久丰盈工艺，具有高 PHA 含量和磷酸盐去除的额外优势，能为符合磷酸盐排放限制的废水提供用作廉价基材的机会[329]。利用模型模拟并不断改进生产工艺是有必要的，目前已有模型涵盖碳源吸收、PHA 降解、合成和抑制的过程，能够良好地匹配实验数据与模拟数据，解释动态过程[330]。

2.7.2 PHA 合成的影响因素

从污泥中富集的 PHA 合成菌群具有相似的代谢特征，依据环境变化合成 PHA，因此，可以通过控制 PHA 积累过程中微生物的生长环境，如通过控制 pH、氮磷浓度、温度、溶解氧（DO）、补料模式等参数，满足微生物合成代谢的需求。

（1）pH 是影响 PHA 合成的关键参数之一，当 pH 为 8～9 时，活性污泥合成 PHA 的产量普遍要高于 pH 为 6～7 时的产量[317,331]。Kumar 等发现，在较高的 pH 环境下，未离解的乙酸会迅速扩散进入活性污泥微生物细胞，而后发生电离，并给细胞内环境施加质子负荷促进 PHA 产生[332]。Moretto 等的研究表明，偏碱性的环境也有利于胞内 VFA 的生成，当 pH 下降时，PHA 产量随之降低[333]。一般来说，在好氧动态进料工艺条件下进行的 PHA 合成，会对 pH 控制，使pH稳定在8～9.5，但从操作系统的简化角度考虑，不控制pH能够降低系统的运行费用。

（2）氮磷浓度对PHA的累积有一定影响。这是因为当生存环境不平衡时，还原型辅酶Ⅰ浓度升高，乙酰辅酶A不能够进入三羧酸（TCA）循环获得细胞生长所需的能量，同时，高浓度的还原型辅酶Ⅰ抑制柠檬酸合成酶，导致了乙酰辅酶A浓度的升高，而这些多余的乙酰辅酶A就会转化成PHA。因此，传统上认为较低的氮磷浓度有利于PHA的合成。采用活性污泥合成法在好氧、厌氧/好氧、微氧/好氧等多种工艺合成PHA的研究中发现，同时或分别限制氮和磷浓度对PHA合成有促进作用，但是受不同驯化条件下富集的不同种PHA合成微生物的影响，改变氮磷浓度对提高PHA合成的效果不尽相同。

（3）温度对于微生物的生长以及PHA的合成都有一定的影响。Krishna的研究表明，在以乙酸为碳源的试验中，当温度从15℃提高到35℃，合成PHB的产量，从每克乙酸生产0.43gPHB降低到每克乙酸生产0.072gPHB，而每小时PHB的产量，从每克细胞干重生产0.12gPHB降低到每克细胞干重生产0.06gPHB[334]。同时，微生物的生长量也会随着温度的变化而改变，从节省能量的角度看来，较低的温度（15～20℃）有利于细胞内聚合物的合成，从而增加单位反应体积内PHA的产量。

（4）DO是优化PHA合成的重要参数，不同进料具有不同DO水平的基质偏好。以乙酸为碳源时，在较低供氧速率下，更多被吸收的乙酸被用于合成PHB，而在较高供氧速率下，被吸收的乙酸则更多用于微生物细胞的生长，可以看出，较高的DO浓度使细胞内产生充足的ATP，因此微生物的生长速率较高，相应PHB的合成量降低。Moralejo-Gárate等以甘油作为碳源进行实验，通过调整氧气供应率来改善培养条件，以便产生特定类型的聚合物[335]。

（5）分批运行和连续运行模式对PHA的产量存在影响。Serafim等采用分批补料模式，将乙酸分3次加入反应器，最后合成的PHA含量高达78.5%[336]。与批次补料模式相比，连续补料不会中断反应，可以防止微生物在中断过程中消耗体内储存的PHA。陈志强等开发出一种利用污泥菌群合成PHA的连续供料模式，以VFA为碳源，使PHA最高积累量达到菌体干重的70.4%[337]。Albuquerque等发现，在同等条件下、在连续运行模式中，微生物对碳源的摄取比分批补料更具有优势，最终PHA的产量提高5%[338]。连续运行模式是一种理想的操作模式，它形成了一种自我平衡的pH状态，从而降低生物处理成本，但是监测不足会导致微生物污染，在生物反应器壁或其他表面上出现不良的细胞生长。同时，必须对工艺设计进行正确调整，以适应所施加的底物上选定微生物的动力学特性，实现以连续运行模式进行的高生产率和完全底物转化PHA的流程。

基质、pH、温度、DO 等条件参数以及运行模式都会影响最终的微生物富集效果和群落结构，进而影响 PHA 生产速率和种类。但是，由于不同批次的污水污泥进料不同，相应的最优生产条件也在变化，为了达到最佳的经济性，在生产前，进行实验室规模的探索和优化是不可缺少的步骤。

2.7.3 PHA 合成的研究展望

1. 菌群分析手段不断增强

未来有关污泥合成 PHA 研究领域的重点方向将是从生物多样性出发，深入研究合成 PHA 菌群的特征及相关代谢途径，对菌群产 PHA 潜力的分析和模拟是有必要的。随着高通量测序技术的不断发展，已经能够进一步进行菌株的筛选和鉴定。Wang 等利用宏基因组高通量测序从 *Defluviicoccus* 中拼接出 GAO-HK 菌株接近完整的基因组草图，并挖掘出该菌株通过乙醛酸循环利用 VFA 合成 PHA 的代谢途径[339]。Oshiki 等在解析了多种活性污泥的菌群结构后，得出具有合成 PHA 潜力的微生物在污泥菌群中占比为 11%～18%的结论[340]。因此，高通量测序技术可以辅助研究污泥中具有 PHA 合成潜力的菌群，在基因水平上对合成 PHA 菌群结构进行分析，能够更好地使 PHA 生产工艺和废水的处理相结合。

2. 纯化提纯步骤的不断改进

目前，针对冻干细胞中 PHA 的提取主要采用简单、易操作的溶剂萃取法或者消化法。首先，用次氯酸钠等溶液预处理细胞，使之破裂；之后，让细胞内的 PHA 颗粒流出；最后，用合适的有机溶剂（二氯乙烷、二氯甲烷和氯仿等）回收 PHA 沉淀颗粒。虽然上述方法能得到高纯度（90%以上）的 PHA，但也有明显缺陷，例如，提取过程十分耗能，废弃卤素溶剂有毒，会污染环境等，因此，无卤回收法得到推广。无卤回收法采用绿色友好型溶剂，对环境无毒害，例如，Mohammadi 等使用氢氧化钠和水替代有机溶剂，实现了 PHA 的高性能回收(回收率为 96.9%)。除此之外，超临界流体萃取以及两项水萃取等萃取技术也逐渐引起研究者关注，这种萃取技术是制备医用级 PHA 的有效提取方式，有低毒性和低成本的特点[341]。在未来的一段时间，寻求具有更低成本、更高性能、更低环境影响的纯化方式是研究的方向。

3. 生产工艺的不断创新

污泥微生物生产 PHA 通常分为 VFA 发酵、富集产 PHA 的菌群和菌群生产 PHA 三个相互分隔的阶段，在合并第二阶段和第三阶段方面尚无中试规模的研究，若能将常规工艺优化为两阶段工艺，可有效缩减成本。由于 PHA 产品的开发正在趋向于短链与几种不同中长链单体的结合，形成三聚物甚至四聚物，要想生产结晶度、熔融温度和机械性能符合人们需求的材料，就需要从调控污泥发酵产物着手，优化进料流的碳氮磷比，调整引入中长链单体的种类、数量和比例以生产具有优良效能的PHA。另外，从驯化富集的污泥中筛选PHA合成优势菌株，并在开放条件下利用污泥水解酸化产生的VFA合成PHA，也可以作为污泥合成PHA研究的主要方向。

将污泥等废弃有机物碳源转化为可降解塑料是改变全球塑料污染的有效途径，更是绿色友好的、前景光明的途径。在污泥合成PHA的工艺中，成本低廉作为区别于纯碳源生产工艺的一大优势，理应得到有效发挥，要想规模化发展此工艺，需要对工艺中每一个微小的细节和参数进行深入了解，分析其技术经济可行性，并不断创新生产方式。

2.8　污泥发酵产中长链脂肪酸

2.8.1　概述

中长链脂肪酸（MCCAs）是指含有6～12个碳原子的一元直链羧酸，包括己酸（$C_6H_{12}O_2$）、庚酸（$C_7H_{14}O_2$）、辛酸（$C_8H_{16}O_2$）、壬酸（$C_9H_{18}O_2$）、癸酸（$C_{10}H_{20}O_2$）、十一酸（$C_{11}H_{22}O_2$）和十二酸（$C_{12}H_{24}O_2$）[342]。与VFAs相比，MCCAs有更高的碳氧比和更长的碳链，因此，拥有更高的能量密度，更适宜用作燃料[343]。此外，MCCAs还有更高的疏水性，有利于对它分离提纯[344]。提纯后的MCCAs被广泛应用于化工、医药及食品等领域，是优质的多功能化学品[345]。

MCCAs用途广泛，需求量也日益增加。例如，己酸可被用作生产液体燃料的前体，还可作为抑菌剂、防腐剂[346]。预计到2024年，全球己酸消费量将超过1.2万t[347]。然而，传统的MCCAs生产方式主要是通过化学或热化学过程从化石燃料等不可再生资源或粮食作物中生产[344]，原料成本高，导致了市场价格高和有限的消费。近年来，碳链延长（CE）技术被应用于MCCAs的生产，在微生物的作用下，短链脂肪酸等可以被用作生产MCCAs的底物，而短链脂肪酸可以通过废弃生物质的厌氧发酵过程获得，这为MCCAs的生产提供了新的方法[348]。

2.8.2　碳链延长反应机理与机制研究

CE反应由电子供体的氧化和逆β氧化两部分组成，不同的电子供体经不同代谢途径氧化，然后经逆β氧化得到碳链延长产物。其中，不同电子供体的逆β氧化过程是相同的[345,349]。乳酸和乙醇被广泛用作MCCAs的电子供体，其MC-CAs生产效果优于甲醇、丙醇等作为电子供体时的相应产量。CE反应的电子受体通常为乙酸、丙酸等 VFAs。以乙醇为电子供体，丁酸为电子受体为例，乙醇先在乙醇脱氢酶的作用下转化为乙醛，然后经乙醛脱氢酶作用转化为乙酰辅酶 A，5/6 的乙酰辅酶 A 进入逆 β 氧化途径，与丁酸反应生成己酸[345,350]。克氏梭状芽孢杆菌利用乙醇和乙酸进行逆 β 氧化反应的代谢如图 2.8-1 所示。

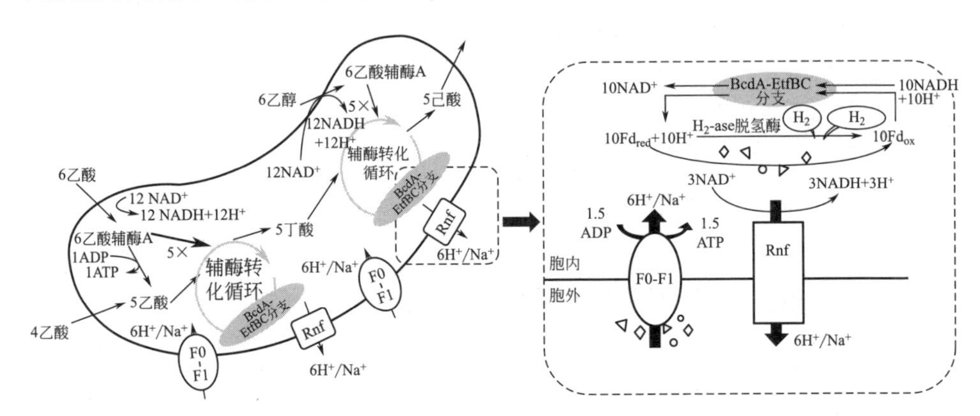

图 2.8-1　克氏梭状芽孢杆菌利用乙醇和乙酸进行逆 β 氧化反应的代谢[351]

MCCAs 能在纯菌培养或混菌体系下稳定生产，相比于纯菌培养，混菌培养由于不需要灭菌，对培养条件有更大的宽容性，因此受到研究者的关注[352]。但是，在混菌体系下，为了提高系统产 MCCAs 的性能和稳定性，需要塑造微生物群，这一过程可以通过对反应条件的调控实现[353]。影响 CE 反应的主要因素有 pH、温度、底物种类和浓度。pH 通过影响 CE 反应微生物的代谢途径、水解和产物组成，进而影响 MCCAs 的产量，虽然 CE 反应微生物可以在更大范围的 pH 内生长，但综合考虑热力学、动力学和微生物之间的竞争等条件，酸性或中性条件可能是 CE 反应微生物的最适宜生长环境[354-356]。温度对微生物群落组成和代谢反应速率有较大影响，现有研究表明，适宜 CE 反应微生物的最佳温度在 30～45℃[357,358]。CE 反应必须有电子供体（如乳酸、乙醇等）和电子受体（VFAs 等），因此，反应底物需包含上述电子供体和受体，Khor 等[359] 采用适宜的接种剂对预处理牧草进行分批发酵，发酵 1d 后，己酸总浓度为 21.3gCOD/L。

通过 CE 反应制备 MCCAs 也存在一些技术瓶颈，主要有未解离的 MCCAs 的毒性、竞争性抑制和气体组分控制[345]。未解离的 MCCAs 的毒性限制了 MCCAs 的生产效率，通过调节 pH 至中性或者原位分离 MCCAs 能有效降低未解离 MCCAs 的毒性。由于混菌体系下存在多种微生物，因此可能会引入竞争性抑制。在 CE 反应过程中，存在的竞争反应主要有产甲烷菌和硫酸盐还原菌对底物的竞争，三氯甲烷既能抑制乙酸型产甲烷菌和氢营养型产甲烷菌，又能抑制硫酸盐还原菌，是较为理想的抑制竞争性反应药剂[360]。不同的氢分压会抑制或从热力学反应上限制某些生物转化过程，从而影响VFA产物组成[361]，较高的氢分压是抑制竞争反应，保证逆β氧化反应顺利进行的关键因素[362]。此外，CO_2通过同型产乙酸过程影响乙酸生产，进而影响CE反应，在以乙醇和乳酸为电子供体的反应体系中，需要额外通入CO_2和H_2，提高MCCAs的产量[363]。因此，调节反应系统的气体组分和含量，对提高CE反应效率和MCCAs的生产效率至关重要。

2.8.3　污泥发酵产中长链脂肪酸研究进展

由于污泥厌氧发酵制得的平台分子VFAs、乙醇等与水互溶，不易分离提纯，后续分离成本高，而MCCAs有较强的疏水性，更容易分离提纯。以污泥作为底物厌氧发酵产MCCAs，实现了污泥的资源化，也降低了MCCAs的生产成本。与污泥厌氧消化产甲烷相比，厌氧发酵产生的MCCAs附加值更高，反应时间更短，节省反应器体积。污泥中有机质含量为40%～60%，污泥厌氧发酵产生的VFAs可作为CE反应底物，厌氧发酵产生的混酸之间表现出协同效应，相比于单一的酸，混酸更适宜作为CE反应的底物[363]。在连续的膨胀颗粒污泥床（EGSB）反应器中，通过在40℃，pH为5.4的条件下进行CE反应，最大MCCAs生产效率为67.39%，相应浓度为9.80gCOD/L[364]。研究发现，在污泥厌氧发酵反应器中添加乙醇能显著提高MCCAs的生产效率，减少MCCAs副产物的生成[365]。总体来说，以污泥作为基质发酵制MCCAs目前仍处于实验室水平，提高MCCAs的生产效率和选择性仍是亟待解决的问题。

2.8.4　污泥发酵产中长链脂肪酸研究展望

MCCAs具有能量密度高、应用广泛、易于分离提取、可实现污泥的高值化利用的优势，为了实现这些优势，有必要实现MCCAs的工程化应用，同时，保持MCCAs的生产性能、系统稳定性和经济效益。为此，应进一步深化以下几个方面的研究：

（1）提高废弃生物质原料的丰富性，并建立相应分类收集和储存系统，以满足对原材料的需求。其他有机废物如农副产品（玉米纤维、小麦稻草、粪便、玉米棒等），餐厨垃圾，微藻等也可作为MCCAs生产原料。为了确定适合大规模MCCAs生产的原料，需要对每个潜在原料的利用成本和生产效能进行综合评估。多组分物料的协同消化，也可能是提高MCCAs生产效率的有效手段。

（2）高效预处理、高产菌株的筛选，以及具有一定功能弹性的CE反应微生物群落的塑造，以提高MCCAs的产量和纯度，是实现MCCAs高效和经济生产的关键[366]。

① 为克服发酵过程中低水解的限速步骤，需采用一定的预处理方法，如物理法（热解、超声波、机械法），化学法（酸、碱、氧化等），生物法（酶、糖化），不同预处理的联合法。需要根据不同原料的组成特点，确定相应的预处理工艺参数。所选的预处理方法应易于实施、经济高效，且不产生有害副产品。

② 要筛选高产菌株，一方面可以通过对反应条件如氢分压、pH、温度等的调控，实现 CE 反应菌株的驯化；另一方面，可以通过基因工程对特定菌株进行诱变，从而实现 MCCAs 的高生产效率和高纯度。

③ 要构建高效 CE 反应器微生物群，关键是要深刻理解微生物群落结构与 CE 性能的关系、运行参数、原料性质等如何影响微生物群落结构和生物反应器的性能。可以通过宏组学方法，包括宏基因组、宏蛋白组、代谢组等进行研究。CE 反应微生物群落应具有足够的弹性，使得新引入的杂菌不会对 MCCAs 生产产生重要影响，这需要对 CE 反应微生物长时间的驯化和富集。此外，应筛选可进行 CE 反应的多种微生物，特别应筛选对毒性或抑制性物质具有高耐受性的菌株。

2.9 污泥发酵产氢

2.9.1 概述

能源是人类社会生存和发展的物质基础。长期以来，化石燃料一直占据着世界能源供应的主导地位。2018 年，化石燃料占世界一次能源供应总量的 81%以上[367]。然而，化石燃料的储量是有限的，它的价格存在着不稳定性，而且在开采、运输、使用过程中会产生一系列对环境和健康的负面影响[368-370]。目前，在国际上，在以可持续能源与净零排放为目标的大背景下，开发绿色、可再生新型能源，改变以化石燃料为主体的能源结构势在必行。氢能是最理想的可再生能源，被誉为“绿色能源”，其单位质量含能高达 142.35kJ，它的能量密度是其他碳氢化合物的 2.75 倍，且燃烧后仅有 H_2O 生成，无污染物和温室气体 CO_2 的排放[371-373]。此外，它还具有生产、储存、运输和使用的灵活性及多元化的特点，可以提供实质的脱碳解决方案，有调节可再生能源波动的优点，对氢能的政策支持和投资都在逐步提升[374]。

生物产氢技术在处理废物的同时还可以回收利用氢气，兼具废物处理与能源生产的双重功能，现已受到能源领域的持续关注[375]。生物产氢依照微生物及其代谢机制可分为光解水产氢、光发酵产氢、暗发酵产氢[376]。与其他技术相比，暗发酵产氢更受人们青睐，因为它具有以下优点：暗发酵产氢菌株具有较高的产氢能力；无须光照，反应器设计简单，易于操作管理；产氢成本低，原料分布广泛易得；反应器易于放大到大规模化生产水平，有更大的商业潜力[377]。

2.9.2　暗发酵产氢机理

暗发酵产氢是利用异养厌氧菌对有机物的产酸发酵作用产生氢气的方法，能够进行暗发酵产氢的微生物种类繁多，有：专性厌氧产氢细菌、兼性厌氧产氢细菌、特殊类型产氢发酵细菌（如脱硫弧菌）。人们研究较多的菌种多分布在梭状芽孢杆菌属、类芽孢杆菌属、肠杆菌科等[378,379]。它们主要通过以下四种途径发酵产氢：

（1）丙酮酸脱羧产氢。直接产氢过程发生在丙酮酸脱羧作用过程，可分为梭菌型和肠菌型。对于梭菌型，如图 2.9-1 所示，在丙酮酸脱氢酶的作用下，丙酮酸脱羧生成硫胺素焦磷酸—酶复合产物，同时，将电子转移给铁氧还蛋白，铁氧还蛋白接受电子后，被铁氧还蛋白氢化酶再次氧化产生分子氢。对于肠菌型，如图 2.9-2 所示，丙酮酸在甲酸裂解酶作用下分解成乙酰辅酶 A 和甲酸，进而一定量的甲酸开始转化，以 H_2 和 CO_2 形式存在。

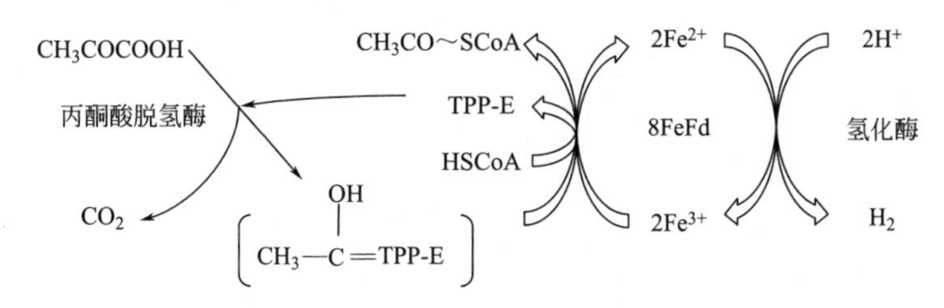

图 2.9-1　丙酮酸脱羧产氢过程（梭菌型）[378]

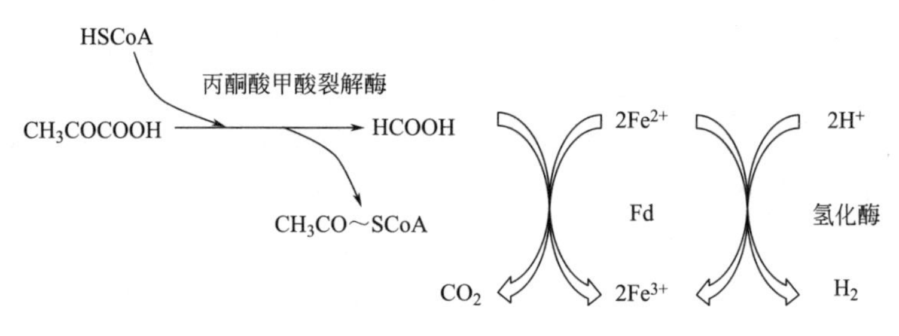

图 2.9-2　甲酸裂解产氢过程（肠菌型）[378]

（2）辅酶Ⅰ的氧化与还原平衡调节产氢。经 EMP 途径产生的还原型辅酶Ⅰ（$NADH+H^+$），可以通过与丙酸、丁酸、乙醇或乳酸发酵相耦联而转化为氧化型辅酶Ⅰ（NAD^+）并放出 H_2，以维持细胞内 pH 的稳定，保证细菌代谢能够正常进行。

(3) 产氢产乙酸菌的产氢。在厌氧发酵的水解发酵过程中产生的诸如丙酸、丁酸、乳酸等有机酸及乙醇等物质，被产氢产乙酸菌转化为乙酸、H_2、CO_2。

(4) 辅酶Ⅱ作用产氢。一些对古菌的研究结果表明，H_2 是在含 Ni 的硫氢化酶的催化作用下产生的，此酶还能将单质硫还原为 H_2S。这些古菌以辅酶Ⅱ(NADPH) 作为直接电子供体，将产生的过剩还原力通过与铁氧还蛋白相耦联的氧化还原力酶系进行处置。然而，古菌在中温发酵系统中难以生存，因此，通过此途径产氢的可能性极小[380-382]。

2.9.3 暗发酵产氢研究进展

暗发酵产氢的原料来源广泛，有秸秆、牲畜粪便、餐厨垃圾及有机废水等，其中，以污泥为底物的暗发酵产氢也备受关注[383-385]。要想顺利实现生物质产氢，首先，要使污泥中可被利用的可溶解有机物的含量最大化，然后，削弱耗氢微生物的活性，阻碍其对氢气的消耗作用，从而得到氢气的累积[380]。仅使用污泥作为基质进行发酵只能产生很少的氢气，而联合厌氧消化可以提高氢气的产量，因为联合厌氧消化既可以实现各组分比例的调节，又可以使单一组分基质中某些抑制暗发酵反应的物质得到稀释[386]。Alemahdi 等研究表明，在中温条件下，采用秸秆与污泥共消化可以提高产氢量，将收集的数据用响应面法进行分析，结果显示：初始 pH=5.01、接种比为 4.54∶1 (基于 VS)，是最优的产氢条件[387]。此外，对基质进行预处理也可以提高氢气的产量，预处理的方式有：物理预处理、化学预处理、生物预处理、复合预处理，预处理基质的主要目的是促进大分子物质的水解，从而为产氢发酵阶段提供足够的底物[388]。黄慧莹等研究了不同的微波预处理时间对颗粒污泥发酵产氢的影响，结果表明，最佳的微波预处理时间为 6min，此时的比产氢速率高达 8.03mmolH_2/(gCOD・d)[389]。Sakthiselvan 等研究表明，与未经预处理的污泥相比，葵花油污泥经碱性预处理后再进行发酵，可使产氢潜力增加至 410mLH_2/gVS[390]。

污泥既可以作为基质，又可以作为发酵产氢的混合菌种。当利用污泥进行暗发酵产氢时，厌氧发酵体系复杂，因为该体系中存在多种抑制因子，而多种抑制分子大致可以分为过程前抑制因子、过程中抑制因子。过程前抑制因子是指在暗发酵反应之前，已经存在于微生物体系或所用底物中的抑制因子，如混合菌种中的耗氢菌及乳酸菌，金属离子，含纤维素的、基质预处理产生的呋喃衍生物与酚类化合物等[391]。其中，对抑制混合菌种中耗氢菌的研究最多，目前，通常采用以热预处理为主的物理化学预处理方法、曝气预处理方法以及投加产甲烷菌特异性抑制剂的方法来杀灭耗氢菌，筛选发酵产氢菌[378]。以往的研究表明，用强酸、强碱、其他化学物质、热冲击、负荷冲击等方式，均能富集厌氧产氢菌[392]。Wu 等评估了聚合氯化铝 (PAC) 对污泥厌氧发酵产氢的影响，实验结果表明，当

PAC 含量从 0 增加到 30mgAl/gTSS 时，最大产氢量从 20.9mL/gVSS 增加到 28.3mL/gVSS，这是由于 PAC 对混合菌种中的耗氢菌有更强的抑制作用[393]。Wang 等对作为接种物的厌氧活性污泥进行 100℃、15min 的热处理，在厌氧发酵体系中，使产氢菌得到了富集[394]。需要指出，预处理不同，富集的菌种也不同，效果存在较大差异。利用上述方法可以杀灭耗氢菌的主要原因是：大多数发酵产氢菌如梭状芽孢杆菌等，具有产芽孢的特性，可以在极端环境中生存；而不能形成芽孢的耗氢菌群，则在极端环境中被杀灭。然而值得注意的是：某些产氢菌不能产生芽孢，某些耗氢菌反而可以产生芽孢，在这种情况下，经预处理后很可能损失了一部分产氢菌（耗氢菌仍有存留），因此，更具有特异性的筛选产氢菌方法仍有待研究[391]。过程中抑制因子是指在暗发酵反应过程中产生的抑制因子，如游离氨、氢分压，以及可溶性代谢产物（乙酸、乙醇、丙酸和丁酸）等[391,395]。Sterling 等指出，当氨氮的初始浓度为 0.6gN/L、1.5gN/L 和 3gN/L 时，暗发酵产氢会受到抑制。然而，当改变实验条件时，他却观察到了氨会促进生物制氢的现象[396]。Wang 等研究表明，随着初始氨氮浓度从 36mg/L 提高到 266mg/L，碱预处理污泥的最大产氢量从 7.3mL/gVSS 提高到 15.6mL/gVSS[397]。

此外，各种操作条件（温度、pH、ORP 等）以及采用的反应装置类型也会对污泥暗发酵产氢有影响[398,399]。其中，温度和 pH 对代谢途径的影响最大，Valdez-vazquez 等指出，高温发酵的氢气产量要高于中温发酵氢气产量，乙酸是高温厌氧消化过程中的主要产物，而丁酸在中温厌氧消化过程中的产量更高[400]。DeGioannis 等的报告称，在所有实验中，pH 为 6 时，乙酸产量较高；只有当 pH 为 6.5 时，丁酸和丙酸的产量才会超过乙酸产量[401]。类似地，任南琪等的研究表明，pH 在 4.0～5.0，是乙醇型发酵；pH 小于 5.5 或 pH 大于 6 时，是丁酸型发酵；而 pH 在 5.5～6 时，丁酸型发酵末端产物中的丙酸转化率会显著提高[379]。

2.9.4　污泥发酵产氢的研究展望

当前正是扩大氢能的技术规模、降低成本的重要时机[374]。目前，有关暗发酵产氢的研究多停留在小试阶段，关于生物产氢中试规模的研究也非常有限。在国内，任南琪课题组曾在 1999 年完成了世界首例有机废水发酵法生物产氢技术中试研究[378]。此外，基础设施发展缓慢，产氢过程清洁程度不足，产生的 H_2 需要被提纯，尚未有相关的、统一的国际标准等，都阻碍了对氢能的进一步应用。

从科学研究角度出发，目前的暗发酵产氢，其原料中的大部分氢元素仍被固定在 VFA 中，过量的 VFA 还会导致暗发酵产氢系统的崩溃，如何突破厌氧活性污泥对生物质发酵产氢的代谢障碍，提高单位基质 H_2 转化率，已成为制约暗发酵产氢工业化的瓶颈。为解决上述问题，有学者尝试对系统中产生的 VFA 进行原位回收，所使用的回收方法主要有：吸附、沉淀、浓缩、电渗析等[402]。其中，电渗析因其较高的分离效率和相对较低的能耗而被广泛关注，如 Hassan 等以污泥为接种物，以餐厨垃圾为基质，在 CSTR 中，首次研究了通过电渗析连续去除反应器中的 VFA 对发酵产氢的影响。实验表明，在发酵过程中，连续去除 VFA 可以提高 H_2 产量，应用电渗析后的实验组产氢量约为对照组的 3.5 倍[403]。Bak 等研究发现，基质的组成是影响电渗析对 VFA 在暗发酵产氢系统中回收效率的关键因素，而由于阴离子交换膜对 VFA 通过膜时固有的阻碍，在一定范围内施加电压的改变，对 VFA 回收率并没有显著影响[404]。

两相厌氧消化也是强化暗发酵产氢的重要研究方向之一。与单相厌氧消化相比，两相厌氧消化通过分离水解/酸化相和产甲烷相，使两个阶段中微生物各自达到生存的最佳条件，两相厌氧消化技术通常可以有效地增大 H_2 和 CH_4 的产量，同时，工艺稳定性和负载能力方面也有所提升[405]。Baldi 等评估了餐厨垃圾与活性污泥共基质的两相厌氧消化系统性能，并将其与传统的单相厌氧消化进行对比。结果表明，就气体产生而言，两相厌氧消化系统在第一个发酵反应器中实现了 H_2 的富集，在第二个反应器中实现了 CH_4 的富集，且平均 CH_4 含量从单相厌氧消化的 61.2%上升到 70.1%。两相厌氧消化工艺中 CH_4 产量提高的主要原因是：其底物是第一阶段暗发酵产氢后的物质，其中富含 VFA，更易被产甲烷菌利用[406]。Yuan 等探讨了餐厨垃圾两相厌氧消化过程中，使用未经预处理的污泥作为接种物提高 H_2 产量的可能性，设置了不同的有机负荷率，用以探究最佳的 H_2 产生条件，研究结果表明，当选择合适的有机负荷率时，即使接种未经预处理，也可以获得显著的 H_2 生成量。在所研究的有机负荷率中，达到特定数值时，获得最大的产氢量，且与单相工艺相比，两相工艺获得了更高的总能量产量[407]。值得注意的是，并非只有纯 H_2 或 CH_4 才有较高的利用价值，在两相厌氧消化的过程中，同时产生 H_2 和 CH_4，而 H_2 和 CH_4 的混合物（氢烷，5%～25%体积的 H_2 与 75%～95%体积的 CH_4 的混合气体）兼有 H_2 和 CH_4 的优点，可以用作车辆和内燃机的高价值气体燃料，也是很好的能源[408]。

此外，暗发酵与光发酵、微生物电解池（MEC）或微生物燃料电池（MFC）的组合工艺，可以实现生物质梯级利用，也是解决发酵法生物制氢存在的生物质 H_2 转化率低这一问题的有效办法[378,392,409]。许多学者对此展开了研究，如 Huang 等采用一体化反应器，将 MEC 处理与暗发酵相结合，以餐厨垃圾为底物，以活性污泥为接种物，实现了高效的氢气回收。在反应操作期间，一体化反应器的产氢量（511.02ml/gVS）高于只进行厌氧消化的产氢量（49.39ml/gVS），氢回收率和电能回收率分别高达 96%和 238.7%±5.8%。通过机理研究表明，与单独的厌氧消化相比，暗发酵与 MEC 结合处理过程中可溶性碳水化合物和蛋白质的去除率分别提高了 4 倍和 2.3 倍，有效地提高了主要有机成分的利用率，提高了产氢量[410]。魏芳分别进行了厌氧消化技术处理有机废物及与 MFC 耦合技术初探的研究。在 MFC 耦合技术初探研究中，分别设置了厌氧消化组、厌氧消化与 MFC 耦合实验组，探索 MFC 的构建对厌氧消化产气性能、料液中污染物去除效果的影响，并分析了 MFC 的产电性能。结果表明，厌氧消化与 MFC 耦合实验组气体产量增加，且获得了较好的产电效果[411]。

随着分子生物学的发展，今后暗发酵产氢的研究重点还包括：利用现代技术研究发酵产氢途径，利用生物工程技术选育高效产氢菌株，发展混合微生物菌群有机物发酵的规模化生产，探索不同菌种间的相互作用，从而深入推进联合生物制氢研究[412]。需要强调的是，尽管暗发酵产氢技术已得到了广泛关注，且每年有大量与强化暗发酵产氢技术相关的文献发表，但目前这些方法仍处于实验探索阶段，尚未能满足商业化生产需求，实现暗发酵产氢技术商业化应用仍然任重而道远。对暗发酵机理的研究仍不够透彻，需要人们在现有研究结果的基础上，朝着上述内容中较为可行的方向开展更多的后续研究。

参考文献

[1] 孙秀丽．城市固体废弃物变形及强度特性研究［D］．大连：大连理工大学，2007．

[2] 席北斗．有机固体废弃物管理与资源化技术［M］．北京：国防工业出版社，2006．

[3] XU Y，LU Y Q，ZHENG L K，et al. Perspective on enhancing the anaerobic digestion of waste activated sludge［J］．Journal of Hazardous Materials，2020，389．

[4] 许颖．剩余污泥中关键组分结构对其厌氧生物转化的影响及机制［D］．上海：同济大学，2018．

[5] 闫怡新，秦磊，高健磊．剩余污泥提取蛋白质工艺研究进展［J］．环境工程，2019，37（6）：146-149．

[6] 叶淑娟．剩余活性污泥的资源化利用研究［D］．郑州：郑州大学，2006．

[7] PALA-OZKOK I，REHMAN A，KOR-BICAKCI G，et al. Effect of sludge age on population dynamics and acetate utilization kinetics under aerobic conditions［J］．Bioresource Technology，2013，143：68-75．

[8] ANDREADAKIS A D. Physical and chemical-properties of activated-sludge floc［J］．Water Research，1993，27（12）：1707-1714．

[9] TSUNEDA S，AIKAWA H，HAYASHI H，et al. Extracellular polymeric substances responsible for bacterial adhesion onto solid surface［J］．FEMS Microbiology Letters，2003，223（2）：287-292．

[10] LIU H，FANG H H P. Extraction of extracellular polymeric substances（EPS）of sludges［J］．Journal of Biotechnology，2002，95（3）：249-256．

[11] URBAIN V, BLOCK J C, MANEM J. Bioflocculation in activated-sludge - an analytic approach [J]. Water Research, 1993, 27 (5): 829-838.
[12] FRϕLUND B, PALMGREN R, KEIDING K, et al. Extraction of extracellular polymers from activated sludge using a cation exchange resin [J]. Water Research, 1996, 30 (8): 1749-1758.
[13] PARK C, NOVAK J T, HELM R F, et al. Evaluation of the extracellular proteins in full-scale activated sludges [J]. Water Research, 2008, 42 (14): 3879-3889.
[14] 郝晓地，王吉敏，胡沅胜．强化污泥中木质纤维素产甲烷实验研究 [J]. 环境工程学报，2015，9 (7)：3431-3440.
[15] BUSWELL A M, MUELLER H F. Mechanism of methane fermentation [J]. Industrial & Engineering Chemistry, 1952, 44 (3): 550-552.
[16] PECORINI I, BALDI F, CARNEVALE E A, et al. Biochemical methane potential tests of different autoclaved and microwaved lignocellulosic organic fractions of municipal solid waste [J]. Waste Management, 2016, 56: 143-150.
[17] 张琦．活性污泥微生物合成 PHA 的研究 [D]. 哈尔滨：哈尔滨工业大学，2011.
[18] 张洁．城市污水处理厂脱水初沉污泥制取生物柴油的试验研究 [D]. 西安：西安建筑科技大学，2017.
[19] LI Y B, PARK S Y, ZHU J Y. Solid-state anaerobic digestion for methane production from organic waste [J]. Renewable and Sustainable Energy Reviews, 2011, 15 (1): 821-826.
[20] ZHANG Y Y, LI H, LIU C, et al. Influencing mechanism of high solid concentration on anaerobic mono-digestion of sewage sludge without agitation [J]. Frontiers of Environmental Science & Engineering, 2015, 9 (6): 1108-1116.
[21] ZHANG Y Y, LI H, CHENG Y C, et al. Influence of solids concentration on diffusion behavior in sewage sludge and its digestate [J]. Chemical Engineering Science, 2016, 152: 674-677.
[22] DUAN N N, DAI X H, DONG B, et al. Anaerobic digestion of sludge differing in inorganic solids content: performance comparison and the effect of inorganic suspended solids content on degradation [J]. Water Science and Technology, 2016, 74 (9): 2152-2161.
[23] LAY J J, LI Y Y, NOIKE T. Influences of pH and moisture content on the methane production in high-solids sludge digestion [J]. Water Research, 1997, 31 (6): 1518-1524.
[24] CHEN R, WEN W, JIANG H Y, et al. Energy recovery potential of thermophilic high-solids co-digestion of coffee processing wastewater and waste activated sludge by anaerobic membrane bioreactor [J]. Bioresource Technology, 2019, 274: 127-133.
[25] DUAN N N, DONG B, WU B, et al. High-solid anaerobic digestion of sewage sludge under mesophilic conditions: feasibility study [J]. Bioresource Technology, 2012, 104: 150-156.
[26] HIDAKA T, WANG F, TOGARI T, et al. Comparative performance of mesophilic and

thermophilic anaerobic digestion for high-solid sewage sludge [J]. Bioresource Technology, 2013, 149: 177-183.

[27] LIAO X C, LI H, CHENG Y C, et al. Process performance of high-solids batch anaerobic digestion of sewage sludge [J]. Environmental Technology, 2014, 35 (21): 2652-2659.

[28] FAGBOHUNGBE M O, DODD I C, HERBERT B M, et al. High solid anaerobic digestion: operational challenges and possibilities [J]. Environmental Technology & Innovation, 2015, 4: 268-284.

[29] ANDRÉ L, PAUSS A, RIBEIRO T. Solid anaerobic digestion: state-of-art, scientific and technological hurdles [J]. Bioresource Technology, 2018, 247: 1027-1037.

[30] LE HYARIC R, CHARDIN C, BENBELKACEM H, et al. Influence of substrate concentration and moisture content on the specific methanogenic activity of dry mesophilic municipal solid waste digestate spiked with propionate [J]. Bioresource Technology, 2011, 102 (2): 822-827.

[31] LIAO X C, LI H. Biogas production from low-organic-content sludge using a high-solids anaerobic digester with improved agitation [J]. Applied Energy, 2015, 148: 252-259.

[32] YOUNG M N, KRAJMALNIK-BROWN R, LIU W J, et al. The role of anaerobic sludge recycle in improving anaerobic digester performance [J]. Bioresource Technology, 2013, 128: 731-737.

[33] KAPP H. Schlammfaulung mit hohem feststoffgehalt [M]. Kommissionsverlag Oldenbourg, 1984.

[34] JAHN L, BAUMGARTNER T, SVARDAL K, et al. The influence of temperature and SRT on high-solid digestion of municipal sewage sludge [J]. Water Science and Technology, 2016, 74 (4): 836-843.

[35] NGES I A, LIU J. Effects of solid retention time on anaerobic digestion of dewatered-sewage sludge in mesophilic and thermophilic conditions [J]. Renewable Energy, 2010, 35 (10): 2200-2206.

[36] XU Y, GONG H, DAI X H. High-solid anaerobic digestion of sewage sludge: achievements and perspectives [J]. Frontiers of Environmental Science & Engineering, 2021, 15 (4): 1-18.

[37] WU Z L, LIN Z, SUN Z Y, et al. A comparative study of mesophilic and thermophilic anaerobic digestion of municipal sludge with high-solids content: reactor performance and microbial community [J]. Bioresource Technology, 2020, 302.

[38] WANG F, HIDAKA T, UCHIDA T, et al. Thermophilic anaerobic digestion of sewage sludge with high solids content [J]. Water Science and Technology, 2014, 69 (9): 1949-1955.

[39] SCHAECHTER M. Encyclopedia of microbiology [M]. Academic Press, 2009.

[40] GERARDI M H. The microbiology of anaerobic digesters [M]. New Jersey: John Wiley &

Sons，Inc.，2003.
[41] YENIGÜN O，DEMIREL B. Ammonia inhibition in anaerobic digestion：a review [J]. Process Biochemistry，2013，48 (5-6)：901-911.
[42] LIU C，LI H，ZHANG Y Y，et al. Evolution of microbial community along with increasing solid concentration during high-solids anaerobic digestion of sewage sludge [J]. Bioresource Technology，2016，216：87-94.
[43] KAYHANIAN M. Performance of a high - solids anaerobic digestion process under various ammonia concentrations [J]. Journal of Chemical Technology & Biotechnology：International Research in Process，Environmental and Clean Technology，1994，59 (4)：349-352.
[44] LI J B，RUI J P，YAO M J，et al. Substrate type and free ammonia determine bacterial community structure in full-scale mesophilic anaerobic digesters treating cattle or swine manure [J]. Frontiers in Microbiology，2015，6.
[45] LI N，XUE Y G，CHEN S S，et al. Methanogenic population dynamics regulated by bacterial community responses to protein-rich organic wastes in a high solid anaerobic digester [J]. Chemical Engineering Journal，2017，317：444-453.
[46] LI N，HE J，YAN H，et al. Pathways in bacterial and archaeal communities dictated by ammonium stress in a high solid anaerobic digester with dewatered sludge [J]. Bioresource Technology，2017，241：95-102.
[47] RAJAGOPAL R，MASSÉ D I，SINGH G. A critical review on inhibition of anaerobic digestion process by excess ammonia [J]. Bioresource Technology，2013，143：632-641.
[48] MUMME J，SROCKE F，HEEG K，et al. Use of biochars in anaerobic digestion [J]. Bioresource Technology，2014，164：189-197.
[49] CUETOS M J，MARTINEZ E J，MORENO R，et al. Enhancing anaerobic digestion of poultry blood using activated carbon [J]. Journal of Advanced Research，2017，8 (3)：297-307.
[50] POIRIER S，MADIGOU C，BOUCHEZ T，et al. Improving anaerobic digestion with support media：mitigation of ammonia inhibition and effect on microbial communities [J]. Bioresource Technology，2017，235：229-239.
[51] LIU J B，ZHENG J X，NIU Y T，et al. Effect of zero-valent iron combined with carbon-based materials on the mitigation of ammonia inhibition during anaerobic digestion [J]. Bioresource Technology，2020，311.
[52] BOE K，ANGELIDAKI I. Pilot-scale application of an online VFA sensor for monitoring and control of a manure digester [J]. Water Science and Technology，2012，66 (11)：2496-2503.
[53] WANG T，ZHANG D，DAI L L，et al. Magnetite triggering enhanced direct interspecies electron transfer：a scavenger for the blockage of electron transfer in anaerobic digestion of high-solids sewage sludge [J]. Environmental Science & Technology，2018，52 (12)：

7160-7169.

[54] ZHANG Y B, FENG Y H, YU Q L, et al. Enhanced high-solids anaerobic digestion of waste activated sludge by the addition of scrap iron [J]. Bioresource Technology, 2014, 159: 297-304.

[55] ZHOU J, YOU X G, NIU B W, et al. Enhancement of methanogenic activity in anaerobic digestion of high solids sludge by nano zero-valent iron [J]. Science of the Total Environment, 2020, 703.

[56] YIN Q D, WU G X. Advances in direct interspecies electron transfer and conductive materials: Electron flux, organic degradation and microbial interaction [J]. Biotechnology Advances, 2019, 37 (8) .

[57] LV N, ZHAO L X, WANG R M, et al. Novel strategy for relieving acid accumulation by enriching syntrophic associations of syntrophic fatty acid-oxidation bacteria and H_2/formate-scavenging methanogens in anaerobic digestion [J]. Bioresource Technology, 2020, 313.

[58] NGUYEN D, WU Z Y, SHRESTHA S, et al. Intermittent micro-aeration: new strategy to control volatile fatty acid accumulation in high organic loading anaerobic digestion [J]. Water Research, 2019, 166.

[59] ZHI S L, ZHANG K Q. Antibiotic residues may stimulate or suppress methane yield and microbial activity during high-solid anaerobic digestion [J]. Chemical Engineering Journal, 2019, 359: 1303-1315.

[60] BORÁŇ J, HOUDKOVÁ L, ELSÄßER T. Processing of sewage sludge: dependence of sludge dewatering efficiency on amount of flocculant [J]. Resources, Conservation and Recycling, 2010, 54 (5): 278-282.

[61] QI Y, THAPA K B, HOADLEY A F. Application of filtration aids for improving sludge dewatering properties: a review [J]. Chemical Engineering Journal, 2011, 171 (2): 373-384.

[62] DAI X H, LUO F, ZHANG D, et al. Waste-activated sludge fermentation for polyacrylamide biodegradation improved by anaerobic hydrolysis and key microorganisms involved in biological polyacrylamide removal [J]. Scientific Reports, 2015, 5 (1): 1-13.

[63] LITTI Y, NIKITINA A, KOVALEV D, et al. Influence of cationic polyacrilamide flocculant on high-solids' anaerobic digestion of sewage sludge under thermophilic conditions [J]. Environmental Technology, 2019, 40 (9): 1146-1155.

[64] DAI X H, LUO F, YI J, et al. Biodegradation of polyacrylamide by anaerobic digestion under mesophilic condition and its performance in actual dewatered sludge system [J]. Bioresource Technology, 2014, 153: 55-61.

[65] LUO Y Y, YANG Z H, XU Z Y, et al. Effect of trace amounts of polyacrylamide (PAM) on long-term performance of activated sludge [J]. Journal of Hazardous Materials, 2011, 189 (1-2): 69-75.

［66］BAUDEZ J C，MARKIS F，ESHTIAGHI N，et al. The rheological behaviour of anaerobic digested sludge［J］. Water Research，2011，45（17）：5675-5680.

［67］BAROUTIAN S，ESHTIAGHI N，GAPES D J. Rheology of a primary and secondary sewage sludge mixture：dependency on temperature and solid concentration［J］. Bioresource Technology，2013，140：227-233.

［68］DAI X H，GAI X，DONG B. Rheology evolution of sludge through high-solid anaerobic digestion［J］. Bioresource Technology，2014，174：6-10.

［69］LOTITO V，SPINOSA L，MININNI G，et al. The rheology of sewage sludge at different steps of treatment［J］. Water Science and Technology，1997，36（11）：79-85.

［70］RUIZ-HERNANDO M，MARTINEZ-ELORZA G，LABANDA J，et al. Dewaterability of sewage sludge by ultrasonic，thermal and chemical treatments［J］. Chemical Engineering Journal，2013，230：102-110.

［71］KIRBY J M. Rheological characteristics of sewage sludge：a granuloviscous material［J］. Rheologica Acta，1988，27（3）：326-334.

［72］SLATTER P T. The rheological characterisation of sludges［J］. Water Science and Technology，1997，36（11）：9-18.

［73］CHENG Y C，LI H. Rheological behavior of sewage sludge with high solid content［J］. Water Science and Technology，2015，71（11）：1686-1693.

［74］SAJJADI B，RAMAN A A A，PARTHASARATHY R. Fluid dynamic analysis of non-newtonian flow behavior of municipal sludge simulant in anaerobic digesters using submerged，recirculating jets［J］. Chemical Engineering Journal，2016，298：259-270.

［75］FENG G H，LIU L Y，TAN W. Effect of thermal hydrolysis on rheological behavior of municipal sludge［J］. Industrial & Engineering Chemistry Research，2014，53（27）：11185-11192.

［76］URREA J L，COLLADO S，LACA A，et al. Rheological behaviour of activated sludge treated by thermal hydrolysis［J］. Journal of Water Process Engineering，2015，5：153-159.

［77］LIU J B，YU D W，ZHANG J，et al. Rheological properties of sewage sludge during enhanced anaerobic digestion with microwave-H_2O_2 pretreatment［J］. Water Research，2016，98：98-108.

［78］HU Y Y，WU J，PONCIN S，et al. Flow field investigation of high solid anaerobic digestion by particle image velocimetry（PIV）［J］. Science of the Total Environment，2018，626：592-602.

［79］NEUMANN P，PESANTE S，VENEGAS M，et al. Developments in pre-treatment methods to improve anaerobic digestion of sewage sludge［J］. Reviews in Environmental Science and Bio/Technology，2016，15（2）：173-211.

［80］JOLIS D. High - solids anaerobic digestion of municipal sludge pretreated by thermal hydrolysis［J］. Water Environment Research，2008，80（7）：654-662.

[81] LI C C, LI H, ZHANG Y Y. Alkaline treatment of high-solids sludge and its application to anaerobic digestion [J]. Water Science and Technology, 2015, 71 (1): 67-74.

[82] GUO H G, ZHANG S T, DU L Z, et al. Effects of thermal-alkaline pretreatment on solubilisation and high-solid anaerobic digestion of dewatered activated sludge [J]. BioResources, 2016, 11 (1): 1280-1295.

[83] ZHANG J S, XUE Y G, ESHTIAGHI N, et al. Evaluation of thermal hydrolysis efficiency of mechanically dewatered sewage sludge via rheological measurement [J]. Water Research, 2017, 116: 34-43.

[84] XUE Y G, LIU H J, CHEN S S, et al. Effects of thermal hydrolysis on organic matter solubilization and anaerobic digestion of high solid sludge [J]. Chemical Engineering Journal, 2015, 264: 174-180.

[85] LIAO X C, LI H, ZHANG Y Y, et al. Accelerated high-solids anaerobic digestion of sewage sludge using low-temperature thermal pretreatment [J]. International Biodeterioration & Biodegradation, 2016, 106: 141-149.

[86] DAI X H, DUAN N N, DONG B, et al. High-solids anaerobic co-digestion of sewage sludge and food waste in comparison with mono digestions: Stability and performance [J]. Waste Management, 2013, 33 (2): 308-316.

[87] AICHINGER P, WADHAWAN T, KUPRIAN M, et al. Synergistic co-digestion of solid-organic-waste and municipal-sewage-sludge: 1 plus 1 equals more than 2 in terms of biogas production and solids reduction [J]. Water Research, 2015, 87: 416-423.

[88] LEE E, BITTENCOURT P, CASIMIR L, et al. Biogas production from high solids anaerobic co-digestion of food waste, yard waste and waste activated sludge [J]. Waste Management, 2019, 95: 432-439.

[89] LIU C Y, LI H, ZHANG Y Y, et al. Improve biogas production from low-organic-content sludge through high-solids anaerobic co-digestion with food waste [J]. Bioresource Technology, 2016, 219: 252-260.

[90] LATHA K, VELRAJ R, SHANMUGAM P, et al. Mixing strategies of high solids anaerobic co-digestion using food waste with sewage sludge for enhanced biogas production [J]. Journal of Cleaner Production, 2019, 210: 388-400.

[91] LI X J, LI L Q, ZHENG M X, et al. Anaerobic co-digestion of cattle manure with corn stover pretreated by sodium hydroxide for efficient biogas production [J]. Energy & Fuels, 2009, 23 (9): 4635-4639.

[92] BERNAL M P, ALBURQUERQUE J A, MORAL R. Composting of animal manures and chemical criteria for compost maturity assessment: A review [J]. Bioresource Technology, 2009, 100 (22): 5444-5453.

[93] PROVENZANO M R, CAVALLO O, MALERBA A D, et al. Co-treatment of fruit and vegetable waste in sludge digesters: Chemical and spectroscopic investigation by fluorescence and fourier transform infrared spectroscopy [J]. Waste Management, 2016, 50:

283-289.

[94] TANG Y F, LI X W, DONG B, et al. Effect of aromatic repolymerization of humic acid-like fraction on digestate phytotoxicity reduction during high-solid anaerobic digestion for stabilization treatment of sewage sludge [J]. Water Research, 2018, 143: 436-444.

[95] TANG Y F, DAI X H, DONG B, et al. Humification in extracellular polymeric substances (EPS) dominates methane release and EPS reconstruction during the sludge stabilization of high-solid anaerobic digestion [J]. Water Research, 2020, 175.

[96] HAN Y, ZHUO Y, PENG D C, et al. Influence of thermal hydrolysis pretreatment on organic transformation characteristics of high solid anaerobic digestion [J]. Bioresource Technology, 2017, 244: 836-843.

[97] CHEN S S, LI N, DONG B, et al. New insights into the enhanced performance of high solid anaerobic digestion with dewatered sludge by thermal hydrolysis: Organic matter degradation and methanogenic pathways [J]. Journal of Hazardous Materials, 2018, 342: 1-9.

[98] LIU Z G, ZHOU S Q, DAI L L, et al. The transformation of phosphorus fractions in high-solid sludge by anaerobic digestion combined with the high temperature thermal hydrolysis process [J]. Bioresource Technology, 2020, 309.

[99] DAI X H, CHEN Y, ZHANG D, et al. High-solid anaerobic co-digestion of sewage sludge and cattle manure: the effects of volatile solid ratio and pH [J]. Scientific Reports, 2016, 6 (1): 1-10.

[100] LI X, CHEN S S, DONG B, et al. New insight into the effect of thermal hydrolysis on high solid sludge anaerobic digestion: conversion pathway of volatile sulphur compounds [J]. Chemosphere, 2020, 244.

[101] DAI X H, XU Y, LU Y Q, et al. Recognition of the key chemical constituents of sewage sludge for biogas production [J]. RSC Advances, 2017, 7 (4): 2033-2037.

[102] HIGGINS M J, CHEN Y C, YAROSZ D P, et al. Cycling of volatile organic sulfur compounds in anaerobically digested biosolids and its implications for odors [J]. Water Environment Research, 2006, 78 (3): 243-252.

[103] LI X W, CHEN L B, MEI Q Q, et al. Microplastics in sewage sludge from the wastewater treatment plants in China [J]. Water Research, 2018, 142: 75-85.

[104] SZÁKOVÁ J, PULKRABOVÁ J, ČERNÝ J, et al. Selected persistent organic pollutants (POPs) in the rhizosphere of sewage sludge-treated soil: implications for the biodegradability of POPs [J]. Archives of Agronomy and Soil Science, 2019, 65 (7): 994-1009.

[105] SOUZA T D S, LACERDA D, AGUIAR L L, et al. Toxic potential of sewage sludge: histopathological effects on soil and aquatic bioindicators [J]. Ecological Indicators, 2020, 111.

[106] PAVLOSTATHIS S G, GIRALDO G E. Kinetics of anaerobic treatment: a critical re-

view [J]. Critical Reviews in Environmental Science and Technology，1991，21 (5-6)：411-490.

[107] BATSTONE D J，KELLER J，ANGELIDAKI I，et al. The IWA anaerobic digestion model NO. 1 (ADM1) [J]. Water Science and technology，2002，45 (10)：65-73.

[108] MENDES C，ESQUERRE K，QUEIROZ L M. Application of anaerobic digestion model No. 1 for simulating anaerobic mesophilic sludge digestion [J]. Waste Management，2015，35：89-95.

[109] ABBASSI-GUENDOUZ A，BROCKMANN D，TRABLY E，et al. Total solids content drives high solid anaerobic digestion via mass transfer limitation [J]. Bioresource Technology，2012，111：55-61.

[110] XU F Q，LI Y B，WANG Z W. Mathematical modeling of solid-state anaerobic digestion [J]. Progress in Energy and Combustion Science，2015，51：49-66.

[111] WANG Z W，XU F Q，MANCHALA K R，et al. Fractal-like kinetics of the solid-state anaerobic digestion [J]. Waste Management，2016，53：55-61.

[112] LOVLEY D R. Syntrophy goes electric：direct interspecies electron transfer [J]. Annual Review of Microbiology，2017，71：643-664.

[113] LOVLEY D R. Happy together：microbial communities that hook up to swap electrons [J]. The ISME Journal，2017，11 (2)：327-336.

[114] KATO S，HASHIMOTO K，WATANABE K. Methanogenesis facilitated by electric syntrophy via (semi) conductive iron-oxide minerals [J]. Environmental Microbiology，2012，14 (7)：1646-1654.

[115] LOVLEY D R. Live wires：Direct extracellular electron exchange for bioenergy and the bioremediation of energy-related contamination [J]. Energy & Environmental Science，2011，4 (12)：4896-4906.

[116] LI L，XU Y，DAI X H，et al. Principles and advancements in improving anaerobic digestion of organic waste via direct interspecies electron transfer [J]. Renewable and Sustainable Energy Reviews，2021，148.

[117] ROTARU A E，SHRESTHA P M，LIU F H，et al. A new model for electron flow during anaerobic digestion：direct interspecies electron transfer to Methanosaeta for the reduction of carbon dioxide to methane [J]. Energy & Environmental Science，2014，7 (1)：408-415.

[118] HOLMES D E，SHRESTHA P M，WALKER D J，et al. Metatranscriptomic evidence for direct interspecies electron transfer between Geobacter and Methanothrix species in methanogenic rice paddy soils [J]. Applied and Environmental Microbiology，2017，83 (9).

[119] XU H，WANG C P，YAN K，et al. Anaerobic granule-based biofilms formation reduces propionate accumulation under high H_2 partial pressure using conductive carbon felt particles [J]. Bioresource Technology，2016，216：677-683.

［120］ YANG P X，TAN G-Y A，ASLAM M，et al. Metatranscriptomic evidence for classical and RuBisCO-mediated CO_2 reduction to methane facilitated by direct interspecies electron transfer in a methanogenic system [J]. Scientific Reports，2019，9（1）.

［121］ JING Y H，WAN J J，ANGELIDAKI I，et al. iTRAQ quantitative proteomic analysis reveals the pathways for methanation of propionate facilitated by magnetite [J]. Water Research，2017，108：212-221.

［122］ MADIGAN M T，MARTINKO J M，BENDER K S，et al. Brock biology of microorganisms [M]. New Jersey：Pearson/Prentice Hall，2006.

［123］ SHI L，SQUIER T C，ZACHARA J M，et al. Respiration of metal（hydr）oxides by Shewanella and Geobacter：a key role for multihaem c-type cytochromes [J]. Molecular Microbiology，2007，65（1）：12-20.

［124］ LEANG C，QIAN X L，MESTER T N，et al. Alignment of the c-type cytochrome omcS along pili of Geobacter sulfurreducens [J]. Applied and Environmental Microbiology，2010，76（12）：4080-4084.

［125］ MALVANKAR N S，VARGAS M，NEVIN K，et al. Structural basis for metallic-like conductivity in microbial nanowires [J]. mBio，2015，6（2）.

［126］ FELICIANO G T，STEIDL R J，REGUERA G. Structural and functional insights into the conductive pili of Geobacter sulfurreducens revealed in molecular dynamics simulations [J]. Physical Chemistry Chemical Physics，2015，17（34）：22217-22226.

［127］ PIRBADIAN S，BARCHINGER S E，LEUNG K M，et al. Shewanella oneidensis MR-1 nanowires are outer membrane and periplasmic extensions of the extracellular electron transport components [J]. Proceedings of the National Academy of Sciences of the United States of America，2014，111（35）：12883-12888.

［128］ LOVLEY D R. Reach out and touch someone：potential impact of DIET（direct interspecies energy transfer）on anaerobic biogeochemistry，bioremediation，and bioenergy [J]. Reviews in Environmental Science and Bio/Technology，2011，10（2）：101-105.

［129］ 陈潇. 生物炭介导对PE-MFC电化学与产甲烷特性的影响 [D]. 咸阳：西北农林科技大学，2017.

［130］ MALVANKAR N S，VARGAS M，NEVIN K P，et al. Tunable metallic-like conductivity in microbial nanowire networks [J]. Nature Nanotechnology，2011，6（9）：573-579.

［131］ WANG C Q，LIU Y，JIN S，et al. Responsiveness extracellular electron transfer（EET）enhancement of anaerobic digestion system during start-up and starvation recovery stages via magnetite addition [J]. Bioresource Technology，2019，272：162-170.

［132］ ZHAO Z Q，ZHANG Y B. Application of ethanol-type fermentation in establishment of direct interspecies electron transfer：a practical engineering case study [J]. Renewable Energy，2019，136：846-855.

［133］ LIU F H，ROTARU A E，SHRESTHA P M，et al. Promoting direct interspecies electron transfer with activated carbon [J]. Energy & Environmental Science, 2012, 5 (10): 8982-8989.

[134] LV F, LUO C B, SHAO L M, et al. Biochar alleviates combined stress of ammonium and acids by firstly enriching Methanosaeta and then Methanosarcina [J]. Water Research, 2016, 90: 34-43.

[135] BAEK G, JUNG H, KIM J, et al. A long-term study on the effect of magnetite supplementation in continuous anaerobic digestion of dairy effluent - Magnetic separation and recycling of magnetite [J]. Bioresource Technology, 2017, 241: 830-840.

[136] KRACKE F, VASSILEV I, KROMER J O. Microbial electron transport and energy conservation - the foundation for optimizing bioelectrochemical systems [J]. Frontiers in Microbiology, 2015, 6: 575.

[137] VRIEZE J D, GILDEMYN S, ARENDS J, et al. Biomass retention on electrodes rather than electrical current enhances stability in anaerobic digestion [J]. Water Research, 2014, 54 (5): 211-221.

[138] CHENG S A, XING D F, CALL D F, et al. Direct biological conversion of electrical current into methane by electromethanogenesis [J]. Environmental Science & Technology, 2009, 43 (10): 3953-3958.

[139] DONG X Z, STAMS A J M. Evidence for H_2 and formate formation during syntrophic butyrate and propionate degradation [J]. Anaerobe, 1994, 1: 35-39.

[140] LOVLEY D R, FRAGA J L, COATES J D, et al. Humics as an electron donor for anaerobic respiration [J]. Environmental Microbiology, 1999, 1 (1): 89-98.

[141] SUMMERS Z M, FOGARTY H E, LEANG C, et al. Direct exchange of electrons within aggregates of an evolved syntrophic coculture of anaerobic bacteria [J]. Science, 2010, 330 (6009): 1413-1415.

[142] ZHANG Y D, ZHANG L, GUO B, et al. Granular activated carbon stimulated microbial physiological changes for enhanced anaerobic digestion of municipal sewage [J]. Chemical Engineering Journal, 2020, 400.

[143] PAN C, FU X D, LU W J, et al. Effects of conductive carbon materials on dry anaerobic digestion of sewage sludge: process and mechanism [J]. Journal of Hazardous Materials, 2020, 384.

[144] CRUZVIGGI C, ROSSETTI S, FAZI S, et al. Magnetite particles triggering a faster and more robust syntrophic pathway of methanogenic propionate degradation [J]. Environmental Science & Technology, 2014, 48 (13): 7536-7543.

[145] SUN T R, LEVIN B D A, GUZMAN J J L, et al. Rapid electron transfer by the carbon matrix in natural pyrogenic carbon [J]. Nature Communications, 2017, 8.

[146] SHANMUGAM S R, ADHIKARI S, NAM H, et al. Effect of bio-char on methane generation from glucose and aqueous phase of algae liquefaction using mixed anaerobic cultures [J]. Biomass and Bioenergy, 2018, 108: 479-486.

[147] CHEN S S, ROTARU A E, SHRESTHA P M, et al. Promoting interspecies electron transfer with biochar [J]. Scientific Reports, 2014, 4.

[148] CANSTEIN H V, OGAWA J, SHIMIZU S, et al. Secretion of flavins by Shewanella species and their role in extracellular electron transfer [J]. Applied and Environmental Microbiology, 2008, 74 (3): 615-623.

[149] GRALNICK J A, NEWMAN D K. Extracellular respiration [J]. Molecular Microbiology, 2007, 65 (1): 1-11.

[150] ZHANG W L, ZHANG L, LI A M. Enhanced anaerobic digestion of food waste by trace metal elements supplementation and reduced metals dosage by green chelating agent [S, S] -EDDS via improving metals bioavailability [J]. Water Research, 2015, 84: 266-277.

[151] ZANDVOORT M H, HULLEBUSCH E D V, GIETELING J, et al. Granular sludge in full-scale anaerobic bioreactors: trace element content and deficiencies [J]. Enzyme and Microbial Technology, 2006, 39 (2): 337-346.

[152] SCHERER P, LIPPERT H, WOLFF G. Composition of the major elements and trace elements of 10 methanogenic bacteria determined by inductively coupled plasma emission spectrometry [J]. Biological Trace Element Research, 1983, 5 (3): 149-163.

[153] WEI J, HAO X D, VAN LOOSDRECHT M C M, et al. Feasibility analysis of anaerobic digestion of excess sludge enhanced by iron: a review [J]. Renewable and Sustainable Energy Reviews, 2018, 89: 16-26.

[154] ESPINOSA A, ROSAS L, ILANGOVAN K, et al. Effect of trace metals on the anaerobic degradation of volatile fatty acids in molasses stillage [J]. Water Science and Technology, 1995, 32 (12): 121-129.

[155] LIU Y W, ZHANG Y B, QUAN X, et al. Applying an electric field in a built-in zero valent iron--anaerobic reactor for enhancement of sludge granulation [J]. Water Research, 2011, 45 (3): 1258-1266.

[156] REN N Q, WANG B Z, HUANG J C. Ethanol-type fermentation from carbohydrate in high rate acidogenic reactor [J]. Biotechnology and Bioengineering, 1997, 54 (5): 428-433.

[157] WANG L, ZHOU Q, LI F T. Avoiding propionic acid accumulation in the anaerobic process for biohydrogen production [J]. Biomass and Bioenergy, 2006, 30 (2): 177-182.

[158] BRUTINEL E D, GRALNICK J A. Shuttling happens: soluble flavin mediators of extracellular electron transfer in Shewanella [J]. Applied Microbiology and Biotechnology, 2012, 93 (1): 41-48.

[159] 彭宏. 基于磁铁矿/碳导体材料的污泥厌氧消化强化技术研究 [D]. 大连: 大连理工大学, 2019.

[160] LENS P N L, ZANDVOORT M, IZA J, et al. Essential metal depletion in an anaerobic

reactor [J]. Water Science and Technology, 2003, 48 (6): 1-8.

[161] WHITE C J, STUCKEY D C. The influence of metal ion addition on the anaerobic treatment of high strength, soluble wastewaters [J]. Environmental Technology, 2010, 21 (11): 1283-1292.

[162] LIU Y W, ZHANG Y B, QUAN X, et al. Optimization of anaerobic acidogenesis by adding Fe0 powder to enhance anaerobic wastewater treatment [J]. Chemical Engineering Journal, 2012, 192: 179-185.

[163] HOLM R H, LO W. Structural conversions of synthetic and protein-bound iron-sulfur clusters [J]. Chemical Reviews, 2016, 116 (22): 13685-13713.

[164] YANG Z Y, WANG W, LIU C, et al. Mitigation of ammonia inhibition through bioaugmentation with different microorganisms during anaerobic digestion: Selection of strains and reactor performance evaluation [J]. Water Research, 2019, 155: 214-224.

[165] ZHUANG L, MA J L, YU Z, et al. Magnetite accelerates syntrophic acetate oxidation in methanogenic systems with high ammonia concentrations [J]. Microbial Biotechnology, 2018, 11 (4): 710-720.

[166] FLORENTINO A P, SHARAF A, ZHANG L, et al. Overcoming ammonia inhibition in anaerobic blackwater treatment with granular activated carbon: the role of electroactive microorganisms [J]. Environmental Science: Water Research & Technology, 2019, 5 (2): 383-396.

[167] LUO C H, LU F, SHAO L M, et al. Application of eco-compatible biochar in anaerobic digestion to relieve acid stress and promote the selective colonization of functional microbes [J]. Water Research, 2015, 68: 710-718.

[168] YE M, LIU J Y, MA C N, et al. Improving the stability and efficiency of anaerobic digestion of food waste using additives: a critical review [J]. Journal of Cleaner Production, 2018, 192: 316-326.

[169] WANG G J, LI Q, GAO X, et al. Sawdust-derived biochar much mitigates VFAs accumulation and improves microbial activities to enhance methane production in thermophilic anaerobic digestion [J]. ACS Sustainable Chemistry & Engineering, 2018, 7 (2): 2141-2150.

[170] SUNYOTO N M S, ZHU M M, ZHANG Z Z, et al. Effect of biochar addition on hydrogen and methane production in two-phase anaerobic digestion of aqueous carbohydrates food waste [J]. Bioresource Technology, 2016, 219: 29-36.

[171] ZHANG L, ZHANG J X, LOH K C. Activated carbon enhanced anaerobic digestion of food waste: laboratory-scale and pilot-scale operation [J]. Waste Management, 2018, 75: 270-279.

[172] ZHAO C Y, SHARMA A, MA Q S, et al. A developed hybrid fixed-bed bioreactor with Fe-modified zeolite to enhance and sustain biohydrogen production [J]. Science of The Total Environment, 2021, 758.

[173] LIU J F, LIU T, CHEN S, et al. Enhancing anaerobic digestion in anaerobic integrated floating fixed-film activated sludge (An-IFFAS) system using novel electron mediator suspended biofilm carriers [J]. Water Research, 2020, 175.
[174] WANG M W, ZHAO Z Q, ZHANG Y B. Magnetite-contained biochar derived from fenton sludge modulated electron transfer of microorganisms in anaerobic digestion [J]. Journal of Hazardous Materials, 2021, 403.
[175] WU Y, ZHANG P Y, ZENG G M, et al. Enhancing sewage sludge dewaterability by a skeleton builder: biochar produced from sludge cake conditioned with rice husk flour and $FeCl_3$ [J]. ACS Sustainable Chemistry & Engineering, 2016, 4 (10): 5711-5717.
[176] TAO S Y, LIANG S, CHEN Y, et al. Enhanced sludge dewaterability with sludge-derived biochar activating hydrogen peroxide: synergism of Fe and Al elements in biochar [J]. Water Research, 2020, 182.
[177] BATSTONE D, KELLER J, ANGELIDAKI I, et al. Anaerobic digestion model No 1 (ADM1) [J]. Water Science and Technology, 2002, 45 (10): 65-73.
[178] CHYNOWETH D P. Environmental impact of biomethanogenesis [J]. Environmental Monitoring and Assessment, 1996, 42 (1-2): 3-18.
[179] AHRING B K. Methanogenesis in thermophilic biogas reactors [J]. Antonie van Leeuwenhoek, 1995, 67: 91-102.
[180] CHACHKHIANI M, DABERT P, ABZIANIDZE T, et al. 16S rDNA characterisation of bacterial and archaeal communities during start-up of anaerobic thermophilic digestion of cattle manure [J]. Bioresource Technology, 2004, 93: 227-232.
[181] FRICKE K, SANTEN H, WALLMANN R, et al. Operating problems in anaerobic digestion plants resulting from nitrogen in MSW [J]. Waste Management, 2007, 27: 30-43.
[182] ANGELIDAKI I, AHRING B K. Effects of free long-chain fatty acids on thermophilic anaerobic digestion [J]. Applied Microbiology and Biotechnology, 1992, 37: 808-812.
[183] LAWRENCE A W, MCCARTY P L. The role of sulfide in preventing heavy metal toxicity in anaerobic treatment [J]. Water Pollution Control Federation, 1965, 37: 392-406.
[184] OUDE ELFERINK S, VISSER A, POL L W H, et al. Sulfate reduction in methanogenic bioreactors [J]. FEMS Microbiol Review, 1994, 15 (2-3): 119-136.
[185] KRISTJANSSON J K, SCHöNHEIT P, THAUER R K. Different K_S values for hydrogen of methanogenic bacteria and sulfate reducing bacteria: an explanation of the apparent inhibition of methanogenesis by sulfate [J]. Archives of Microbiology, 1982, 131: 278-282.
[186] BHATTACHARYA S K, UBEROI V, DRONAMRAJU M M. Interaction between acetate fed sulfate reducers and methanogens [J]. Water Research, 1996, 30 (10): 2239-2246.
[187] PEREIRA M A, SOUSA D Z, MOTA M, et al. Mineralization of LCFA associated with

anaerobic sludge：kinetics，enhancement of methanogenic activity，and effect of VFA [J]. Biotechnology and Bioengineering，2004，88 (4)：502-511.

[188] BOYLE W C. Energy recovery from sanitary lanfills：a review//The Proceedings of a Seminar Sponsored by the UN Institute for Training and Research (UNITAR) and the Ministry for Research and Technology of the Federal Republic of Germany Held in Göttingen，1977，119-138.

[189] MCCARTY P. Energetics of organic matter degradation [M]. 1972.

[190] MOSER H. The dynamics of bacterial populations maintained in the chemostat [J]. Cold Spring Harbor symposia on quantitative biology，1957，22：121-137.

[191] TESSIER G. Croissance des populations bactériennes et quantité d'aliment disponible [J]. Review Science Paris，1942，80：209.

[192] CHEN Y R. Kinetic analysis of anaerobic digestion of pig manure and its design implications [J]. Agricultural Wastes，1983，8 (2)：65-81.

[193] ANDREWS J F，GRAEF S P. Dynamic modeling and simulation of the anaerobic digestion process [M]. 1971.

[194] CONTOIS D E. Kinetics of bacterial growth：relationship between population density and specific growth rate of continuous cultures [J]. Journal of General Microbiology，1959，21：40-50.

[195] GRAU P，DOHANYOS M，CHUDOBA J. Kinetic of multicomponent substrate removal by activated sludge [J]. Water Research，1975，9：637-42.

[196] BLACKMAN F F. Optima and limiting factors [J]. Annals of Botany，1905，19.

[197] MONOD J. The growth of bacterial cultures [J]. Annual Review of Microbiology，1949，3：371-394.

[198] FLEMING B，GRAHAM J. Influence of pH，high volatile fatty acid concentrations and parial hydrogen pressure on hydrolysis [D]. Netherlands：Wageningen，1994.

[199] EASTMAN J A，FERGUSON J F. Solubilization of particulate organic carbon during the acid phase of anaerobic digestion [J]. Journal of Water Pollution Control Federation，1981，53.

[200] O'ROURKE J T. Kinetics of anaerobic treatment at reduced temperatures [D]. Stanford University，1968.

[201] SIEGRIST H，BATSTONE D. Free amomonia ang pH inhibition of acetotrophic methanogenesis at meso and thermophilic conditions [C] //9th World Congress Anaerobic Digestion，2001：395-400.

[202] BISSWANGER H. Enzymkinetik：theorie und methoden [M]. Wiley-VCH Verlag Gmbh，2000.

[203] LEHNINGER A，NELSON D，COX M. In Principle of Biochemistry [M]. 2004.

[204] ROSEN C，JEPPSSON U. Aspects on ADM1 Implementation within the BSM2 Framework [R]. Department of Industrial Electrical Engineering and Automation，Lund Uni-

versity，2006.

[205] LüBKEN M，WICHERN M，SCHLATTMANN M，et al. Modelling the energy balance of an anaerobic digester fed with cattle manure and renewable energy crops [J]. Water Research，2007，41：4085-4096.

[206] WHITMAN W. The two-film theory of gas absorption [J]. International Journal of Heat and Mass Transfer，1962，5 (5)：429-433.

[207] LEWIS W K，WHITMAN W G. Principles of gas absorption [J]. Industrial & Engineering Chemistry，1924，16：1215-1220.

[208] DONOSO-BRAVO A，MAILIER J，MARTIN C，et al. Model selection，identification and validation in anaerobic digestion：a review [J]. Water Research，2011，45 (17)：5347-5364.

[209] GARCIA-OCHOA F，SANTOS MAZORRA V，NAVAL L，et al. Kinetic model for anaerobic digestion of livestock manure [J]. Enzyme and Microbial Technology，1999，25：55-60.

[210] DEVECI N，ÇIFTCI G. A mathematical model for the anaerobic treatment of Baker′s yeast effluents [J]. Waste Management，2001，21：99-103.

[211] MARTIN M A，RAPOSO F，BORJA R，et al. Kinetic study of the anaerobic digestion of vinasse pretreated with ozone，ozone plus ultraviolet light，and ozone plus ultraviolet light in the presence of titanium dioxide [J]. Process Biochemistry，2002，37 (7)：699-706.

[212] LOKSHINA L，VAVILIN V，KETTUNEN R，et al. Evaluation of kinetic coefficients using integrated monod and Haldane models for low-temperature acetoclastic methanogens [J]. Water Research，2001，35：2913-2922.

[213] SIMEONOV I. Mathematical modeling and parameters estimation of anaerobic fermentation processes [J]. Bioprocess Engineering，1999，21：377-381.

[214] SALES-CRUZ A，GANI R. Aspects of modelling and model identification for bioprocesses through a computer-aided modelling system [J]. Computer Aided Chemical Engineering，2004，18：1123-1128.

[215] CHEN Z B，HU D X，ZHANG Z P，et al. Modeling of two-phase anaerobic process treating traditional Chinese medicine wastewater with the IWA anaerobic digestion model No. 1 [J]. Bioresource Technology，2009，100：4623-4631.

[216] RUEL S，COMEAU Y，GINESTET P，et al. Modeling acidogenic and sulfate-reducing processes for the determination of fermentable fractions in wastewater [J]. Biotechnology and bioengineering，2003，80：525-536.

[217] HAAG J E，VANDE WOUWER A，QUEINNEC I. Macroscopic modelling and identification of an anaerobic waste treatment process [J]. Chemical Engineering Science，2003，58：4307-4316.

[218] JEONG H S，SUH C，LIM J L，et al. Analysis and application of ADM1 for anaerobic

methane production [J]. Bioprocess and Biosystems Engineering, 2005, 27: 81-89.
[219] ABU-QUDAIS H, BANI-HANI K, SHATNAWI N. Modeling and optimization of biogas production from a waste digester using artificial neural network and genetic algorithm [J]. Resource Conservation and Recycling, 2010, 54.
[220] WICHERN M, GEHRING T, FISCHER K, et al. Monofermentation of grass silage under mesophilic conditions: measurements and mathematical modeling with ADM 1 [J]. Bioresource Technology, 2009, 100: 1675-1681.
[221] WOLF C, MCLOONE S, BONGARDS M. Biogas plant control and optimization using computational intelligence methods [J]. Automatisierungstechnik, 2009, 57 (12): 638-649.
[222] BARIK D, MURUGAN S. An artificial neural network and genetic algorithm optimized model for biogas production from co-digestion of seed cake of karanja and cattle dung [J]. Waste and Biomass Valorization, 2015, 6: 1015-1027.
[223] GAIDA D, WOLF C, BONGARDS M, et al. MATLAB toolbox for biogas plant modelling and optimization [C] //Progress in Biogas Ⅱ: Biogas Production from Agricultural Biomass and Organic Residues, 2011, 2: 67-70.
[224] BOE K, KARAKASHEV D, TRABLY E, et al. Effect of post-digestion temperature on serial CSTR biogas reactor performance [J]. Water Research, 2009, 43: 669-676.
[225] ANDREWS J F. Dynamic model of the anaerobic digestion process [J]. ASCE Sanitary Engineering Division Journal, 1969, 96 (3): 853.
[226] KLEINSTREUER C, POWEIGHA T. Dynamic simulator for anaerobic digestion process [J]. Biotechnology and bioengineering, 1982, 24: 1941-1951.
[227] MOLETTA R, VERRIER D, ALBAGNAC G. Dynamic modeling of anaerobic digestion [J]. Water Research, 1986, 20: 427-434.
[228] KIELY G, TAYFUR G, DOLAN C, et al. Physical and mathematical modelling of anaerobic digestion of organic wastes [J]. Water Research, 1997, 31: 534-540.
[229] MOSEY F E. Mathematical modelling of the anaerobic digestion process: regulatory mechanisms for the formation of short-chain volatile acids from glucose [J]. Water Science and Technology, 1983, 15: 209-232.
[230] COSTELLO D J, GREENFIELD P, LEE P L. Dynamic modelling of a single-stage high-rate anaerobic reactor: I. Model derivation [J]. Water Research, 1991, 25: 847-858.
[231] PULLAMMANAPPALLIL P C, OWENS J M, SVORONOS S A, et al. Dynamic model for converntionally mixed anaerobic digestion reactors [C] //American Institute of Chemical Engineers Annual Meeting. Los Angeles, USA. 1991: 43-53.
[232] KALYUZHNYI S. Batch anaerobic digestion of glucose and its mathematical modeling: Ⅱ. Description, verification and application of model [J]. Bioresource Technology, 1997, 59: 249-258.
[233] HILL D T. A Comprehensive dynamic model for animal waste methanogenesis [J].

Transactions of the ASAE, 1982, 25: 1374-1380.
[234] SMITH P H, EORDEAUX F M, GOTO M, et al. Biological production of methane from biomass [J]. Methane from Biomass a Treatment Approach, 1988: 291-334.
[235] NEGRI E, MATA-ÁLVAREZ J, SANS C, et al. A mathematical model of volatile fatty acids (VFA) production in a plug-flow reactor treating the organic fraction of municipal solid waste (MSW) [J]. Water Science and Technology, 1993, 27: 201-208.
[236] BERNARD O, HADJ-SADOK Z, DOCHAIN D, et al. Dynamical model development and parameter identification for anaerobic wastewater treatment process [J]. Biotechnology and Bioengineering, 2001, 75: 424-438.
[237] BRYERS J D. Structured modeling of the anaerobic digestion of biomass particulates [J]. Biotechnology and Bioengineering, 1985, 27 (5): 638.
[238] SIEGRIST H, RENGGLI D, GUJER W. Mathematical modelling of anaerobic mesophilic sewage sludge treatment [J]. Water Science and Technology, 1993, 27: 25-36.
[239] SIEGRIST H, VOGT D, GARCIA-HERAS J, et al. Mathematical model for meso- and thermophilic anaerobic sewage sludge digestion [J]. Environmental Science and Technology, 2002, 36: 1113-1123.
[240] GUJER W, ZEHNDER A J B. Conversion processes in anaerobic digestion [J]. Water Science and Technology, 1983, 15: 127-167.
[241] VAVILIN V, VASILIEV V B, PONOMAREV A V, et al. Simulation model 'methane' as a tool for effective biogas production during anaerobic conversion of complex organic matter [J]. Bioresource Technology, 1994, 48: 1-8.
[242] ANGELIDAKI I, AHRING B. Thermophilic anaerobic digestion of livestock waste: the eDect of ammonia [J]. Applied Microbiology and Biotechnology, 1993, 38: 560-564.
[243] ANGELIDAKI I, ELLEGAARD L, AHRING B. A comprehensive model of anaerobic bioconversion of complex substrates to biogas [J]. Biotechnology and Bioengineering, 1999, 63: 363-372.
[244] BATSTONE D, KELLER J, NEWELL R B, et al. Modelling anaerobic degradation of complex wastewater Ⅱ: Parameter estimation and validation using slaughterhouse effluent [J]. Bioresource Technology, 2000, 75: 75-85.
[245] HUMPHREY A. The Hydrolysis of Cellulosic Materials to Useful Products [J]. Hydrolysis of Cellulose: Mechanisms of Enzymatic and Acid Catalysis, 1979, 181: 25-53.
[246] KANA E B G, OLOKE J, LATEEF A, et al. Modeling and optimization of biogas production on saw dust and other co-substrates using artificial neural network and genetic algorithm [J]. Renewable Energy, 2012, 46: 276-281.
[247] GHATAK D A, DAS M. Artificial neural network model to predict behavior of biogas production curve from mixed lignocellulosic co-substrates [J]. Fuel, 2018, 232.
[248] ZAREEI S, KHODAEI J. Modeling and optimization of biogas production from cow manure and maize straw using an adaptive neuro-fuzzy inference system [J]. Renewable En-

ergy，2017，114.

[249] RUAN J，CHEN X，HUANG M，et al. Application of fuzzy neural networks for modeling of biodegradation and biogas production in a full-scale internal circulation anaerobic reactor [J]. Journal of Environmental Science & Health Part A Toxic/hazardous Substances & Environmental Engineering，2016，52 (1-2)：7-14.

[250] ABDALLAH M，FERNANDES L，WARITH M，et al. A fuzzy logic model for biogas generation in bioreactor landfills [J]. Canadian Journal of Civil Engineering，2009，36：701-708.

[251] ARAOYE T M，MGBACHI C，AJENIKOKO G A. Development of a fuzzy logic technique for biogas generation of electrical energy [R]. 2018：30-39.

[252] OSTROVSKIJ M，WERNER U. Evaluation of different compositions of organic fuel for biogas production using fuzzy modeling [J]. Current Journal of Applied Science and Technology，2019：1-8.

[253] FINZI A，OBERTI R，RIVA E，et al. A simple fuzzy logic management support system for farm biogas plants [J]. Applied Engineering in Agriculture，2014，30：509-518.

[254] HEINZLE E，DUNN I J，RYHINER G B. Modeling and control for anaerobic wastewater treatment [M]. Bioprocess Design and Control. Berlin：Springer，1993：79-114.

[255] FLEMING J G. Novel simulation of anaerobic digestion using computational fluid dynamics [D]. Wilmington：North Carolina State University，2002.

[256] HE X S，XI B D，WEI Z M，et al. Physicochemical and spectroscopic characteristics of dissolved organic matter extracted from municipal solid waste (MSW) and their influence on the landfill biological stability [J]. Bioresource Technology，2011，102 (3)：2322-2327.

[257] SHAO L M，WANG T F，LI T S，et al. Comparison of sludge digestion under aerobic and anaerobic conditions with a focus on the degradation of proteins at mesophilic temperature [J]. Bioresource Technology，2013，140：131-137.

[258] TREVISAN S，FRANCIOSO O，QUAGGIOTTI S，et al. Humic substances biological activity at the plant-soil interface [J]. Plant Signaling & Behavior，2010，5 (6)：635-643.

[259] NUZZO A，SáNCHEZ A，FONTAINE B，et al. Conformational changes of dissolved humic and fulvic superstructures with progressive iron complexation [J]. Journal of Geochemical Exploration，2013，129：1-5.

[260] PICCOLO A，SPACCINI R，SAVY D，et al. The soil humeome：chemical Structure，functions and technological perspectives [M] //Sustainable Agrochemistry. Cham：Springer，2019：183-222.

[261] JINDO K，OLIVARES F L，MALCHER D，et al. From lab to field：role of humic substances under open-field and greenhouse conditions as biostimulant and biocontrol agent

[J]. Frontiers in Plant Science, 2020, 11: 426.

[262] 李静萍，王冠，陈峰，等．天祝褐煤腐植酸对 Ni^{2+} 离子吸附性能研究 [J]. 化学研究与应用，2012，24 (11)：1691-1695.

[263] PLAZA C, SENESI N, BRUNETTI G, et al. Evolution of the fulvic acid fractions during co-composting of olive oil mill wastewater sludge and tree cuttings [J]. Bioresource Technology, 2007, 98 (10): 1964-1971.

[264] ZHANG J, LV B Y, XING M Y, et al. Tracking the composition and transformation of humic and fulvic acids during vermicomposting of sewage sludge by elemental analysis and fluorescence excitation-emission matrix [J]. Waste Management, 2015, 39: 111-118.

[265] 杰克逊．土壤化学分析 [M]. 蒋白蕃 译．北京：科学出版社，1964.

[266] RONCERO-RAMOS I, DELGADO-ANDRADE C, RUIZ-ROCA B, et al. Effects of dietary bread crust Maillard reaction products on calcium and bone metabolism in rats [J]. Amino Acids, 2013, 44 (6): 1409-1418.

[267] NAKASAKI K, LE T H T, IDEMOTO Y, et al. Comparison of organic matter degradation and microbial community during thermophilic composting of two different types of anaerobic sludge [J]. Bioresource Technology, 2009, 100 (2): 676-682.

[268] ZHOU H B, CHEN T B, GAO D, et al. Simulation of water removal process and optimization of aeration strategy in sewage sludge composting [J]. Bioresource Technology, 2014, 171: 452-460.

[269] ZHOU C, LIU Z, HUANG Z L, et al. A new strategy for co-composting dairy manure with rice straw: addition of different inocula at three stages of composting [J]. Waste Management, 2015, 40 (6): 38-43.

[270] TANG Y F, DONG B, DAI X H. Hyperthermophilic pretreatment composting to produce high quality sludge compost with superior humification degree and nitrogen retention [J]. Chemical Engineering & Technology, 2021, 429.

[271] ZHANG Z C, ZHAO Y, YANG T X, et al. Effects of exogenous protein-like precursors on humification process during lignocellulose-like biomass composting: Amino acids as the key linker to promote humification process [J]. Bioresource Technology, 2019, 291.

[272] YAMADA T, MIYAUCHI K, UEDA H, et al. Composting cattle dung wastes by using a hyperthermophilic pre-treatment process: characterization by physicochemical and molecular biological analysis [J]. Journal of Bioscience and Bioengineering, 2007, 104 (5): 408-415.

[273] HUANG Y, LI D Y, SHAH G M, et al. Hyperthermophilic pretreatment composting significantly accelerates humic substances formation by regulating precursors production and microbial communities [J]. Waste Management, 2019, 92: 89-96.

[274] HUANG Y, LI D Y, WANG L, et al. Decreased enzyme activities, ammonification rate and ammonifiers contribute to higher nitrogen retention in hyperthermophilic pretreatment

composting [J]. Bioresource Technology，2019，272：521-528.

[275] 曹云，黄红英，钱玉婷，等. 超高温预处理装置及其促进鸡粪稻秸好氧堆肥腐熟效果 [J]. 农业工程学报，2017，33 (13)：243-250.

[276] COELHO R R R，LINHARES L F. Melanogenic actinomycetes (*Streptomyces* spp.) from Brazilian soils [J]. Biology & Fertility of Soils，1993，15 (3)：220-224.

[277] HOFRICHTER M，SCHEIBNER K，SCHNEEGAß I，et al. Mineralization of synthetic humic substances by manganese peroxidase from the white-rot fungus Nematoloma frowardii [J]. Applied Microbiology & Biotechnology，1998，49 (5)：584-588.

[278] ENNOURI H，MILADI B，DIAZ S Z，et al. Effect of thermal pretreatment on the biogas production and microbial communities balance during anaerobic digestion of urban and industrial waste activated sludge [J]. Bioresource Technology，2016，214：184-191.

[279] WU J Q，ZHAO Y，QI H S，et al. Identifying the key factors that affect the formation of humic substance during different materials composting [J]. Bioresource Technology，2017，244 (1)：1193-1196.

[280] GU J D，BERRY D F. Degradation of substituted indoles by an indole-degrading methanogenic consortium [J]. Applied & Environmental Microbiology，1991，57 (9)：2622.

[281] PATTEN C L，BLAKNEY A J C，COULSON T J D. Activity，distribution and function of indole-3-acetic acid biosynthetic pathways in bacteria [J]. Critical Reviews in Microbiology，2013，39 (4)：395-415.

[282] HUANG F，LIU H B，WEN J X，et al. Underestimated humic acids release and influence on anaerobic digestion during sludge thermal hydrolysis [J]. Water Research，2021，201.

[283] LI X W，LI Z H，DAI X H，et al. Micro-aerobic digestion of high-solid anaerobically digested sludge：further stabilization，microbial dynamics and phytotoxicity reduction [J]. RSC Advances，2016，6 (80)：76748-76758.

[284] YE J，HU A D，CHENG X Y，et al. Response of enhanced sludge methanogenesis by red mud to temperature：spectroscopic and electrochemical elucidation of endogenous redox mediators [J]. Water Research，2018，143：240-249.

[285] YE J，HU A D，REN G P，et al. Enhancing sludge methanogenesis with improved redox activity of extracellular polymeric substances by hematite in red mud [J]. Water Research，2018，134：54-62.

[286] 祈光霞. 有机质非生物强化腐殖化机理及影响因素研究 [D]. 北京：清华大学，2013.

[287] OMOTAYO O P，BABALOLA O O. Resident rhizosphere microbiome's ecological dynamics and conservation：towards achieving the envisioned sustainable development goals，a review [J]. International Soil and Water Conservation Research，2021，9 (1)：127-142.

[288] SWENSON T L，JENKINS S，BOWEN B P，et al. Untargeted soil metabolomics meth-

ods for analysis of extractable organic matter [J]. Soil Biology & Biochemistry，2015，80：189-198.

[289] PEPE SCIARRIA T，MERLINO G，SCAGLIA B，et al. Electricity generation using white and red wine lees in air cathode microbial fuel cells [J]. Journal of Power Sources，2015，274：393-399.

[290] LUO Q，WANG S Y，SUN L N，et al. Metabolic profiling of root exudates from two ecotypes of Sedum alfredii treated with Pb based on GC-MS [J]. Scientific Reports，2017，7.

[291] LU D，QIAN T T，LE C C，et al. Insights into thermal hydrolyzed sludge liquor - Identification of plant-growth-promoting compounds [J]. Journal of Hazardous Materials，2021，403.

[292] SCAGLIA B，NUNES R R，REZENDE M O O，et al. Investigating organic molecules responsible of auxin-like activity of humic acid fraction extracted from vermicompost [J]. Science of The Total Environment，2016，562：289-295.

[293] PATHMA J，SAKTHIVEL N. Molecular and functional characterization of bacteria isolated from straw and goat manure based vermicompost [J]. Applied Soil Ecology，2013，70：33-47.

[294] 李欣．厌氧发酵液植物营养物质变化及吲哚乙酸代谢途径解析 [D]. 北京：中国农业大学，2016.

[295] LI X，GUO J B，PANG C L，et al. Anaerobic digestion and storage influence availability of plant hormones in livestock slurry [J]. ACS Sustainable Chemistry & Engineering，2016，4 (3)：719-727.

[296] LI X，GUO J B，DONG R J，et al. Indolic derivatives metabolism in the anaerobic reactor treating animal manure：pathways and regulation [J]. ACS Sustainable Chemistry & Engineering，2018，6 (9)：11511-11518.

[297] LI X，GUO J B，DONG R J，et al. Properties of plant nutrient：Comparison of two nutrient recovery techniques using liquid fraction of digestate from anaerobic digester treating pig manure [J]. Science of The Total Environment，2016，544：774-781.

[298] SCAGLIA B，POGNANI M，ADANI F. Evaluation of hormone-like activity of the dissolved organic matter fraction (DOM) of compost and digestate [J]. Science of The Total Environment，2015，514：314-321.

[299] SCAGLIA B，POGNANI M，ADANI F. The anaerobic digestion process capability to produce biostimulant：the case study of the dissolved organic matter (DOM) vs. auxin-like property [J]. Science of The Total Environment，2017，589：36-45.

[300] TAMPIO E，MARTTINEN S，RINTALA J. Liquid fertilizer products from anaerobic digestion of food waste：mass，nutrient and energy balance of four digestate liquid treatment systems [J]. Journal of Cleaner Production，2016，125：22-32.

[301] BARBER W P F. Thermal hydrolysis for sewage treatment：a critical review [J]. Water

Research，2016，104：53-71.

[302] ZHANG T，WU X S，LI H H，et al. Struvite pyrolysate cycling technology assisted by thermal hydrolysis pretreatment to recover ammonium nitrogen from composting leachate [J]. Journal of Cleaner Production，2020，242.

[303] RODRíGUEZ-ABALDE A，FERNáNDEZ B，SILVESTRE G，et al. Effects of thermal pre-treatments on solid slaughterhouse waste methane potential [J]. Waste Management，2011，31 (7)：1488-1493.

[304] KATSIRIS N，KOUZELI-KATSIRI A. Bound water content of biological sludges in relation to filtration and dewatering [J]. Water Research，1987，21 (11)：1319-1327.

[305] DIAO X Q，WENG Y X，HUANG Z G，et al. Current status of biobased materials industry in China [J]. Chinese Journal of Biotechnology，2016，32 (6)：715-725.

[306] 刁晓倩，翁云宣，宋鑫宇，等．国内外生物降解塑料产业发展现状 [J]. 中国塑料，2020，34 (5)：123-135.

[307] 李燕，曹朵，贾凤安，等．生物基可降解塑料及其在农业领域的研究进展 [J]. 应用化工，2020，49 (9)：2397-2400.

[308] 孙静，韦良强，徐国敏，等．聚乳酸/聚丁二酸丁二醇酯原位复合材料的研究 [J]. 塑料工业，2014，42 (8)：37-74.

[309] 林丹，赵光磊，何北海，等．表面酯化修饰纳米纤维素在聚乳酸复合膜中的应用 [J]. 现代食品科技，2016，32 (8)：178-182.

[310] 潘文静，白桢慧，苏婷婷，等．生物降解塑料聚乳酸（PLA）的改性研究进展 [J]. 应用化工，2017，46 (5)：977-981.

[311] LI M X，WILKINS M R. Recent advances in polyhydroxyalkanoate production：Feedstocks，strains and process developments [J]. International Journal of Biological Macromolecules，2020，156：691-703.

[312] ZINN M，WITHOLT B，EGLI T. Occurrence，synthesis and medical application of bacterial polyhydroxyalkanoate [J]. Advanced Drug Delivery Reviews，2001，53 (1)：5-21.

[313] KOLLER M，BRAUNEGG G. Biomediated production of structurally diverse poly (hydroxyalkanoates) from surplus streams of the animal processing industry [J]. Polimery，2015，60 (5)：298-308.

[314] ANJUM A，ZUBER M，ZIA K M，et al. Microbial production of polyhydroxyalkanoates (PHAs) and its copolymers：A review of recent advancements [J]. International Journal of Biological Macromolecules，2016，89：161-174.

[315] ESSEL R，CARUS M. Meta-Analysis of 30 LCAs [J]. Bioplastics Magazine，2012，7 (2)：46-49.

[316] KHARDENAVIS A A，KUMAR M S，MUDLIAR S N，et al. Biotechnological conversion of agro-industrial wastewaters into biodegradable plastic，poly beta-hydroxybutyrate [J]. Bioresource Technology，2007，98 (18)：3579-3584.

[317] GODBOLE S, GOTE S, LATKAR M, et al. Preparation and characterization of biodegradable poly-3-hydroxybutyrate-starch blend films [J]. Bioresource Technology, 2003, 86 (1): 33-37.

[318] YIN F, LI D N, MA X J, et al. Pretreatment of lignocellulosic feedstock to produce fermentable sugars for poly (3-hydroxybutyrate-co-3-hydroxyvalerate) production using activated sludge [J]. Bioresource Technology, 2019, 290: 1-6.

[319] WANG Y P, CAI J Y, LAN J H, et al. Biosynthesis of poly (hydroxybutyrate-hydroxyvalerate) from the acclimated activated sludge and microbial characterization in this process [J]. Bioresource Technology, 2013, 148: 61-69.

[320] SABAPATHY P C, DEVARAJ S, MEIXNER K, et al. Recent developments in Polyhydroxyalkanoates (PHAs) production: a review [J]. Bioresource Technology, 2020, 306: 1-14.

[321] ANDERSON A J, DAWES E A. Occurrence, metabolism, metabolic role, and industrial uses of bacterial poly-hydroxyalkanoates [J]. Microbiological Reviews, 1990, 54 (4): 450-472.

[322] REHM B H A, KRUGER N, STEINBUCHEL A. A new metabolic link between fatty acid de novo synthesis and polyhydroxyalkanoic acid synthesis: the PHAG gene from Pseudomonas putida KT2440 encodes a 3-hydroxyacyl-acyl carrier protein coenzyme a transferase [J]. Journal of Biological Chemistry, 1998, 273 (37): 24044-24051.

[323] TAGUCHI K, AOYAGI Y, MATSUSAKI H, et al. Over-expression of 3-ketoacyl-ACP synthase Ⅲ or malonyl-CoA-ACP transacylase gene induces monomer supply for polyhydroxybutyrate production in Escherichia coli HB101 [J]. Biotechnology Letters, 1999, 21 (7): 579-584.

[324] FUKUI T, YOKOMIZU S, KOBAYASHI S, et al. Co-expression of polyhydroxy- alkanoates synthase and (R) -enoyl-CoA hydratase genes of Aeromonas caviae establishes copolyester biosynthesis pathway in Escherichia coli [J]. FEMS Microbiology Letters, 1999, 170: 69-75.

[325] TAGUCHI K, AOYAGI Y, MATSUSAKI H, et al. Co-expression of 3-ketoacyl-ACP reductase and polyhydroxyalkanoates synthase genes induces PHA production in *Escherichia coli* HB 101 strain [J]. FEMS Microbiology Letters, 1999, 176: 183-190.

[326] RODRIGUEZ-PEREZ S, SERRANO A, PANTION A A, et al. Challenges of scaling-up PHA production from waste streams: a review [J]. Journal of Environmental Management, 2018, 205: 215-230.

[327] CHECH J S, HARTMAN P. Competition between polyphosphate and polysaccharide accumulating bacteria in enhanced biological phosphate removal systems [J]. Water Research, 1993, 27: 1219-1925.

[328] PEREIRA H, LEMOS P C, REIS M A M, et al. Model for carbon metabolism in biological phosphorus removal processes based on in vivo C-13-NMR labelling experiments

[J]. Water Research, 1996, 30 (9): 2128-2138.

[329] FRADINHO J C, REIS M A M, OEHMEN A. Beyond feast and famine: selecting a PHA accumulating photosynthetic mixed culture in a permanent feast regime [J]. Water Research, 2016, 105: 421-428.

[330] CHEN Z Q, GUO Z R, WEN Q X, et al. Modeling polyhydroxyalkanoate (PHA) production in a newly developed aerobic dynamic discharge (ADD) culture enrichment process [J]. Chemical Engineering Journal, 2016, 298: 36-43.

[331] CHUA A S M, TAKABATAKE H, SATOH H, et al. Production of polyhydroxyalkanoates (PHA) by activated sludge treating municipal wastewater: effect of pH, sludge retention time (SRT), and acetate concentration in influent [J]. Water Research, 2003, 37 (15): 3602-3611.

[332] KUMAR M S, MUDLIAR S N, REDDY K M K, et al. Production of biodegradable plastics from activated sludge generated from a food processing industrial wastewater treatment plant [J]. Bioresource Technology, 2004, 95 (3): 327-330.

[333] MORETTO G, VALENTINO F, PAVAN P, et al. Optimization of urban waste fermentation for volatile fatty acids production [J]. Waste Management, 2019, 92: 21-29.

[334] KRISHNA C, VAN LOOSDRECHT M C M. Effect of temperature on storage polymers and settleability of activated sludge [J]. Water Research, 1999, 33 (10): 2374-2382.

[335] MORALEJO-GÁRATE H, MARATUSALIHAT E, KLEEREBEZEM R, et al. Microbial community engineering for biopolymer production from glycerol [J]. Applied Microbiology and Biotechnology, 2011, 92 (3): 631-639.

[336] SERAFIM L S, LEMOS P C, OLIVEIRA R, et al. Optimization of polyhydroxybutyrate production by mixed cultures submitted to aerobic dynamic feeding conditions [J]. Biotechnology and Bioengineering, 2004, 87 (2): 145-160.

[337] CHEN Z Q, HUANG L, WEN Q X, et al. Efficient polyhydroxyalkanoate (PHA) accumulation by a new continuous feeding mode in three-stage mixed microbial culture (MMC) PHA production process [J]. Journal of Biotechnology, 2015, 209: 68-75.

[338] ALBUQUERQUE M G E, MARTINO V, POLLET E, et al. Mixed culture polyhydroxyalkanoate (PHA) production from volatile fatty acid (VFA) -rich streams: effect of substrate composition and feeding regime on PHA productivity, composition and properties [J]. Journal of Biotechnology, 2011, 151 (1): 66-76.

[339] WANG D B, ZENG G M, CHEN Y G, et al. Effect of polyhydroxyalkanoates on dark fermentative hydrogen production from waste activated sludge [J]. Water Research, 2015, 73: 311-322.

[340] OSHIKI M, ONUKI M, SATOH H, et al. Microbial community composition of polyhydroxyalkanoate-accumulating organisms in full-scale wastewater treatment plants operated in fully aerobic mode [J]. Microbes and Environments, 2013, 28 (1): 96-104.

[341] MOHAMMADI M, HASSAN M A, PHANG L Y, et al. Intracellular polyhydroxyalkanoates recovery by cleaner halogen-free methods towards zero emission in the palm oil mill [J]. Journal of Cleaner Production, 2012, 37: 353-360.

[342] CHEN W S, STRIK D P B T B, BUISMAN C J N, et al. Production of caproic acid from mixed organic waste: an environmental life cycle perspective [J]. Environmental Science & Technology, 2017, 51 (12): 7159-7168.

[343] STEINBUSCH K J J, HAMELERS H V M, PLUGGE C M, et al. Biological formation of caproate and caprylate from acetate: fuel and chemical production from low grade biomass [J]. Energy & Environmental Science, 2011, 4 (1): 216-224.

[344] HAN W H, HE P J, SHAO L M, et al. Road to full bioconversion of biowaste to biochemicals centering on chain elongation: a mini review [J]. Journal of Environmental Sciences, 2019, 86: 50-64.

[345] 吴清莲. 乙醇和乳酸引导的碳链增长技术生产中链羧酸的研究 [D]. 哈尔滨: 哈尔滨工业大学, 2019.

[346] 朱文彬, 高明, 阴紫荷, 等. 有机废物厌氧发酵生物合成乙酸研究进展 [J]. 环境工程, 2020, 38 (1): 128-134.

[347] 党超. 厌氧发酵玉米秸秆制取中长链脂肪酸的研究 [D]. 大连: 大连理工大学, 2019.

[348] GROOTSCHOLTEN T I M, DAL BORGO F K, HAMELERS H V M, et al. Promoting chain elongation in mixed culture acidification reactors by addition of ethanol [J]. Biomass & Bioenergy, 2013, 48: 10-16.

[349] SPIRITO C M, RICHTER H, RABAEY K, et al. Chain elongation in anaerobic reactor microbiomes to recover resources from waste [J]. Current Opinion in Biotechnology, 2014, 27: 115-122.

[350] ANGENENT L T, RICHTER H, BUCKEL W, et al. Chain elongation with reactor microbiomes: Open-culture biotechnology to produce biochemicals [J]. Environmental Science & Technology, 2016, 50 (6): 2796-2810.

[351] 石川, 刘越, 马金元, 等. 碳链延长技术在有机资源回收领域的研究进展 [J]. 中国环境科学, 2020, 40 (10): 4439-4448.

[352] STAMATOPOULOU P, MALKOWSKI J, CONRADO L, et al. Fermentation of organic residues to beneficial chemicals: a review of medium-chain fatty acid production [J]. Processes, 2020, 8 (12).

[353] AGLER M T, WERNER J J, ITEN L B, et al. Shaping reactor microbiomes to produce the fuel precursor n-butyrate from pretreated cellulosic hydrolysates [J]. Environmental Science & Technology, 2012, 46 (18): 10229-10238.

[354] 朱孔云, 党超, 张雷, 等. 秸秆混菌厌氧链延长生产中链脂肪酸: pH 调控作用 [J]. 科学通报, 2020, 65 (26): 2903-2913.

[355] GANIGUE R, SANCHEZ-PAREDES P, BANERAS L, et al. Low fermentation pH is a trigger to alcohol production, but a killer to chain elongation [J]. Frontiers in Microbi-

ology，2016，7：1-11.

[356] GAVAZZA S，AMORIM N C S，KATO M T，et al. Caproic acid formation by carbon chain elongation during fermentative hydrogen production of cassava wastewater [J]. Waste and Biomass Valorization，2021，12 (5)：2365-2373.

[357] DEGROOF V，COMA M，ARNOT T，et al. Medium chain carboxylic acids from complex organic feedstocks by mixed culture fermentation [J]. Molecules，2019，24 (3)：1-32.

[358] HOLLISTER E B，FORREST A K，WILKINSON H H，et al. Structure and dynamics of the microbial communities underlying the carboxylate platform for biofuel production [J]. Applied Microbiology and Biotechnology，2010，88 (1)：389-399.

[359] KHOR W C，ANDERSEN S，VERVAEREN H，et al. Electricity-assisted production of caproic acid from grass [J]. Biotechnology for Biofuels，2017，10：180.

[360] CHIDTHAISONG A，CONRAD R. Specificity of chloroform，2-bromoethanesulfonate and fluoroacetate to inhibit methanogenesis and other anaerobic processes in anoxic rice field soil [J]. Soil Biology & Biochemistry，2000，32 (7)：977-988.

[361] GIOVANNINI G，DONOSO-BRAVO A，JEISON D，et al. A review of the role of hydrogen in past and current modelling approaches to anaerobic digestion processes [J]. International Journal of Hydrogen Energy，2016，41 (39)：17713-17722.

[362] AGLER M T，SPIRITO C M，USACK J G，et al. Development of a highly specific and productive process for n-caproic acid production：applying lessons from methanogenic microbiomes [J]. Water Science and Technology，2014，69 (1)：62-68.

[363] BAO S，ZHANG G M，ZHANG P Y，et al. Valorization of mixed volatile fatty acids by chain elongation：Performances，kinetics and microbial community [J]. International Journal of Agriculture and Biology，2019，22 (6)：1613-1622.

[364] WU Q L，FENG X C，CHEN Y，et al. Continuous medium chain carboxylic acids production from excess sludge by granular chain-elongation process [J]. Journal of Hazardous Materials，2021，402.

[365] WU S L，LUO G，SUN J，et al. Medium chain fatty acids production from anaerobic fermentation of waste activated sludge [J]. Journal of Cleaner Production，2021，279.

[366] WU Q L，BAO X，GUO W Q，et al. Medium chain carboxylic acids production from waste biomass：current advances and perspectives [J]. Biotechnology Advances，2019，37 (5)：599-615.

[367] OECD，IEA. Key world energy statistics [R]. 2020.

[368] 王靖媛．厌氧发酵产氢反应器的连续运行及蛋白质组学的研究 [D]. 上海：上海师范大学，2019.

[369] 李巧燕．厌氧发酵制氢系统及微生物群落结构研究 [D]. 哈尔滨：东北林业大学，2019.

[370] WATTS N，AMANN M，AYEB-KARLSSON S，et al. The lancet countdown on health

and climate change：from 25 years of inaction to a global transformation for public health [J]. Lancet，2018，391 (10120)：581-630.

[371] VAN GINKEL S，SUNG S W，LAY J J. Biohydrogen production as a function of pH and substrate concentration [J]. Environmental Science & Technology，2001，35 (24)：4726-4730.

[372] KARADAG D，KOROGLU O E，OZKAYA B，et al. A review on fermentative hydrogen production from dairy industry wastewater [J]. Journal of Chemical Technology and Biotechnology，2014，89 (11)：1627-1636.

[373] KUANG Y，ZHAO J W，GAO Y，et al. Enhanced hydrogen production from food waste dark fermentation by potassium ferrate pretreatment [J]. Environmental Science and Pollution Research，2020，27 (15)：18145-18156.

[374] IEA，中国石油经济技术研究院. 氢的未来：抓住今天的机遇 [R]. 2019.

[375] SUGIARTO Y，SUNYOTO N M S，ZHU M，et al. Effect of biochar in enhancing hydrogen production by mesophilic anaerobic digestion of food wastes：the role of minerals [J]. International Journal of Hydrogen Energy，2021，46 (5)：3695-3703.

[376] SUN Y，HE J，YANG G，et al. A review of the enhancement of bio-hydrogen generation by chemicals addition [J]. Catalysts，2019，9 (4)：353.

[377] SALAKKAM A，SITTIJUNDA S，MAMIMIN C，et al. Valorization of microalgal biomass for biohydrogen generation：a review [J]. Bioresource Technology，2021，322.

[378] 任南琪，李建政. 发酵法生物制氢原理与技术 [M]. 北京：科学出版社，2017.

[379] 任南琪，王爱杰，马放. 产酸发酵微生物生理生态学 [M]. 北京：科学出版社，2005.

[380] 刘琦. 氧化还原介体强化剩余污泥发酵产氢研究 [D]. 太原：山西大学，2020.

[381] 张丹. 过氧化钙对污泥厌氧发酵产氢的影响及机理研究 [D]. 长沙：湖南大学，2019.

[382] 宋庆彬. 厨余与污泥联合厌氧发酵制氢研究 [D]. 大连：大连理工大学，2008.

[383] WANG J L，YIN Y N. Fermentative hydrogen production using various biomass-based materials as feedstock [J]. Renewable & Sustainable Energy Reviews，2018，92：284-306.

[384] PAILLET F，BARRAU C，ESCUDIE R，et al. Robust operation through effluent recycling for hydrogen production from the organic fraction of municipal solid waste [J]. Bioresource Technology，2021，319.

[385] JUNG J H，SIM Y B，BAIK J H，et al. High-rate mesophilic hydrogen production from food waste using hybrid immobilized microbiome [J]. Bioresource Technology，2021，320.

[386] PRAPINAGSORN W，SITTIJUNDA S，REUNGSANG A. Co-digestion of napier grass and its silage with cow dung for bio-hydrogen and methane production by two-stage anaerobic digestion process [J]. Energies，2018，11 (1)：47.

[387] ALEMAHDI N，MAN H C，ABD RAHMAN N A，et al. Enhanced mesophilic bio-hydrogen production of raw rice straw and activated sewage sludge by co-digestion [J]. In-

ternational Journal of Hydrogen Energy，2015，40（46）：16033-16044.
[388] SOARES J F，CONFORTIN T C，TODERO I，et al. Dark fermentative biohydrogen production from lignocellulosic biomass：technological challenges and future prospects [J]. Renewable & Sustainable Energy Reviews，2020，117.
[389] 黄惠莹，周兴求．微波预处理对厌氧颗粒污泥发酵产氢的影响 [J]. 中国给水排水，2010，26（23）：13-16.
[390] SAKTHISELVAN P，NAVEENA B，GOPINATH K P，et al. Bio-hydrogen production by enzymic hydrolysis of sunflower oil sludge [J]. Clean-Soil Air Water，2015，43（11）：1547-1555.
[391] BUNDHOO M A Z，MOHEE R. Inhibition of dark fermentative bio-hydrogen production：a review [J]. International Journal of Hydrogen Energy，2016，41（16）：6713-6733.
[392] GHIMIRE A，FRUNZO L，PIROZZI F，et al. A review on dark fermentative biohydrogen production from organic biomass：process parameters and use of by-products [J]. Applied Energy，2015，144：73-95.
[393] WU Y X，WANG D B，LIU X R，et al. Effect of poly aluminum chloride on dark fermentative hydrogen accumulation from waste activated sludge [J]. Water Research，2019，153：217-228.
[394] WANG J L，WAN W. Comparison of different pretreatment methods for enriching hydrogen-producing bacteria from digested sludge [J]. International Journal of Hydrogen Energy，2008，33（12）：2934-2941.
[395] ZHOU M，YAN B，WONG J W C，et al. Enhanced volatile fatty acids production from anaerobic fermentation of food waste：a mini-review focusing on acidogenic metabolic pathways [J]. Bioresource Technology，2018，248：68-78.
[396] STERLING M C，LACEY R E，ENGLER C R，et al. Effects of ammonia nitrogen on H_2 and CH_4 production during anaerobic digestion of dairy cattle manure [J]. Bioresource Technology，2001，77（1）：9-18.
[397] WANG D B，DUAN Y Y，YANG Q，et al. Free ammonia enhances dark fermentative hydrogen production from waste activated sludge [J]. Water Research，2018，133：272-281.
[398] GRESES S，TOMAS-PEJO E，GONZALEZ-FERNANDEZ C. Short-chain fatty acids and hydrogen production in one single anaerobic fermentation stage using carbohydrate-rich food waste [J]. Journal of Cleaner Production，2021，284：124727.
[399] WAINAINA S，LUKITAWESA，AWASTHI M K，et al. Bioengineering of anaerobic digestion for volatile fatty acids，hydrogen or methane production：a critical review [J]. Bioengineered，2019，10（1）：437-458.
[400] VALDEZ-VAZQUEZ I，RIOS-LEAL E，ESPARZA-GARCIA F，et al. Semi-continuous solid substrate anaerobic reactors for H_2 production from organic waste：mesophilic ver-

sus thermophilic regime [J]. International Journal of Hydrogen Energy，2005，30 (13-14)：1383-1391.

[401] DE GIOANNIS G，FRIARGIU M，MASSI E，et al. Biohydrogen production from dark fermentation of cheese whey：Influence of pH [J]. International Journal of Hydrogen Energy，2014，39 (36)：20930-20941.

[402] LI Q Z，JIANG X L，FENG X J，et al. Recovery processes of organic acids from fermentation broths in the biomass-based industry [J]. Journal of Microbiology and Biotechnology，2016，26 (1)：1-8.

[403] HASSAN G K，MASSANET-NICOLAU J，DINSDALE R，et al. A novel method for increasing biohydrogen production from food waste using electrodialysis [J]. International Journal of Hydrogen Energy，2019，44 (29)：14715-14720.

[404] BAK C，YUN Y M，KIM J H，et al. Electrodialytic separation of volatile fatty acids from hydrogen fermented food wastes [J]. International Journal of Hydrogen Energy，2019，44 (6)：3356-3362.

[405] ALGAPANI D E，QIAO W，RICCI M，et al. Bio-hydrogen and bio-methane production from food waste in a two-stage anaerobic digestion process with digestate recirculation [J]. Renewable Energy，2019，130：1108-1115.

[406] BALDI F，PECORINI I，LANNELLI R. Comparison of single-stage and two-stage anaerobic co-digestion of food waste and activated sludge for hydrogen and methane production [J]. Renewable Energy，2019，143：1755-1765.

[407] YUAN T G，BIAN S W，KO J H，et al. Enhancement of hydrogen production using untreated inoculum in two-stage food waste digestion [J]. Bioresource Technology，2019，282：189-196.

[408] 吴军. 水稻秸秆和猪粪两相厌氧共消化产氢烷性能 [D]. 长沙：长沙理工大学，2020.

[409] DEGIOANNIS G，MUNTONI A，POLETTINI A，et al. A review of dark fermentative hydrogen production from biodegradable municipal waste fractions [J]. Waste Management，2013，33 (6)：1345-1361.

[410] HUANG J J，FENG H J，HUANG L J，et al. Continuous hydrogen production from food waste by anaerobic digestion (AD) coupled single-chamber microbial electrolysis cell (MEC) under negative pressure [J]. Waste Management，2020，103：61-66.

[411] 魏芳. 厌氧消化技术处理有机废弃物及与微生物燃料电池耦合技术初探 [D]. 合肥：安徽农业大学，2019.

[412] 孙茹茹，姜霁珊，徐叶，等. 暗发酵制氢代谢途径研究进展 [J]. 上海师范大学学报（自然科学版），2020，49 (6)：614-621.

第3章 污泥中含氮物质的低碳削减与资源利用研究

3.1 污泥含氮物质存在形态以及转化特征

3.1.1 污泥含氮物质存在形态

氮是微生物进行生命活动所需的营养元素。同时，氮也会引起环境污染，将大量的氮排入地表水环境会引起水体富营养化，造成微生物过度增殖，导致鱼类死亡、水体水质恶化等环境问题。污泥中的氮元素含量较高（2%～9%，以质量分数计）。按存在形态可分为两种：颗粒态和溶解态；按化学性质可分为两种：无机氮和有机氮。有机氮可以再被分为两部分：一部分是不稳定，易被微生物代谢分解的蛋白质类物质，另外包括多糖、纤维素和木质素等；另一部分在化学构成上相对稳定，以微生物代谢过程的产物及其他含氮化合物的形态存在，主要包括腐殖质、杂环氮等[1-3]。污泥厌氧消化过程中氮的物质流动特征主要包括：有机氮转化成无机氮，如蛋白质转化成氨基酸，最终再转化成无机氮。污泥中无机氮主要存在形态有：氨氮、硝态氮和亚硝态氮等[4]。

3.1.2 污泥含氮物质的转化特征

污泥中有机氮可以分为两类：一类是相对易降解的蛋白质类水解性有机氮，如肽类、核蛋白类、氨基酸类；另一类是相对稳定的非水解性有机氮，如杂环氮等[5]。蛋白质类有机氮的降解和转化相对复杂。具有多维空间结构的蛋白质在蛋白酶的作用下，α—螺旋和β—折叠等二级结构会被改变，水解成氨基酸，再通过脱氨基作用产生脂肪酸和氨。在污泥厌氧消化前期，蛋白质类物质随着易降解有机物快速分解，转化为小分子有机物和氨氮。消化过程中部分微生物细胞壁破裂，胞内物质流出，又被不断被分解。蛋白质总体含量存在一定波动，一段时间后趋于稳定[6]。

厌氧消化过程同时伴随有机物的腐殖化，即在微生物参与下，简单有机化合物再次合成新的、稳定的大分子有机化合物。腐殖质有三种类型：胡敏酸、富里酸和胡敏素。在微生物分解作用下，一部分有机物被完全矿化，生成 CO_2、

H_2O、NH_3、H_2S等无机化合物，另一部分有机物被转化成简单的有机化合物，如多元酚和含氮化合物氨基酸、肽等，成为缩合形成腐殖质的基本单元[7]。杂环氮包括吡咯、吡啶、吲哚、异喹啉、喹啉及其衍生物等。与脂肪族或芳香族化合物相比，杂环氮化合物不容易被代谢过程破坏[8]。

1. 污泥蛋白质类有机氮的转化特征

蛋白质是由氨基酸脱水缩合组成的由多肽链盘曲折叠形成的、具有特定结构的物质，是以氨基酸为基本单位的生物高分子。蛋白质常含有特征成分，如血红蛋白和叶绿素中含有色素等。蛋白质被完全水解得到各种氨基酸混合物，也可以部分水解得到各种大小不等的肽段和单个氨基酸。水解过程中蛋白质二级结构和一级结构会发生改变。蛋白质二级结构指多肽链有规则的重复构象，涉及主链原子的局部空间排列。二级结构如α—螺旋、β—折叠、β—转角和无规卷曲通过骨架上的酰胺基团和羰基间形成的氢键维持，氢键是维持二级结构稳定的主要作用力[9]。蛋白质一级结构指蛋白质多肽链中氨基酸的排列顺序，以及对蛋白质起到稳定肽键空间结构作用的二硫键的位置。破坏蛋白质一级结构，有利于酶或微生物等对肽链释放出的氨基酸进行利用[10]。

污泥中微生物细胞或其分泌的胞外聚合物是蛋白类物质的主要来源。蛋白质是微生物生命活动的主要承担者。微生物蛋白中同时含有纤维素、碳水化合物、脂类、矿物质和多种酶[11]。在厌氧消化过程中，蛋白质的降解受到其他有机物，尤其是多糖的影响。蛋白质与多糖的降解都遵循一级动力学，分为快速降解和慢速降解两个阶段[12]。

2. 难降解有机氮的转化特征

难降解有机氮的转化主要体现为含氮复杂有机物的转化，涉及热分解、腐殖化等过程，其中，在腐殖化过程中，对含氮复杂有机物的研究重点主要集中于腐殖质的形成机制。污泥在热分解过程中产生的杂环氮有两个来源，一个是核酸和含杂环氨基酸的分解，另一个是氰基芳化物的成环反应。含有杂环的氨基酸被直接分解产生吲哚和吡啶。氰基芳化物形成主要有两种途径，一是蛋白质中氨基官能团的脱氢作用，二是通过氰基与芳烃发生取代反应，此外，还有一部分来自蛋白质的裂解，如吡咯来自脯氨酸和吡咯赖氨酸。杂环化合物开环，形成了更轻的链状含氮化合物，如酰胺、腈类和胺类等[13]。吡啶型氮主要位于分子芳香烃结构边缘，吡咯型氮位于分子单元结构边缘的五元环。随着热解温度的升高，吡啶氮逐渐减少，铵盐氮减少，吡咯氮在高温下不易被分解。低温条件下，污泥中的吡啶氮分解率小于吡咯氮的分解率[14]。

3. 无机氮的转化特征

在污泥厌氧生物过程中，涉及氮素转化的微生物过程有：同化、氨化、反硝化及厌氧氨氧化反应。

微生物同化过程是合成微生物菌体的过程。针对各类无机氮化合物，一般会优先同化氨氮，而不同化硝态氮，因为同化硝态氮需要更多的能量[15]。

氨化反应是指在微生物的作用下，含氮有机物被降解，释放出氨的反应。在污泥厌氧消化过程中，微生物将蛋白质、多肽、氨基酸、尿素等含氮化合物氨化，获取自身生命活动所需的能量和其他小分子物质，同时，产生了大量的氨氮。有机氮化合物脱氨的方式有：水解脱氨、还原脱氨、减饱和脱氨、氧化脱氨。在好氧和厌氧的条件下，氨化反应均可以发生，且反应速率很快[16]。

污泥中携带少量硝酸盐，在厌氧消化过程中产生易于被生物降解的溶解性有机物，如乙醇、乙酸、甲醇和挥发性有机物，反硝化反应是指在缺氧条件下 NO_3^- 取代 O_2，成为反硝化细菌合成所需能量的电子受体，最终生成 N_2 的反应。

硝酸盐异化还原成铵过程是指将 NO_3^-（或 NO_2^-）还原成 NH_4^+，而不是 N_2 的过程。微生物可以吸收利用生成的 NH_4^+ 参与硝化反应和厌氧氨氧化反应，同时，可以减轻 NO_3^-（或 NO_2^-）对细胞的毒害作用。NO_3^- 是硝酸盐异化还原成铵过程的氮源，但浓度过高时会产生抑制作用。硝酸盐异化还原成铵过程产生的铵，可被用于微生物生长[17]。

厌氧氨氧化反应是指通过厌氧氨氧化菌的呼吸代谢作用，把亚硝态氮作为电子受体，把氨氮作为电子供体，将亚硝态氮和氨氮转化为 N_2 的反应[18]。

含氮物质的相关转化路径如图 3.1-1 所示。污泥中含氮物质的来源以及含量，往往与产生该污泥的污水特征相关。

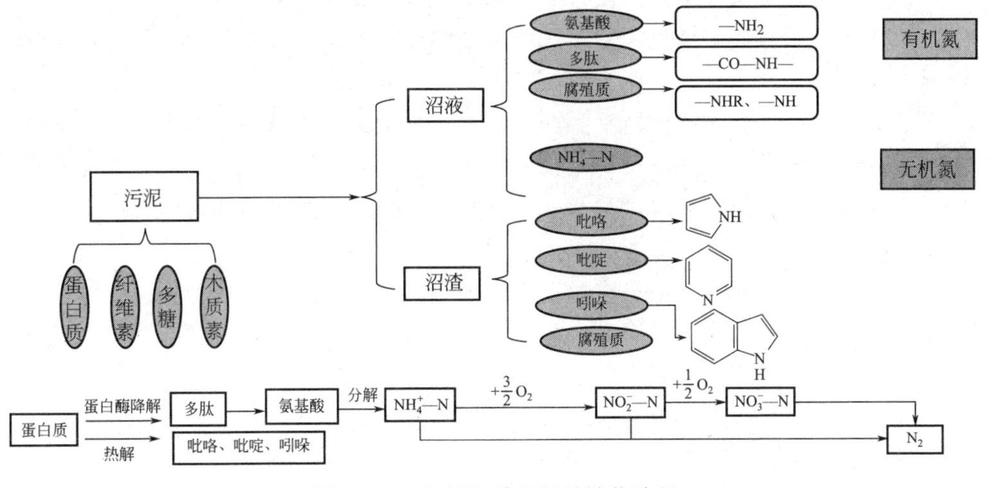

图 3.1-1　含氮物质的相关转化路径

需要注意的是，在沼液氮素转化过程中，氨氮与亚硝酸盐的存在形态受水环境影响。氨氮一般以游离氨或铵盐的形式存在，两者的组成主要取决于 pH 大小。pH 偏高时游离氨占比更高，反之铵盐占比更高。游离氨对生物的毒性比铵盐要大几十倍，而且随着碱度的升高，毒性随之增强。游离氨在污泥中长期富集，在一定条件下会转化成强氧化性的亚硝酸盐，之后，与污泥中的蛋白质结合生成亚硝胺。亚硝胺具“三致效应”，过高的氨氮浓度对微生物具有一定的抑制作用，当游离氨过高时，亚硝化细菌被抑制[19,20]。

游离亚硝酸是亚硝酸盐质子化的产物，对生物脱氮有关的细菌（如亚硝酸盐氧化菌和氨氧化菌）有一定的抑制作用[21,22]。游离亚硝酸对硝化菌的抑制，主要影响了微生物菌群代谢中对营养物质的主动运输和被动运输，以及能量传输。游离亚硝酸对涉及菌群细胞代谢活动的酶活性也有抑制作用。质子跨膜需要浓度梯度差，游离亚硝酸可以解除耦合作用，解除质子跨膜浓度平衡，从而影响菌群的活性[23]。

3.2 厌氧氨氧化自养脱氮技术在污泥消化液处理中的应用

污泥经过厌氧消化处理，产生氨氮浓度相对较高（一般高于 500mg/L）的沼液。沼液的脱氮处理一直是困扰污水污泥处理过程的重要问题。将污泥厌氧消化后产生的沼液回流（也称为侧流）到污水处理流程（也称为主流）进行稀释处理，是现实中常见的做法。然而，这种回流处理会提升主流污水的脱氮负荷，在污水碳源不足、往往需要投加外加碳源的情况下，会造成污水处理过程药耗费用的显著增加，提高污水处理运营成本。

实际上，与主流污水相比，污泥厌氧消化沼液具有体量小、温度高（来自中温或高温厌氧消化反应器）等特点，适合采用独立的处理工艺。因此，开发高效、低耗、绿色、低碳的脱氮技术及工艺是解决沼液脱氮问题，乃至完善污泥厌氧消化技术路线的关键环节。

厌氧氨氧化脱氮技术最早应用在污泥消化沼液的侧流脱氮处理。传统的沼液侧流脱氮工艺包括硝化—反硝化、短程硝化—反硝化工艺，都依靠消耗碳源的异养脱氮微生物，实现沼液的脱氮处理。相比之下，厌氧氨氧化脱氮技术及工艺采用全程自养脱氮过程，可以减少大量碳源及能量消耗。此外，与含氮工业废水不同，污泥厌氧消化过程中产生的碱度，使得沼液可以在不外加碱度的条件下，实现出水氨氮与亚硝态氮比例为 1∶1.32 半亚硝化反应，为厌氧氨氧化过程提供接近化学计量学比例要求的基质。厌氧氨氧化脱氮技术源自污泥厌氧消化沼液脱氮领域，并逐渐扩展到工业废水（味精加工行业等）、垃圾渗滤液、畜禽粪污发酵废水等高氨氮废水处理领域。

3.2.1 厌氧氨氧化菌的研究进展

厌氧氨氧化过程是指厌氧氨氧化菌（Anammox 菌）在缺氧条件下，以亚硝酸盐作为电子受体，将氨氮直接转化为氮气和少量硝酸盐的脱氮过程。与好氧硝化相比，改变了电子受体，以亚硝态氮取代氧气；与缺氧反硝化相比，Anammox 菌不需要外加碳源，只以 NH_4^+ 作为电子供体。与传统生物脱氮工艺相比，厌氧氨氧化工艺具有不需要曝气、外加碳源或碱度，且污泥产量和温室气体排放少等优点[24-25]。然而，厌氧氨氧化工艺的不足之处在于 Anammox 菌生长缓慢，对微生物培养与反应器运行条件的要求较高。厌氧氨氧化过程的发现，不但为开发新型生物脱氮工艺提供了理论基础，而且加深了研究者们对自然界氮循环的新认识。

1. Anammox 菌的发现改变了学术界对氮循环的认识

Anammox 菌从发现到实现工程利用，道路漫长且存在一定偶然性。早期工业界只发现了硝化—反硝化这一条生物脱氮途径[26]。1977 年，奥地利理论化学家 Engelbert Broda 作为发现厌氧氨氧化现象的先驱者，基于热力学分析发表了关于氮循环的论文，预言自然界中可能存在一种微生物使氨氮与亚硝态氮在其作用下反应，生成氮气，反应式为：$NH_4^+ + NO_2^- = N_2 + 2H_2O$，$\Delta G = -86kcal/mol$。但在很长时间内，自然界中并未发现相关微生物。直到 1986 年初，荷兰代尔夫特理工大学 Kuenen 教授指导的 Arnold Mulder[27] 在运行一个处理酵母废水的三级生物脱氮反应器时，首次在反硝化流化床反应器（第二级流化床反应器）内发现氨氮和硝酸盐氮在缺氧环境中消失的现象，并推测，在该条件下微生物菌种可以利用硝态氮将氨氮转化为氮气。结合前人研究，van de Graaf 等[28-30] 结合 Broda 博士的化学热力学预测，证实了 Anammox 菌属于微生物，并运用 ^{14}N 和 ^{15}N 同位素标记手段证实了参与厌氧氨氧化反应的底物是 NH_4^+ 和 NO_2^-[30]，而不是 NH_4^+ 和 NO_3^-[28]。

Strous 等[31] 在 1999 年确认了这一新菌种的存在，并将其命名为 Anammox 菌，同样采用了 ^{14}N 和 ^{15}N 同位素标记和氮平衡分析，确定了 Anammox 菌的化学分子组成（$CH_2O_{0.5}H_{0.15}$），提出了厌氧氨氧化反应的化学反应方程式为：

$$1.32NO_2^- + 1NH_4^+ + 0.13H^+ + 0.066HCO_3^- \rightarrow 1.02N_2 + 0.26NO_3^- + 0.066CH_2O_{0.5}N_{0.15} + 2.03H_2O$$

Anammox 菌世代周期长，目前暂时无法采用微生物手段进行纯化培养，Strous 等人通过密度梯度离心法实现菌株分离，并通过 16SrRNA 基因测序技术确定 Anammox 菌属于浮霉菌门（*Planctomycete*）。

2. 目前发现的 Anammox 菌分类学种类

Mike Jetten 博士采用分子生物学、结构化学和宏基因组学，依次从基因、细胞、个体和生态系统方面揭示了 Anammox 菌反应机理，并发现其是参与全球氮循环中至关重要的一环。

除了人工生物反应器系统[32] 以外，在自然界如陆地生态系统[33,34]、海洋生态系统[35-37]、湿地生态系统[38-40] 和极端环境[41,42] 等都能检测到 Anammox 菌的存在，进而证实其对于全球氮循环做出了巨大贡献。目前，在自然界和人工环境中发现 Anammox 菌共有 6 属、22 种（Species），均归为浮霉菌门 *Brocadiales* 纲。分别为：①*Brocadia* 属。首次发现于荷兰代尔夫特市 Gist-Brocades 酵母厂[43-45]，其下五个种分别为 *B. sinica*[46]、*B. fulgida*[44]、*B. Brasiliensis*[47]、*B. caroliniensis*[48] 和 *B. Anammoxidans*[49]，其中，*B. Anammoxidans* 是第一个被发现的种属。②*Kuenenia* 属[50]。其下只有一个 *Kuenenia stuttgartiensis* 种。③*Anammoxoglobus* 属[51]。其下有两个种，即 *A. propionicus* 和 *Anammoxoglobus sulfate*。④ *Jettenia* 属[32,33]，其命名取自微生物学家 Mike S. M. Jetten，其下有三个种 *J. asiatica*、*J. moscovienalis* 和 *J. caeni*。⑤*Scalindua* 属其下有 10 个种，分别为 *S. brodae*[52]、*S. wagneri*[52]、*S. marina*[53]、*S. rubra*[53]、*S. sorokinii*[54]、*S. sinooifield*[55]、*S. zhenghei*[56]、*S. profunda*[35]、*S. richardsii*[57] 和 *S. japonica*[58]。⑥*Anammoximicrobium* 属[59]。其下只有一个种，为 *Anammoximicrobium moscowii*。

3. Anammox 菌独特的细胞结构与功能

Anammox 菌属于革兰氏阴性菌，主要由细胞壁、细胞膜和细胞质组成。其细胞结构非常独特（图 3.2-1），细胞壁不含肽聚糖[31,60]，主要由蛋白质组成，体现出浮霉菌门的细胞特征。其细胞质又被双层膜分隔成三部分：核糖体（Riboplasm）、厌氧氨氧化体（Anammoxosome）、外室细胞质（Paryphoplasm），其中，厌氧氨氧化体是 Anammox 菌特有的细胞内膜结构，具有致密性、低渗透性等特征，内有联氨/羟胺氧化还原酶（Hydrazine oxidoreductase，HAO）。厌氧氨氧化体相对体积很大，占据了细胞内 30%～60%空间[61,62]，是 Anammox 菌代谢活动的主要场所[60,63,64]。厌氧氨氧化体脂包裹着厌氧氨氧化体，它是一种具有独特成分的脂类双层膜，厌氧氨氧化体脂中含有由多个环丁烷环相互结合而成的阶梯烷（Ladderane），该结构将联氨包裹在内，保证了 Anammox 菌不会被联氨等有毒中间产物毒害。

4. Anammox 菌的生理特征

Anammox 菌形态多样，一般呈现不规则球形或卵形，直径为 0.8～1.1μm，适宜生长的 pH 为 6.7～8.3，适宜温度为 20～43℃，生长速率缓慢，由于内部富含血红素，团聚物颜色为深红色，表观形态一般呈现红色，故又称为“红菌”。

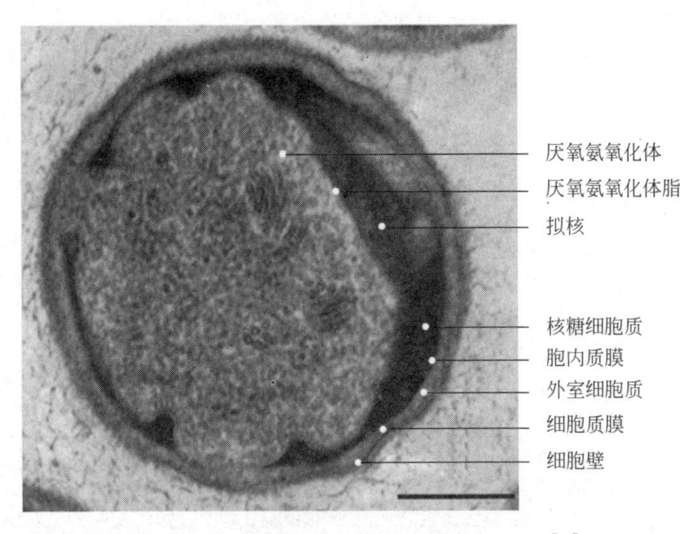

图 3.2-1 Anammox 菌的典型细胞结构图[64]

其繁殖方式为出芽生殖，倍增时间为 1.18～11d，在生长过程中，高浓度的有机物会抑制 Anammox 菌的生长，但在适量低浓度小分子有机物，如含有乙酸、甲酸和丙酸等有机物的情况下，Anammox 菌具有多功能的有机营养代谢[65]。其他物质也会在一定量的情况下对 Anammox 菌有抑制作用，如甲醇浓度在 3～4mmol/L 会完全抑制，NH_4^+ 浓度在 700mg/L 以上容易产生明显的抑制，NO_2^- 浓度在 70mg/L 以上开始出现抑制，盐酸浓度高于 15mg/L 时常出现抑制[66]。

5. Anammox 菌氮代谢途径的研究进展

通常认为 Anammox 菌是化能自养型代谢，以二氧化碳为唯一的无机碳源进行生长，并通过乙酰辅酶 A 途径同化二氧化碳[65]。在 *K. sttuttgartiensis* 和 *S. profunda* 的基因组中都发现了完整的乙酰辅酶 A 途径的相关基因[35]，而在其他二氧化碳固定途径未发现完整的功能基因。某些 Anammox 菌物种，包括假丝酵母、白念珠菌和亚洲念珠菌（表 3.2-1），可以将挥发性脂肪酸（VFAs）氧化为 CO_2，然后通过乙酰辅酶 A 途径将其同化，表明 Anammox 菌具有代谢 VFAs 的能力，可以通过 VFAs 将硝态氮转化为氨氮，然后在非常规的厌氧氨氧过程中产生氮气。此外，组学分析表明，在进水 COD/N 为 2.6 的反应器中，J 型和 K 型是两种优势种[67]。在白念珠菌中发现了腺苷依赖乙酰辅酶 A 合成酶（AMP）和乙酰辅酶 A 连接酶（ADP）的基因。生物产量和荧光原位杂交实验证实，有机物主要是由 Anammox 菌，而不是由异养菌在 COD/N 为 0.5 的情况下消耗的[68]。采用纳米级二次离子质谱法，在单细胞状态鉴定并量化了产乙酸酯和丙酸盐的物质，主要是由亚洲念珠菌在单细胞状态下完成[69]。

近年来，Lotti[49] 等采用高纯度悬浮生长的 Anammox 菌重新校准了 Strous 等提出的化学反应方程式，目前多数研究还是以 Strous 的化学反应方程式为主。Lotti 校准后的化学方程式为：

$$1.146NO_2^- + 1NH_4^+ + 0.057H^+ + 0.071HCO_3^- \rightarrow 0.986N_2 + 0.16NO_3^- + 0.071CH_2O_{0.5}N_{0.15} + 2.002H_2O$$

文献中报道的与有机物代谢相关的 Anammox 菌种[65]　　　表 3.2-1

编号	COD/N	有机物种类	反应器类型	微生物类型	Anammox 属名称	温度（℃）	参考文献
1	—	Propionate	SBR	Biofilm aggregates	*Candidatus Anammoxoglobus propionicus*	33	[51]
2	1/6	Acetate	SBR	Small	*Candidatus*	33	[44]
3	0.5	Acetate	SBR	Granules	*Candidatus Brocadia fulgida*	18±3	[68]
4	0.5	sludge	MBBR	Biofilm	*Candidatus Brocadia fulgida*	25	[70]
5	—	—	SBR	Suspended single cells	*Candidatus Kuenenia stuttgartiensis*	20～23	[35]
6	0.5～1.7	Acetate, glucose	SBR	—	*Candidatus Brocadia fulgida*	—	[71]
7	—	Acetate, glucose	SBR	—	*Candidatus Brocadia fulgida*	12.5～29	[72]
8	—	VFAs	SBR	—	*Candidatus Brocadia sinica*	35±2	[73]
9	0.5～0.9	Acetate	SBR	Granules	*Candidatus Brocadia fulgida*	30±1	[74]
10	2.6	Acetate	UASB	Biofilm	*Candidatus Jettenia caeni*	—	[75]
11	0.3	Acetate	MBR	—	*Candidatus Brocadia fulgida*	37±1	[67]
12	—	Acetate, propionate	EGSB	Granules	*Candidatus Jettenia asiatica*	34±1	[69]
13	0.3	Acetate	SBR	Flocs	*Candidatus Jettenia caeniCandidatus Brocadia sinica*	37	[76]

注：序批式反应器（SBR）、移动床生物膜反应器（MBBR）、膜反应器（MBR）、上流厌氧污泥床（UASB）、膨胀粒状污泥床（EGSB）。

厌氧氨氧化反应机理模型经过了不断更迭。最早 Van de Graaf 等采用 N—15 同位素示踪法提出厌氧氨氧化反应模型[30]。如图 3.2-2 所示，铵盐和 NH_2OH 反应生成 N_2H_4，之后 N_2H_4 脱去 2［H］后变为 N_2H_2，再脱去 2［H］与 NO_2^- 反应生成 NH_2OH，N_2H_2 也可再脱去 2［H］后变为 N_2，而亚硝酸盐转变为硝酸盐。之后，Strous[60] 等和 Kartalb[77] 等根据现有的基因组数据以及热力学计算推算出新的代谢途径。首先，亚硝酸盐在亚硝酸盐还原酶（Nir）的作用下被还原为NO，吸收一个0.38V的电子；然后，NO在联氨水解酶（HH）作用下与NH_4^+结合生成联氨，吸收三个0.34V电子；最后，联氨被羟胺氧化还原酶（HAO）转化为N_2，释放四个0.75V电子。经过细胞色素将其中一个电子传递给Nir，用于亚硝酸盐到NO的再次还原，将另外三个电子传递给HH，用于联氨再次被合成，同时，膜外侧排放的质子形成质子梯度，驱动ATP的形成。Anammox菌以二氧化碳为无机碳源生长，Strous[60]等利用细胞碳的同位素组成，提出Anammox菌利用乙酰辅酶A途径进行碳固定。利用基因组数据，Strous推断出一种生化途径来解释乙酰辅酶A途径如何与亚硝酸盐作为碳固定的电子受体相互协调。该途径中来自联氨的电子通过铁氧化还原酶转移到乙酰辅酶A中，以补充联氨用于碳固定所损耗的电子。

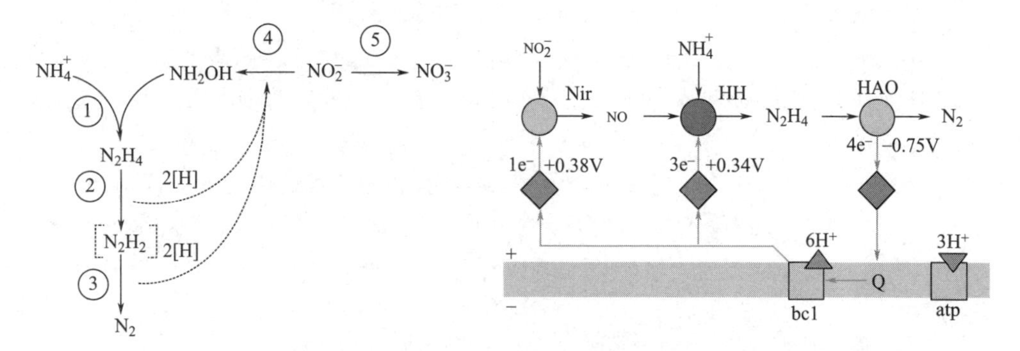

图3.2-2　最早推断的厌氧氨氧化代谢途径[30]和以NO为中间代谢产物的厌氧氨氧化生化机理模型图[60]

3.2.2 厌氧氨氧化工艺在污泥沼液处理领域的应用

厌氧氨氧化工艺可分为一段式工艺和两段式工艺。在一段式工艺中，亚硝化与厌氧氨氧化过程发生在同一个反应器中；而在两段式工艺中，它们则分别发生在不同反应器中。两段式工艺在建设方面需要更多的投资，但由于AOB菌和Anammox菌在两个不同反应器中富集，可以避免AOB菌和Anammox菌对NO_2-N的争夺，而这一现象在一段式工艺中是难以避免的。而两段式工艺可以分开优化，使运行条件的控制更为简单。在温室气体排放方面，一段式工艺由于处于亚硝酸盐限制和低DO水平，N_2O和NO的产生量往往更低。但由于运行调控较复杂，一段式工艺的启动时间往往更长[78]。目前，在污泥消化液处理领域，一段式工艺的应用相对较多。约90%的大型厌氧氨氧化项目使用一段式工艺[79]。

1. SHARON-Anammox工艺

SHARON-Anammox工艺出现得比较早。全球第一座处理污泥厌氧消化液的厌氧氨氧化项目出现在鹿特丹Sluisjesdijk污水处理厂[80]，该项目采用SHAR-

ON-Anammox 两段式工艺。在厌氧氨氧化反应器中发生部分短程硝化反应，出水进入厌氧氨氧化反应器发生厌氧氨氧化反应。因为，在不同温度下 AOB 菌和 NOB 菌的生长速度不同，所以，可以采取控制反应温度的方法抑制 NOB 菌的生长，且 SHARON 工艺可以通过控制 HRT 淘汰 NOB 菌，实现稳定的亚硝化过程[81]。两个反应器可以通过分别控制温度、水力停留时间和污泥停留时间，降低基质对 Anammox 菌的抑制，实现对 NOB 菌的抑制和对 AOB 菌及对 Anammox 菌的有效富集[82]。该项目采用厌氧氨氧化的反应器（70m^3），设计负荷为 500kgN/d，实际负荷由运行时污泥消化液中的氮含量决定，平均为 700kgN/d，最大处理量可达到 750kgN/d。与传统脱氮工艺相比，该工艺可节约 90％的运行成本[83]。

2. CANON 工艺

2002 年，荷兰代尔夫特理工大学提出了 CANON 工艺[84]。该工艺采用一段式 SBR 反应器，AOB 和 Anammox 菌在限氧条件下，同时将氨氮氧化为氮气和少量硝酸盐。

OLav 等[85] 研究了气提式 CANON 工艺的脱氮性能。在 1.8L 反应器中，处理 0.9g/L 氨氮模拟废水，DO 为 0.5mg/L，HRT 为 10h。由于气提式反应器具有较高的气液传递能力，氮转化率可以达到 1.5kgN/（m^3·d），比 SBR 反应器高 20 倍。

CANON 反应器中有颗粒污泥，可以在反应器中有效持留，同时，颗粒污泥对亚硝酸、COD、固体物质耐受性更强[86]。CANON 反应器中亚硝氮在产生的同时也可以被利用，通过控制 DO 即可满足对低亚硝氮排放的控制要求[87]。

荷兰 Olburgen 污水处理厂利用“UASB＋鸟粪石反应器＋CANON”工艺处理土豆加工废水[86]。工艺流程包括：3 个 1200m^3 的 USAB 反应器，将 90％ COD 转化为沼气；2 个 300m^3 磷酸盐反应器，通过鸟粪石结晶去除磷酸盐，并去除 UASB 出水和废水中的残余 COD；一段式 CANON 反应器（600m^3）进行脱氮反应。通过对氨氮和亚硝酸盐检测，调整反应器曝气流量。稳定运行后进水氨氮负荷达到 714kgN/d，总氮去除率达到 73％～81％。

3. DEMON® 工艺

DEMON®工艺早期以 SBR 形式运行。Hippen 等[88] 于 1997 年提出 DEMON®工艺，通过 pH 控制曝气/无曝气循环，实现短程硝化的控制，进而控制系统内亚硝酸的浓度积累，防止亚硝酸盐对系统中 Anammox 菌造成抑制作用[89]。

奥地利 Strass 是首座采用 DEMON® 工艺处理污泥消化液的污水处理厂[90]。历经两年半的启动时间，Anammox 菌随着反应器的增大逐渐积累，最终达到 500m^3，处理氮负荷 300kgN/d。DO 设定为 0.3mg/L 左右。根据 pH 或亚硝酸浓度决定曝气间隔时间。稳定运行阶段氨氮去除率达到 89.3%，总氮去除率达到 83.9%[91]。

一段式反应器中存在 Anammox 菌生长缓慢，而其他微生物富集较快的问题。DEMON®工艺利用旋流分离器将 Anammox 菌和其他微生物分离，使得 Anammox 菌得以富集，提高工艺的稳定性[91]。Wett 等[92] 比较了安装旋流分离器前后 DEMON® 系统运行效果。在 Strass 污水处理厂，安装旋流分离器前，Anammox 菌活性为 15.9mgN/（gTSS·h），安装旋流分离器后，Anammox 菌活性变为 28.6mgN/（gTSS·h），活性提高了 80%。Wett 等[91] 指出，DEMON®工艺主要面临以下挑战：①温度问题。菌群的富集需要高温条件，低温会导致工艺性能下降。②曝气问题。反应器供气不足会导致碳酸氢盐积累，阻碍 pH 对曝气的控制。③起泡问题。泡沫会造成生物质的损失及阻碍传质。相比于传统硝化反硝化能耗为 6kWh/kgN，DEMON® 工艺的能耗仅为 1.2kWh/kgN[92]。

4. OLAND® 工艺

2005 年，Windey 等[93] 在生物转盘反应器基础上提出了 OLAND® 工艺。Anammox 菌和 AOB 菌在生物转盘表面形成生物膜结构，其中 Anammox 菌位于生物膜的缺氧底层，AOB 菌位于好氧外层。在低溶解氧条件下，外层的 AOB 菌将部分氨氮转化为亚硝氮；同时 Anammox 菌将氨氮和生成的氨氮转化生成 N_2，完成生物脱氮。Windey 等[93] 在高盐度（30g/L）条件下的实验室规模生物转盘反应器中，实现脱氮负荷 0.73kgN/（m^3·d），达到 80%总氮去除率。OLAND®工艺可以适应一定低温条件（22～30℃）[4]，该工艺的问题有：Anammox 菌在颗粒、絮体或生物膜中生长速度缓慢，导致反应器启动时间长；AOB 菌的活性低于 Anammox 菌时，脱氮效率取决于亚硝态氮生成速率[78]。OLAND®工艺在英国 Piresa 垃圾渗滤液处理项目（240m^3）的脱氮负荷达到 1.7kgN/（m^3·d）[94]。

5. ANITA®MOX 工艺

ANITA®MOX 工艺由法国威立雅（Veolia）公司开发，采用一段式 MBBR 反应器。在低氧传质下，塑料载体上的生物膜形成好氧区和缺氧区，位于好氧区的 AOB 将污水中的氨氮转化为亚硝态氮，同时，缺氧区的 Anammox 菌将氨氮和生成的亚硝态氮转化为氮气，实现脱氮[95]。ANITA®MOX 的另一特征为实时 DO 控制，即在防止亚硝酸盐进一步氧化为硝酸盐的基础上最大限度提高亚硝酸盐的生成。

2010 年，第一个 ANITA®MOX 污泥消化液处理项目在瑞典 Sjölunda 污水处理厂启动[96]。60%污泥消化液由 SBR 设备（1920m^3）进行硝化处理，剩余 40%污泥由 ANITA®MOX（4×50m^3）处理，处理负荷为 200kgN/d。该工艺 pH 控制在 6.7～8.0，DO 为 0.5～1.5mgO_2/L，载体类型为 BiofilmChip™ M/K3/Anox™ K5，

最大水力负荷为1650L/s。运行稳定后，氨氮去除负荷达到1.2kgN/（m^3·d），去除率达到90%。2011年，另一个ANITA® MOX污泥消化液处理项目在瑞典Sundets污水处理厂启动，其反应器体积为350m^3，第一阶段设计负荷为320kgN/d、第二阶段为430kgN/d。pH为6.7～7.5，DO为0.5～1.5mgO_2/L，载体类型为Anox™ K5，氨氮去除率达90%以上[95]。

ANITA® MOX工艺的特征在于载体具有非常大的比表面积，易于微生物附着生长，有利于获得较高Anammox菌活性。载体表面独特的生物膜分布分别为AOB菌和Anammox菌提供了好氧和厌氧条件。该工艺主要通过DO来控制反应的运行，与其他工艺相比，其N_2O的产量比较低（0.2%～0.9%）[95]。

6. BABE工艺

BABE工艺由荷兰代尔夫特理工大学等提出，通过在侧流条件下富集硝化菌成为主流，从而增强主流活性污泥过程的硝化能力[97]。在工艺设计上，侧流富集、主流强化的思路有特别意义，采用类似的思路在侧流系统中对两种培养物进行生物增强，然后将富集的微生物回流到主流反应器，从而有望基于侧流的Anammox菌和AOB菌富集，实现主流PN-Anammox的稳定运行[78]。目前，该领域的相关研究及工程实证尚在进行中。

7. 污泥沼液厌氧氨氧化技术在中国的应用

全球污泥消化液厌氧氨氧化自养脱氮工程已有上百个，多数分布在欧洲和北美洲。我国目前针对污泥消化液的厌氧氨氧化自养脱氮应用相对较少，尚未实现行业规模化推广应用，目前仅有少量示范工程。北京排水集团高碑店污泥消化液厌氧氨氧化项目采用IFAS工艺，实现一段式厌氧氨氧化运行，启动后处理总规模为2500m^3/d，运行达到的脱氮负荷为0.28kgN/（m^3·d），TN去除率大于85%。长沙黑麋峰污泥消化液厌氧氨氧化项目采用同济大学技术支撑的耦合驱动两段式厌氧氨氧化工艺，一期处理规模为180m^3/d，厌氧氨氧化段脱氮负荷为0.7kgN/（m^3·d），TN去除率大于85%。

3.2.3 厌氧氨氧化技术应用于污泥沼液处理的研究展望

厌氧消化过程产生的污泥消化液具有高氨氮、低碳氮比的水质特征，传统硝化反硝化技术能耗高，消耗大量外部碳源，导致处理成本居高不下。高氨氮沼液的绿色低耗脱氮处理一直是行业难题，基于Anammox菌的自养脱氮技术成为解决该行业问题的关键技术。相比传统生物脱氮工艺，厌氧氨氧化自养脱氮技术可以极大降低能耗、避免外部碳源投加、减少污泥产量，因此，被行业视为变革性的绿色低碳脱氮技术，特别是对实现污水处理全过程能量自给、减少污水处理全流程碳排放具有不可或缺的支撑作用，有望成为污泥厌氧消化处理技术路线的重要组成环节。

目前依然需要对厌氧氨氧化过程及关键菌群进行深入研究。在工艺层面，需要考虑以下影响因素：增强 Anammox 菌和 AOB 菌在系统中的停留与富集，确保污水处理系统中有效的生物量停留；抑制其他微生物的生长，特别是 NOB 和异养菌；通过强化手段如载体增加有效生物质的持留。

目前，厌氧氨氧化自养脱氮技术已经在污泥厌氧消化沼液等高氨氮废水脱氮领域实现工程应用。然而 Anammox 菌具有倍增速度慢、易受环境因素抑制的特性，并且在我国缺少规模化运用经验，从而局限了该技术在中国的推广应用。如何提高反应器启动速度、减少微生物流失、提升脱氮负荷、减少复杂水质的抑制影响、在国内构建厌氧氨氧化接种泥基地，是未来推动厌氧氨氧化自养脱氮工艺在我国应用亟待解决的问题。

3.3 污泥中蛋白质的提取

资源化是城市污水处理厂污泥处理处置的重要方向，污泥中蛋白质含量丰富，占比超过污泥干重的 50%，可用作肥料、饲料、胶粘剂和发泡剂等，价值高、应用途径广泛，回收利用污泥中蛋白质已成为研究热点。

3.3.1 污泥蛋白质的特征

污水处理厂污泥有机质丰富，蛋白质是其中主要的有机质组分，占有机质组分的 40%～60%，其他有机质，如多糖、脂质、腐殖质各占有机质的 10%～20%[98]。蛋白质在污水处理厂污泥中主要以溶解性蛋白、微生物细胞蛋白、胞外聚合物（EPS）蛋白等形式存在和分布。

污泥中蛋白质主要分布在 EPS 中。污泥 EPS 占污泥总有机质的 40%～60%[99]，其中，蛋白质占 EPS 总量的 40%～60%（图 3.3-1），而微生物细胞总

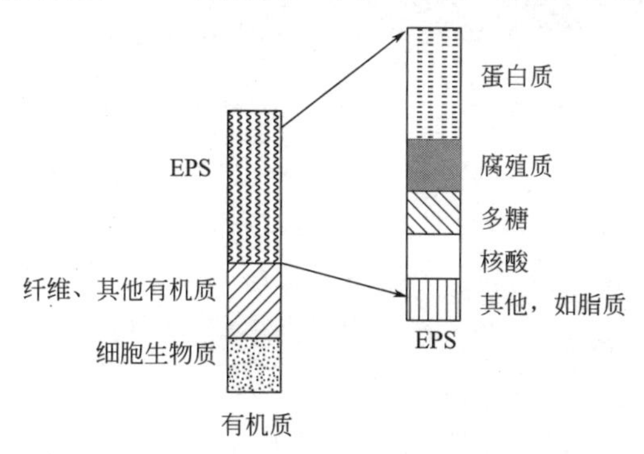

图 3.3-1 污泥有机组分含量

量占污泥有机质总量10%～20%[100]，一般微生物中的蛋白质含量可达到50%～60%[101]，EPS中蛋白质含量高于微生物细胞中的蛋白质含量。污泥EPS是污泥结构的关键化学组分，可为污泥微生物细胞提供营养和保护作用，是污泥细胞抵御外界不良环境效应的保护层，在一定程度上能够防止重金属离子等物质破坏细胞结构，防止细胞破裂和裂解，起到微生物群“细胞壁”的作用[102]，是提取污泥蛋白质关键结构的屏障。

常见的污水处理厂污泥按不同来源可以分为：初沉污泥、剩余污泥、消化污泥，这些污泥的产生方式不同，在化学组成和结构上存在差异，导致蛋白质的含量和赋存形态不同（表3.3-1）。从污泥中回收蛋白质取决于其组成，目前，大多数从污泥中回收的蛋白质来源于剩余污泥，这可能是由于剩余污泥与初沉污泥、消化污泥相比，EPS含量及EPS中蛋白质的含量更高，总蛋白含量也更高。

初沉污泥、剩余污泥、消化污泥的有机组分特征（单位：mg/gSS）[103]

表3.3-1

指标	初沉污泥	剩余污泥	消化污泥（中温）	消化污泥（高温）
VSS/SS	0.77±0.07	0.75±0.05	0.60±0.02	0.67±0.11
蛋白质	140±6	346±111	248±12	155±62
多糖	198±93	101±35	70±5	78±10
腐殖质	80±55	58±35	112±108	188±92
EPS总量	75±55	130±65	78±49	41±9
EPS中的蛋白质	33±9	76±32	40±7	20±12
EPS中的多糖	5.0±2.3	11.9±4.5	6.5±2.0	5.9±1.3
EPS中的腐殖质	36±46	42±39	31±44	15±5

3.3.2 污泥蛋白质溶出方法研究进展

1. 物理方法

(1) 超声波法

超声波法处理剩余污泥具有效率高、分解速度快、对环境友好等优势。超声波法兼有空化、热解和自由基氧化作用，空化作用形成的强大剪切力可使大分子物质的分子链断开，导致污泥絮体结构破坏和大分子物质降解，水分子被超声波分解后形成的羟基自由基（·OH）可氧化污泥颗粒和大分子物质，使细胞膜破解而释放胞内物质[104]。用低频超声波（20～100kHz）破解污泥释放有机物的效果更好，用高频超声波破解污泥时，可能发生化学反应，生成·OH和HO_2·自由基高频超声波，还会减弱其水力剪切力作用[105]。在低超声波频率下，空化现象占主导。低频超声波会不断压缩和膨胀污泥，使其内部共振，空化气泡。空化气泡随着超声波时间的增加而渐渐变大，达到某一极限时，发生共振“内爆”，内部产生 500bar 的超高压和 5000℃的超高温，强力水喷射流会产生巨大的水力剪切力，破解污泥絮体结构及微生物细胞，目前研究表明，频率为 100kHz 以下的水力剪切力最为有效[106,107]。虽然超声波法破解污泥效果不错，但超声波法破解污泥对设备和相关液体参数（温度、表面张力等）的要求较高，大规模的工程化应用还有难度[108]。

超声波法处理剩余污泥，提取污泥蛋白质时，超声波功率是重要影响因素之一。邵金星[109] 在超声波输出功率为 780W 时，对剩余污泥辐照 22min，蛋白质提取率达 62.2%，提取率较高。同等条件下将超声波功率降至 70W，辐照时间 30min，蛋白质提取率下降至 22.4%，说明大幅度降低能耗，不利于蛋白质的提取[110]。国外学者以比能来阐述超声波功率对单位剩余污泥的影响，Bougrier 等[111] 指出，获得良好污泥解体和蛋白质溶解效果的比能输入范围是 1000～3000kJ/kg TS，500kJ/kg TS 以下的比能输入不足，以引起明显的污泥解体或引起蛋白质溶解。此外，污泥中释放的可溶性蛋白质的浓度会随着比能输入的增加而增加。Appels 等[112] 研究指出，在 8500kJ/kg TS 比能输入条件下，剩余污泥溶出的蛋白质浓度达到 450mg/L。而当比能输入增加至 26000kJ/kg TS 时，溶解性蛋白质的浓度增加至 462mg/L[113]。溶解性蛋白质浓度的增加可归因于超声波处理提升了污水污泥中的酶活性，从而促进细胞外蛋白质从污泥絮凝物的内部沉淀物和紧密结合的 EPS 层转移到可溶性和松散结合的 EPS 的外层[114]。

（2）微波法

微波法处理剩余污泥具有加热迅速、反应进程易于控制等诸多优点[115]。通常，微波的波长在 1mm～1m，振荡频率控制在 0.3～300GHz[116]。微波的作用主要体现在两方面：热效应和非热效应。热效应的原理为引起分子振荡，使得反应体系迅速升温，有效破解污泥絮体和微生物细胞，能量传递速率与效率远高于常规加热[117,118]。非热效应的原理为产生交变电场，使蛋白质、多糖等大分子间的氢键断裂，细胞壁被破解，加速蛋白质溶出的同时，还会使蛋白质的二级和三级结构发生变化[119,120]。

相较于传统的加热方式，微波法处理能够获得更高的蛋白质浓度。Eskicioglu 等[116] 研究认为，当微波法处理和传统加热方式同时以每分钟升温 1.2℃的升温速率升温至 96℃时，微波处理法获得的可溶性蛋白质的浓度是传统加热方式的 3 倍。Appels 等[121] 报道，当微波处理功率为 800W，处理时间为 3.5min 时，获得的可溶性蛋白质最高为 1800mg/L，而未采用微波法处理的对照组溶解性蛋白质浓度最高仅为 600mg/L。这可能是由于微波加热受热更均匀，升温更快，精度更高。此外，可溶性蛋白质的浓度随着微波强度和反应时间的增加而增加，Yu 等[122] 研究结果显示，在微波功率为 900W，反应时间为 140s 时，获得的最高可溶性蛋白质浓度为 2400mg/L，相比 Appels 等[121] 在 800W 条件下的处理结果提升了 33%。刘玉蕾[123] 的研究发现，微波处理蛋白质回收效率最高为 38.72%，其最佳工况条件为温度 110℃，处理时间 3min，微波功率 600W。伍昌年等[124] 研究发现，增加微波功率和延长作用时间均可使污泥溶出的蛋白质、多糖及总有机物含量增加。微波辐照后，可溶性蛋白质浓度的升高可能与微波辐照强度增强，辐照时间增加，对细胞壁和细胞膜的破坏程度加深有关。

（3）热水解

污泥的热水解可以细分为絮体结构解体、微生物细胞破碎和有机物释放、有机物水解、美拉德反应四个阶段（图 3.3-2）[125]，根据热水解发生的温度，还可划分为低温热水解和高温热水解。

絮体结构解体。当污泥受热时，污泥絮体内部及表面的 EPS 在热处理过程中首先溶解，然后转移到液相中，同时，絮体结构中的氢键被破坏，这导致污泥的絮体结构发生解体。

微生物细胞破碎和有机物释放。随着热处理的进行和温度的升高，污泥微生物的细胞结构（细胞壁和细胞膜）受到破坏，细胞破碎后，将胞内的有机物释放，并转化为溶解性物质，这些有机物包括蛋白质、碳水化合物和脂类等。

有机物水解。从污泥絮体中和细胞内溶解出来的有机物，在热处理过程中发生水解，生成溶解性中间产物（高级脂肪酸和氨基酸等），并可能进一步转化为分子量更小的其他化合物，如挥发性脂肪酸[126]；蛋白质可水解成多肽、二肽和氨基酸，氨基酸进一步水解成低分子有机酸、氨和二氧化碳；碳水化合物水解成小分子的多糖，甚至单糖；脂类水解成甘油和脂肪酸；核酸发生脱氨、脱嘌呤或降解[127]。

美拉德反应。水解还原糖的醛基和氨基酸中的氨基，会发生美拉德反应，生成一种难降解的褐色多聚氮[128]。

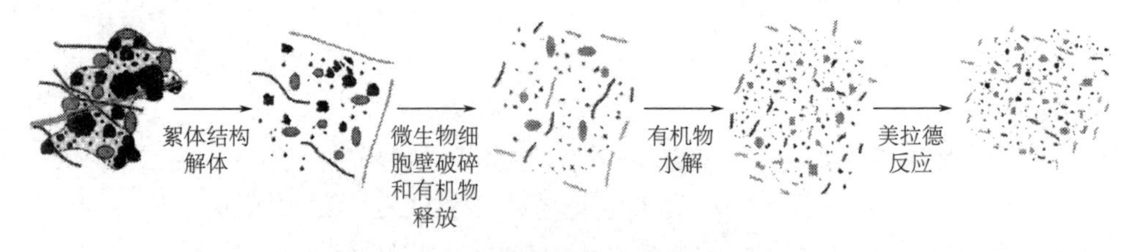

图 3.3-2　污泥的热水解四个阶段[125]

1）低温热水解（<100℃）。低温热水解是指在低于 100℃，对污泥处理数分钟到几个小时的热水解，低温热水解主要破坏细胞膜和促进有机质溶出。污泥中超过 95%的细菌微生物为革兰氏阴性菌，革兰氏阴性菌比革兰氏阳性菌对热

更敏感。Prorot 等[129] 观察到，在 50℃和处理时间为 20min 时，部分细胞已经发生裂解，当温度达到 95℃时，细胞裂解比例增加。多糖在低温热水解预处理条件下溶出增加[130,131]。蛋白质变性通常发生在 75℃以上[132]，变性使蛋白质更易发生生物降解，因此，提高污泥中蛋白质的可生物降解性，应将预处理温度设置高于 75℃。在低温热水解时，蛋白质的增溶性高于碳水化合物，但蛋白质和多糖的增溶都不超过其总量的 20%[130,131]。这表明：大量的碳水化合物和蛋白质仍然被束缚在基质中，形成热稳定的部分。Wang 等[133] 指出，类蛋白质组分可以被类腐殖质组分捕获，从而形成分子组装，使蛋白质不容易被微生物降解。Appels 等[130] 观察到，腐殖酸—蛋白质组合意味着蛋白质不会发生变性和降解，从而限制了其生物降解性，并解释了为什么即使在应用前处理温度约为 90℃时，蛋白质也没有被完全降解。如上所述，不同元素的变化是由以下因素引起的：①细胞膜被破坏；②最大限度地溶解碳水化合物和蛋白质；③蛋白质在温度 75℃以上时的变性。此外，低品质的废热可以通过热交换器被用于污泥低温热水解，选择使用低品质量的废热对整个过程的能量平衡有积极的影响[134]。

2）高温热水解（＞100℃）。高温热水解可使污泥粒径降低，但温度达到 170～190℃时，粒径增加，这一现象可能与化学键的形成有关。在 70～95℃时，已经观察到渗透和细胞破坏[129]，因此，可以推测，高于 100℃将引起大量的细胞破坏和胞内物质的释放。然而，应注意避免温度过高的负面影响。此外，污泥中细菌的数量相对较低（10%～24%）[135]，需要考虑温度对其他有机物的影响。当温度超过 170℃时，多糖开始发生焦糖化反应，从而形成有机酸、醛和酮。Wilson 和 Novak[136] 发现，在 220℃以下，热水解对碳水化合物的作用是溶出，而不是降解。蛋白质在高温热水解下发生大量变性，在 190～220℃，氨浓度比对照组增加了 9 倍，说明蛋白质发生了降解。这与在相同温度范围内观察到的标准品（纯牛血清蛋白）的降解情况一致。在 170℃以下，没有观察到大量蛋白质降解的现象[126,137]。在 130～220℃，多糖的相对溶解度高于蛋白质的相对溶解度，这与低温预处理的结果相反。假设在温度高于 100℃时，大多数蛋白质已经溶解，而结合碳水化合物在 130℃时才开始溶解。最后，当温度超过 110℃时，腐殖酸开始分解，而在 150～180℃时发生解离[138]。通过对现有文献的总结，建立了污泥 COD 溶出、可生物降解性的增加比例与高温热水解温度间的关系[139]，结果表明：在 170～190℃，COD 溶出和可生物降解性增加比例最高。此外，文献中也报道了在 170～190℃，污泥厌氧消化的甲烷产量最高。当温度继续升高时，甲烷产量的下降被广泛归因于美拉德反应，美拉德反应导致类黑素的形成。此外，美拉德反应的发生会产生颜色的变化，这与 Bougrier 等[140] 在 190℃下观察到的消化污泥的褐色上清液有关。

2. 化学方法

(1) 酸处理

酸处理污泥在破解胞外聚合物和微生物细胞、回收蛋白质的同时，还能够改善剩余污泥的脱水性和可生化性，提高污泥的后续处理效率。Devlin 等[141] 对剩余污泥进行盐酸处理，当 pH 为 1 时，可溶性蛋白质浓度从 50mg/L 增加到 450mg/L。然而，用常规酸对剩余污泥处理的破解程度和蛋白质回收率均不如碱处理[142]。近年来，研究人员发现与常规强酸相比，亚硝酸预处理剩余污泥更为经济和有效[143]。Ma 等[144] 用亚硝酸处理剩余污泥，反应 24h 后，游离亚硝酸（FNA）实验组（FNA 浓度为 2.04mg/L）和对照组（FNA 浓度为 0mg/L）的溶解性蛋白质浓度增加 1.9 倍和 6.7 倍。此外，随着反应时间、FNA 浓度的增加，污泥释放的溶解性蛋白质浓度也随之增加。Zhao 等[143] 同样用亚硝酸处理剩余污泥，反应 12h 后，实验组（FNA 浓度为 1.54mg/L）和对照组（FNA 浓度为 0mg/L）溶解性蛋白质浓度从 432.7mg/L 增加到 1524.3mg/L，溶解性 COD（SCOD）浓度从 200mg/L 增加到 1300mg/L。随着反应时间的延长，SCOD 的浓度也随之增加，当反应时间为 72h，SCOD 浓度增至 2454mg/L，这说明随着反应时间的增加，污泥破解程度也随着增加。上述研究表明，用亚硝酸对污泥预处理，产生的 FNA 有非常强的生物灭杀作用，能够迅速破解细胞，使以蛋白质为主的胞内物质溶出，这也是相较于普通酸（HCl）的主要优势之一。此外，可以通过在剩余污泥中添加亚硝酸盐直接产生亚硝酸处理，并且在处理过程中反硝化被还原成 N_2，具有生产便捷、经济环保的显著优势。

(2) 碱处理

相比于酸处理，使用碱处理提取污泥蛋白质更为广泛和有效。碱具有疏松膨胀污泥的作用，进而加大胞外聚合物和微生物细胞的破解程度，促进有机物的溶出。污泥碱性预处理中常用的试剂有 NaOH、$Ca(OH)_2$、KOH 以及 CaO 等[145,146]。Li 等[147] 研究表明，使用 $Ca(OH)_2$ 预处理污泥，对蛋白质的溶出不如 NaOH 有效，因为二价阳离子（Ca^{2+}）会使溶解性有机物、微生物细胞和胞外聚合物重新絮凝，降低了蛋白质的提取效率。但是，使用 $Ca(OH)_2$ 预处理污泥具有经济成本低、易于储存、溶解性低、改善污泥脱水性能、降低液相中磷含量等显著优势，在工程上更具有应用前景[148]。此外，用生石灰（CaO）替代 $Ca(OH)_2$，可以进一步降低成本，生石灰在预处理污泥的过程中还会放出热量，节约能源。Rani 等[149] 研究表明，相较于 NaOH，用 KOH 预处理污泥，蛋白质提取效率降低，获得相同质量蛋白质所消耗的 KOH 成本也明显高于 NaOH。Chishti 等[145] 研究发现，在 pH 为 12.5 时，相较于 NaCl、NaOH+NaCl，单独使用 NaOH 处理污泥的蛋白质回收率最高为 90%，NaCl 的添加对于蛋白质的回收效果影响很小。肖本益等[150] 采用多种手段对剩余污泥进行预处理，当使用

NaOH调节pH为12，搅拌5min后，室温下放置12h，污泥的溶解性蛋白质含量最高为2058.6mg/L（约为酸处理的7倍，热处理的1.5倍），碱处理的污泥破碎率达58.46%，释放的SCOD为2943.9mg/L（约为酸处理的8倍，热处理的1.5倍）。此外，研究还发现经过酸碱处理后的污泥粒径显著减小，比表面积增加，污泥颗粒的均匀性也有所提高。当反应体系的pH调节至12～12.5，污泥蛋白质的回收率最高[151]。然而，碱性预处理的一大弊端在于不可回收的盐分，高残留盐浓度将会对蛋白质溶解后的剩余污泥如何处理造成很大的挑战。

（3）高级氧化处理

近年来，不少学者将氧化剂应用于剩余污泥处理中，利用氧化物，例如羟基自由基（·OH）、硫酸根自由基（SO_4·）或高铁酸盐（FeO_2^-，Ⅵ）等氧化溶解微生物细胞壁，使细胞壁破解而释放出有机物，还可进一步将所释放的大分子物质氧化成小分子物质[152,153]。Chishti等[145]比较了盐酸、木质素磺酸钠、硫酸、乙酸和硫酸铵，作为蛋白质回收原料，结果发现：40%的硫酸铵具有最佳的蛋白质回收效果，回收率达到91%。张彦平等[154]研究发现，高铁酸盐具有强氧化性，可以对微生物细胞进行有效的破解。Wu等[155]研究发现，经过高铁酸盐处理后的污泥上清液中溶出的污泥蛋白质有明显的提高。许多研究人员发现，污泥臭氧化是蛋白质增溶最有效的技术，因为它产生的毒性较小，且对环境更友好[156]。此外，它可以显著灭活污泥样品中的大肠杆菌群，从而简化了随后的污泥卫生处理，可用于农业中的生物固体再利用[157]。与其他方法相比，由于强大的氧化作用，细胞裂解通常伴随蛋白质溶解。此外，值得注意的是，较高的氧化剂剂量不一定有助于改善蛋白质的溶解性，因为氧化基团可能与溶解的蛋白质发生反应，并使可溶性蛋白质矿化[158]。

3. 生物酶法

生物酶法具有反应条件温和、高效简便、清洁无污染等优势，该方法主要是利用酶的高效催化性能，通过向污泥中添加溶菌酶等酶制剂或可分泌胞外酶的细菌（如嗜热菌），利用外加酶对污泥细胞壁分解，进而使污泥中蛋白质溶出，同时将大分子物质分解为小分子物质[159]。通过生物酶破解污泥，不仅可以对胞外聚合物、细胞结构和功能进行改变，使污泥有机大分子可以高效溶出，还可以脱去污泥内部结合水，将胞内有机物水解为能透过细胞膜的小分子[160]。商业用酶价格非常高，使用直接酶法不可行，因此，考虑了从污水污泥中分离出的产酶菌株的生物强化[161]。

4. 多种方法联合处理

（1）碱热处理

碱热法可显著增加污泥蛋白质溶出。在污泥热水解处理中，投加碱可明显降低剩余污泥中微生物活性，同时削减细胞壁对外界温度的抵抗力，助力污泥蛋白质溶出[162]。

碱热处理剩余污泥效果与单纯热处理和碱处理污泥效果相比，有明显提升。Cho 等[163] 报道，碱热处理后，污泥溶出的蛋白质浓度，比未经碱热处理的污泥溶出白质浓度高 2.4 倍，比只采用碱处理的污泥溶出蛋白质浓度高 2.1 倍。赵顺顺等[164] 研究发现，碱热处理污泥的蛋白质最高提取率为 54.49%，对应最佳工况 pH 为 12.5、处理温度 70℃、水解时间 5h、污泥固液比 1∶4，其中，处理温度对水解效果影响最大。刘玉蕾[123] 研究发现，碱热处理污泥（含水率 92%）的蛋白质最高提取率为 73.56%，对应最佳工况 pH 为 12.5、处理温度 100℃、水解时间 4.5h。崔静等[151] 采用正交试验发现，pH 和温度对水解过程中蛋白质回收率的影响最大，优化工况条件 pH 为 13、温度 140℃、时间 3h。李政[165] 研究发现，采用相同方法，将处理温度提升为 120℃，蛋白质提取率进一步提高到 88.3%，同时，处理后的污泥脱水性能也有显著提高。华佳等[166] 研究表明，处理温度为 121℃，采用石灰和氢氧化钠复合液破解污泥，污泥上清液中的溶解性蛋白质浓度最高可达到 72.47g/L。Valo 等[167] 研究了温度、pH 和处理时间对剩余污泥溶出的效果，在 pH 为 12、温度 170℃时，有机物的溶出率最高，温度对有机物的溶出影响更大。Xiang 等[168] 研究了热碱处理蛋白质的动力学模型，结果表明，碱热条件下污泥蛋白质的溶出过程符合一级连续反应动力学模型。

(2) 酸热处理

酸热法对污泥蛋白质回收具有良好效果，酸热过程中的 pH 和温度控制，对蛋白质回收率起着关键作用。刘玉蕾[123] 等研究发现，酸热破解污泥的蛋白质最高提取率为 48.12%，其对应最佳工况条件 pH 为 2、处理温度 120℃、反应时间 4h、污泥含水率 87%，研究还表明，处理温度对酸热回收蛋白质的影响最为显著。赵顺顺等[164] 研究发现，酸热破解污泥的蛋白质最高提取率为 62.71%，对应最佳工况条件 pH 为 1.25、处理温度 121℃、反应时间 5h、固液比 1∶3。酸热处理对 pH 要求较为严格，虽然极端 pH 对污泥的溶胞效果较好，但对生产设备要求较高，后续还需对水解液进行中和反应，蛋白质提取率低于使用碱热处理的蛋白质提取率。在设备的使用上，也有很大限制[169]。因为酸可以溶解细胞壁中的脂肪，破坏细胞结构，释放出大量的胞内物质，所以，酸热处理可有效地促进污泥结构瓦解。

(3) 超声波—碱处理

超声波—碱处理对污泥中的蛋白质溶出具有协同作用，超声波有助于分解污泥絮体，碱处理通过溶解膜蛋白和皂化膜脂破坏微生物细胞[170]。Liu 等[142] 采用超声波—碱处理对剩余污泥中的蛋白质进行溶出，预处理 pH 为 12，超声波频率 28kHz，在反应 60min 后，可溶性蛋白浓度达到 7.9g/L。Hwang 等[171] 通过超声波—碱处理，在污泥蛋白溶液中蛋白质含量为3177.5mg/L的条件下，通过等电点沉淀法析出了污泥蛋白质，研究了污泥蛋白质作为动物饲料的可行性。

（4）超声波—酶处理

在生物法处理剩余污泥中，酶与微生物细胞的接触时间对处理结果至关重要。超声波处理可以有效消除非均质体系中的传质阻力，将污泥絮体分解成更细的颗粒，提高其比表面积，从而增加酶与微生物细胞的接触时间。同时，单纯的超声波破解污泥絮体提取蛋白质能耗高，提取效果不佳，与酶法联合后可降低超声波能耗，同时可大幅提高污泥蛋白质回收率。

薛飞等[172]采用超声波—溶菌酶协同处理印染废水的剩余污泥，比较了超声波处理、溶菌酶处理及超声波—溶菌酶协同处理三种不同处理方式对蛋白质溶出的影响，结果发现协同处理的溶出效果最佳，蛋白质浓度达60mg/gVSS，与单纯超声波和单纯溶菌酶处理相比，分别提高了59%和108%。李萍等[173]用超声波联合酶法提取污泥中的蛋白质，对剩余污泥先进行超声波预处理后，分别采用碱性蛋白酶和木瓜蛋白酶对其中蛋白质进行提取，超声波功率为30W，超声波时间45min，结果表明，碱性蛋白酶的蛋白质提取率为65.72%，木瓜蛋白酶的蛋白质提取率为62.63%，两者均比单纯酶处理提取效果提升了约30%。

3.3.3　污泥中蛋白质的利用——氨基酸螯合肥

污泥中的蛋白质含量丰富，可作为氨基酸的来源制备提高植物营养的新型肥料——氨基酸螯合肥。Liu等[174]采用热酸法水解污泥，并通过活性炭脱色获得氨基酸溶液，将氨基酸溶液再与微量元素螯合生产氨基酸螯合肥。在最佳水解条件下，污泥蛋白质的提取率为78.5%，由每100g干污泥可获得10～13g氨基酸，生产的氨基酸螯合肥符合《含有机质叶面肥料》GB/T 17419—2018的规定。

从营养上看，氨基酸螯合肥既可以提供氮源，又可以补充金属营养元素，植物根系或叶面对氨基酸形式的氮源具有较高的吸收率。从结构上讲，氨基酸螯合肥是由金属离子提供空轨道与氨基酸中的氧、氮等原子提供两对或两对以上的孤对电子，通过配位共价键形成环，具有结构稳定和水溶性的特点[175]。氨基酸螯合肥与无机盐肥料在化学结构上有严格的区别，无机盐仅仅是阳离子与阴离子之间形成离子键结构，而螯合肥是以阳离子与给电子体的氨基酸形成配位键，同时又与给电子体的羰基中的氧构成离子键，形成五元环或六元环，一般α—氨基酸的螯合物为五元环、β—氨基酸能形成六元环（图3.3-3）。因此，金属离子与氨基酸螯合后，可避免被土壤或植物体内的离子固定，同时更易转入细胞，使植物具有更好地吸收效率[176]。与传统化肥或其他商业合成螯合肥（EDTA）相比，氨基酸作为配体更安全，降低环境风险，同时，可以补充氮源，提高植物的生长性能。

氨基酸螯合肥还具有提高植物抗逆性，提高叶绿素含量，提高果实产量的作

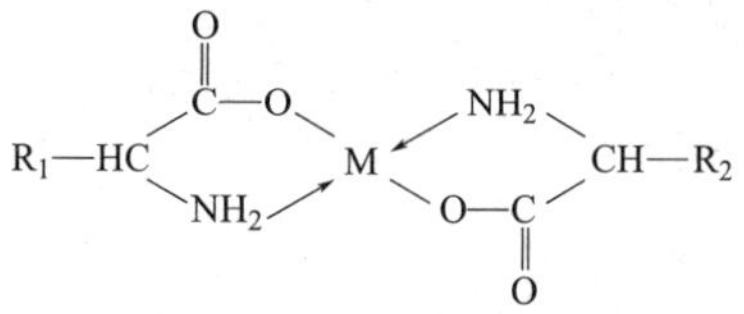

图 3.3-3　氨基酸螯合金属的分子结构式（M 为金属）

用。将氨基酸与二价铁进行螯合后，应用到番茄实验中，发现，铁氨基酸螯合肥能够有效地缓解盐对番茄的胁迫，改善番茄的生长[177]。此外，Mohammadi[178]等合成了三种锌氨基酸螯合肥，并将它们应用在莴苣中，发现，这三种锌氨基酸螯合肥可缓解盐碱对莴苣根生长引起的损害。韩晓日[179]等将新型多元素螯合肥作为基肥，与八种不同的肥料混合施加到玉米上，实验结果表明：施用多元素螯合肥可以使玉米的百粒重得到显著提高。葛淑华等[180]的研究表明，氨基酸螯合钙施用后，油菜的叶绿素含量增加了 39.93%。

氨基酸螯合肥的合成是污泥蛋白质高值资源利用的途径之一，提高污泥蛋白质水解效率，增加氨基酸获得率，优化工艺参数，降低能耗、药耗是氨基酸螯合肥合成工艺的关键。此外，有必要对氨基酸螯合肥组成、结构及稳定性进行表征，这有助于对产品品质进行评估，如可采用傅里叶变换红外吸收光谱、核磁共振、X 射线衍射、热重分析仪等测试手段，对螯合结构形成的判断和稳定性加以分析。对以污泥为原料制备的氨基酸螯合肥的肥效和生态风险，要进一步评估，对作物的生长、土壤环境质量的影响要长期追踪。

3.3.4　污泥中蛋白质提取与利用的研究展望

污泥中回收的蛋白质可用于农业活动、食品生产或其他高附加值化工产品（如发泡剂）等领域，但污泥蛋白质提取的工程化推广应用仍受到一定限制，还需开展更深入研究。

1. 限制污泥蛋白质溶出的关键因素及其机制解析

现有研究主要关注不同方法（物理、化学、生物和多种方法联合）及方法参数对污泥蛋白质溶出效果的影响和效果比较，这些提取方法均是通过破坏污泥絮体或细胞结构而促进蛋白质溶出，但未深入解析不同方法的促进溶出机制（包括作用的结构位点、化学组分等），造成蛋白质溶出方法的靶向性不足，导致药耗、能耗的浪费。污泥的结构和组分性质对蛋白质溶出有着至关重要的影响。从结构角度看，胞外聚合物、细胞壁和细胞膜等结构是污泥生长过程中形成的保护屏障，对污泥蛋白质溶出具有限制作用；从组分角度看，污泥中除蛋白质以外，还存在多糖、腐殖质等有机质和金属离子、无机颗粒等无机质，污泥中典型有机质、无机质与蛋白质的交联作用可能是潜在限制蛋白质溶出的因素。此外，污泥的来源不同会造成污泥蛋白质含量、胞内胞外分布、微观空间结构等存在差异，从而导致蛋白质提取潜力不同。因此，未来的研究不应局限在方法效果的比较层面，应识别限制（不同来源）污泥蛋白质溶出的关键因素，解析不同方法对污泥蛋白质的溶出机制，建立溶出方法与污泥蛋白质结构、组分之间的靶向关系。

2. 污泥蛋白质性质的变化

预处理方法可能会导致蛋白质的部分降解，导致蛋白质的空间构象改变和二硫键破坏。然而，关于这些变化对后续蛋白质应用的影响尚不明确，未来的工作有必要采用多种表征手段研究蛋白质提取过程中蛋白质的空间结构、物质转化途径的变化，以及比较所提取的蛋白质与其他来源蛋白质的作用差异。

3. 蛋白质提取后残渣的处理

目前，蛋白质提取后污泥残渣的处理处置是限制污泥蛋白质提取工程化的瓶颈之一。例如，用酸或碱溶解污泥蛋白质后，可能存在盐残留或者pH过高或过低的问题，难以使用传统的方法（如堆肥、厌氧消化等）进行处理。污泥中提取蛋白质的应用在标准和政策方面的缺失，也限制了污泥蛋白质提取从实验室小试到商业化的发展。

3.4　污泥厌氧发酵沼液中氨氮的回收

3.4.1　沼液中氨氮回收概述

由于生物固氮产生的氨不能满足全球粮食生产对氮肥的需求，因此，工业Haber-Bosch合成氨法被开发用于生产化肥。通常，用此方法合成1kg氨氮，需要耗电12.1kW·h，消耗天然气0.6kg。随着全球人口增加，氮肥需求量相应增加，目前全球50%的粮食生产依靠工业氮肥，且每年粮食生产增长率需要维持在1.8%左右才能保证粮食安全。据估算，工业Haber-Bosch合成氨法消耗了全球1%～2%能源，3%～5%天然气，温室气体排放占全球CO_2排放总量的1.44%[181,182]。

由于工业氮肥的高投入量，只有一部分氨氮被粮食吸收，剩余没有被利用的氨氮最终通过径流进入环境，而食物中的有机氮化合物被人类和动物消耗，最终在污水和粪便中富集[183]。在自然生态系统中，活性氮会被循环利用，但在污水处理过程中，通常采用生物脱氮的方式将氨氮转化成N_2，这会消耗大量能源和药剂[184]。通常，传统硝化反硝化过程去除1kg氮，耗电2.6～6.2kW·h，曝气能耗占污水处理总能耗的50%左右，反硝化去除1kg硝酸盐氮，需要消耗

2.86～4.95kgCOD，同时，在去除的 TN 中，有 0.01%～6.6%的 TN 会转化为 N_2O，造成的温室气体排放量约占污水处理设施总排放量的 14%～26%[182,185]。根据国际肥料协会（IFA）资料，2019 年全球氮肥（N）产量约为 1.23 亿 t，氮肥在使用过程最终有大约 30%进入污水中，如果污水中活性氮能够被回收，可满足全球 15%的氮肥需求，同时，显著降低污水处理厂温室气体排放量[181]。

据不完全统计，中国化肥施用量远高于国际标准，导致我国氮肥消耗量占全球总消耗量的 32%，相当于美国和印度的总和[186,187]。另外，我国大豆产量和进口量均呈现逐年增加的趋势，2020 年我国大豆产量增至 2000 万 t，而大豆进口量却突破 1 亿 t，占全球大豆总产量的 60%左右。随着我国居民生活水平的提高，高蛋白质饮食结构已经成为我国城镇化发展过程的主要特征之一，而高蛋白质消耗必然导致城市污水污泥和生活垃圾填埋场渗滤液中高氨氮的富集，高氨氮已经成为中国城市特有的环境问题。同时，畜禽养殖业和农业种养结合无法在区域内实现平衡，由此导致了城市与农村发展过程氮循环不协调、不畅通的问题（图 3.4-1）[187-189]。因此，实现污水污泥、畜禽粪便以及渗滤液中氮资源高效回收是解决我国高氨氮环境问题的重要途径[190,191]。

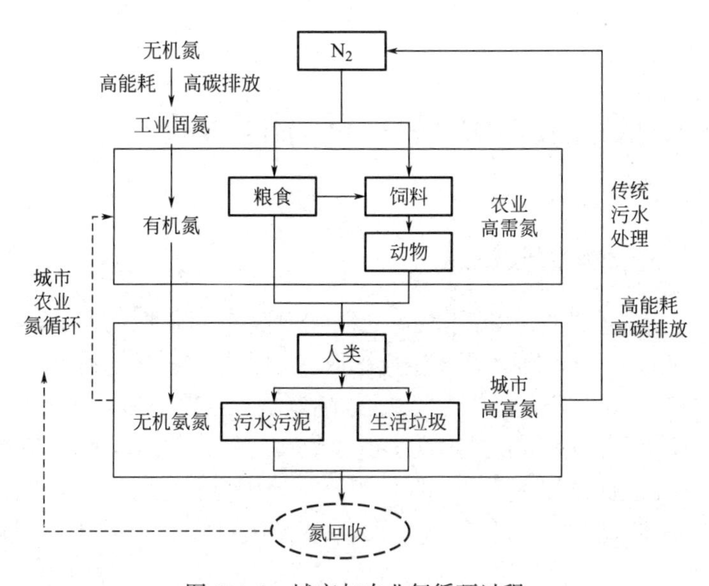

图 3.4-1　城市与农业氮循环过程

污泥具有高含水、易腐败的特性，厌氧消化是实现污泥稳定化处理与资源化利用的主流技术[192,193]。在污水处理过程中，进水中约 35%总氮富集在污泥中，而且主要以有机氮形式存在，占污泥干基的 3%～4%，而在污泥厌氧消化过程中，污泥中 70%左右的总氮会以氨氮的形式存在于沼液中，沼液高氨氮特性成为污泥厌氧消化的关键[181,194]。沼液通常回流至污水处理厂处理，沼液中的氨氮占污水处理厂进水总氮的25%，在处理沼液的过程中需要补充大量的碳源，消耗大量的能源[183]。尽管厌氧氨氧化技术相比于传统生物脱氮方法具有节省曝气、无需外加碳源、反应器体积小等优点，但也是将氨氮转化为N_2，并没有实现氨回收[185,195]。另外，污泥厌氧消化过程氨氮浓度如果超过阈值，会对微生物产生抑制作用。沼液中氨氮主要以铵离子（NH_4^+）和游离氨形式存在，其中，游离氨可以渗透进入微生物细胞膜，造成质子失衡、细胞内pH改变、酶活性降低，特别是产甲烷菌对高浓度游离氨比较敏感，氨抑制会造成沼气产量降低，甚至导致厌氧消化系统崩溃[196,197]。因此，从污泥厌氧消化沼液中回收氨氮，对于提升厌氧消化甲烷产量和系统稳定性，降低沼液脱氮处理能耗和温室气体排放，同时实现氮资源循环利用，具有重要意义。

3.4.2　沼液氨氮回收研究进展

传统污水脱氮方法有：氨吹脱、离子交换吸附、膜分离等物理法，鸟粪石结晶、折点氯化、电化学氧化、光催化氧化等化学法，传统硝化反硝化、厌氧氨氧化、微藻、光合细菌等生物法。其中，氨吹脱、鸟粪石结晶、膜分离等方法，是污泥厌氧消化沼液氨回收最可行的方法[191,194,198]。关于氨吹脱方法已有大量研究，常用的方法是：在高温或碱性pH条件，促使污水中铵离子转化为游离氨，然后，进行空气或者蒸汽吹脱，最后，采用酸溶液吸收[197,199]。鸟粪石结晶通常需要将pH调节为碱性，同时补充镁盐，但可以同时回收磷资源[194,200]。膜分离通常采用疏水透气脱氨膜，在碱性pH或高温条件下，利用酸溶液吸收分子态氨[201,202]。关于氨回收方面的研究主要集中在氨回收机理、影响因素，以及新方法等方面[181,194,197]。

1. 氨吹脱

（1）氨吹脱过程热力学平衡

氨吹脱过程涉及两个热力学平衡：氨氮在液体中解离平衡、游离氨在液相和气相间的传质平衡[197,203]。氨氮在液体中解离平衡主要受到pH和温度的影响[197,204]，液体中氨氮解离平衡符合以下关系：

$$NH_{4(aq)}^{+} + OH^{-} \xrightleftharpoons{K_a} NH_{3(aq)} + H_2O \tag{3.4-1}$$

$$[NH_3] = \frac{NH_3 + NH_4^+}{1+\frac{[H^+]}{K_a}} = \frac{[NH_3 + NH_4^+]}{1+10\ (pK_a - pH)} \tag{3.4-2}$$

$$pK_a = 4\times10^{-8}\times T^3 + 9\times10^{-5}\times T^2 - 0.0356\times T + 10.072 \tag{3.4-3}$$

式中　K_a——铵离子的酸解离常数；

pK_a——是K_a的负对数，$pK_a = -\lg(K_a)$；

T——温度，℃。

根据不同温度和 pH 条件下 NH_4^+ 与 NH_3 关系，绘制游离氨占总氨氮比例随 pH 和温度变化趋势，如图 3.4-2 所示。当 pH 达到 10 以上，温度在 20℃以上，80%氨氮以游离氨氮形式存在，而温度为 80℃时，pH 低于 7，游离氨氮比例只占总氨氮的 13%。可以看出，pH 对氨氮解离效果比温度更明显，对游离氨比例起到决定性作用[205]。

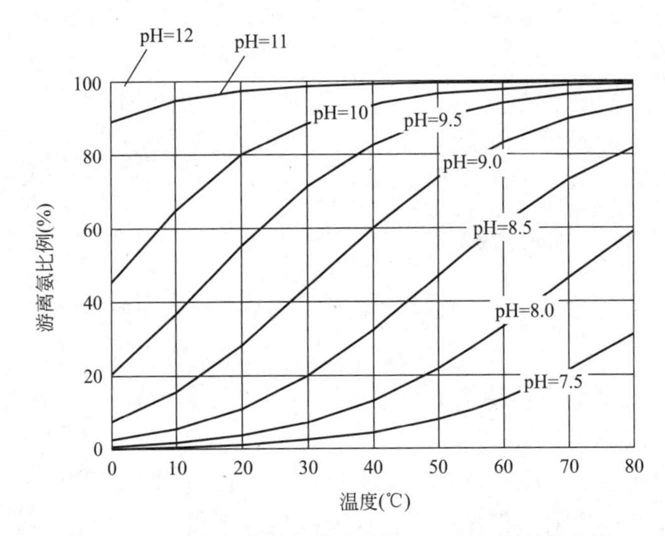

图 3.4-2 游离氨占总氨氮比例随 pH 和温度变化趋势

液体中气态氨逸出的能力由游离氨在液相和气相之间的传质平衡决定，也受温度和气水比的影响[203,206]。温度对游离氨气液界面传质影响大于 pH 对它的影响[197]，温度也会影响氨氮溶解度、液体黏度和表面张力，进而影响氨气在气液界面扩散驱动力和传质速率[206,207]。

氨吹脱过程遵循气液相菲克第一定律，液体中游离氨浓度和氨气在液体中饱和浓度的差值是氨气从液相到气相传质的驱动力[204,207,208]。氨从液相向气相传质的速率由公式（3.4-4）决定[204]：

$$\mathrm{d}C/\mathrm{d}t = -K_{\mathrm{L}} \frac{A}{V} (C - C_{\mathrm{s}}) \tag{3.4-4}$$

式中 $\mathrm{d}C/\mathrm{d}t$——氨从液相向气相传质的速率，mg/（L·h）；

K_{L}——传质速率常数，m/h；

C——液相游离氨浓度，mg/L；

C_{s}——液相和气相分压平衡时液相中游离氨浓度，mg/L；

A——氨传质表面积，m^2；

V——液体体积，m^3。

游离氨比例随温度增加而增加，饱和浓度随温度增加而降低，因此高温条件会造成更大的驱动力，更高的传质系数更有利于氨吹脱[197]。

（2）氨吹脱过程的主要影响因素

主要影响因素有：pH、温度、气水比、吹脱气体成分、消化液成分等[189,197]。液相pH会影响溶液中游离氨浓度，随着pH升高，浓度增加[197]。传统氨吹脱需要加碱，将pH调节至碱性，但对于含有碱度的沼液，可以使用CO_2吹脱提升pH，实现不加碱的氨回收[209,210]。Gustin等研究了pH、温度、气水比，对消化液氨吹脱的影响，结果发现，pH的影响最大（pH为10.50，氨氮去除率达到92.8%）。但pH提高至临界值10以上时，氨氮去除率增加不明显，表明pH不再显著影响铵离子和游离氨之间的平衡[205]。随着温度增加，K_a升高，游离氨浓度增加，然后，通过氨吹脱可以实现液相游离氨物理解吸，因此，提高温度可以加速吹脱去除氨[197]。提高温度也可以降低游离氨在溶液中的溶解度，进而提高液相中游离氨向气相传质的驱动力和传质速率[211]。Zhao等研究了不同温度对牛粪不加碱脱氨效率的影响，结果表明，温度对氨吹脱具有显著的影响，当温度从70℃降低至35℃，氨氮去除率从90%降低至20%[207]。气水比会影响气液界面更新速率，通过降低气体中氨分压，提高氨气从液相向气相转移的驱动力[197,206]。气体流速不会影响液相游离氨浓度，但是，提高气体流速可以保持气液相间游离氨的浓度梯度，降低传质阻力，提高传质界面面积，可以使更多氨气从液相向气相扩散[204]。但是，过高流速也会使液体温度降低，出现泡沫和液体蒸发等问题。考虑到吹脱时可能会对厌氧微生物有不利的影响，通常会采用沼气作为厌氧消化系统原位或旁流氨吹脱气体[212,213]。吹脱气体中CO_2浓度越低，CO_2从液相到气相传质的驱动力越大[197]。Bousek等研究了沼气和热电联产废气对沼液氨吹脱的影响，结果表明，当CO_2比例分别为10%、20%、40%，氨氮去除率分别为95%、65%、55%，当CO_2比例超过40%，对吹脱效果会有明显的不利影响[214]。

厌氧消化液是含有有机物和无机物、溶解物和非溶解物质的复杂体系，目前，还缺乏关于消化液成分、来源、类型对氨回收影响的系统研究[197]。部分关于消化液含固率对氨吹脱的影响结论不一致。理论上，常规厌氧消化沼液含固率较低，气液传质和流动性较好，氨吹脱效率更高。由于铵离子可以吸附在颗粒有机质上，理论上，当消化液固液分离后，液体吹脱氨回收效率更高[215]。但是，也有研究认为，消化污泥含固率和固液分离与否，对氨回收效率没有显著影响[211]。此外，真空条件也会提高游离氨比例，降低氨气的液相溶解度，提高蒸汽流通和液体沸腾，提高传质系数，提高脱氨效率[211]。

（3）氨吹脱新方法研究进展

传统填料塔吹脱氨是采用填料塔或板式塔强化气液传质，从塔顶部流下液体，从塔底部通入空气或蒸汽，利用酸吸收，形成硫酸铵、碳酸氢铵或氨水达去除或回收氨氮的目的[202]，目前，氨氮吹脱技术已经在美国和欧洲实现了相应的工程应用[181]。但是，传统填料塔吹脱氨的主要技术瓶颈在于填料结垢、高能耗和化学药剂添加。为了避免管道堵塞，可以在吹脱前进行石灰软化和固液分离，去除大部分钙、镁、碳酸盐，同时提高 pH[216]。

已有研究表明，对于具有高碱度的厌氧消化沼液，可以通过空气吹脱或蒸汽汽提的方法实现不加碱脱氨[203,217,218]。国外的学者对比研究了新鲜猪粪和消化猪粪废水空气吹脱，发现，新鲜猪粪需要将初始 pH 调节至 11.5，才能实现氨氮全部吹脱，而对于消化猪粪不需要调节 pH 就可实现氨氮全部吹脱[203]。Campos 等研究了不同 pH（8.3、9.5、11.0），碱度，温度（25℃、40℃、60℃）对垃圾填埋场渗滤液空气吹脱去除氨氮的影响，发现，在 20℃和 40℃条件下，pH 对氨氮去除有一定的提升作用，但在 60℃，不同 pH 条件下，氨氮去除率均大于 95%。碱度对氨氮去除率也有很大的影响，随着吹脱过程总碱度降低，碳酸氢盐碱度也降低；而碳酸盐碱度增加，则 pH 升高，氨氮浓度逐渐降低。不调节 pH，在 60℃时，吹脱 7h，氨氮去除率可以达到 95%。另外，该研究还对氯化铵和碳酸氢铵纯品溶液进行了 60℃吹脱实验，氯化铵和碳酸氢铵溶液氨氮去除率分别为 12.4%和 96.7%，其原因主要是碳酸氢铵含有碱度，碱度被破坏会，使 pH 升高，进而提高吹脱氨效率[209]。荷兰 Nijhuis 公司利用沼液碱度开发了两段式氨回收系统，包括热交换、空气吹脱 CO_2、吹脱氨和吸收氨 4 个单元。其中，吹脱 CO_2 温度在 60～70℃，采用新鲜空气吹脱，随着 CO_2 被吹脱，pH 上升，可以减少加碱量。CO_2 被吹脱后，沼液进入氨吹脱塔，pH 为 8.5～9.0，温度为 65～75℃，将吹脱的气体和吸收后的气体循环作为载气，吹脱的氨气被硫酸吸收生成硫酸铵，氨氮回收率可达 80%～90%（图 3.4-3）[219]。Zeng 等采用蒸汽吹脱的方法，研究了不同 pH、不同温度和不同氨氮浓度，对牛粪消化液氨氮去除的影响，发现，提高消化液初始 pH 没有明显提高吹脱效率，氨氮去除率为 91%～96%。在 80℃，不改变牛粪消化液初始 pH，使用蒸汽吹脱，消化液 pH 从初始 8.20 提高至 9.88，而采用氯化铵纯品溶液的对照实验吹脱后 pH 明显下降[210]。

为了避免传统空气吹脱可能造成的空气污染以及高能耗问题，部分研究者提出：采用负压蒸氨的方式从沼液或者从老龄渗滤液中回收氨氮。国内某垃圾填埋场新建了老龄渗滤液负压蒸氨预处理项目，通过解析—脱氨—碳化三段法实现渗滤液氨氮回收。其工艺流程主要包括：老龄渗滤液经过 65℃预热后进入解析塔，在解析塔中，利用脱氨塔蒸汽将渗滤液温度进一步提升至 80～85℃。在高温条件下，渗滤液中碳酸氢盐分解成碳酸盐和 CO_2，pH 提升至 9.5，同时，钙镁离子与碳酸盐发生沉淀。解析塔出水氨氮浓度约为 2500mg/L，然后，进入脱氨塔进行脱氨，最终，脱氨塔出水氨氮浓度降低至 500mg/L，pH 约为 8.5，氨氮去除率达到 80%以上。含氨蒸汽经过冷凝器分离出氨气，在碳化塔与 CO_2 反应生

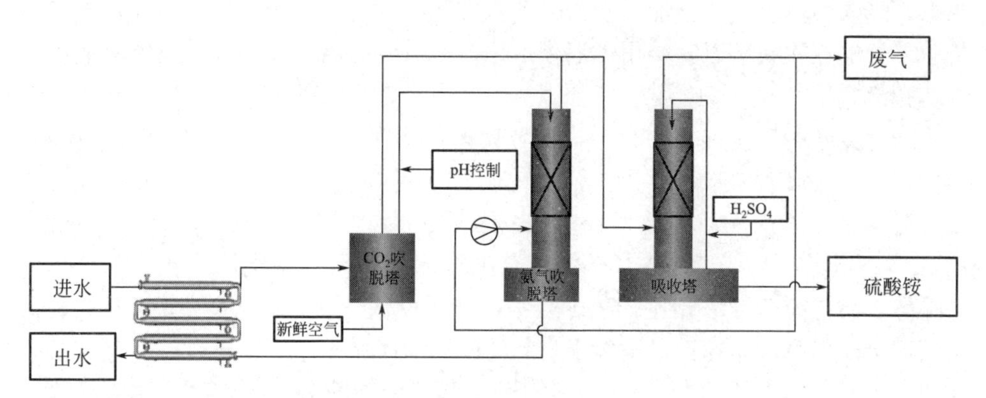

图 3.4-3　两段式氨回收系统[219]

成碳酸氢铵产品[220]。

填料塔吹脱氨有运行成本高、容易堵塞、耗时等缺点[197]。有研究提出，用直接热吹脱和真空热吹脱，替代传统的填料塔吹脱[221]。传统热吹脱不使用气体吹脱，直接将沼液加热至 90℃以上，使游离氨挥发[208]。Tao 等研究了不同温度条件下真空热吹脱对消化污泥氨回收的影响，结果发现，在 65℃、25.1kPa 负压，经过 1.5h，可以去除 95%的氨氮，氨传质系数高达 37.3mm/h (图 3.4-4)[211]。同时，真空条件会增加蒸汽流通和液体湍流，增大氨传质，降低

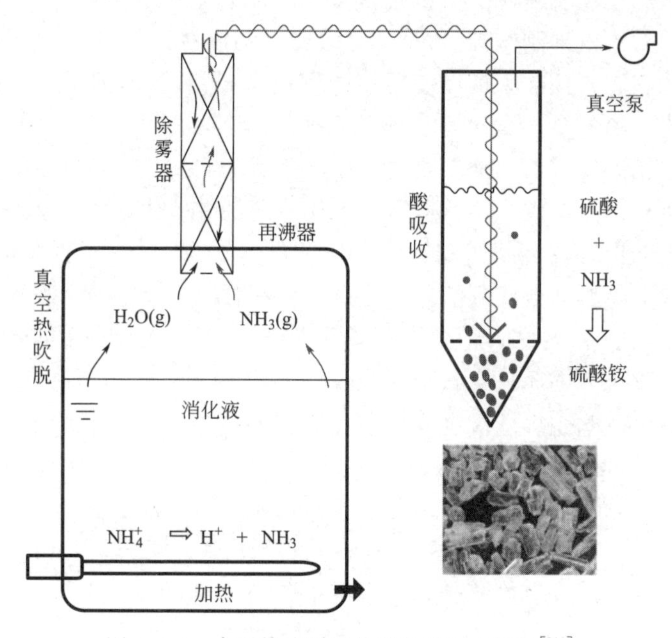

图 3.4-4　真空热吹脱回收消化污泥中氨氮[211]

沸点，降低加热能耗，增加温度，降低氨饱和浓度，使游离氨比例增加，增加氨传质。真空热吹脱可以直接用于消化污泥，不需要固液分离，可以用于厌氧消化系统旁流脱氨[211]。

新型氨吹脱反应器主要有：旋转填充床反应器、水喷雾—空气旋流反应器、半批式喷射循环反应器等[202,206]。旋转填充床主要通过重力加速度强化气液传质，提高单位体积气液传质系数，减少结垢，减小设备尺寸，节约设备运行费用[222]。Yin 等开发了微波加热耦合旋转填充床技术，利用微波热效应和超重力去除氨，与传统蒸馏塔相比，减少容积，节约吹脱时间[223]。水喷雾—空气旋流反应器可以提高传质速率，适用于高悬浮固体浓度废水，可以解决传统氨吹脱存在的效率低和结垢的问题[224]。Cao 等研究利用创新喷雾系统，将高氨氮猪粪废水喷洒在循环加热水管上，增加空气和废水的接触面积，高效去除氨氮[225]。半批式喷射循环反应器主要是利用液体高速喷射的动能，使气相和液相产生细微分散，它具有传质系数高的特点，可以节约建设和运行成本[226]。

（4）氨吹脱与厌氧消化的结合

对于污泥和畜禽粪便等高含氮有机固废，厌氧消化过程可能会存在氨抑制，在高温厌氧消化过程中，这种抑制更加明显[227,228]。部分学者提出，采用氨吹脱与厌氧消化的结合方法，可以在减轻氨抑制、提高甲烷产量的同时，实现氮资源的回收[229]。厌氧消化与氨吹脱主要有预吹脱、原位吹脱、旁流吹脱和后吹脱 4 种结合方式。对于预吹脱，主要是在进入厌氧消化前进行吹脱，降低进入厌氧罐的氨氮浓度，防止氨抑制[230]。Zhang 等研究了预吹脱对猪粪废水厌氧消化性能的影响，结果表明，预吹脱可以使甲烷产量提高 5 倍[231]。但是，也有部分研究发现，因为吹脱前的加碱处理和高 pH 条件，预吹脱并没有提高甲烷产量[203]。原位吹脱是在相同反应器中进行氨吹脱和厌氧消化，其优势是可以防止反应器中累积氨氮，防止抑制产甲烷菌，也不需要其他设备或后续处理，具有一定的经济性，但存在不能单独控制吹脱和厌氧消化条件的缺点[232,233]。通常高温和高 pH 更适合氨吹脱，但不适合厌氧消化，游离氨和高温都会抑制微生物活性。对于旁流吹脱，在单独的吹脱塔处理部分消化液，然后循环进入厌氧反应器，其优点是吹脱塔和消化罐可以在不同温度和不同 pH 下分别独立运行[197,234]。Serna-Maza 等研究发现，旁流吹脱可以显著降低消化罐氨氮浓度，总氨氮浓度从 2.5g/L 降低至 1.1g/L，但是甲烷产量没有明显变化，这可能是由于吹脱过程的高温和高 pH 对微生物活性产生了不利影响，使产甲烷菌失活而导致的[235]。Capua 等通过工程研究，验证了利用薄膜蒸发器对高含固污泥厌氧消化进行旁流氨吹脱的可行性，该工程在吹脱前没有固液分离，不添加化学试剂调节 pH[204]。对于后吹脱，吹脱条件可以实现最优，不需要考虑厌氧消化条件，吹脱的氨可以作为肥料，用高温吹脱可以实现灭菌[213]。但是后吹脱并没有降低消化罐的氨氮浓度，不能防止氨抑制，它更适合回收氨氮。另外，脱氨后沼液的 pH 较高，可以通入沼气调节 pH，也可以利用脱氨的碱性沼液吸收沼气中的 H_2S 和 CO_2，实现沼气的净化提纯[236,237]。总的来说，选择氨吹脱和厌氧消化耦合工艺时，需要考虑氨回收和甲烷产量的提升，旁流吹脱灵活性更强，更有利于实现氨回收的最大化，但是没有明显提高甲烷产量，而预吹脱和原位吹脱对提高甲烷产量更有优势，但在提高氨回收的灵活性方面较差。

（5）氨吹脱传质模型

目前，关于氨吹脱过程的模型研究较少，主要利用氨从液相到气相的传质方程表征[208,238]。但由于沼液含有不同的有机离子和无机离子，成分比较复杂，同时具有一定的碱度，在氨吹脱过程存在动态平衡，导致模拟过程存在一定难度。尽管已经开发了不同的软件工具（例如 Aspen 和 Medelica 模型软件）用于模拟氨吹脱过程，但对沼液成分变化、液相解离、气液相传质等方面还需要进一步完善[238]。Errico 等采用 Aspen 模型对沼液氨吹脱过程进行了模拟，该模型利用空气作为吹脱气，利用闪蒸罐模拟碱度的分解、CO_2 的吹脱、pH 的提升，发现，氨回收效率随着气体流速增加而提高。但是，该模型对氨吹脱过程进行了简化，没有对氨吹脱传质方程进行详细定义，同时，只考虑了消化液中的溶解性盐分，没有考虑其他固体和溶解物质[239]。Redford 等利用 Medelica 模型对氨吹脱过程的 pH 升高进行了模拟（没有考虑沼液其他成分对 pH 的影响）[240]。Yu 等采用 CFD 模型对填料塔氨吹脱过程进行了动态分析，模拟了塔内液体和气体的温度场和速度场，但是也没有考虑沼液成分的影响[238]。

2. 鸟粪石结晶

目前，对鸟粪石结晶技术的研究较多，对鸟粪石结晶条件和影响因素的探究也比较清晰，其中，pH 和离子浓度对鸟粪石结晶过程影响最为显著。根据离子强度和废水成分，鸟粪石结晶的最佳 pH 为 8～10.7，通常需要进行加碱处理[202]。用鸟粪石结晶回收氨时，溶液 pH 会有所下降，导致氨氮解离平衡朝着铵离子的方向变化。磷酸盐和铵离子在不同 pH 条件会水解，反过来，会在一定程度上影响鸟粪石结晶。HPO_4^{2-} 比 PO_4^{3-} 更容易发生鸟粪石结晶[194]。

污泥厌氧消化沼液鸟粪石结晶时，由于铵离子和磷酸盐浓度均大于 Mg^{2+} 浓度，因此，往往需要添加镁盐。需要注意的是，回收磷资源使用传统的 MAP 法，但是，对于使用 MAP 法回收氨氮的研究很少。由于沼液中磷酸盐含量不足以去除全部氨氮，通常采用补充磷酸盐或者采用鸟粪石结晶与氨吹脱结合的方法实现提升氨氮回收效果[241]。Uludag-Demirer 等使用鸟粪石结晶技术回收牛粪中的氮磷（补充镁盐和磷酸盐），调节 pH 到 8.5，氨氮回收率可以达 95%[242]。Quan 等研究了鸟粪石结晶耦合空气吹脱，实现氮磷回收的可行性，采用 $Ca(OH)_2$ 对猪粪消化液进行预处理，结果表明，氨氮和总磷回收率分别为 91%

和 99.2%[243]。Vanotti 等通过低速曝气去除猪粪沼液中碳酸盐碱度，实现了不加碱的 pH 提升，然后，将透气膜与鸟粪石结晶结合，实现沼液中氮磷的同步回收[244]。

3. **膜分离**

膜分离主要是利用膜材料的特殊选择分离功能，实现废水中营养物质的回收。膜分离技术主要包括反渗透、膜蒸馏、电渗析等[245]。目前利用疏水透气膜回收氨氮的研究较多，透气膜具有传质比表面积大、不需要固液分离、容易操作、能耗低等优点，同时具有透气不透水的特性，氨气可以直接穿过多微孔透气膜，通过与酸溶液反应实现回收[201]。膜分离和氨吹脱类似，主要受到 pH 和温度的影响。因此有研究采用膜蒸馏系统，通过加热进料促进铵离子转化为游离氨，实现 NH_3 透过疏水膜被酸吸收[246]。

pH 调节对于用透气膜回收氨非常重要。García-Gonzalez 等[247] 研究了利用透气膜实现养殖废水氨回收的可行性，结果表明，调节废水 pH 为 9 与不调节 pH 相比，氨氮回收率分别为 80%和 55%。因此，透气膜回收氨的主要缺点在于需要加碱提高 pH[247]。为了避免加碱，降低氨回收的运行成本，Dube 等[248] 利用曝气，而不利用加碱提高 pH，强化透气膜回收氨氮，与没有曝气的对照组相比，曝气后 pH 从 8.6 提升至 9.2，而没有曝气的 pH 从 8.6 降低至 8.1，曝气后采用透气膜回收氨，5d 后氨氮回收率达到 96%～98%[248]。

与真空热吹脱类似，膜分离可以利用真空系统高效实现氨回收。华中农业大学贺清尧等[246,249] 验证了真空辅助透气膜实现沼液氨氮快速回收的可行性，并对真空辅助透气膜氨回收（不加碱）进行了分析，如图 3.4-5 所示。其原理主要是沼液缓冲性能受到 NH_4^+ 和 HCO_3^- 平衡的影响，HCO_3^- 在负压条件下受热分解成 CO_2 和 OH^-，CO_2 被分离，OH^- 浓度变化，提高 pH，加速 NH_3 形成[246,249]。同时，贺清尧等[250] 还提出利用真空膜蒸馏脱氨，用回收的氨吸收 CO_2，实现沼气提纯和产生肥料，实现氨回收、碳捕捉、沼气提纯和氮肥生产。

电化学具有操作简单、可以净化污水、回收有机质能量、无二次污染等优点，在回收氨氮方面具有一定的优势。目前，已有部分研究采用电化学方法从尿液、消化液、畜禽粪便、渗滤液等高氨氮废水中回收氨氮[183,251]。但生物电化学系统挑战主要在于工程放大化，包括高内阻抗、导电率受限，以及电极和膜如何实现最优接触。

3.4.3 沼液中氨氮回收的研究展望

目前，负压汽提、真空热吹脱、旋转填充床、真空耦合透气膜等氨回收新方法逐渐被开发，同时可以利用沼液碱度实现不加碱回收氨，但是对于不同氨回收过程的机制还需要进一步深入研究。不同来源有机固废厌氧消化沼液（餐厨垃

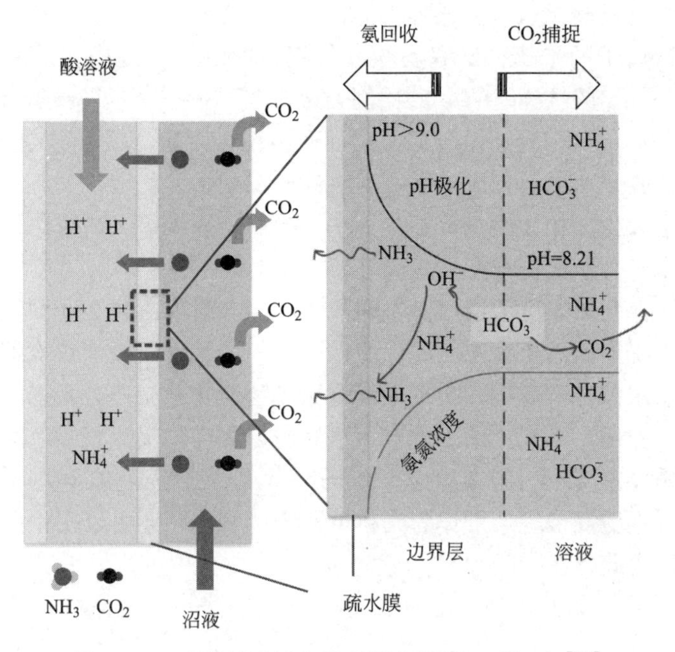

图 3.4-5　真空辅助透气膜氨回收原理（不加碱）[249]

圾、畜禽粪便、农业废物、污泥）的含固率，有机质含量和氨氮浓度不同，会影响传质面积和氨氮离子吸附量，进而影响氨回收。现有氨回收方面的研究主要集中在小试水平，尽管已经在中试和工业规模得到验证，但是还有很多潜在的问题需要解决。加热和吹脱可以提高氨回收，但同时也会增加加热和泵送能耗成本。

氨吹脱、鸟粪石结晶和膜分离技术被认为是最具可行性的氨回收技术。对于氨吹脱和膜分离技术，提高温度和 pH 可以提高氨回收效率，但同时也会导致能耗和药耗增加。加碱提高 pH 会增加药耗，同时也会增加运行复杂性，例如，采用 $Ca(OH)_2$ 提高 pH，会形成碳酸盐沉淀，容易出现堵塞问题。因此，如何降低氨回收过程的能耗和物耗是该技术的挑战。通常可以将氨吹脱与厌氧消化工程结合起来，利用沼气补充能源，同时还可以利用沼液碱度进行 CO_2 吹脱提升 pH，实现不加碱氨回收，脱氨后的沼液 pH 较高，可以通入沼气调节 pH，同时利用沼液碱性条件吸收沼气中 H_2S 和 CO_2，实现沼气净化提纯。透气膜技术应用的挑战在于悬浮或溶解颗粒在膜表面或膜孔沉积，降低膜渗透性。对于鸟粪石结晶法，基于氮磷回收的相同碱性条件，可以考虑氨吹脱与鸟粪石结晶结合的方法，或者利用污泥焚烧灰磷提取实现沼液氮磷的同步回收。电化学法（BES）回收氨氮具有一定的前景，但对电化学脱氨过程多因子交互作用需要进一步解析。

目前，关于氨回收过程的传质模型和机理，包括传质模型，氨回收条件，沼液成分（含固率、黏度、有机物、金属离子等）和吹脱气体成分（CO_2 比例）等对氨回收的影响机制[197]，还有待进一步研究。沼液 TS、黏度、有机物等会影响游离氨和氨氮离子的平衡，研究其相互作用，有利于提高模型的准确度和灵敏性。对于吹脱气体的选择，CO_2 的比例会影响氨的形态，尽管已经有实验研究了 CO_2 对脱氨的影响，但是还没有相关的模型出现。此外，氨回收的经济可行性主要取决于氨回收技术的运行成本和氨回收的经济效益。目前，关于工程规模氨回收的技术报道较少，相关经济核算分析主要是基于短期小试研究结果，生产性规模应用的技术经济性能仍有待评估验证[194]。

通过对污泥厌氧发酵沼液中氨氮的回收利用，对于减轻工业固氮过程的高能耗和高物耗，降低沼液生物脱氮过程能耗和药耗，缓解厌氧消化氨抑制，提高甲烷产量，减少水体富营养化，实现氮资源循环替代化肥生产，实现碳减排，均具有重要的支撑作用。未来，除了城市污水污泥，还需要关注餐厨垃圾厌氧消化沼液、畜禽养殖废水、填埋场渗滤液等高氨氮废水中氮资源的回收[191]。回收氨产生的硫酸铵、碳酸氢铵等，可作为肥料进行土地利用，还可以用于发电厂或垃圾焚烧厂尾气的脱硫、脱硝处理[198]。

参考文献

[1] 刘勇，郭祥．生物污泥中蛋白质提取方法：CN102977181A [P]. 2013.

[2] 宋利．城市污水处理过程中不同形态氮类营养物的转化特性 [D]. 西安：西安建筑科技大学，2015.

[3] 王兴栋，李春星，尤甫天，等．污泥水热处理过程中氮元素的迁移转化 [J]. 化工学报，2018，69 (6)：359-367.

[4] 詹瑜．高含固剩余污泥厌氧消化过程中氮素转化规律研究 [D]. 无锡：江南大学，2018.

[5] MILLER A E，BOWMAN W D，SUDING K N. Plant uptake of inorganic and organic nitrogen：neighbor identity matters [J]. Ecology，2007，88 (7)：1832-1840.

[6] DU H X，LI F S. Characteristics of dissolved organic matter formed in aerobic and anaerobic digestion of excess activated sludge [J]. Chemosphere，2017，168：1022-1031.

[7] 戴晓虎．城市污泥厌氧消化理论与实践 [M]. 北京：科学出版社，2019.

[8] 孙丽娟，李咏梅，顾国维．含氮杂环化合物的生物降解研究进展 [J]. 四川环境，2005 (1)：65-68，77.

[9] 胡玉婷．植物活性成分与蛋白质的结合性质及对蛋白质结构的影响 [D]. 南昌：南昌大学，2014.

[10] RAMSAY I R，PULLAMMANAPPALLIL P C. Protein degradation during anaerobic wastewater treatment：Derivation of stoichiometry [J]. Biodegradation，2001，12 (4)：247-256.

[11] 白羽．碳氮比对光合细菌生长特性及微生物蛋白合成的影响研究 [D]. 北京：北京交通大学，2020.

[12] 陈思思，杨殿海，庞维海，等．污泥中蛋白类物质厌氧转化影响因素及其促进策略研究进展 [J]. 化工进展，2020，39 (5)：1992-1999.

[13] 王彦，左宁，姜媛媛，等．污泥生物炭中氮硫行为及环境效应研究进展 [J]. 化工进展，2020，39 (4)：1539-1549.

[14] 张娜．污泥热解过程中氮的迁移特性研究 [D]. 沈阳：沈阳航空航天大学，2013.

[15] 许宽，刘波，王国祥，等．曝气和 pH 对城市污染河道底泥氮形态的影响 [J]. 环境工程学报，2012，6 (10)：3553-3558.

[16] 陈红．入河污泥氮迁移转化规律研究 [D]. 衡阳：南华大学，2015.

[17] 王晓侠．活性污泥和农田土壤系统中硝酸盐异化还原成铵细菌群落组成的研究 [D]. 青岛：青岛理工大学，2018.

[18] 姜霞，王秋娟，王书航，等．太湖沉积物氮磷吸附/解吸特征分析 [J]. 环境科学，2011，32 (5)：1285-1291.

[19] LOGANATHAN P，VIGNESWARAN S，KANDASAMY J. Enhanced removal of nitrate from water using surface modification of adsorbents：a review [J]. Journal of Environmental Management，2013，131：363-374.

[20] 温慧凯．连续流短程硝化反硝化降解高氨氮含盐废水研究 [D]. 赣州：江西理工大学，2020.

[21] 高千懿．辽宁省城镇污水厂污泥无害化处置对策研究 [J]. 农业科技与装备，2017 (8)：41-44.

[22] 刘杰，万鹏．青岛市污水处理厂污泥处理与处置方式分析 [J]. 能源研究与利用，2018 (1)：28-30.

[23] 王政权．游离亚硝酸（FNA）对活性污泥系统胞外聚合物（EPS）及其菌群结构影响研究 [D]. 兰州：兰州交通大学，2020.

[24] SIEGRIST H，SALZGEBER D，EUGSTER J，et al. Anammox brings WWTP closer to energy autarky due to increased biogas production and reduced aeration energy for N-removal [J]. Water Science & Technology，2008，57 (3)：383-388.

[25] KARTAL B，KUENEN J G，LOOSDRECHT M V. Sewage treatment with anammox [J]. Science，2010，328 (5979)：702-703.

[26] RICHARDS C. Oxygen deficient conditions and nitrate reduction in the eastern tropical north pacific ocean [J]. Limnology & Oceanography，1972，17 (6)：885-900.

[27] MULDER A，KUENEN J G，ROBERTSON L A，et al. Anaerobic ammonium oxidation discovered in a denitrifying fluidized bed reactor [J]. FEMS Microbiology Ecology，1995，16 (3)：177-183.

[28] VAN DE GRAAF A A，MULDER A，JETTEN M S，et al. Anaerobic oxidation of ammonium is a biologically mediated process [J]. Applied & Environmental Microbiology，1995，61：1246-1251.

[29] VAN DE GRAAF A A，KUENEN J G，BRUJIN P D，et al. Autotrophic growth of anaerobic ammonium-oxidizing micro-organisms in a fluidized bed reactor [J]. Microbiology，

1996，142 (8)：2187-2196.

[30] VAN D GRAAF，BRUIJN P D，ROBERTSON L A，et al. Metabolic pathway of anaerobic ammonium oxidation on the basis of 15N studies in a fluidized bed reactor [J]. Microbiology，1997，143 (7)：2415-2421.

[31] STROUS M，FUERST J A，KRAMER E H，et al. Missing lithotroph as new planctomycete [J]. Nature，1999，400：446-449.

[32] QUAN Z X，RHEE S K，ZUO J E，et al. Diversity of ammonium-oxidizing bacteria in a granular sludge anaerobic ammonium-oxidizing (anammox) reactor [J]. Environmental Microbiology，2010，10 (11)：3130-3139.

[33] HU B L，RUSH D，BIEZEN E，et al. New anaerobic，ammonium-oxidizing community enriched from peat soil [J]. Applied and Environmental Microbiology，2011，77 (3)：966-971.

[34] LONG A，HEITMAN J，TOBIAS C，et al. Co-occurring anammox，denitrification，and codenitrification in agricultural soils [J]. Applied & Environmental Microbiology，2013，79 (1)：168-176.

[35] VAN DE VOSSENBERG J，WOEBKEN D，MAALCKE W J，et al. The metagenome of the marine anammox bacterium 'Candidatus Scalindua profunda' illustrates the versatility of this globally important nitrogen cycle bacterium [J]. Environmental Microbiology，2013，15 (5)：1275-1289.

[36] RUSH D，WAKEHAM S G，HOPMANS E C，et al. Biomarker evidence for anammox in the oxygen minimum zone of the Eastern Tropical North Pacific [J]. Organic Geochemistry，2012，53：80-87.

[37] CHEN C L，TIAN L Y，SHENG Y，et al. Diversity，community composition and abundance of anammox bacteria in sediments of the north marginal seas of China [J]. Regional Studies in Marine Science，2021，44.

[38] ZHU G B，WANG S Y，WANG Y，et al. Anaerobic ammonia oxidation in a fertilized paddy soil [J]. The ISME Journal，2011，5：1905-1912.

[39] WANG S Y，ZHU G B，PENG Y Z，et al. Anammox bacterial abundance，activity，and contribution in riparian sediments of the Pearl River estuary [J]. Environmental Science & Technology，2012，46 (16)：8834-8842.

[40] ZHU G B，WANG S Y，WANG W D，et al. Hotspots of anaerobic ammonium oxidation at land-freshwater interfaces [J]. Nature Geoscience，2013，6 (6)：103-107.

[41] BYRNE N，STROUS M，JETTEN M，et al. Presence and activity of anaerobic ammonium-oxidizing bacteria at deep-sea hydrothermal vents [J]. The ISME Journal，2009，3：117-123.

[42] RUSS L，KARTAL B，OP DEN CAMP H J M，et al. Presence and diversity of anammox bacteria in cold hydrocarbon-rich seeps and hydrothermal vent sediments of the Guaymas Basin [J]. Frontiers in Microbiology，2013，4 (1)：219.

[43] PARK H，BROTTO A，LOOSDRECHT M V，et al. Discovery and metagenomic analysis of an anammox bacterial enrichment related to Candidatus "Brocadia caroliniensis" in a full-scale glycerol-fed nitritation-denitritation separate centrate treatment process [J]. Water Research，2017，111 (15)：265-273.

[44] KARTAL B，NIFTRIK L V，RATTRAY J，et al. Candidatus 'Brocadia fulgida'：An autofluorescent anaerobic ammonium oxidizing bacterium [J]. FEMS Microbiology Ecology，2008，63 (1)：46-55.

[45] OSHIKI M，SHIMOKAWA M，FUJII N，et al. Physiological characteristics of the anaerobic ammonium-oxidizing bacterium 'Candidatus Brocadia sinica' [J]. Microbiology，2011，157 (6)：1706-1713.

[46] HU B L，ZHENG P，TANG C J，et al. Identification and quantification of anammox bacteria in eight nitrogen removal reactors [J]. Water Research，2010，44 (17)：5014-5020.

[47] ARAUJO J C，CAMPOS A C，CORREA M M，et al. Anammox bacteria enrichment and characterization from municipal activated sludge [J]. Water Science & Technology，2011，64 (7)：1428-1434.

[48] VANOTTI M B，SZOGI A A，ROTHROCK M J. Novel anammox bacterium isolate：US2011/022570 [P]. 2011.

[49] LOTTI T，KLEEREBEZEM R，LUBELLO C，et al. Physiological and kinetic characterization of a suspended cell anammox culture [J]. Water Research，2014，60 (1)：1-14.

[50] STROUS M，KUENEN J G，FUERST J A，et al. The anammox case - A new experimental manifesto for microbiological eco-physiology [J]. Antonie van Leeuwenhoek，2002，81 (1)：693-702.

[51] KARTAL B，RATTRAY J，NIFTRIK L，et al. Candidatus "Anammoxoglobus propionicus" a new propionate oxidizing species of anaerobic ammonium oxidizing bacteria [J]. Systematic and Applied Microbiology，2007，30 (1)：39-49.

[52] SCHMID M，WALSH K，WEBB R，et al. Candidatus "Scalindua brodae"，sp. nov.，Candidatus "Scalindua wagneri"，sp. nov.，two new species of anaerobic ammonium oxidizing bacteria [J]. Systematic and Applied Microbiology，2003，26 (4)：529-538.

[53] BRANDSMA J，VOSSENBERG J，RISGAARD-PETERSEN N，et al. A multi-proxy study of anaerobic ammonium oxidation in marine sediments of the Gullmar Fjord，Sweden [J]. Environmental Microbiology Report，2011，3 (3)：360-366.

[54] WOEBKEN D，LAM P，KUYPERS M，et al. A microdiversity study of anammox bacteria reveals a novel Candidatus Scalindua phylotype in marine oxygen minimum zones [J]. Environmental Microbiology，2008，10 (11)：3106-3119.

[55] LI H，CHEN S，MU B Z. Molecular detection of anaerobic ammonium-oxidizing (Anammox) bacteria in high-temperature petroleum reservoirs [J]. Microbial Ecology，2010，60 (4)：771-783.

[56] HONG Y G, MENG L, CAO H L, et al. Residence of habitat-specific anammox bacteria in the deep-sea subsurface sediments of the south China sea: Analyses of marker gene abundance with physical chemical parameters [J]. Microbial Ecology, 2011, 62 (1): 36-47.

[57] FUCHSMAN C A, STALEY J T, OAKLEY B B, et al. Free-living and aggregate-associated [J]. FEMS Microbiology Ecology, 2012 (2): 402-416.

[58] OSHIKI M, MIZUTO K, KIMURA Z I, et al. Genetic diversity of marine anaerobic ammonium-oxidizing bacteria as revealed by genomic and proteomic analyses of 'Candidatus Scalindua japonica' [J]. Environmental Microbiology Reports, 2017, 9 (5): 550-561.

[59] KHRAMENKOV S V, KOZLOV M N, KEVBRINA M V, et al. A novel bacterium carrying out anaerobic ammonium oxidation in a reactor for biological treatment of the filtrate of wastewater fermented sludge [J]. Microbiology, 2013, 82 (5): 628-636.

[60] STROUS M, PELLETIER E, MANGENOT S, et al. Deciphering the evolution and metabolism of an anammox bacterium from a community genome [J]. Nature, 2006, 440: 790-794.

[61] VAN NIFTRIK L, GEERTS W J C, VAN DONSELAAR E G, et al. Combined structural and chemical analysis of the anammoxosome: a membrane-bounded intracytoplasmic compartment in anammox bacteria [J]. Journal of Structural Biology, 2008, 161 (3): 401-410.

[62] NIFTRIK L V, GEERTS W, DONSELAAR E V, et al. Linking ultrastructure and function in four genera of anaerobic ammonium-oxidizing bacteria: cell plan, glycogen storage, and localization of cytochrome c proteins [J]. Journal of Bacteriology, 2008, 190 (2): 708-717.

[63] KARTAL B, MAALCKE W J, DE ALMEIDA N M, et al. Molecular mechanism of anaerobic ammonium oxidation [J]. Nature, 2011, 479: 127-130.

[64] KUENEN J G. Anammox bacteria: from discovery to application [J]. Nature Reviews Microbiology, 2008, 6 (4): 320-326.

[65] LI J L, LI J W, PENG Y Z, et al. Insight into the impacts of organics on anammox and their potential linking to system performance of sewage partial nitrification-anammox (PN/A): a critical review [J]. Bioresource Technology, 2020, 300.

[66] JIN R C, YANG G F, YU J J, et al. The inhibition of the Anammox process: a review [J]. Chemical Engineering Journal, 2012, 197: 67-79.

[67] FENG Y, ZHAO Y P, GUO Y Z, et al. Microbial transcript and metabolome analysis uncover discrepant metabolic pathways in autotrophic and mixotrophic anammox consortia [J]. Water Research, 2017, 128 (1): 402-411.

[68] WINKLER M, KLEEREBEZEM R, LOOSDRCCHT M C M V. Integration of anammox into the aerobic granular sludge process for main stream wastewater treatment at ambient temperatures [J]. Water Research, 2012, 46 (1): 136-144.

[69] TAO Y，HUANG X L，GAO D W，et al. NanoSIMS reveals unusual enrichment of acetate and propionate by an anammox consortium dominated by Jettenia asiatica [J]. Water Research，2019，159 (1)：223-232.

[70] WINKLER M，YANG J J，KLEEREBEZEM R，et al. Nitrate reduction by organotrophic anammox bacteria in a nitritation/anammox granular sludge and a moving bed biofilm reactor [J]. Bioresource Technology，2012，114：217-223.

[71] JENNI S，VLAEMINCK S E，MORGENROTH E，et al. Successful application of nitritation/anammox to wastewater with elevated organic carbon to ammonia ratios [J]. Water Research，2014，49 (2)：316-326.

[72] LAURENI M，WEISSBRODT D G，SZIVAK I，et al. Activity and growth of anammox biomass on aerobically pre-treated municipal wastewater [J]. Water Research，2015，80 (1)：325-336.

[73] SHU D T，HE Y L，YUE H，et al. Metagenomic insights into the effects of volatile fatty acids on microbial community structures and functional genes in organotrophic anammox process [J]. Bioresource Technology，2015，196：621-633.

[74] BASTRO-BARROS C M，JIA M S，VAN LOOSDRECHT M C M，et al. Evaluating the potential for dissimilatory nitrate reduction by anammox bacteria for municipal wastewater treatment [J]. Bioresource Technology，2017，233：363-372.

[75] MA B，QIAN W T，YUAN C S，et al. Achieving mainstream nitrogen removal through coupling anammox with denitratation [J]. Environmental Science & Technology，2017，51 (15)：8405-8413.

[76] FENG Y，ZHAO Y P，JIANG B，et al. Discrepant gene functional potential and cross-feedings of anammox bacteria Ca. Jettenia caeni and Ca. Brocadia sinica in response to acetate [J]. Water Research，2019，165.

[77] KARTAL B，KELTJENS J T，JETTEN M S. The Metabolism of Anammox [M]. New Jersey：John Wiley & Sons，2008.

[78] NSENGA K M，LOTTI T，ENEL E，et al. Anammox-based processes：how far have we come and what work remains? A review by bibliometric analysis [J]. Chemosphere，2019，238.

[79] ALI M，OKABE S. Anammox-based technologies for nitrogen removal：advances in process start-up and remaining issues [J]. Chemosphere，2015，141，144-153.

[80] STAR W，ABMA W R，BLOMMERS D，et al. Startup of reactors for anoxic ammonium oxidation：experiences from the first full-scale anammox reactor in Rotterdam [J]. Water Research，2007，41 (18)：4149-4163.

[81] 王刚．基于同时亚硝化/厌氧氨氧化/反硝化（SNAD）技术的污泥消化液脱氮工艺研究 [D]. 大连：大连理工大学，2017.

[82] 钱欣．厌氧氨氧化生物脱氮工艺研究进展 [J]. 科技创新与应用，2019 (18)：118-119.

[83] JETTEN M，WAGNER M，FUERST J，et al. Microbiology and application of the anae-

robic ammonium oxidation（‘anammox’）process [J]. Current Opinion in Biotechnology，2001，12（3）：283-288.

[84] SLIEKERS A O，DERWORT N，GOMEZ J，et al. Completely autotrophic nitrogen removal over nitrite in one single reactor [J]. Water Research，2002，36（10）：2475-2482.

[85] OLAV S A，THIRD K A，ABMA W，et al. CANON and Anammox in a gas-lift reactor [J]. FEMS Microbiology Letters，2003（2）：339-344.

[86] ABMA W R，DRIESSEN W，HAARHUIS R，et al. Upgrading of sewage treatment plant by sustainable and cost-effective separate treatment of industrial wastewater [J]. Water Science & Technology，2010，61（7）：1715-1722.

[87] 张红陶，郑平. CANON工艺研究进展 [J]. 工业水处理，2013，33（8）：1-5.

[88] HIPPEN A，ROSENWINKEL K H，BAUMGARTEN G，et al. Aerobic deammonification：a new experience in the treatment of wastewaters [J]. Water Science & Technology，1997，35（10）：111-120.

[89] WETT B，ROSTEK R，RAUCH W，et al. pH-controlled reject-water-treatment [J]. Water Science & Technology，1998，37（12）：165-172.

[90] WETT B. Solved upscaling problems for implementing deammonification of rejection water [J]. Water Science and Technology，2006，53（12）：121-128.

[91] WETT B，HELL M，NYHUIS G，et al. Syntrophy of aerobic and anaerobic ammonia oxidisers [J]. Water Science & Technology，2010，61（8）：1915-1922.

[92] WETT B，NYHUIS G，TAKáCS I，et al. Development of enhanced deammonification selector [J]. Proceedings of the Water Environment Federation，2010，10，5917-5926.

[93] WINDEY K，BO I D，VERSTRAETE W. Oxygen-limited autotrophic nitrification-denitrification（OLAND）in a rotating biological contactor treating high-salinity wastewater [J]. Water Research，2005，39（18）：4512-4520.

[94] KUYPERS M，SLIEKERS A O，LAVIK G，et al. Anaerobic ammonium oxidation by anammox bacteria in the Black Sea [J]. Nature，2003，422（6932）：608-611.

[95] CHRISTENSSON M，EKSTR? M S，CHAN A，et al. Experience from start-ups of the first ANITA Mox plants [J]. Water Science & Technology，2013，67（12）：2677-2684.

[96] MASES M，DIMITROVA I，NYBERG U，et al. Experiences from MBBR post-denitrification process in long-term operation at two WWTPs [J]. Proceedings of the Water Environment Federation，2010，2010（7）：458-471.

[97] SALEM S，BERENDS D，HEIJNEN J J，et al. Bio-augmentation by nitrification with return sludge [J]. Water Research，2003，37（8）：1794-1804.

[98] BITTON G. Encyclopedia of environmental microbiology [M]. Nes Jersey：John Wiley & Sons，2002.

[99] YU G H，HE P J，SHAO L M，et al. Stratification structure of sludge flocs with impli-

cations to dewaterability [J]. Environmental Science & Technology，2008，42 (21)：7944-7949.

[100] XU Y，LU Y Q，DAI X H，et al. Spatial configuration of extracellular organic substances responsible for the biogas conversion of sewage sludge [J]. ACS Sustainable Chemistry & Engineering，2018，6 (7)：8308-8316.

[101] 王治军，王伟．污泥热水解过程中固体有机物的变化规律 [J]．中国给水排水，2004 (7)：1-5.

[102] 徐娟．微生物胞外聚合物与废水中有毒污染物相互作用及对生物反应器性能影响 [D]．北京：中国科学技术大学，2013.

[103] ZHEN G Y，LU X Q，KATO H，et al. Overview of pretreatment strategies for enhancing sewage sludge disintegration and subsequent anaerobic digestion：Current advances，full-scale application and future perspectives [J]. Renewable & Sustainable Energy Reviews，2017，69：559-577.

[104] NEUMANN P，GONZáLEZ Z，VIDAL G. Sequential ultrasound and low-temperature thermal pretreatment：process optimization and influence on sewage sludge solubilization，enzyme activity and anaerobic digestion [J]. Bioresource Technology，2017，234：178-187.

[105] PILLI S，BHUNIA P，SONG Y A，et al. Ultrasonic pretreatment of sludge：a review [J]. Ultrasonics Sonochemistry，2011，18 (1)：1-18.

[106] 曹秀芹，陈珺．超声波技术在污泥处理中的研究及发展 [J]．环境工程，2002，20 (4)：23-25.

[107] 冯若，李化茂．声化学及其应用 [M]．合肥：安徽科学技术出版社，1992.

[108] 王晓霞，吕树光，邱兆富，等．超声波处理、热处理及酸碱调节对剩余污泥溶解效果的对比研究 [J]．环境污染与防治，2010，32 (8)：56.

[109] 邵金星．耦合法提取剩余污泥中蛋白质及其后续处理研究 [D]．武汉：武汉纺织大学，2015.

[110] 徐晖．槽式超声波作用下污泥蛋白质提取规律研究 [J]．武警学院学报，2016，32 (12)：11-15.

[111] BOUGRIER C，CARRèRE H，DELGENèS J. Solubilisation of waste-activated sludge by ultrasonic treatment [J]. Chemical Engineering Journal，2005，106 (2)：163-169.

[112] APPELS L，HOUTMEYERS S，VAV MECHELEN F，et al. Effects of ultrasonic pretreatment on sludge characteristics and anaerobic digestion [J]. Water Science & Technology，2012，66 (11)：2284-2290.

[113] FENG X，LEI H Y，DENG J C，et al. Physical and chemical characteristics of waste activated sludge treated ultrasonically [J]. Chemical Engineering & Processing Process Intensification，2009，48 (1)：187-194.

[114] YU G H，HE P J，SHAO L M，et al. Extracellular proteins，polysaccharides and enzymes impact on sludge aerobic digestion after ultrasonic pretreatment [J]. Water Re-

search，2008，42（8-9）：1925-1934.

[115] ESKICIOGLU C，KENNEDY K J，DROSTE R L. Characterization of soluble organic matter of waste activated sludge before and after thermal pretreatment [J]. Water Research，2006，40（20）：3725-3736.

[116] ESKICIOGLU C，TERZIAN N，KENNEDY K J，et al. Athermal microwave effects for enhancing digestibility of waste activated sludge [J]. Water Research，2007，41（11）：2457-2466.

[117] AHN J H，SHIN S G，HWANG S. Effect of microwave irradiation on the disintegration and acidogenesis of municipal secondary sludge [J]. Chemical Engineering Journal，2009，153（1-3）：145-150.

[118] TANG B，YU L F，HUANG S S，et al. Energy efficiency of pre-treating excess sewage sludge with microwave irradiation [J]. Bioresource Technology，2010，101（14）：5092-5097.

[119] TYAGI V K，LO S L. Microwave irradiation：a sustainable way for sludge treatment and resource recovery [J]. Renewable & Sustainable Energy Reviews，2013，18：288-305.

[120] 贾舒婷，张栋，赵建夫，等．不同预处理方法促进初沉/剩余污泥厌氧发酵产沼气研究进展 [J]. 化工进展，2013，32（1）：193-198.

[121] APPELS L，HOUTMEYERS S，DEGRèVE J，et al. Influence of microwave pre-treatment on sludge solubilization and pilot scale semi-continuous anaerobic digestion [J]. Bioresource Technology，2013，128：598-603.

[122] YU Q，LEI H Y，LI Z，et al. Physical and chemical properties of waste-activated sludge after microwave treatment [J]. Water Research，2010，44（9）：2841-2849.

[123] 刘玉蕾．城市污水厂污泥回收蛋白质的技术研究 [D]. 哈尔滨：哈尔滨工业大学，2012.

[124] 伍昌年，凌琪，王莉，等．微波辐射对剩余污泥有机物释放特性的研究 [J]. 安徽农业科学，2013，41（8）：3448-3450.

[125] 肖本益，阎鸿，魏源送．污泥热处理及其强化污泥厌氧消化的研究进展 [J]. 环境科学学报，2009，29（4）：673-682.

[126] BOUGRIER C，DELGENèS J P，CARRèRE H. Effects of thermal treatments on five different waste activated sludge samples solubilisation，physical properties and anaerobic digestion [J]. Chemical Engineering Journal，2008，139（2）：236-244.

[127] SINGH S，KUMAR V，DHANJAL D S，et al. A sustainable paradigm of sewage sludge biochar：valorization，opportunities，challenges and future prospects [J]. Journal of Cleaner Production，2020，269.

[128] DWYER J，STARRENBURG D，TAIT S，et al. Decreasing activated sludge thermal hydrolysis temperature reduces product colour，without decreasing degradability [J]. Water Research，2008，42（18）：4699-4709.

[129] PROROT A，LAURENT J. CHRISTOPHE D，et al. Sludge disintegration during heat

treatment at low temperature: a better understanding of involved mechanisms with a multiparametric approach [J]. Biochemical Engineering Journal, 2011, 54 (3): 178-184.

[130] APPELS L, DEGRÈVE J, BRUGGEN B, et al. Influence of low temperature thermal pre-treatment on sludge solubilisation, heavy metal release and anaerobic digestion [J]. Bioresource Technology, 2010, 101 (15): 5743-5748.

[131] DONG B, GAO P, ZHANG D, et al. A new process to improve short-chain fatty acids and bio-methane generation from waste activated sludge [J]. Journal of Environmental Sciences, 2016, 43 (5): 159-168.

[132] DE GRAAF L A. Denaturation of proteins from a non-food perspective [J]. Journal of Biotechnology, 2000, 79 (3): 299-306.

[133] WANG Z G, CAO J, MENG F G. Interactions between protein-like and humic-like components in dissolved organic matter revealed by fluorescence quenching [J]. Water Research, 2015, 68, 404-413.

[134] GOERNER T, DONATO P D, AMEIL M H, et al. Activated sludge exopolymers: separation and identification using size exclusion chromatography and infrared micro-spectroscopy [J]. Water Research, 2003, 37 (10): 2388-2393.

[135] ZHANG T, FANG H H P. Quantification of extracellular polymeric substances in biofilms by confocal laser scanning microscopy [J]. Biotechnology Letters, 2001, 23 (5): 405-409.

[136] WILSON C A, NOVAK J T. Hydrolysis of macromolecular components of primary and secondary wastewater sludge by thermal hydrolytic pretreatment [J]. Water Research, 2009, 43 (18): 4489-4498.

[137] MORGAN-SAGASTUME F, PRATT S, KARLSSON A, et al. Production of volatile fatty acids by fermentation of waste activated sludge pre-treated in full-scale thermal hydrolysis plants [J]. Bioresource Technology, 2011, 102 (3): 3089-3097.

[138] KOLOKASSIDOU C, PASHALIDIS I, COSTA C N, et al. Thermal stability of solid and aqueous solutions of humic acid [J]. Thermochimica Acta, 2007, 454 (2): 78-83.

[139] GONZALEZ A, HENDRIKS A T W M, LIER J B V, et al. Pre-treatments to enhance the biodegradability of waste activated sludge: Elucidating the rate limiting step [J]. Biotechnology Advances, 2018, 36 (5): 1434-1469.

[140] BOUGRIER C, DELGENES J P, CARRERE H. Impacts of thermal pre-treatments on the semi-continuous anaerobic digestion of waste activated sludge [J]. Biochemical Engineering Journal, 2007, 34 (1): 20-27.

[141] DEVLIN D C, ESTEVES S R R, DINSDALE R M, et al. The effect of acid pretreatment on the anaerobic digestion and dewatering of waste activated sludge [J]. Bioresource Technology, 2011, 102 (5): 4076-4082.

[142] LIU X L, LIU H, CHEN J H, et al. Enhancement of solubilization and acidification of waste activated sludge by pretreatment [J]. Waste Management, 2008, 28 (12):

2614-2622.

[143] ZHAO J W, WANG D B, LI X M, et al. Free nitrous acid serving as a pretreatment method for alkaline fermentation to enhance short-chain fatty acid production from waste activated sludge [J]. Water Research, 2015, 78: 111-120.

[144] MA B, PENG Y Z, WEI Y, et al. Free nitrous acid pretreatment of wasted activated sludge to exploit internal carbon source for enhanced denitrification [J]. Bioresource Technology, 2015, 179: 20-25.

[145] CHISHTI S S, HASNAIN S N, KHAN M A. Studies on the recovery of sludge protein [J]. Water Research, 1992, 26 (2): 241-248.

[146] SUN R, XING D F, JIA J N, et al. Methane production and microbial community structure for alkaline pretreated waste activated sludge [J]. Bioresource Technology, 2014, 169: 496-501.

[147] LI H, JIN Y Y, MAHAR R B, et al. Effects and model of alkaline waste activated sludge treatment [J]. Bioresource Technology, 2008, 99 (11): 5140-5144.

[148] LI X L, PENG Y Z, REN N Q, et al. Effect of temperature on short chain fatty acids (SCFAs) accumulation and microbiological transformation in sludge alkaline fermentation with Ca $(OH)_2$ adjustment [J]. Water Research, 2014, 61: 34-45.

[149] RANI R U, KALIAPPAN S, KUMAR S A, et al. Combined treatment of alkaline and disperser for improving solubilization and anaerobic biodegradability of dairy waste activated sludge [J]. Bioresource Technology, 2012, 126: 107-116.

[150] 肖本益，刘俊新．不同预处理方法对剩余污泥性质的影响研究 [J]．环境科学，2008 (2)：327-331.

[151] 崔静，董岸杰，张卫江，等．热碱水解提取污泥蛋白质的实验研究 [J]．环境工程学报，2009，3 (10)：1889-1892.

[152] CHEN Z, ZHANG W J, WANG D S, et al. Enhancement of waste activated sludge dewaterability using calcium peroxide pre-oxidation and chemical re-flocculation [J]. Water Research, 2016, 103: 170-181.

[153] ZHANG J, ZHANG J, TIAN Y, et al. Changes of physicochemical properties of sewage sludge during ozonation treatment: Correlation to sludge dewaterability [J]. Chemical Engineering Journal, 2016, 301: 238-248.

[154] 张彦平，李芬，樊伟，等．高铁酸盐溶液破解剩余污泥效能研究 [J]．环境科学与技术，39 (6)：65-69.

[155] WU C, JIN L Y, ZHANG P Y, et al. Effects of potassium ferrate oxidation on sludge disintegration, dewaterability and anaerobic biodegradation [J]. International Biodeterioration & Biodegradation, 2015, 102: 137-142.

[156] CHU L B, YAN S T, XING X H, et al. Enhanced sludge solubilization by microbubble ozonation [J]. Chemosphere, 2008, 72 (2): 205-212.

[157] YU J W, XIAO K K, YANG J K, et al. Enhanced sludge dewaterability and pathogen

inactivation by synergistic effects of zero-valent iron and ozonation [J]. ACS Sustainable Chemistry & Engineering, 2018, 269: 324-331.
[158] XIAO K K, CHEN Y, JIANG X, et al. Variations in physical, chemical and biological properties in relation to sludge dewaterability under Fe(Ⅱ)-Oxone conditioning [J]. Water Research, 2017, 109: 13-23.
[159] 李义勇. 基于污泥破解的剩余污泥资源化利用 [D]. 广州：华南理工大学，2014.
[160] 马欣. 生物酶法提取剩余污泥蛋白质的研究 [D]. 天津：天津理工大学，2016.
[161] YU S Y, ZHANG G M, LI J Z, et al. Effect of endogenous hydrolytic enzymes pretreatment on the anaerobic digestion of sludge [J]. Bioresource Technology, 2013, 146: 758-761.
[162] 黄宇钊，冼萍，李桃，等. 热-碱联合处理改善污泥厌氧消化性能的研究 [J]. 广西大学学报（自然科学版），2019，44（5）：1392-1398.
[163] CHO H U, SANG K P, HA J H, et al. An innovative sewage sludge reduction by using a combined mesophilic anaerobic and thermophilic aerobic process with thermal-alkaline treatment and sludge recirculation [J]. Journal of Environmental Management, 2013, 129 (15): 274-282.
[164] 赵顺顺，孟范平，王震宇. 碱水解法提取剩余污泥蛋白质的条件优化 [J]. 城市环境与城市生态，2008（5）：17-20.
[165] 李政. 化学水解法提取污泥蛋白质及其脱水性能研究 [D]. 郑州：郑州大学，2017.
[166] 华佳，李亚东，张林生. 改进污泥水解制取蛋白质工艺的研究 [J]. 中国给水排水，2008，24（1）：17-21.
[167] VALO A, CARRERE H, DELGENES J P. Thermal, chemical and thermo-chemical pre-treatment of waste activated sludge for anaerobic digestion [J]. Journal of Chemical Technology and Biotechnology, 2004, 79 (11): 1197-203.
[168] XIANG Y L, XIANG Y K, WANG L P. Kinetics of activated sludge protein extraction by thermal alkaline treatment [J]. Journal of Environmental Chemical Engineering, 2017, 5 (6): 5352-5357.
[169] 刘博文，金若菲，兰兵兵，等. 热碱-EDTA耦合法强化污泥破解及效果分析 [J]. 环境工程学报，2020，14（1）：217-223.
[170] 张婧伟，白周央，杨树成. 超声-碱预处理以促进污泥水解效率的研究进展 [J]. 工业水处理，2020，40（4）：12-17.
[171] HWANG J, ZHANG L, SEO S, et al. Protein recovery from excess sludge for its use as animal feed [J]. Bioresource Technology, 2008, 99 (18): 8949-8954.
[172] 薛飞，陈钦，郭庆峰，等. 超声-溶菌酶协同处理强化纺织印染污泥脱水性能研究 [J]. 环境污染与防治，2020，42（5）：9-14.
[173] 李萍，李登新，苏瑞景，等. 2种处理方法水解剩余污泥蛋白质的研究 [J]. 环境工程学报，2011，5（12）：2859-2863.
[174] LIU Y S, KONG S F, LI Y Q, et al. Novel technology for sewage sludge utilization:

preparation of amino acids chelated trace elements（AACTE）fertilizer [J]. Journal of Hazardous Materials，2009，171（1-3）：1159-1167.
[175] 秦鹏华．氨基酸与钙离子相互作用的理论研究 [D]. 长春：吉林大学，2013.
[176] SOURI，KAZEM M. Aminochelate fertilizers：the new approach to the old problem；a review [J]. Open Agriculture，2016，1（1）：118-123.
[177] GHASEMI S，KHOSHGOFTARMANESH A H，AFYUNI M，et al. Iron（Ⅱ）-amino acid chelates alleviate salt-stress induced oxidative damages on tomato grown in nutrient solution culture [J]. Scientia Horticulturae，2014，165：91-98.
[178] MOHAMMADI P，KHOSHGOFTARMANESH A H. The effectiveness of synthetic zinc（Zn）-amino chelates in supplying Zn and alleviating salt-induced damages on hydroponically grown lettuce [J]. Scientia Horticulturae，2014，172：117-123.
[179] 韩晓日，蒋海英，郭春雷，等．施用新型多元素螯合肥对玉米产量、养分吸收与利用的影响 [J]. 沈阳农业大学学报，2016，47（2）：159-165.
[180] 葛淑华．利用废革屑制备多肽螯合肥工艺及应用研究 [D]. 烟台：烟台大学，2019.
[181] MUNASINGHE-ARACHCHIGE S P，NIRMALAKHANDAN N. Nitrogen-fertilizer recovery from the centrate of anaerobically digested sludge [J]. Environmental Science & Technology Letters，2020，7（7）：450-459.
[182] CRUZ H，LAW Y Y，GUEST J S，et al. Mainstream ammonium recovery to advance sustainable urban wastewater management [J]. Environmental Science & Technology，2019，53（19）：11066-11079.
[183] NANCHARAIAH Y V，MOHAN S V，LENS P N L. Recent advances in nutrient removal and recovery in biological and bioelectrochemical systems [J]. Bioresource Technology，2016，215：173-185.
[184] KUYPERS M M M，MARCHANT H K，KARTAL B. The microbial nitrogen-cycling network [J]. Nature Reviews Microbiology，2018，16（5）：263-276.
[185] ZHANG X Y，LIU Y. Circular economy-driven ammonium recovery from municipal wastewater：state of the art，challenges and solutions forward [J]. Bioresource Technology，2021，334：125231.
[186] YU C Q，HUANG X，CHEN H，et al. Managing nitrogen to restore water quality in China [J]. Nature，2019，567（7749）：516-520.
[187] JIN X P，BAI Z H，OENEMA O，et al. Spatial planning needed to drastically reduce nitrogen and phosphorus surpluses in China' s agriculture [J]. Environmental Science & Technology，2020，54（19）：11894-11904.
[188] 高群，余成．城市化进程对氮循环格局及动态的影响研究进展 [J]. 地理科学进展，2015，54（19）：726-738.
[189] SHI L，SIMPLICIO W S，WU G X，et al. Nutrient recovery from digestate of anaerobic digestion of livestock manure：a review [J]. Current Pollution Reports，2018，4（2）：74-83.

[190] BODIRSKY B L, POPP A, LOTZE-CAMPEN H, et al. Reactive nitrogen requirements to feed the world in 2050 and potential to mitigate nitrogen pollution [J]. Nature Communications, 2014, 5 (1): 1-7.

[191] XIANG S Y, LIU Y H, ZHANG G M, et al. New progress of ammonia recovery during ammonia nitrogen removal from various wastewaters [J]. World Journal of Microbiology and Biotechnology, 2020, 36 (10): 1-20.

[192] APPELS L, BAEYENS J, DEGRÈVE J, et al. Principles and potential of the anaerobic digestion of waste-activated sludge [J]. Progress in Energy and Combustion Science, 2008, 34 (6): 755-781.

[193] YANG D H, HU C L, DAI L L, et al. Post-thermal hydrolysis and centrate recirculation for enhancing anaerobic digestion of sewage sludge [J]. Waste Management, 2019, 92: 39-48.

[194] YE Y Y, NGO H H, GUO W S, et al. A critical review on ammonium recovery from wastewater for sustainable wastewater management [J]. Bioresource Technology, 2018, 268: 749-758.

[195] XU Y, XU Y, LI T, et al. Two-step partial nitrification-anammox process for treating thermal-hydrolysis anaerobic digester effluent: start-up and microbial characterisation [J]. Journal of Cleaner Production, 2020, 252: 119784.

[196] YUAN H P, ZHU N W. Progress in inhibition mechanisms and process control of intermediates and by-products in sewage sludge anaerobic digestion [J]. Renewable and Sustainable Energy Reviews, 2016, 58: 429-438.

[197] PALAKODETI A, AZMAN S, ROSSI B, et al. A critical review of ammonia recovery from anaerobic digestate of organic wastes via stripping [J]. Renewable and Sustainable Energy Reviews, 2021, 143: 110903.

[198] ESKICIOGLU C, GALVAGNO G, CIMON C. Approaches and processes for ammonia removal from side-streams of municipal effluent treatment plants [J]. Bioresource Technology, 2018, 268: 797-810.

[199] KIM E J, KIM H, LEE E. Influence of ammonia stripping parameters on the efficiency and mass transfer rate of ammonia removal [J]. Applied Sciences, 2021, 11 (1): 441.

[200] DESMIDT E, GHYSELBRECHT K, ZHANG Y, et al. Global phosphorus scarcity and full-scale P-recovery techniques: a review [J]. Critical Reviews in Environmental Science and Technology, 2015, 45 (4): 336-384.

[201] RONGWONG W, GOH K. Resource recovery from industrial wastewaters by hydrophobic membrane contactors: a review [J]. Journal of Environmental Chemical Engineering, 2020, 8 (5): 104242.

[202] PANDEY B, CHEN L. Technologies to recover nitrogen from livestock manure: a review [J]. Science of The Total Environment, 2021, 784: 147098.

[203] BONMATí A, FLOTATS X. Air stripping of ammonia from pig slurry: characterisation

and feasibility as a pre- or post-treatment to mesophilic anaerobic digestion [J]. Waste Management，2003，23 (3)：261-272.

[204] DI CAPUA F，ADANI F，PIROZZI F，et al. Air side-stream ammonia stripping in a thin film evaporator coupled to high-solid anaerobic digestion of sewage sludge：process performance and interactions [J]. Journal of Environmental Management，2021，295：113075.

[205] GUŠTIN S，MARINŠEK-LOGAR R. Effect of pH，temperature and air flow rate on the continuous ammonia stripping of the anaerobic digestion effluent [J]. Process Safety and Environmental Protection，2011，89 (1)：61-66.

[206] KINIDI L，TAN I A W，WAHAB N B A，et al. Recent development in ammonia stripping process for industrial wastewater treatment [J]. International Journal of Chemical Engineering，2018，1-14.

[207] ZHAO Q B，MA J W，ZEB I，et al. Ammonia recovery from anaerobic digester effluent through direct aeration [J]. Chemical Engineering Journal，2015，279：31-37.

[208] TAO W D，UKWUANI A T. Coupling thermal stripping and acid absorption for ammonia recovery from dairy manure：ammonia volatilization kinetics and effects of temperature，pH and dissolved solids content [J]. Chemical Engineering Journal，2015，280：188-196.

[209] CAMPOS J C，MOURA D，COSTA A P，et al. Evaluation of pH，alkalinity and temperature during air stripping process for ammonia removal from landfill leachate [J]. Journal of Environmental Science and Health，Part A，2013，48 (9)：1105-1113.

[210] ZENG L，MANGAN C，LI X. Ammonia recovery from anaerobically digested cattle manure by steam stripping [J]. Water Science and Technology，2006，54 (8)：137-145.

[211] UKWUANI A T，TAO W D. Developing a vacuum thermal stripping - acid absorption process for ammonia recovery from anaerobic digester effluent [J]. Water Research，2016，106：108-115.

[212] BI S J，QIAO W，XIONG L P，et al. Improved high solid anaerobic digestion of chicken manure by moderate in situ ammonia stripping and its relation to metabolic pathway [J]. Renewable Energy，2020，146：2380-2389.

[213] WALKER M，IYER K，HEAVEN S，et al. Ammonia removal in anaerobic digestion by biogas stripping：an evaluation of process alternatives using a first order rate model based on experimental findings [J]. Chemical Engineering Journal，2011，178：138-145.

[214] BOUSEK J，SCROCCARO D，SIMA J，et al. Influence of the gas composition on the efficiency of ammonia stripping of biogas digestate [J]. Bioresource Technology，2016，203：259-266.

[215] YAO Y Q，YU L，GHOGARE R，et al. Simultaneous ammonia stripping and anaerobic digestion for efficient thermophilic conversion of dairy manure at high solids concentration [J]. Energy，2017，141：179-188.

[216] VANEECKHAUTE C，LEBUF V，MICHELS E，et al. Nutrient recovery from digestate：systematic technology review and product classification [J]. Waste and Biomass Valorization，2016，8 (1)：21-40.

[217] PROVOLO G，PERAZZOLO F，MATTACHINI G，et al. Nitrogen removal from digested slurries using a simplified ammonia stripping technique [J]. Waste Management，2017，69：154-161.

[218] LAURENI M，PALATSI J，LLOVERA M，et al. Influence of pig slurry characteristics on ammonia stripping efficiencies and quality of the recovered ammonium-sulfate solution [J]. Journal of Chemical Technology & Biotechnology，2013，88 (9)：1654-1662.

[219] MENKVELD H W H，BROEDERS E. Recovery of ammonium from digestate as fertilizer [J]. Water Practice and Technology，2017，12 (3)：514-519.

[220] XIONG J Y，ZHENG Z，YANG X Y，et al. Recovery of NH_3-N from mature leachate via negative pressure steam-stripping pretreatment and its benefits on MBR systems：a pilot scale study [J]. Journal of Cleaner Production，2018，203：918-925.

[221] LEVERENZ H，ADAMS R，HAZARD J，et al. Continuous thermal stripping process for ammonium removal from digestate and centrate [J]. Sustainability，2021，13 (4)：2185.

[222] YUAN M H，CHEN Y H，TSAI J Y，et al. Removal of ammonia from wastewater by air stripping process in laboratory and pilot scales using a rotating packed bed at ambient temperature [J]. Journal of the Taiwan Institute of Chemical Engineers，2016，60：488-495.

[223] YIN S H，CHEN K H，SRINIVASAKANNAN C，et al. Enhancing recovery of ammonia from rare earth wastewater by air stripping combination of microwave heating and high gravity technology [J]. Chemical Engineering Journal，2018，337：515-521.

[224] QUAN X J，WANG F P，ZHAO Q H，et al. Air stripping of ammonia in a water-sparged aerocyclone reactor [J]. Journal of Hazardous Materials，2009，170 (2-3)：983-988.

[225] CAO L P，WANG J J，ZHOU T，et al. Evaluation of ammonia recovery from swine wastewater via a innovative spraying technology [J]. Bioresource Technology，2019，272：235-240.

[226] DEERMENCI N，ATA O N，YILDıZ E. Ammonia removal by air stripping in a semi-batch jet loop reactor [J]. Journal of Industrial and Engineering Chemistry，2012，18 (1)：399-404.

[227] ASTALS S，PECES M，BATSTONE D J，et al. Characterising and modelling free ammonia and ammonium inhibition in anaerobic systems [J]. Water Research，2018，143：127-135.

[228] YENIGüN O，DEMIREL B. Ammonia inhibition in anaerobic digestion：a review [J]. Process Biochemistry，2013，48 (5-6)：901-911.

[229] FOLINO A, ZEMA D A, CALABRò P S. Environmental and economic sustainability of swine wastewater treatments using ammonia stripping and anaerobic digestion: a short review [J]. Sustainability, 2020, 12 (12): 4971.

[230] FAKKAEW K, POLPRASERT C. Air stripping pre-treatment process to enhance biogas production in anaerobic digestion of chicken manure wastewater [J]. Bioresource Technology Reports, 2021, 14.

[231] ZHANG L, JAHNG D. Enhanced anaerobic digestion of piggery wastewater by ammonia stripping: effects of alkali types [J]. Journal of Hazardous Materials, 2010, 182 (1-3): 536-543.

[232] DE LA RUBIA M A, WALKER M, HEAVEN S, et al. Preliminary trials of in situ ammonia stripping from source segregated domestic food waste digestate using biogas: effect of temperature and flow rate [J]. Bioresource Technology, 2010, 101 (24): 9486-9492.

[233] ABOUELENIEN F, FUJIWARA W, NAMBA Y, et al. Improved methane fermentation of chicken manure via ammonia removal by biogas recycle [J]. Bioresource Technology, 2010, 101 (16): 6368-6373.

[234] LI K, LIU R H, YU Q, et al. Removal of nitrogen from chicken manure anaerobic digestion for enhanced biomethanization [J]. Fuel, 2018, 232: 395-404.

[235] SERNA-MAZA A, HEAVEN S, BANKS C J. Biogas stripping of ammonia from fresh digestate from a food waste digester [J]. Bioresource Technology, 2015, 190: 66-75.

[236] JIANG A P, ZHANG T X, ZHAO Q B, et al. Evaluation of an integrated ammonia stripping, recovery, and biogas scrubbing system for use with anaerobically digested dairy manure [J]. Biosystems Engineering, 2014, 119: 117-126.

[237] GEORGIOU D, LILIOPOULOS V, AIVASIDIS A. Upgrading of biogas by utilizing aqueous ammonia and the alkaline effluent from air-stripping of anaerobically digested animal manure: application on the design of a semi-industrial plant unit [J]. Journal of Water Process Engineering, 2020, 36: 101318.

[238] YU L, ZHAO Q B, JIANG A P, et al. Analysis and optimization of ammonia stripping using multi-fluid model [J]. Water Science and Technology, 2011, 63 (6): 1143-1152.

[239] ERRICO M, FJERBAEK SOTOFT L, KJæRHUUS NIELSEN A, et al. Treatment costs of ammonia recovery from biogas digestate by air stripping analyzed by process simulation [J]. Clean Technologies and Environmental Policy, 2017, 20 (7): 1479-1489.

[240] REDFORD J, BISINELLA DE FARIA A, SAUT J P, et al. Modelica modelling of an ammonia stripper [C] //Proceedings of the 13th International Modelica Conference, Regensburg, Germany, March 4-6, 2019. Linköping University Electronic Press, 2019 (157) .

[241] LORICK D, MACURA B, AHLSTRöM M, et al. Effectiveness of struvite precipitation

and ammonia stripping for recovery of phosphorus and nitrogen from anaerobic digestate: a systematic review [J]. Environmental Evidence, 2020, 9 (1): 1-20.

[242] ULUDAG-DEMIRER S, DEMIRER G N, CHEN S. Ammonia removal from anaerobically digested dairy manure by struvite precipitation [J]. Process Biochemistry, 2005, 40 (12): 3667-3674.

[243] QUAN X J, YE C Y, XIONG Y Q, et al. Simultaneous removal of ammonia, P and COD from anaerobically digested piggery wastewater using an integrated process of chemical precipitation and air stripping [J]. Journal of Hazardous Materials, 2010, 178 (1-3): 326-332.

[244] VANOTTI M B, DUBE P J, SZOGI A A, et al. Recovery of ammonia and phosphate minerals from swine wastewater using gas-permeable membranes [J]. Water Research, 2017, 112: 137-146.

[245] XIE M, SHON H K, GRAY S R, et al. Membrane-based processes for wastewater nutrient recovery: technology, challenges, and future direction [J]. Water Research, 2016, 89: 210-221.

[246] HE Q Y, YU G, WANG W C, et al. Once-through CO_2 absorption for simultaneous biogas upgrading and fertilizer production [J]. Fuel Processing Technology, 2017, 166: 50-58.

[247] GARCIA-GONZALEZ M C, VANOTTI M B. Recovery of ammonia from swine manure using gas-permeable membranes: effect of waste strength and pH [J]. Waste Management, 2015, 38: 455-461.

[248] DUBE P J, VANOTTI M B, SZOGI A A, et al. Enhancing recovery of ammonia from swine manure anaerobic digester effluent using gas-permeable membrane technology [J]. Waste Management, 2016, 49: 372-377.

[249] HE Q Y, XI J, SHI M F, et al. Developing a vacuum-assisted gas-permeable membrane process for rapid ammonia recovery and CO_2 capture from biogas slurry [J]. ACS Sustainable Chemistry & Engineering, 2019, 8 (1): 154-162.

[250] HE Q Y, YU G, TU T, et al. Closing CO_2 loop in biogas production: recycling ammonia as fertilizer [J]. Environmental Science & Technology, 2017, 51 (15): 8841-8850.

[251] ISKANDER S M, BRAZIL B, NOVAK J T, et al. Resource recovery from landfill leachate using bioelectrochemical systems: Opportunities, challenges, and perspectives [J]. Bioresource Technology, 2016, 201: 347-354.

第4章　污泥中磷资源利用研究

4.1　概述

磷是所有生物必需的营养元素之一，全球人口增长和集约化的耕作方式导致需要生产更多的磷肥来提高农作物产量[1]。如图 4.1-1 所示，因磷肥的生产主要以磷矿加工为主，全世界磷矿平均以每年 2%的增长速度被消耗[2,3]。根据美国地质调查局对磷矿的统计数据，2020 年，世界磷矿石的开采量约为 2.23 亿 t（以 P_2O_5 计），以目前的磷矿储量（710 亿 t）和消耗速度计算，全世界磷矿资源将会在 290 年内被消耗完[4]。因此，作为不可再生资源，磷矿的长期稳定供应成为全人类值得关注的问题之一。我国是人口大国，每年的磷矿消耗量达世界水平的 40%～50%[2]。虽然我国的磷矿储量居世界第二，但是，2020 年，我国磷矿储量仅剩 32 亿 t，不到世界储量的 5%[4]。不平衡的资源分布和巨大的开采需求使得我国磷资源短缺，磷资源回收成为我国可持续发展的战略性需求。

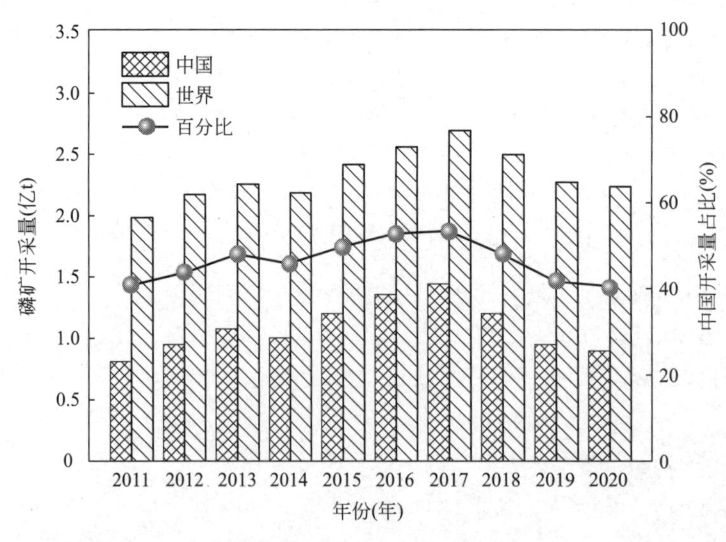

图 4.1-1　近十年世界及中国磷矿开采情况（以 P_2O_5 计）

我国污水处理厂进水的磷浓度一般为4～5mg/L，为了防止富营养化，出水的磷浓度需控制在0.5mg/L以下[5]。磷的去除主要依赖于含磷物质通过物理化学及生物反应，转化成固态，随着污泥的排放从污水中去除，通常，90%以上污水中的磷在污水处理过程中转化到污泥中。有研究表明，污泥是富含磷的媒介，干污泥中的磷含量（有机磷和无机磷）占到污泥总重量的2%～5%[1]，如果不进行回收会造成磷资源的流失和污染。因此，污泥中的磷回收是污水处理的关键，污泥中磷资源的回收具有重要意义。

4.2 污泥中磷的赋存形态及其转化机制

4.2.1 污泥中磷的来源与种类

污泥中磷的赋存形态与污泥种类密切相关，取决于污水除磷工艺及后续污泥处理处置技术。目前，污水除磷工艺主要包括：生物除磷和化学强化除磷两大类。生物除磷因其运行成本低、除磷效率高，成为目前城市污水广泛采用的除磷工艺[6,7]，聚磷菌是生物强化除磷过程中关键的微生物种群，其原理是：聚磷菌在厌氧条件下分解细胞内的聚磷酸盐和糖原产生的能量，将细胞外的挥发性脂肪酸摄入细胞内，合成聚羟基烷酸酯贮存于细胞内，同时，将聚磷酸盐分解产生的磷释放到体外。在好氧条件下，聚磷菌则通过氧化分解体内贮存的聚羟基烷酸酯换取能量，用于细胞生长及糖原合成，同时，聚磷菌过量吸收胞外水溶液中的磷酸盐，重新合成聚磷储存在细胞内。最终，好氧末端的富磷污泥以剩余污泥的形式排出，达到除磷的目的。污水中的磷主要以聚磷的形式存在于细胞内。在进水总磷较高的情况下，为了排放达标，我国35%以上的城镇污水处理厂采用化学除磷[8]。化学除磷步骤通常包括：①在初沉池投加化学药剂，通过化学强化一级处理，去除污水中的磷；②用在生物除磷之后，作为辅助步骤进一步去除污水中的磷。化学除磷通常采用铝盐或铁盐作为混凝剂，通过电荷中和及吸附作用去除污水中的磷[9]。90%以上的磷以铁结合的磷/铝结合的磷（Fe-P/Al-P）形式存在或吸附在$Fe(OH)_3$/$Al(OH)_3$的表面，与有机物形成大的絮状体。焚烧污泥能显著减少污泥体积，减少污泥中恶臭易腐烂的有机物点，已成为国际主流的污泥处理处置工艺之一，由此产生的灰渣富集了大量的磷。研究表明，焚烧温度达到450℃时，有机磷完全转化为无机磷，继续升高温度到600～800℃，灰渣中的磷主要以磷酸盐的形式存在[10]。

综上所述，富磷污泥一般包括三大类：①铁盐或铝盐等化学药剂强化除磷的化学污泥；②生物除磷的活性污泥；③污泥灰渣。污泥中磷的赋存形态因污泥种类不同，而存在显著差异，影响污泥中磷释放及回收技术的选择。因此，识别污泥磷的形态分布是开发污泥磷回收技术的重要前提。

4.2.2 污泥中磷形态的分析方法

为了识别富磷污泥中磷的分布及赋存形态，研究者们采用很多检测方法对污泥中的磷进行定性和定量分析，主要可以分为两大类：原位分析和分步提取分析。原位分析包括拉曼光谱、固体核磁共振光谱和背散射扫描电镜法等。拉曼光谱[11]和固体核磁共振光谱[12]能直接对污泥中磷的分布进行分析，但是对测试仪器要求较高，灵敏度和分辨率较低。有研究利用背散射扫描电镜法结合能谱仪（SEM-EDS），在污泥细胞和胞外聚合物（EPS）中观察到磷的存在。背散射扫描电镜法结合能谱仪主要是用背散射检测器，根据原子序数越大在图像上越亮的原理来识别磷的分布。虽然它可以比较真实地反映污泥中磷的分布，识别胞内聚磷和 EPS 中磷的存在，但是，难以识别具体的磷形态，难以将磷进行定量分析。因此，大多数研究者采用分步提取的方法对污泥中的磷进行研究。

分步提取法是对污泥中的磷先提取，后测试的方法，也是不同步骤的分级连续提取法。欧盟委员会提出的标准测试测量法（SMT 法），目前，被广泛用于污泥中磷的形态分析[13-15]。SMT 法把污泥中的磷分为有机磷（OP）和无机磷（IP），其中，IP 可进一步分为磷灰石无机磷（AP）和非磷灰石无机磷（NAIP）。综合之前的研究，利用 SMT 法对不同来源活性污泥中磷的赋存形态进行分析，结果发现：IP 是活性污泥中磷存在的主要形态，占污泥总磷的 50%～80%，其中 2/3 为 NAIP，其余 1/3 为 AP。然而，SMT 法对污泥中磷形态分类粗糙，如活性污泥中聚磷无法被识别。冷高氯酸（PCA）—氢氧化钠（NaOH）提取法能有效地提取并识别聚磷，其中，PCA 提取液中的聚磷被认为参与厌氧降解、好氧合成及胞内聚磷，而 NaOH 提取的是与糖和蛋白质等大分子物质结合的聚磷（即 EPS 中的聚磷）。PCA-NaOH 提取法因操作简单、提取效率高，被广泛应用。然而，上述提取方法中磷的形态分析大多是基于钼酸盐分光光度法，只能根据正磷和总磷的含量间接分析，不能直接获得磷的具体存在形态。因此，磷的液相核磁共振法等先进仪器分析方法也被应用于磷形态的分析，可以更加细致地区分不同种类的有机磷（单脂磷、二脂磷和磷酸酯）和无机磷（正磷酸盐、焦磷和聚磷），但却无法得到具体的磷形态空间分布的信息[16]。有研究将污泥中的磷分为胞内磷和 EPS 中的磷两大部分，通过对比常用的 EPS 提取法（热提取、乙二胺四乙酸提取、超声波提取、甲醛—氢氧化钠提取和离子交换树脂提取），发现离子交换树脂法是有效提取污泥 EPS 中磷的方法。采用磷固体核磁共振光谱（^{31}P NMR），EPS 中的磷主要以正磷、焦磷和聚磷三种形态存在[17]。然而，污泥是微生物细胞、EPS、无机矿物等组成的高度异质化聚集体。污泥中磷的空间分布可能与污泥组成一致，除了胞内磷、EPS 中的磷，还可能存在于矿物质沉淀中。综上所述，通过目前的检测手段，对污泥中磷的赋存形态的认识仍然有限，因此，全面精准地识别磷的空间分布和相应的化学形态，是实现污泥中磷高效释放、回收的关键，是未来研究的重要方向之一。

4.2.3　污泥中磷的迁移转化机制

基于活性污泥的组成，污泥中的磷可分为胞内聚磷、EPS 中的磷及矿物质沉淀的磷三大部分。聚磷菌在厌氧条件下释放磷，在好氧条件下过度吸收磷，使磷主要以聚磷的形式存在于细胞内。相反，胞内聚磷的释放可以通过创造厌氧环境，使其被聚磷菌分解[18]。因此，活性污泥厌氧消化后，胞内聚磷被释放。当聚磷菌暴露于不利环境（如低 pH、细胞膜有破坏）时，需要消耗更多的能量以抵抗环境胁迫条件，从而加速聚磷分解释放更多的磷酸根[19]。此外，污泥在处理处置的过程中（酸、碱、热处理等）不可避免地会发生细胞破裂，溶胞后聚磷会泄漏到胞外，并且被 EPS 吸附。

^{31}P NMR 表明，EPS 中的磷主要是正磷、焦磷和聚磷三种形态[20]。正磷可能主要是 EPS 吸附的结果。作为包裹在细胞表面的一层可渗透的凝胶层，EPS 是微生物和外界之间进行物质交换的必经途径。EPS 具有巨大的比表面积和丰富的官能团（羟基、羧基、磺酸基等），有利于磷在 EPS 基质中被吸附。正磷可通过配体交换和内层的配合反应，被吸附在污泥上。因此，聚磷菌在厌氧阶段释放的聚磷和好氧阶段从水体中吸收的正磷，可能被 EPS 截留吸附。此外，污泥在处理处置的过程中不可避免地会发生细胞破裂，溶胞后聚磷和一些酶在内的胞内物质会进入到胞内环境，被 EPS 吸附。EPS 中存在一些酶，可以将进入到胞外的聚磷催化水解。因此，聚磷菌细胞破裂后泄漏的长链聚磷，会在 EPS 中酶的作用下水解成短链聚磷，甚至进一步水解成焦磷和正磷。EPS 中磷的释放与 EPS 的水解密切相关。碱溶、热水解等化学反应破解污泥，从而造成 EPS 絮体的水解，吸附在 EPS 基质中的正磷及焦磷等被释放至液相。在厌氧过程中，在微生物作用下，有机物的水解也在一定程度上促进了 EPS 中有机磷转化为无机磷，因此，厌氧消化后污泥中有机磷的比例明显下降。

SMT 法指出无机磷是活性污泥中磷的主要组成成分，其中，矿物质沉淀的磷是无机磷的主要形式。活性污泥中矿物质沉淀的磷主要以 AP 和 NAIP 的形式存在。不同种类的矿物质沉淀的磷溶解性不同，AP 适合在酸性条件下释放磷，研究表明，AP 在 pH 为 4 时开始溶解，而 NAIP 需要 pH 降低至 2 时才开始有明显的溶解，因此，NAIP 在碱性条件下更有利于磷的释放[15,21]。基于此，可以根据 AP 和 NAIP 提取方式的差异，定向转化污泥中磷的形态，从而实现污泥中磷的清洁提取，如投加氯化铁调节 pH 为 2.5，此时 NAIP 基本不溶，而 AP 大部分溶出，AP 溶出的磷结合铁重新再沉淀，结果污泥中的 AP 被成功转化为 NAIP，NAIP 在碱性条件下有效溶出，以鸟粪石沉淀的形式回收。

使用化学除磷的污泥，在已确定混凝剂的投加种类后，矿物质磷以 Fe-P/Al-P 的形式存在。使用铁盐强化除磷的污泥，因铁价态的多样性、污泥中铁化合物形态多样、pH 变化、氧化还原反应、硫化物沉淀发生的置换反应、金属的络合作用等，都可以实现 Fe-P 的溶解释放[22]，然而，具体的 Fe-P 形态会影响磷的释放效果。有研究表明，碱溶能有效溶解磷酸铁，但对铁盐除磷的三级污泥释放磷效果不佳[23]，这可能是因为污泥中的 Fe-P 主要以非磷酸铁的一种或几种形式存在，目前，对于具体的存在形态缺乏相关研究。使用铝盐强化除磷的污泥，调节 pH 是简单有效的释放磷手段。

焚烧过程中，污泥中磷的形态受焚烧温度的影响。研究表明：低温（400～600℃）焚烧后，污泥中的磷形态分布由主要是正磷酸盐、正磷酸盐单酯、正磷酸盐二酯和焦磷酸盐，变为以正磷酸盐和焦磷酸盐为主，其原因是：污泥中 $M_2(HPO_4)_x$ 或 $M(H_2PO_4)_x$ 起脱水作用[24]。当焚烧温度达到 450℃时，污泥中的有机磷可完全转化为无机磷[10]。随着温度继续升高，从 600℃升高到 800℃，灰渣中几乎没有焦磷酸盐的形成，因为大量的磷酸盐与某些金属离子（M_x）反应生成含磷矿物。此外，在 550～950℃，AP 比 NAIP 更稳定，当焚烧温度为 500～850℃时，NAIP 的含量略有降低，而在 950℃时，由于 NAIP 的挥发性，其含量显著降低[10]。因此，为避免磷的挥发，焚烧温度应低于 900℃[1]。灰渣中无机磷的种类取决于进料污泥的性质和无机絮凝剂或污泥脱水助剂。在强酸和强碱条件下，灰渣中的无机磷都能有效溶出，其中，较高含量的钙和铝，将显著降低磷在碱性条件下的提取效率。

4.3 污泥磷回收技术研究进展

4.3.1 污泥中磷的释放技术研究

基于目前对污泥中磷的空间分布及化学形态的认识，污泥中的磷先被释放至液相，再从液相回收，其释放效率取决于污泥中磷的赋存形态，与污泥种类密切相关，以下分别就生物污泥（活性污泥）、化学污泥及灰渣的释放磷技术分别论述。

1. 生物污泥中磷的释放

生物污泥中磷主要存在于细胞内、EPS 和矿物质沉淀中，因此，实现剩余活性污泥中磷释放的关键步骤是细胞内磷的释放、EPS 水解、矿物质沉淀磷的溶出及防止释放的磷与污泥中的金属再沉淀。目前针对剩余活性污泥的释放磷方法主要有物化法、生物法及物化—生物组合工艺三大类。

物化法主要是通过投加化学药剂（化学法）或者热处理（热处理法）破解污泥絮体和细胞，促进剩余污泥中磷的释放。其中酸、碱溶胞法能够同时实现细胞内的磷和金属结合态磷的释放。研究发现，当 pH≤4，细胞发生溶胞作用[25]，此外，金属结合态的磷也会发生溶解[1]。当 pH>11 时，细胞膜被破坏，细胞膜上或细胞内部的含磷物质被水解[26]，同时 $Al(OH)_3$ 和 $AlPO_4$ 的溶解提高了污泥中磷的释放[27]。氧化剂的添加能有效破坏细胞膜，提高磷的释放，并将有机磷转化为无机磷，其中 O_3 和 H_2O_2 是常用的氧化剂[28]。虽然化学法操作简单、快速高效，但对化学药剂的大量需求及后续污泥的处理处置问题限制了其大规模的工程应用。热处理法因其处理时间短、释磷效率高，成为污泥释放磷技术研究的热点之一[29]。它主要是通过超声波、微波、热水解等方式使污泥体系升温，破解污泥及细胞结构。超过 20kHz 的超声波或者超声波频率在 300MHz～300GHz，能破解污泥及微生物细胞，将磷从固态中释放出来[30,31]。热水解释放磷效果受热解温度和热解时间的影响，有研究发现，热水解温度为 45～65℃时，细胞膜破裂[32]。低温热水解温度为 50℃，处理时间为 1h 时，磷的释放量是生物释放磷的 3.7 倍[33]。然而当温度超过 160℃时，随着温度的升高和热解时间的延长，污泥中金属磷酸盐沉淀的形成阻碍了磷的释放回收。加热引起的高能耗是限制热处理技术应用的主要障碍。

生物法因其经济及环保性具有独特的优势。厌氧环境下，依靠聚磷菌等生物自身的厌氧释磷作用将磷从污泥中向溶液中转化是一种经济有效的磷回收技术[18]。基于污泥综合处理概念，厌氧消化技术因其能够在污泥的处理处置过程中实现磷回收而受到广泛关注。厌氧消化过程中磷的释放主要得益于聚磷菌厌氧，有机物的水解和硫化氢的产生导致 Fe-P 的释放[31]。然而，实际研究表明，污泥中的磷在厌氧消化过程中仅有少量释放。这可能是因为 EPS 对胞内释放磷的吸附作用，使部分释放的磷与污泥中的金属有再沉淀。

为了提高厌氧消化过程中磷的释放，热水解、蛋白酶水解、高压脉冲等预处理技术成为近年来研究的热点。有研究发现，热水解预处理使污泥上清液中磷的浓度提高一倍，但后续厌氧消化过程中，上清液中磷浓度几乎不再上升，反而有所下降[34]，与周思琪研究结果一致[31]。这可能是因为厌氧消化过程中上清液中的磷与重金属的再沉淀、产甲烷菌等微生物对磷的消耗等有关。考虑厌氧消化的水解酸化阶段挥发性有机酸的产生会降低体系的 pH，在厌氧产酸段回收磷既可以减少金属磷酸盐沉淀的形成，又可以防止后续产甲烷菌的影响，是实现污泥中磷回收的有效手段。结果表明，140℃热水解污泥在厌氧酸化第 3d 时达到峰值，上清液中磷的释放量达 77%[31]。与热水解预处理相比，蛋白酶水解和厌氧发酵组合工艺效果更优，鸟粪石的回收率达到67.98%[35]。Ma等[36]采用乙二胺四乙酸（EDTA）与高压脉冲放电预处理相结合的方法，通过厌氧发酵提高活性污泥中磷的释放，其中，高压脉冲与EDTA结合能有效破解污泥，防止金属磷酸盐沉淀的形成。

通过投加化学添加剂或改变操作条件增加金属磷酸盐沉淀的溶出也能有效提高活性污泥厌氧消化过程中磷释放效率。Zhang等[37]研究发现，在厌氧消化过程中投加EDTA，可以减少Ca-P和Mg-P沉淀，有效提高磷的释放，但是成本高和效率低等问题限制了EDTA的工程应用。在厌氧消化过程中保持污泥酸化，通过增加金属磷酸盐配合物的溶解能有效提高磷的释放。Latif等[38]考察了不同pH条件下厌氧消化的释磷效能后发现，与中性条件相比，pH小于5.6时磷的释放增加了3.6倍，达到80%，然而水解能力的减弱造成了甲烷产率下降。为了减少化学药剂的使用和对甲烷产率的影响，该课题组改进操作条件，采用加压反应器厌氧消化，通过保留液体中的弱酸二氧化碳来降低系统pH，结果表明，当压力为0.6MPa，pH为6.4时，磷的释放率为75%[39]。但后续的推广应用需要解决运行成本高和有机质转化率低的问题。

2. 富含Fe-P/Al-P的污泥中磷的释放

对于富含Fe-P/Al-P的化学污泥，聚合的絮凝体会产生“笼”效应，限制细菌和酶进入絮体内部，限制污泥的水解和磷的释放。因此，污泥破解、Fe-P/Al-P的溶出是化学污泥磷回收的关键[40]。研究发现，碱性发酵技术对促进污泥水解及磷释放回收表现出独特的优势。一方面，碱性条件有助于污泥絮体破解，促进厌氧细菌将有机磷转化为无机磷；另一方面，氢氧化物沉淀的形成进一步加速了磷的释放。研究表明，与直接厌氧发酵相比，铝盐、铁盐强化的一级污泥在pH为11时，磷的释放率分别提高了36.5%和69.4%[41,42]。此外，投加硫酸盐能有效增加厌氧发酵过程中Fe-P的溶出，对铁盐强化除磷的化学污泥，磷的释放率从33.2%（无投加）提高到56.2%[43]。然而，硫酸盐的投加在一定程度上降低了甲烷产量[44]。如何在污泥厌氧资源化过程中同步实现磷高效释放及高附加值回收，是未来技术改进的目标。

酸溶、碱溶作为简单有效的释放磷方法也被用于化学污泥中磷的溶出。研究发现[23]，酸溶更有利于铝盐强化污泥中磷的溶出，pH为2.0时，污泥中磷的释放率达95%；而碱性条件下，pH增加到13时，磷的溶出率仅为70%。对铁盐强化除磷的化学污泥，pH为1.5和13时，污泥中磷的溶出率分别为78%和40%。由此看来，铁盐除磷的化学污泥中的磷比铝盐除磷的化学污泥稳定性更高。厌氧消化后的铁盐除磷的化学污泥因絮体破解，部分三价铁还原为二价铁，降低了Fe-P的稳定性，当pH为3时，铁盐除磷的消化污泥中磷的溶出率可以达到76%。因此，铁盐除磷的化学污泥厌氧资源化后再进行酸溶回收磷是一种资源最大化的处理处置方式，一方面，厌氧消化过程中使污泥中的有机物资源化回收；另一方面，经过厌氧消化后，铁盐除磷的化学污泥中 Fe-P 在酸性条件下更易溶出（pH 为 3 的溶出率与厌氧消化前 pH 为 1.5 时的溶出率几乎相同），此外，酸溶后，污泥的脱水性增强，更易处置。

3. 污泥灰渣中磷的释放

湿法提取因效率高、操作简单、成本低的优点，是污泥灰渣中磷释放的主要手段。湿法提取是使用不同的提取试剂将灰渣中的磷溶出。这些提取试剂有：酸、碱和其他试剂。其中，酸溶和碱溶作为提取方法被广泛研究。

（1）酸溶

提取灰渣中的磷，经常使用酸试剂，金属—磷键被酸试剂破坏将磷释放，在强酸性条件下（pH 为 1～2）这种现象更加明显。酸试剂包括有机酸和无机酸，如 H_2SO_4、HNO_3、HCl、H_3PO_4、柠檬酸和草酸。使用 H_2SO_4 的萃取工艺成本较低，使用 H_3PO_4 的萃取工艺成本高。

在灰渣中，磷主要以 Ca-P、Al-P 和 Fe-P 的形式存在，这些金属—磷键中的一种或多种被酸溶解，从灰渣中释放磷，这些无机磷物种与酸之间的化学反应方程式如公式（4.3-1）～公式（4.3-5）[45] 所示：

$$Ca_9(Al)(PO_4)_7+21H^+ \rightarrow 9Ca^+ + Al^{3+} + 7H_3PO_4 \tag{4.3-1}$$

$$AlPO_4+3H^+ \rightarrow Al^{3+} + H_3PO_4 \tag{4.3-2}$$

$$Fe_3(PO_4)_2+6H^+ \rightarrow 3Fe^{2+} + 2H_3PO_4 \tag{4.3-3}$$

$$FePO_4+3H^+ \rightarrow Fe^{3+} + H_3PO_4 \tag{4.3-4}$$

$$Mg_3(PO_4)_2+6H^+ \rightarrow 3Mg^{2+} + 2H_3PO_4 \tag{4.3-5}$$

根据这些化学反应方程式计算，当 H^+ 与 P 的摩尔比为 3.0 时，可以从灰渣中完全提取 P，但是因为 CaO、MgO 等碱性物质的存在，会需要更多的酸（这主要取决于灰渣样品的特性）。然而，磷的提取效率不只受提取液中 H^+ 总量的影响，也受液固比的影响。Ottosen 等[46] 研究发现，当 H^+ 总量相同，液固比不同时（0.19mol/L 的 H_2SO_4、液固比 20mL/g 和 0.38mol/L 的 H_2SO_4、液固比 10mL/g），高液固比条件下磷的提取效率较高，这是因为高的液固比体系中 H^+ 的利用效率高，使得磷较易与灰渣分离。当采用 0.2mol/L 的 H_2SO_4 萃取灰渣中的磷时，液固比从 10mL/g 增加至 20mL/g，磷提取效率也有很大提高。而反应时间也是影响萃取过程的另一个重要参数。用硫酸提取灰渣的动力学研究表明，磷溶出的速率先是快速增加，最终达到稳定状态（约 2h）。在大多数情况下，H_2SO_4、HCl 等各种酸在 2h 内对磷的提取效率最高[47]。但也有研究表明，0.5h 就足以提取灰渣中的磷[48]。有研究表明，4h 对充分提取磷是必要的[49]。

由于灰渣特性的差异，磷提取条件也有所不同。虽然酸溶能有效提取灰渣中的磷，但也使灰渣中有大量金属溶出，阻碍对磷的清洁回收。因此，优化提取条件有利于获得金属干扰小的富磷溶液，实现磷的清洁提取，从而直接回收提取液中的磷，简化了工艺流程。

（2）碱溶

酸提取法不可避免地会导致重金属的共溶，磷的清洁回收需要以实现磷与金属的分离提纯为前提，这增加了工艺的复杂性，因此，许多学者也研究如何使用碱溶法从灰渣中提取磷。其基本原理是：灰渣中存在的两性磷酸铝化合物可溶于碱，碱性条件下使得 Al-P 沉淀溶出，而其他部分金属不溶于碱。碱的浓度、固液比和提取时间，会影响磷的提取效率。然而，并非所有的灰渣都适合碱性提取。灰渣中矿物质磷酸盐主要有磷酸铝钙石、羟基磷灰石、磷酸铝和磷酸铁。在碱性条件下，灰渣中只有非晶态的 Al-P 被提取，而许多 Al-P 是晶态的。此外，灰渣中磷的碱提取效率受钙含量的影响。灰渣中钙含量越低，碱提磷效率越高。当灰渣的磷钙摩尔比超过 1.0 时，灰渣的碱性可溶出磷占总磷的 30％以上。例如，日本岐阜污水处理厂直接用碱溶法提取污泥灰渣，磷的溶出效率达到 75％，这是因为污泥灰渣中有较高的磷钙摩尔比（2.0）。然而，在大多数情况下，用碱溶提取污泥灰渣中的磷，效率很低，这是由于污泥中磷酸钙含量高（来自高硬度的饮用水）。

（3）其他提取方法

除酸和碱外，其他试剂也被用来从灰渣中提取磷。有研究对比了两种络合剂：乙二胺四乙酸（EDTA）、乙二胺四亚甲基膦酸酯（EDTMP）对灰渣中磷的提取效率，结果表明，它们对磷的提取效率不高（小于 50％）。然而，在磷提取过程之前可以使用 EDTA，因为在酸性条件下用 EDTA 预处理灰渣，可以去除灰渣中大量的金属（类），而只溶出少量的磷。由此，有研究提出用两步法工艺实现磷的清洁提取[50]。两步法是一种有效减少金属干扰的手段，具体步骤为：第一步，用 EDTA 通过络合反应提取灰渣中的金属；第二步，将剩余金属含量少的残渣，用硫酸提取磷。两步法的关键是：在第一步中，利用 EDTA 溶出尽可能多的金属，溶出尽可能少的磷。结果表明，两步法能有效地减少酸溶液中的金属污染，减少量可以达到 5.16mmol/kg，然而，在第一步中，不可忽略磷的损失，磷的溶解量减少 2.34mmol/kg。

针对酸溶导致金属的共溶及碱溶时，Ca-P 的存在影响磷的提取效率的问题，联合使用酸和碱回收磷，引起了人们的极大关注[51]。主要步骤为：首先，使灰渣酸溶 pH 在 3.0～4.0，此时 Ca-P 溶解，溶出的 P 转化为 Al-P，而钙离子离心分离。在污泥残渣去除了钙离子的同时，富集了 Al-P，采用酸溶调节 pH 至 13，提取污泥残渣中的 Al-P。将溶出铝和磷的上清液离心分离，进行磷的清洁回收。Ca-P 是磷肥的有效成分，在富磷上清液中投加氯化钙，旨在将磷以 Ca-P 沉淀的形式回收当作磷肥，此外，可将 Al 沉淀回收当作混凝剂。此方法具有磷的提取效率高、重金属去除率高等优点，但该方法仅对富铝灰渣有效。

4.3.2　液相中磷的回收技术研究

通过上述研究发现，酸溶和以厌氧消化为核心的组合技术是目前常用的污泥磷释放手段，由此产生了两种主流的富磷上清液：酸提取液和厌氧消化沼液。从富磷上清液中，进一步对磷清洁、高效地回收，是实现污泥磷回收的重要保障。

1. 酸提取液中磷的回收

对所有种类的富磷污泥，酸溶都是简单有效的磷提取手段。然而，酸溶会导致污泥中金属的共溶，阻碍了对磷的清洁回收，因此，酸溶提取液需要将金属和磷分离、纯化后，才能进行磷的清洁回收。磷的清洁回收可以通过离子交换法、膜分离法和吸附法实现。

离子交换法是利用离子交换树脂的交换基团与溶液中的金属离子/磷酸根进行置换反应，可分为阳离子交换树脂法和阴离子交换树脂法。阳离子交换树脂法是将溶液中的金属离子吸附到树脂上，从而实现溶液中金属和磷的分离，得到清洁的富磷溶液。Donatello 等[52] 利用阳离子交换柱，有效地实现了磷和金属的分离，富集的磷以磷酸或鸟粪石沉淀的方式回收，但此法会造成部分磷的损失。阴离子交换树脂法是将溶液中的磷酸根富集到树脂上，再通过树脂的再生获得含磷的溶液。Bottini 等[53] 选取阴离子交换树脂吸附磷酸根，通过树脂再生获得含磷溶液，并用鸟粪石结晶法来回收溶液中的磷。

根据膜孔径大小，膜分离法包括微滤法、超滤法、纳滤法和反渗透法。纳滤法介于反渗透法和超滤法之间，通过筛分和静电作用在酸性条件下以磷酸盐形式回收磷。这是因为酸溶液 pH 小于 2，此时磷主要以 H_3PO_4 和少量 $H_2PO_4^-$ 存在；带正电荷的膜通过静电排斥作用截留重金属，但允许磷酸根通过，实现金属和磷的分离。Blocher 等[54] 结合了低压湿式氧化法，将污泥中的磷溶出，用纳滤法将磷和重金属分离，以此获得一个干净稀释的磷酸溶液，该溶液又可以用来制备干净的肥料。然而，膜污染是阻碍膜分离法推广使用的主要原因，改变过滤方式或者将膜材料改性，都是减缓膜污染的有效手段。通过改变过滤方式，在 pH 为 0.5、溶液透过率达 90%时，可以实现 83.7%的磷回收[55]。另外，通过膜材料改性，可以得到高通量、高重金属截留和高磷回收的纳滤膜[56]。但是，目前大部分研究仍在实验室进行，后续需要关注实际应用的可行性，并进一步开发经济有效的膜材料。

近年来，开发新型吸附剂从富磷的酸性溶液中选择性吸附磷酸盐，也得到广泛关注。这一吸附过程将纯化和沉淀/结晶步骤结合，将吸附后的含磷介质直接用作磷肥。劳敏慈团队指出：当前研究的热门金属（镧和锆）和具有潜力的金属（钛和铯）都可作为高效除磷吸附的材料[57]。其中，锆改性的磁性吸附剂磷表现出良好的吸附和解吸特性，在最适条件，吸附率达 100%，循环 5 次，吸附率和解吸率保持在 90%和 110%以上，且在酸性条件下，仅有 13%的损失量[58]。张作泰教授课题组发现采用氯化镁改性，在 700℃下热解制成的污泥生物炭对富磷的酸溶液有良好的吸附效能，富磷的生物炭可以作为理想的再生磷肥[59]。污泥生物炭吸附剂同时实现了污泥的资源化利用和磷的清洁回收，具有重要社会环境效益和广阔的市场应用前景。

分离提纯后的磷溶液可以以液体磷肥或固体磷肥的形式回收。液体肥料占化肥市场的 30%，常被发达国家使用。根据欧盟委员会法规（EC）No. 2003/2003[60]，液体肥料分为溶液肥料和悬浮肥料。溶液肥料中没有固体颗粒，而悬浮肥料中含有悬浮在肥料中的颗粒。液体磷肥具有较高的流动性，使磷在土壤中均匀分布，可以达到施肥的效果。液态磷肥中磷的高溶解度、高稳定性和高弥散性使其在石灰性土壤中固氮量高，而在碱性非石灰性土壤中固氮量不显著。湿法提取灰渣中磷的提取液可作为液体磷肥使用。然而，提纯后的酸溶液，调整 pH，添加额外的营养素，才能得到约 18%的 $N+P_2O_5$。液体肥料由污泥或灰渣的组成、化学/热磷提取过程和所使用的净化方法来确定。如果纯度足够高，液体磷提取液可以加工成 H_3PO_4，这是除磷肥之外最适合从富磷酸溶液中回收磷的产品。固体磷肥是一种应用广泛的肥料，生产中开发了多种肥料生产流程，回收鸟粪石的流程如图 4.3-1（a）所示，回收 Al-P、Fe-P 和 Ca-P 的流程如图 4.3-1（b）所示。对 Al-P、Fe-P 和 Ca-P 可实现选择性沉淀，当提取液 pH 保持在 3～4 时，Al-P 和 Fe-P 析出，而 Ca-P 在 pH 超过 4.0 时析出。因此通过控制 pH 和在磷提取液中添加 Al、Ca 或 Fe，可以实现目标磷沉淀（Al-P、Ca-P 和 Fe-P）的形成。

2. 厌氧消化沼液中磷的回收

因厌氧消化过程中磷的释放，沼液中含有丰富的磷资源。沼液的不合理利用和直接排放会造成严重的水体污染，导致水体富营养化。将沼液中的磷回收，不但可以有效地解决水体富营养化的问题，还可以实现磷资源的可持续利用。

结晶法除磷是利用磷酸铵镁（又称鸟粪石）和羟基磷酸钙（又称羟基磷灰石），向污水中投加相应的阳离子，将它们形成结晶沉淀，去除磷。当晶体生长到一定粒径时，与污水和污泥分离，被回收的结晶产物可作为缓释肥，在渗滤之前被植物有效吸收。而且，回收产物中重金属等杂质含量比普通化肥含量低很多。因此，结晶法除磷是一种可持续发展的技术。在目前污水除磷和磷回收的研究中，结晶法除磷得到越来越多的关注。除此之外，近年来在污水处理生物污泥中发现的蓝铁矿 $Fe_3(PO_4)_2 \cdot 8H_2O$ 沉淀物，因潜在的特殊用途以及经济价值而备受关注。

（1）鸟粪石结晶

鸟粪石结晶可以同步去除沼液中氮、磷两种元素。鸟粪石结晶法脱氮除磷技

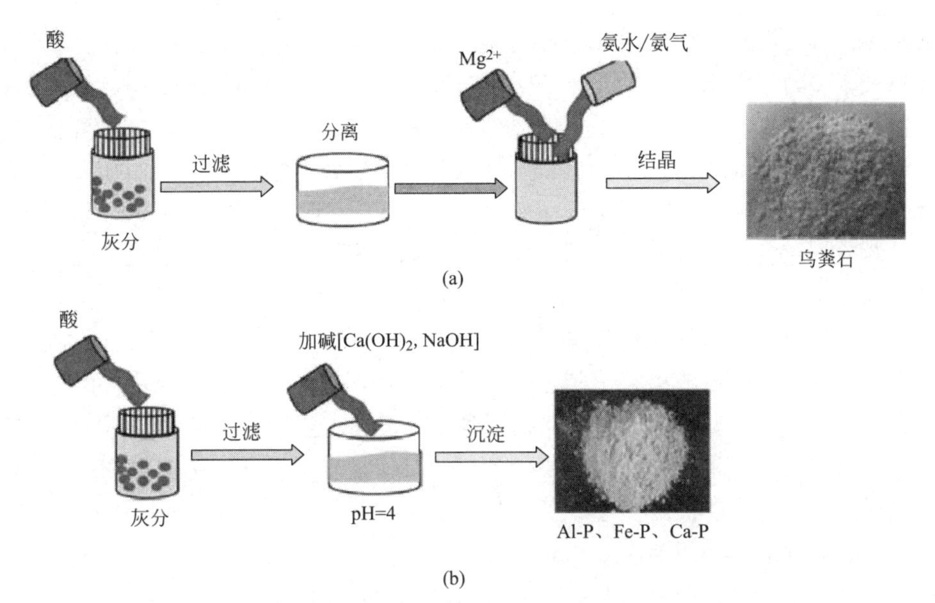

图 4.3-1　污泥酸溶后以固态肥的形式回收磷的两种途径[1]

(a) 回收鸟粪石的流程；(b) 回收 Al-P、Fe-P、Ca-P 的流程

术最早出现在 20 世纪 60 年代，最初用于处理污水处理厂设备与管道内壁的结垢，由于这种结垢会造成管道、阀门和水泵的堵塞，给污水处理厂的运行管理带来很大的影响。采用鸟粪石结晶法脱氮除磷的研究始于 20 世纪 70 年代，直到 20 世纪 90 年代，利用鸟粪石结晶法脱氮除磷的技术才得到重视，研究领域涉及对城市污水、工业废水及高浓度含氮或含磷废水的处理，对结晶反应的条件及影响因素都进行了深入研究。

鸟粪石结晶是一种难溶于水的白色晶体，呈正菱形，在中性和碱性条件下微溶，溶度积为 $5.49\times10^{-14}\sim3.9\times10^{-10}$。鸟粪石可直接或间接作为农业、林业肥料，也是一种优质的缓释肥，可以用于花卉种植和农业生产，甚至可以用来制备清洁剂和化妆品。作为一种新的氮磷废水处理工艺，鸟粪石结晶法在沼液等氮磷废水处理领域受到越来越多的重视。鸟粪石结晶法主要是在一定的条件下，通过向废水中投加镁源和磷源，调节体系中离子的摩尔比，使 Mg^{2+}、NH_4^+ 以及 PO_4^{3-} 形成 $MgNH_4PO_4\cdot6H_2O$，化学反应方程式为：

$$Mg^{2+}+NH_4^++H_nPO_4^{n-3}+6H_2O\longrightarrow MgNH_4PO_4\cdot6H_2O\downarrow+nH^+ \tag{4.3-6}$$

针对沼液高氨氮的特点，鸟粪石结晶法能实现将沼液中氮磷资源的同步回收，其最优运行参数被广泛研究。从化学反应方程式可以看出，pH 是影响结晶的关键因素。目前大部分的研究表明，在 pH 大于 7 环境下更利于发生鸟粪石结晶。若溶液中的 pH 较低，PO_4^{3-} 主要以酸式盐的形式存在，此时得到的主要产物为 Mg（H_2PO_4）$_2$；当溶液呈弱碱性，pH 适中时，则会生成鸟粪石沉淀；若溶液 pH 过高，则会产生更难溶于水的 $Mg_3(PO_4)_2$、Mg（OH）$_2$ 等。另外，在强碱性溶液中，会有较多的 NH_4^+ 转变为 NH_3。随着鸟粪石结晶反应的进行，会不断消耗溶液碱度，使 pH 降低。因此，需要在沉淀反应过程中不断加入碱性物质，如 NaOH、Mg（OH）$_2$ 等，使反应平衡右移，从而生成鸟粪石沉淀。

此外，化学药剂的投加量影响鸟粪石结晶回收氮磷的效果。根据鸟粪石结晶化学反应方程式（4.3-6）及平衡原理，镁盐、酸根、氮三种组分理论物质的量之比为 1∶1∶1，增加三种反应物中任何一种的量，有助于鸟粪石结晶的形成。在沼液中的氨氮含量较高，达到磷和镁含量的几十倍。考虑到工艺目标的差异及经济性，当以回收沼液磷为目标时，只需加入适量的镁盐，磷的回收率就能达到90％以上。当以同步回收沼液中氮磷为目标时，需要同时补充镁盐和磷盐，使之与氨氮的含量达到所需的理论比值。

在此基础上，基于经济性和高效性的目标，针对沼液中磷形态的转换、镁源的优化，以及 pH 调控方式的改变，鸟粪石结晶回收沼液中磷的技术被不断改进。根据化学反应方程式，鸟粪石结晶主要回收磷酸根，但是沼液中不仅有磷酸根，还有少量的有机磷，因此，将沼液中的磷全部转化为磷酸根，才能提高鸟粪石结晶回收磷的效率。选择镁源时，除了选择常用的镁化合物，也可以选择轻卤盐和海水作为镁源的补充。pH 是影响鸟粪石结晶回收磷的主要因素，考虑到沼液中碱度高的特点，通过二氧化碳脱气可以有效地提高沼液的 pH，此外，草木灰作为农业废物，也是很好的碱性调理剂。

（2）羟基磷灰石回收

由于废水中的 Mg^{2+} 浓度较低，需要额外添加镁盐帮助鸟粪石形成结晶，况且，鸟粪石结晶回收磷的经济性不高，反应条件苛刻，很难被直接应用，因此受到学术界质疑[61]。羟基磷灰石是肥料的有效成分，且 Ca-P 固体可以在不添加 Ca^{2+} 的情况下形成（因为水体中通常已经有足够的 Ca^{2+}）。因此，通过形成 Ca-P 沉淀回收磷，是一种较好的方法，已受到广泛的关注。

羟基磷灰石 Ca-P 沉淀是一个非常复杂的过程。一般来说，这个过程是由溶液中的化学物质控制的，包括钙和磷浓度及 pH。为了诱导 Ca-P 沉淀，溶液需要高度过饱和。造成过饱和的典型方法是：加入苛性钠来提高溶液的 pH。然而，由于有机酸和无机碳酸盐的存在，废水通常具有相当大的缓冲能力，因此需要大量添加碱，才能将溶液 pH 提高到一定水平，形成 Ca-P 沉淀。例如，据 Jaffer 等[62] 报道，添加 NaOH 占鸟粪石磷回收所需化学成本的 97％。此外，传统的化学沉淀法会产生大量的污泥，在回收前仍需将其进行处理。近年来，（生物）电化学处理被认为是处理有机污染水的新一代技术，并被认为是从富营养废水中去除养分和回收养分的有效策略。这种方法的原理是：在钛阴极表面通过电化学介导的水还原反应原位生成氢氧根离子，阴极的原位 pH 升高提供了一个局部环境，使得 Ca-P 高度过饱和[63]，在阴极表面附近发生均相和非均相的 Ca-P 沉淀反应。

（3）蓝铁矿回收

蓝铁矿广泛存在于自然界地表水体沉积物中，是一种非常稳定的磷铁化合物。蓝铁矿经济价值不菲，早年间曾作为生产欧洲油画的蓝色颜料，现在用途较为广泛。首先，它作为一种含磷化合物，与其他磷酸盐化合物一样可以作为磷肥的生产原料[22]。其次，较高纯度的蓝铁矿还能用于高能量密度储能材料——磷酸亚铁锂（$LiFePO_4$）的合成，是锂离子电池的主要合成原料之一[64]。此外，大颗粒、高纯度的蓝铁矿晶体还具有较高的收藏价值。在目前磷酸盐矿国际市场中，蓝铁矿的单位质量磷经济价值最高，其价格高达 51～96 欧元/kg，与鸟粪石（3.4 欧元/kg）价格形成鲜明对比[65]。

生成蓝铁矿所需 pH 环境条件较为宽泛，在 pH 为 6～9 时均可生成蓝铁矿[22]。沼液 pH 一般为 7～9，刚好可以满足蓝铁矿生成的条件。从回收磷酸盐应用生成条件看，与投加镁盐和钙盐相比，向沼液中投加铁的方式似乎更易现实，因为铁廉价、易得。以回收蓝铁矿为目标的磷酸盐生成方式可能比鸟粪石和 HAP 更为现实且成本低廉，从沼液中以蓝铁矿形式回收磷，有可能是一种经济有效的回收方式。

4.3.3　污泥中磷的原位回收技术研究

酸溶及以厌氧消化为核心的组合技术虽然能有效地提高污泥中磷的释放，但是，后续需要其他技术（金属分离提纯、鸟粪石回收等）协同实现磷的清洁回收，这就存在运行成本高、工艺流程复杂、磷回收不完全等问题。因此，在污泥处理处置过程中，实现磷的原位回收技术受到越来越多的关注。磷的原位回收是不经过固液分离，直接在固相回收磷，主要包括两种方式：①直接在污泥中形成矿物质磷沉淀后，进行固相分离回收；②降低污泥中的有害物质，直接利用污泥中的磷。

直接在污泥中形成矿物质磷沉淀后，进行固相分离回收，一般是通过向污泥中投加钙、镁、铝、铁等与污泥中的溶解性磷形成沉淀，达到将磷固定在污泥中的目的，防止污泥中的磷释放造成二次污染。Wilfert 等[66,67] 对不同种类的厌氧消化污泥进行磷形态分析发现：对于生物除磷的污泥，10%～30%的磷以蓝铁矿形式存在；对于铁盐除磷的污泥，40%～50%的磷以蓝铁矿的形式存在。因此，外源铁的添加，使污泥中的磷在厌氧消化过程中能有效形成蓝铁矿。在污泥消化系统中投加铁源，通过三价铁还原诱导的蓝铁石结晶实现磷酸盐的去除与回收，工艺简单，成本较低。同时，铁源的加入又可明显改善污泥消化效率和污泥脱水效果。在污泥厌氧消化中生成的蓝铁矿与污泥混合在一起，需要被进一步分离提取，目前，在实际工程中还没有蓝铁矿与污泥有效分离的工程技术。根据蓝铁矿理化特征，结合矿物分离提纯技术，归纳如下从污泥中分离蓝铁矿的可能途径：①根据污泥、水和矿物质组分密度不同，通过重力与超重力、浮选与反浮选进行分离；②利用蓝铁矿的顺磁性，通过磁选技术进行分离。

此外，通过降低污泥中的有害物质，使污泥中的磷被直接利用，是处理污泥灰渣的有效手段。Yang 等[68] 通过添加 $MgCl_2$ 和 $CaCl_2$ 改进污泥的焚烧过程，降低了污泥中铜和锌的含量，同时，提高了磷的可生化性，有利于磷在农业中的利用。另外，灰渣热处理技术也能有效降低重金属含量，如添加有机或无机的氯化剂，大部分的重金属以重金属氯化物蒸气形式蒸发[69]，最终，通过热处理降低金属含量的灰渣中的磷，可被直接回收利用。

4.4 污泥中磷回收的研究展望

污泥中磷的高效回收是解决磷资源匮乏的重要手段之一。此外，通过回收污泥处理处置过程中释放的磷，也避免了水体富营养化的风险。磷回收技术的开发与选择受污泥中磷形态的影响，与进水条件、污水处理工艺、后续污泥处理处置技术密切相关。因此，识别污泥中磷形态分布是实现污泥中磷高效回收的首要前提，然而，目前因检测手段等限制，还无法全面、精准识别污泥中磷的空间分布和相应的化学形态，后续研究应进一步探索污泥中磷形态的分析方法。

基于目前对污泥中磷形态的认知，将污泥中的磷先释放至液相，再从液相回收。在污泥厌氧资源化过程中，实现磷的释放及再回收，是经济、可持续的发展方向。作为国际上最常用的污泥处理方法，厌氧消化技术存在磷释放效率低的问题。目前，一些强化手段虽然在一定程度上提高了释磷效率，但对厌氧消化过程中磷的迁移转化等，缺乏全面的机理分析，无法识别限制磷释放的主要因素。此外，以厌氧消化为核心的改进技术，如投加硫酸盐、酸化污泥等，虽然在一定程度上提高了磷的释放，但是对产甲烷的抑制作用，限制了该技术的推广应用。因此，开发与污泥厌氧资源化相适应的磷回收技术，具有良好的工程应用价值。

焚烧污泥因能显著减少污泥体积和污泥中恶臭易腐烂的有机物等优点，已成为国际主流的污泥处理处置工艺之一，由此产生的灰渣是磷回收的重要来源。虽然酸溶能有效提取灰渣中的磷，但同时也使灰渣中大量金属溶出，阻碍磷的清洁回收。因此，优化提取条件，开发靶向清洁提取技术，获得金属干扰小的富磷提取液是实现污泥灰渣中磷高效回收的关键。

酸溶和以厌氧消化为核心的组合技术，虽然在一定程度上实现了磷的大量溶出，但是后续需要其他工艺协助实现磷回收。厌氧消化过程中外源铁的投加及改进的焚烧、灰渣热处理技术等原位回收技术，在一定程度上避免了污泥中磷先释放、再回收工艺存在的工艺流程复杂、运行成本高、回收效率低等问题。因此，在污泥的处理处置过程中实现磷的原位回收是未来磷回收技术新的发展方向。

参考文献

[1] FANG L，WANG Q M，LI J S，et al. Feasibility of wet-extraction of phosphorus from incinerated sewage sludge ash（ISSA）for phosphate fertilizer production：A critical review [J]. Critical Reviews in Environmental Science and Technology，2020，51（9）：939-971.

[2] SURVEY U G. Mineral Commodity Summary for Phosphate Rock [R]. 2011-2021.

[3] Food and Agriculture Organization of the United Nations. World fertilizer trends and outlook to 2018 [R]. 2015.

[4] SURVEY U G. Mineral commodity summaries [R]. 2021.

[5] JIN L Y，ZHANG G M，TIAN H F. Current state of sewage treatment in China [J]. Water Research，2014，66：85-98.

[6] 郝晓地．可持续污水—废物处理技术 [M]. 北京：中国建筑工业出版社，2006.

[7] 高廷耀，顾国维，周琪．水污染控制工程（第四版）[M]. 北京：高等教育出版社，2015.

[8] 张维，颜秀勤，张悦，等．我国城镇污水处理厂运行药耗分析 [J]. 中国给水排水，2017，33（4）：6.

[9] ZHU G C，ZHENG H L，ZHANG Z，et al. Characterization and coagulation-flocculation behavior of polymeric aluminum ferric sulfate（PAFS）[J]. Chemical Engineering Journal，2011，178：50-59.

[10] LI R D，ZHANG Z H，LI Y L，et al. Transformation of apatite phosphorus and non-apatite inorganic phosphorus during incineration of sewage sludge [J]. Chemosphere，2015，141：57-61.

[11] MAJED N，MATTHAUS C，DIEM M，et al. Evaluation of intracellular polyphosphate dynamics in enhanced biological phosphorus removal process using raman microscopy [J]. Environmental Science & Technology，2009，43（14）：5436-5442.

[12] MAJED N，CHERNENKO T，DIEM M，et al. Identification of functionally relevant populations in enhanced biological phosphorus removal processes based on intracellular polymers profiles and insights into the metabolic diversity and heterogeneity [J]. Environmental Science & Technology，2012，46（9）：5010-5017.

[13] XU Y F，HU H，LIU J Y，et al. pH dependent phosphorus release from waste activated sludge：contributions of phosphorus speciation [J]. Chemical Engineering Journal，2015，267：260-265.

[14] LIU J Q，DENG S Y，QIU B，et al. Comparison of pretreatment methods for phosphorus

release from waste activated sludge [J]. Chemical Engineering Journal，2019，368：754-763.

[15] LI S S，ZENG W，JIA Z Y，et al. Phosphorus species transformation and recovery without apatite in $FeCl_3$-assisted sewage sludge hydrothermal treatment [J]. Chemical Engineering Journal，2020，399.

[16] LI L，PANG H L，HE J G，et al. Characterization of phosphorus species distribution in waste activated sludge after anaerobic digestion and chemical precipitation with Fe^{3+} and Mg^{2+} [J]. Chemical Engineering Journal，2019，373：1279-1285.

[17] ZHANG H L，FANG W，WANG Y P，et al. Species of phosphorus in the extracellular polymeric substances of EBPR sludge [J]. Bioresource Technology，2013，142：714-718.

[18] 曾凡哲．破解方式对污泥释磷效果的比较研究 [D]. 哈尔滨：哈尔滨工业大学，2014.

[19] FENG C J，WELLES L，ZHANG X D，et al. Stress-induced assays for polyphosphate quantification by uncoupling acetic acid uptake and anaerobic phosphorus release [J]. Water Research，2020，169.

[20] 张海玲．强化生物除磷系统中磷去除新机制的研究 [D]. 合肥：中国科学技术大学，2013.

[21] 贺张伟．剩余污泥厌氧发酵产酸与磷释放的影响因素及机制研究 [D]. 哈尔滨：哈尔滨工业大学，2018.

[22] WILFERT P，KUMAR P S，KORVING L，et al. The relevance of phosphorus and iron chemistry to the recovery of phosphorus from wastewater：a review [J]. Environmetal Science & Technology，2015，49 (16)：9400-9414.

[23] MONEA M C，LöHR D K，MEYER C，et al. Comparing the leaching behavior of phosphorus，aluminum and iron from post-precipitated tertiary sludge and anaerobically digested sewage sludge aiming at phosphorus recovery [J]. Journal of Cleaner Production，2020，247.

[24] QIAN T T，JIANG H. Migration of phosphorus in sewage sludge during different thermal treatment processes [J]. ACS Sustainable Chemistry & Engineering，2014，2 (6)：1411-1419.

[25] 谢逸俊，林晓丰，林燕娟，等．酸碱对剩余活性污泥中氮磷类物质破解研究 [J]. 广东石油化工学院学报，2015，25 (1)：32-36.

[26] BI W，LI Y Y，HU Y Y. Recovery of phosphorus and nitrogen from alkaline hydrolysis supernatant of excess sludge by magnesium ammonium phosphate [J]. Bioresource Technology，2014，166：1-8.

[27] XU D C，ZHONG C Q，YIN K H，et al. Alkaline solubilization of excess mixed sludge and the recovery of released phosphorus as magnesium ammonium phosphate [J]. Bioresource Technology，2018，249 (5)：783-790.

[28] ZHANG J，TIAN Y，ZHANG J. Release of phosphorus from sewage sludge during ozo-

nation and removal by magnesium ammonium phosphate [J]. Environmental Science and Pollution Research, 2017, 24 (30): 23794-23802.

[29] 彭信子，刘志刚，周思琦，等．市政污泥中磷的释放研究进展综述 [J]. 净水技术，2017，36 (1)：27-32.

[30] 张宁宁．超声波破解污泥的研究应用 [D]. 西安：陕西师范大学，2007.

[31] 周思琪．高温热水解对含固污泥中磷的形态转化影响研究 [D]. 上海：同济大学，2019.

[32] HANER A, MASON C A, HAMER G. Death and lysis during aerobic thermophilic sludge treatment-characterization of recalcitrant products [J]. Water Research, 1994, 28 (4): 863-869.

[33] 薛涛，黄霞，郝王娟．剩余污泥热处理过程中磷、氮和有机碳的释放特性 [J]. 中国给水排水，2006，22 (23)：22-25.

[34] 刘佳琪．污泥预处理及厌氧消化系统中磷的释放、转化与回收 [D]. 北京：北京林业大学，2018.

[35] LIU X L, LI A J, MA L S, et al. A comparison on phosphorus release and struvite recovery from waste activated sludge by different treatment methods [J]. International Biodeterioration & Biodegradation, 2020, 148: 104878-104885.

[36] MA X, LIU J Y, HU P S, et al. Combining ethylene diamine tetraacetic acid and high voltage pulsed discharge pretreatment to enhance short-chain fatty acids and phosphorus release from waste activated sludge via anaerobic fermentation [J]. Journal of Cleaner Production, 2019, 240: 118252-118258.

[37] ZHANG T X, BOWERS K E, HARRISON J H, et al. Releasing phosphorus from calcium for struvite fertilizer production from anaerobically digested dairy effluent [J]. Water Environment Research, 2010, 82 (1): 34-42.

[38] LATIF M A, MEHTA C M, BATSTONE D J. Low pH anaerobic digestion of waste activated sludge for enhanced phosphorous release [J]. Water Research, 2015, 81: 288-293.

[39] LATIF M A, MEHTA C M, BATSTONE D J. Enhancing soluble phosphate concentration in sludge liquor by pressurised anaerobic digestion [J]. Water Research, 2018, 145: 660-666.

[40] LIN L, LI R H, YANG Z Y, et al. Effect of coagulant on acidogenic fermentation of sludge from enhanced primary sedimentation for resource recovery: comparison between $FeCl_3$ and PACl [J]. Chemical Engineering Journal, 2017, 325: 681-689.

[41] CHEN Y, LIN H, YAN W, et al. Alkaline fermentation promotes organics and phosphorus recovery from polyaluminum chloride-enhanced primary sedimentation sludge [J]. Bioresource Technology, 2019, 294: 122160-122165.

[42] CHEN Y, LIN H, SHEN N, et al. Phosphorus release and recovery from Fe-enhanced primary sedimentation sludge via alkaline fermentation [J]. Bioresource Technology,

2019，278：266-271.

［43］ YANG H，LIU J Y，HU P S，et al. Carbon source and phosphorus recovery from iron-enhanced primary sludge via anaerobic fermentation and sulfate reduction：performance and future application ［J］. Bioresource Technology，2019，294：122174-122182.

［44］ LIPPENS C，DE VRIEZE J. Exploiting the unwanted：Sulphate reduction enables phosphate recovery from energy-rich sludge during anaerobic digestion ［J］. Water Research，2019，163：114859-114868.

［45］ LEE C G，ALVAREZ P J J，KIM H G，et al. Phosphorous recovery from sewage sludge using calcium silicate hydrates ［J］. Chemosphere，2018，193：1087-1093.

［46］ OTTOSEN L M，KIRKELUND G M，JENSEN P E. Extracting phosphorous from incinerated sewage sludge ash rich in iron or aluminum ［J］. Chemosphere，2013，91（7）：963-969.

［47］ WANG Q，LI J，TANG P，et al. Sustainable reclamation of phosphorus from incinerated sewage sludge ash as value-added struvite by chemical extraction，purification and crystallization ［J］. Journal of Cleaner Production，2018，181：717-725.

［48］ KLEEMANN R，CHENOWETH J，CLIFT R，et al. Comparison of phosphorus recovery from incinerated sewage sludge ash（ISSA）and pyrolysed sewage sludge char（PSSC）［J］. Waste Management，2017，60：201-210.

［49］ BISWAS B K，INOUE K，HARADA H，et al. Leaching of phosphorus from incinerated sewage sludge ash by means of acid extraction followed by adsorption on orange waste gel ［J］. Journal of Environmental Sciences，2009，21（12）：1753-1760.

［50］ FANG L，LI J S，DONATELLO S，et al. Recovery of phosphorus from incinerated sewage sludge ash by combined two-step extraction and selective precipitation ［J］. Chemical Engineering Journal，2018，348：74-83.

［51］ PETZET S，PEPLINSKI B，CORNEL P. On wet chemical phosphorus recovery from sewage sludge ash by acidic or alkaline leaching and an optimized combination of both ［J］. Water Research，2012，46（12）：3769-3780.

［52］ DONATELLO S，TONG D，CHEESEMAN C R. Production of technical grade phosphoric acid from incinerator sewage sludge ash（ISSA）［J］. Waste Management，2010，30（8-9）：1634-1642.

［53］ BOTTINI A，RIZZO L. Phosphorus recovery from urban wastewater treatment plant sludge liquor by ion exchange ［J］. Separation Science and Technology，2012，47（4）：613-620.

［54］ BLOCHER C，NIEWERSCH C，MELIN T. Phosphorus recovery from sewage sludge with a hybrid process of low pressure wet oxidation and nanofiltration ［J］. Water Research，2012，46（6）：2009-2019.

［55］ SCHüTTE T，NIEWERSCH C，WINTGENS T，et al. Phosphorus recovery from sewage sludge by nanofiltration in diafiltration mode ［J］. Journal of Membrane Science，2015，

480：74-82.

[56] PALTRINIERI L，REMMEN K，MüLLER B，et al. Improved phosphoric acid recovery from sewage sludge ash using layer-by-layer modified membranes [J]. Journal of Membrane Science，2019，587：254-263.

[57] WU B L，WAN J，ZHANG Y Y，et al. Selective phosphate removal from water and wastewater using sorption：Process fundamentals and removal mechanisms [J]. Environmental Science & Technology，2020，54（1）：50-66.

[58] LIN X C，LAN L H，ALTAF R，et al. Simultaneous P release and recovery from fish farm sludge using a Zr-modified magnetic adsorbent treated by ultrasound [J]. Journal of Cleaner Production，2020，250：119529-119538.

[59] FANG L，YAN F，CHEN J J，et al. Novel recovered compound phosphate fertilizer produced from sewage sludge and its incinerated ash [J]. ACS Sustainable Chemistry & Engineering，2020，8（17）：6611-6621.

[60] European Parliament and European Council. Regulation（EC） No. 2003/2003 of the European Parliament and of the Council of 13 October 2003 relating to fertilizers [R]. 2003.

[61] HAO X D，WANG C C，VAN LOOSDRECHT M C M，et al. Looking beyond struvite for P-recovery [J]. Environmental Science & Technology，2013，47（10）：4965-4966.

[62] JAFFER Y，CLARK T A，PEARCE P，et al. Potential phosphorus recovery by struvite formation [J]. Water Research，2002，36（7）：1834-1842.

[63] LEI Y，SONG B N，VAN DER WEIJDEN R D，et al. Electrochemical induced calcium phosphate precipitation：importance of local pH [J]. Environmental Science & Technology，2017，51（19）：11156-11164.

[64] 杨艳飞．磷酸亚铁和磷酸亚铁锂制备工艺及其性能研究 [D]. 郑州：郑州大学，2012.

[65] 郝晓地，周健，王崇臣，等．污水磷回收新产物：蓝铁矿 [J]. 环境科学学报，2018，38（11）：4223-4234.

[66] WILFERT P，MANDALIDIS A，DUGULAN A I，et al. Vivianite as an important iron phosphate precipitate in sewage treatment plants [J]. Water Research，2016，104：449-460.

[67] WILFERT P，DUGULAN A I，GOUBITZ K，et al. Vivianite as the main phosphate mineral in digested sewage sludge and its role for phosphate recovery [J]. Water Research，2018，144：312-321.

[68] YANG F，CHEN J Y，YANG M，et al. Phosphorus recovery from sewage sludge via incineration with chlorine-based additives [J]. Waste Management，2019，95：644-651.

[69] LI R D，ZHAO W W，LI Y L，et al. Heavy metal removal and speciation transformation through the calcination treatment of phosphorus-enriched sewage sludge ash [J]. Journal of Hazardous Materials，2015，283：423-431.

第5章 污泥中重金属的无害化处理研究

5.1 概述

污水中的重金属主要来源于地表雨水径流，农业废水，工业（采矿、电池、核能、纺织染料、制革等）废水，生活污水等。在污水处理过程中，污水中约有50%～80%的重金属（如铜、锌、铅、铬、镍、镉、汞和砷）进入污泥[1]。大多数研究人员提出，重金属从污水向污泥的迁移是通过生物质吸附完成，而吸附过程可分为两个阶段[2,3]：第一阶段是独立于细胞代谢的被动吸附过程[2,4,5]，具体而言，对金属离子的吸附取决于污泥中细胞表面结构和化学官能团，并通过离子交换、络合和无机微沉淀反应实现吸附[2,3,5,6]，离子交换通常发生在多价金属离子与污泥表面的活性基团（如羧酸、醇、胺和酰胺）[7]。污泥中胞外聚合物(EPS）占60%～90%，而EPS可以与重金属形成稳定的络合物[8,9]。EPS通常由各种有机物组成（多糖、蛋白和脂质），它们具有大量且可以与重金属结合的官能团（羧酸、磷酸盐、硫酸盐、胺、酰胺）[10,11]。此外，污泥中一些重金属和无机盐（磷酸盐和硫酸盐）会形成沉淀物（硫化物、氧化物和磷酸盐）[12]。第二阶段是活细胞主动摄取过程，称为生物累积[2,4,5]，细胞代谢是该过程的驱动力。蛋白质载体将重金属从细胞表面转运到细胞内，重金属与细胞内化合物之间发生生化反应，从而形成生物累积[5,13]。比如，有人提出生长状态下的蜡状芽孢杆菌RC-1中重金属生物累积主要是通过主动转运和细胞代谢，其中，蛋白质起载体作用[14]；也有报道称细菌细胞内的部分铜（约为总量的22.6%）有助于细胞代谢[4]。然而，也有研究人员认为生物累积过程相对不重要，因为该过程主要依赖于细胞代谢，相比于第一阶段，该过程更复杂、更慢，而且，细胞内重金属的积累，可能对生长中的细胞具有毒性作用[14]。

污水中重金属通过吸附进入污泥，导致大量重金属被富集在污泥中。表5.1-1总结了我国城市污泥中重金属的含量[1,15]，锌、铜和铬含量较大，其次是镍和铅，镉、汞和砷的含量比较低。根据《城镇污水处理厂污染物排放标准》GB 18918—2002的规定，镉和汞的含量高于酸性土壤的限值，低于碱性土壤的限值，铬、铜、镍和锌的含量高于碱性土壤的限值[15]。

我国城市污泥中重金属的含量　　表 5.1-1

重金属	含量(以干重计,mg/kg)
铬	$28.6 \sim 3.58 \times 10^3$
锌	$2.38 \times 10^2 \sim 2.08 \times 10^3$
铅	$18.2 \sim 1.63 \times 10^2$
铜	$35.6 \sim 7.57 \times 10^2$
镉	0.27～10.5
砷	7.23～73.1
镍	$14.9 \sim 4.76 \times 10^2$
汞	0～13.5

污泥中的重金属会通过不同的污泥处置方式，对动植物以及人体产生危害。比如，进行污泥土地利用时，重金属会限制污泥中氮素矿化，改变磷在污泥中的赋存形态，抑制钾元素的可吸附性，降低污泥的肥力，不利于植物对营养物质的吸收。重金属在土壤中积累到一定浓度，会影响土壤中的酶活性（如过氧化氢酶、磷酸酶和脲酶），产生植物毒性，此外，从污泥和土壤中浸出的重金属会污染地下水和地表水，最终进入人体，威胁到人体健康。当焚烧污泥时，会产生底灰和飞灰[16,17]；底灰约占所有被焚烧残渣的80%，并富集了大部分的重金属[16,18,19]，而且，由于底灰中的部分重金属不稳定，可能会通过固液反应浸出到环境中[16,20]。在污泥生物处理过程中，低浓度的重金属可以通过增加反应速率刺激污泥中的生物系统；但重金属浓度进一步增加，会对生物系统产生抑制作用，在相对高的金属浓度下生物处理系统将失效[21]。污泥中重金属的赋存形态和迁移规律，对污泥处理处置过程有重要意义。

5.2　污泥中重金属物质的主要化学形态

污水中的重金属进入污泥后，其主要化学形态因金属元素的性质以及其进入污泥中的机制，而存在很大的差异。重金属的化学形态不仅会影响重金属的迁移效率和生物有效性，进而影响其对环境的危害性，还会对污泥中重金属的处理效率产生影响。

顺序化学提取法（SCE）被广泛应用于提取污泥中不同化学形态的重金属，但其提取步骤不统一，使得实验数据没有可比性。为了将不同的形态分类方式和操作方法相结合，并进行实验数据比较，欧共体标准物质局（BCR）于1987年对顺序提取方案中使用的方法进行了协调。根据BCR资料，重金属的主要化学形态分别为可交换态、碳酸盐结合态、铁锰氧化物结合态、硫化物/有机物结合态和残留态[22]。一般来说，前三种可认为是不稳定态，可迁移性较强，后两种可认为是稳定态，可迁移性较差。

表5.2-1是污泥中重金属的主要化学形态。从表5.2-1可以看出，铜与有机物结合能力较强，主要以稳定的硫化物/有机物结合态存在于污泥中，占比为40%～75%，残留态铜的含量次之。铬的形态分布与铜相似，主要是硫化物/有机物结合态和残留态。锌主要还是以不稳定态存在于污泥中，迁移性以及生物可利用性较强，也有研究报道称锌主要赋存形态为硫化物/有机物结合态（34.36%）和残留态（40%）。镍主要以不稳定态存在，其中，酸溶态/交换态占比可达50%以上，但在有些研究中，残留态是镍的主要赋存形态，占总含量的34%～69%。镉和铅主要以残留态存在。从表5.2-1中还可以看出，不同重金属的主要赋存形态有着明显差异，同一种金属在不同来源的污泥中主要赋存形态也有所不同，这可能是因为污水成分和污水处理生物阶段发生的过程有差异。不同类型污泥中同种金属的形态分布也有差异，这是因为污泥处理方式会影响重金属形态分布。

污泥中重金属的主要化学形态　　表5.2-1

金属	污泥来源及类型	化学形态	参考文献
铜	纺织污水处理厂的脱水污泥	主要是有机结合态(70%)	[24]
	消化污泥	主要是硫化物/有机结合态(74.19%)	[25]
	污水污泥	硫化物/有机结合态(67.02%)>残留态(19.4%)	[26]
	污水污泥	硫化物/有机结合态(47.47%)>碳酸盐结合态	[27]
	污水污泥	主要硫化物/有机结合态(48.17%)	[28]
铬	纺织污水处理厂的脱水污泥	有机结合态(40%)、残留态(40%)	[24]
	消化污泥	硫化物/有机结合态(46.48%)、残留态(41.28%)	[25]
	污水污泥	硫化物/有机结合态(45.88%)>残留态(36.85%)	[26]
	污水污泥	主要是硫化物/有机结合态+碳酸盐结合态(83.11%)	[27]
	污水污泥	残留态>硫化物/有机结合态(40.77%)	[28]
锌	纺织污水处理厂的脱水污泥	水溶态+可交换态+碳酸盐结合态(43%)>残留态(24%)>有机物结合态=铁锰氧化物结合态	[24]
	消化污泥	硫化物/有机结合态为主	[25]
	污水污泥	硫化物/有机结合态(34.36%)>残留态(31.24%)	[26]
	污水污泥	可交换态≈铁锰氧化物结合态>有机结合态	[27]
	污水污泥	碳酸盐结合态+铁锰氧化物结合态(48.63%)，可溶于酸的/可交换态(31.41%)	[28]

续表

金属	污泥来源及类型	化学形态	参考文献
镉	消化污泥	残留态(40%)	[25]
	污水污泥	残留态(47.81%)＞硫化物/有机结合态(20.21%)＞与铁锰氧化物结合态(18.56%)＞碳酸盐结合态(13.42%)	[27]
镍	消化污泥	残留态为主	[25]
	污水污泥	残留态(34.92%)、硫化物/有机结合态(32.53%)	[26]
	污水污泥	可溶于酸的/可交换态(55.25%)	[28]
	污水污泥	可交换态＞碳酸盐结合态＞有机结合态	[27]
铅	消化污泥	主要是残留态(69%)	[25]
	污水污泥	主要是残留态(88.89%)	[26]
	污水污泥	主要是残留态(93.29%)	[28]

此外，也有研究者分别对污泥中生物絮体、颗粒、胶体和水溶性组分的重金属的化学形态含量及其分布进行了研究[23]。铜、铅、锌、镉、汞和砷主要分布在生物絮体中（占总量66%～84%），其次是颗粒（14%～27%），在水溶性部分和胶体中的比例很小（分别为0.15%～13.4%和0.26%～4.02%）。不同金属元素在不同污泥组分中的化学形态分布也不同。大部分锌以有机结合态的形式存在于生物絮体中，污泥颗粒中主要是锌的残渣态，胶体和水溶性部分主要为不稳定态锌，占比高达94%。铜在胶体、水溶性部分、污泥颗粒组分中化学形态的分布与锌类似，但是，在生物絮体中的分布却有所区别，铜主要以有机结合态（45%）以及残留态（34%）的形式存在。镉在生物絮体组分中主要是有机结合态（58%）和可交换态（19%），在污泥颗粒组分中，镉的主要形态为可交换态，也含有一定比例的其他形态，在胶体和水溶性部分组分中，绝大多数的镉是可交换态和有机结合态。

5.3 重金属在污泥处理过程中的迁移转化

研究表明，在污泥处理过程中，重金属的形态会发生一定的改变，从而改变其迁移性和生物可利用性，对污泥最终出路产生一定的影响。

厌氧消化是目前常见的污泥稳定化处理技术，而重金属限制了厌氧消化沼渣的土地利用。研究表明[29]，厌氧消化没有改变铜、铅的主要化学形态，这两种重金属始终以硫化物/有机物结合态的形式存在于污泥中。铬的不稳定态含量在厌氧消化后发生下降，主要以相对稳定态（铁锰结合态、硫化物/有机物结合态）

和残留态为主。镍的各个形态在污泥中均有一定的比例，厌氧消化后，其不稳定态含量有所降低（初沉和剩余污泥除外），但沼渣中仍含有较大比例的不稳定态镍。锌的形态分布受污泥类型以及厌氧消化反应条件的影响较大，高含固污泥中锌的主要赋存形态为硫化物/有机物结合态，但在初沉和剩余污泥中，锌的不稳定态和铁锰结合态比例有所增加，而且厌氧消化后仍存在着部分不稳定态锌。在厌氧消化过程中，有机质含量是影响重金属形态分布的重要因素，这是因为污泥中的有机质可以与重金属形成重金属—有机化合物，而这种复杂化合物会影响污泥中重金属的形态分布。厌氧消化后，铜、铅、铬基本呈稳定态，存在于污泥中，但是锌和镍的不稳定态仍占有不可忽视的比例。重金属的形态分布受多种因素的影响，温度、pH 被认为是显著影响厌氧消化过程中重金属形态分布的反应条件[29]。有研究对比了污泥中温厌氧消化，以及高温厌氧消化过程中重金属的迁移变化，发现与中温厌氧消化相比，高温厌氧消化促使重金属（铜、锌和镍）更易于转化为硫化物/有机物结合态，这是因为有机质在高温下，会产生更多的低分子量有机质（如挥发性脂肪酸、氨基酸），从而产生更多的结合位点，有利于有机物结合态重金属的形成[30]。pH 会影响重金属分布，低 pH 可以促使重金属从污泥固相释放到液相，但会抑制厌氧产甲烷发酵，将 pH 控制在适合厌氧微生物生长条件，在厌氧消化过程中，有机物分解是影响重金属形态分布的主要机制[29]。此外，污泥预处理是提高污泥厌氧消化性能的常见手段，预处理在一定程度上改变了污泥基质的理化性质，不可避免地影响重金属形态分布，以及厌氧消化过程中重金属形态变化。这是因为预处理会破坏 EPS 结构，从而释放出部分重金属进入污泥液相，而预处理后的污泥继续被厌氧消化后，污泥中重金属形态又会重新分布。预处理使得污泥厌氧消化过程中小分子有机物含量，在一定程度上得到增加，促使重金属与有机质结合，而结合力弱的重金属则会被污泥颗粒吸附或者络合，形成其他形态[29,31]。综上所述，污泥中有机质含量对重金属的形态分布具有显著影响，而且可以发现，污泥厌氧消化可在一定程度提高重金属的稳定性，不过消化污泥中也会存在部分不稳定态的重金属。

在好氧发酵过程中，重金属形态分布会随着堆肥腐殖化的进程而变化。污泥原料以及堆肥时间等差异，也会影响污泥中重金属形态分布，总体而言，好氧发酵过程中大部分重金属的不稳定态含量降低，稳定态含量增加。比如，有研究表明，经过好氧堆肥处理，污泥中铜、锌和镍三种重金属的不稳定态（可交换态和碳酸盐结合）转化为稳定态（铁锰氧化物结合态、硫化物/有机物结合态、残留态）[32]。也有研究发现，在堆肥过程中，铅和铬的碳酸盐结合态和铁锰氧化物结合态含量不断降低，而残留态含量不断增加，成为该两种重金属在污泥中的主要赋存形态[33]。综上所述，污泥的好氧发酵（堆肥）促使污泥中重金属形态分布发生改变，在一定程度上，促使重金属由不稳定态向相对稳定态，甚至向更稳定的残留态转化，重金属稳定性得到提高，生物有效性降低，这种转化也称为重金属的“钝化”[34,35]。在好氧堆肥过程中，污泥中的有机物被好氧微生物腐殖化，从而导致重金属的“钝化”。具体而言，污泥中的有机质在堆肥过程中被好氧微生物降解，生成一些分子量相对较高的聚合物（如酶、类腐殖质物质等），以及小分子有机物（如氨基酸等）。这类物质具有羟基等官能团，可以与重金属发生相互作用，影响重金属在堆肥过程中的形态变化。目前，有很多研究通过添加调理剂与污泥实现共发酵，以此来增强重金属的“钝化”。物理调理剂具有较好的吸附能力，可以降低重金属迁移性；化学调理剂主要是通过络合或沉淀等作用降低重金属迁移性，比如，通过添加硫化钠和石灰，可增加重金属（铜、锌和镍）由可交换和碳酸盐结合态等不稳定态转化为稳定态的比例[32]，但是，添加调理剂会在一定程度上提高堆体最终含固率，不利于污泥减量化处理。

在污泥焚烧过程中，重金属的迁移变化主要有两个部分：一部分是重金属在燃烧过程中重新迁移至污泥底灰、飞灰以及烟气中；另一部分是重金属在燃烧过程中形态也发生了转化。图5.3-1是污泥焚烧过程中重金属的迁移转化[36]，具有挥发性的重金属在焚烧过程中，产生挥发，进入烟气中，随着烟气温度下降，挥发的金属化合物产生缩合和成核反应，形成了直径为0.1～1.0μm的颗粒，并吸附在飞灰表面。最终，重金属在底灰、飞灰以及烟气中重新分布。一般来说，砷、汞、锌、镉和铅等易挥发的重金属更多地分布在细飞灰颗粒中，而大多数不易挥发的重金属（如铬、镍和铜）从底灰或粗飞灰中被有效地捕获[36]。原污泥中的铜主要以硫化物和有机物结合态为主，焚烧后，可氧化态铜（硫化物和有机物结合态铜）比例降低，大部分转化为残留态铜，主要原因是焚烧过程中有机物发生分解，导致铜的可氧化态含量降低，一些可溶性铜离子（酸溶态）和元素铜（残留态）因此产生。不过随着焚烧停留时间的增加，酸溶态铜可能被逐渐氧化成CuO，并且，铜也可能会被困在灰分中，从而增加残留态铜的含量[37,38]。镍和铬的形态变化类似，在焚烧过程中，这两种重金属不稳定态的含量显著下降，在底灰中，均以残留态为主，这是因为镍和铬具有较低的挥发性，易被灰分捕获或与灰分中矿物成分发生反应[39,40]。锌和铬的不稳定态比例在焚烧后明显降低，底灰中残留态含量上升，成为主要赋存形态，这主要归因于锌和铬的高挥发性，不稳定态锌和铬易挥发，同时，部分可氧化态和残留态的锌和铬也会挥发[38-40]。铅在焚烧前后仍主要以残留态为主，不过由于铅具有较高的挥发性，以及残留态的重金属在热力学上被认为仍是可挥发的，但是挥发的部分最终仍会以固体氧化物 $Pb_2B_2O_4$ 或者单一金属铅存在，对残留态的比例影响不大[38,39]。研究表明，在焚烧过程中，重金属迁移转化与焚烧温度、时间、污泥中的成分（如含氯量、含硫量），含水率等有关[36,38,39]。比如，随着焚烧温度增加，一些重金属更利于向烟气中转移，同时，还可以降低重金属非残留态的比例，提高重金属残留态的含量，尤其对挥发性较强的重金属（砷、镉、铅和锌）的影响更加显著[41]。焚烧时间与重金属非残留态分布以及挥发率呈显著正相关，不过由于含有铅化合物的水发生冷凝，铅的可交换态含量不随反应时间的增加而变化[36,39]。污泥中含氯量增加，导致重金属气—固相变温度降低，促进重金属在焚烧过程中的挥发，尤其是砷、镉、铅以及锌[42,43]。污泥中含水率的增加（达到一定程度）对重金属挥发具有抑制作用，尤其是热稳定性较低的镉、铅和锌，因为在水分存在下，金属氯化物会转化为氧化物，使得重金属向稳定态转化[41]。

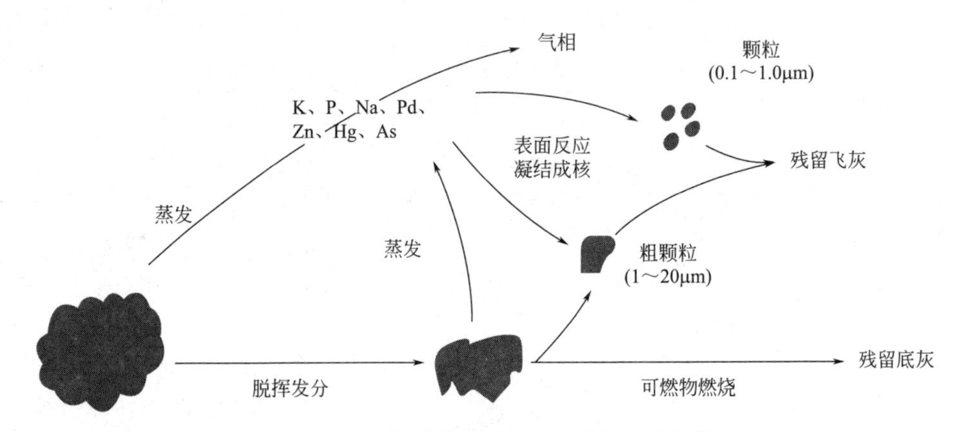

图 5.3-1　污泥焚烧过程中重金属的迁移转化

根据相关文献报道，部分偏酸性调理剂在提高污泥脱水性能的同时，还可以促使污泥中重金属溶出，使得污泥泥饼中重金属含量降低。重金属溶出效果受所使用调理剂和重金属自身性质的影响。比如，研究表明，污泥经过热和CaO的调理后，锌和锰的溶出率分别为55.4%、63.4%，泥饼中镉的浓度从14.7mg/kg干污泥降至1.9mg/kg干污泥[44]。此外，也有污泥经过Fe^{2+}/过硫酸盐氧化调理后，破坏了EPS结构，促使污泥中重金属发生迁移转化，污泥泥饼中的铜和铬含量明显降低，分别从97.8mg/kg干污泥、76.9mg/kg干污泥降至33.2mg/kg干污泥、52.8mg/kg干污泥，而且5种重金属（铜、铬、锌、铅和镉）均以残留态存在污泥泥饼中，提高了重金属的稳定性，不过，部分重金属的不稳定态仍占有一定比例[45]。相反，也有研究发现，经调理的污泥脱水后，大部分重金属仍保留在污泥泥饼中，尤其是铜和铬[46]。总体来说，大部分稳定态重金属保留在污泥泥饼中，不稳定态的含量相对较低（但也占有一定比例），在一定程度上，可以降低污泥泥饼的环境毒性。

综上所述，重金属迁移转化受不同污泥处理方式的影响，但总体上都可以将部分不稳定态重金属转化为稳定态重金属，降低重金属迁移性以及生物有效性。因为不可避免地仍会残留一些不稳定态重金属，所以，为了降低污泥在处理处置过程中产生的环境风险，对污泥中重金属环境风险的控制是有必要的。

5.4　污泥中重金属无害化处理的研究进展

污泥中常见的重金属处理方式主要分为两种：一种是重金属的去除，即通过生物物理化学手段从污泥中去除重金属，降低重金属的二次污染风险。另一种是重金属固化/稳定化，即改变重金属的化学形态，通过物理化学手段，将不稳定态的重金属更多地转化为稳定态重金属，从而降低重金属以及污泥的环境毒性。

5.4.1　污泥中重金属的去除研究

为降低污泥处理处置过程重金属的环境风险，已对污泥重金属的去除开展了大量研究，主要关注的去除方法有：电动技术、化学提取法、离子交换法、生物淋滤法、植物修复法。

1. 电动技术

电动技术已广泛用于去除低渗透性土壤中的有毒金属和有机污染物，它是具潜力的，去除污泥重金属极的技术[47-49]。将电极阵列插入污泥，施加低压直流电，这时，污泥中的水或添加的电解质溶液作为导电介质[48-50]。在阴极处，分子氧、氢离子、氯和金属离子被还原，同时，阳极处发生了氧化反应[51]。这些反应通过耦合传导现象（电泳、电渗透和电迁移等）促使物质迁移[47,52]。在图 5.4-1 所示的电动技术反应器中[11]，反应区被隔板分成三个区。在阳极，水解过程中产生 H^+，H^+ 通过电场向阴极移动，与样品区的金属离子发生离子交换，被解析的金属离子向阴极迁移[53,54]，重金属离子迁移至电极后，可通过电沉积、沉淀或离子交换实现去除或回收。不过在传统电动法应用过程中，导电介质水在阴阳极发生电解，分别产生 OH^- 和 H^+，从而使得阳极到阴极区 pH 逐渐增加，阴极区富集的 OH^- 会与金属离子结合，生成移动性较差且不利于重金属去除的金属氢氧化物。为提高电动法去除重金属的效率，降低反应体系的 pH，将电动技术与生物淋滤法/螯合剂相结合是常见的手段。较低的 pH 可以溶解稳定态重金属，使其转化为可交换金属，对污泥中重金属进行解毒，从而提高重金属的去除率。生物淋滤法和电动技术进行联用时，生物淋滤可以激活重金属，促使污泥中不可溶态的重金属转化为可溶性形态；然后，再施加电场，将重金属离子定向转移至阴极区，在阴极区将其回收或处置[55]。比如，有研究对污泥采取“4d 生物淋滤＋6d 电动法”的处理方式，该方法促使污泥中锌和铜的浓度从 3756.2mg/kg 和 296.4mg/kg 分别降低至 33.3mg/kg 和 63.4mg/kg[55]。螯合剂和电动技术结合时，应用过程中产生的重金属螯合物，在实质上改变了重金属形态，使得重金属的形态从稳定态变为可交换态[56]。总体来看，电动技术可以获得较高的重金属去除效率，前提是需要投加合适的辅助添加剂或将其他去除方法与电动技术结合使用（这在一定程度上会增加成本）。

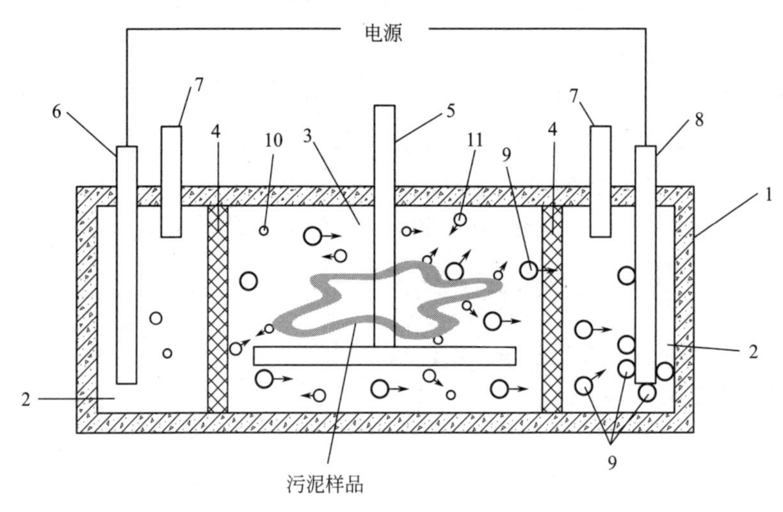

图 5.4-1　电动技术反应器示意图

1—反应器区；2—电动修复区；3—样品区；4—隔板；5—曝气区；6—阳极；7—出口；8—阴极；9—金属离子；10—H^+；11—OH^-

2. 化学提取法

化学提取剂可以提高污泥的氧化还原电位，或者降低污泥体系 pH，从而使得污泥中重金属转变为可溶态，并与化学试剂发生沉淀、络合等反应，再利用离子交换树脂或者膜分离装置，实现重金属的去除或者回收。常见的化学提取剂有：无机酸、有机酸、螯合剂、芬顿试剂等。

与无机酸和螯合剂相比，有机酸在去除重金属方面被认为是更具有潜力的，因为，在弱酸性条件下（pH 为 3～4），可用有机酸提取重金属，并且，有机酸可被生物降解。螯合剂可以与重金属结合形成金属—螯合剂络合物，破坏污泥中配体与重金属之间的络合作用，从而实现污泥中重金属的提取回收。芬顿试剂（Fe^{2+}/H_2O_2）可以使污泥中重金属溶解，溶解度通常大于 70%[57,58]。一方面，芬顿试剂可以破坏污泥絮凝物和 EPS 的结构，从而增加污泥溶解度；另一方面，芬顿试剂在酸性条件下产生自由基，促使污泥 pH 大幅度下降，提高重金属迁移率[57,58]。

总体来说，化学试剂提取法虽然可以有效地去除或回收重金属，但工艺的实际应用具有局限性，因为该方法需要投加大量的化学试剂，产生较高的运行成本。此外，本方法在操作过程中会产生有毒气体和固体残留物，容易引起二次污染。因此，必须开发节能高效的绿色技术，以去除固体废物中的重金属。

3. **离子交换法**

使用离子交换树脂去除重金属被认为是从溶液或固体中回收重金属的有效方法[59]。最常见的阳离子交换剂是带有磺酸基团的强酸性树脂和带有羧酸基团的弱酸性树脂[60]。树脂的磺酸基或羧基中的氢离子，可以与金属阳离子发生离子交换。有研究将酸处理与离子交换树脂相结合，使用半透膜将酸液与树脂分离为两相[59]。在这种方法中，酸将污泥中的重金属浸出至溶液中，然后，这些游离的重金属离子与 H^+ 发生离子交换，被捕获在树脂上，被置换出的游离 H^+，有助于从污泥颗粒中浸出更多的重金属。也有研究是直接将阳离子交换树脂与废弃活化污泥混合，快速去除污泥液相中的阳离子（如 Cu^{2+}、Zn^{2+}、Cr^{6+}）[61]。因此，推测污泥中残留金属阳离子没有被去除的主要原因是：它们以不可交换的形态存在于污泥中。

离子交换树脂因可再生和循环利用具有一定的优势，而且污泥中不会残留任何刺激性的化学物质。然而，目前的方法是将阳离子交换树脂与酸处理一起使用，这增加了运行成本。将离子交换树脂应用于去除污泥中重金属的研究比较少，大部分学者仍旧利用离子交换树脂提取污泥中的 EPS。

4. **生物淋滤法**

直接通过微生物代谢或间接通过微生物代谢产物，从固体颗粒中溶解金属，利用微生物代替化学物质溶解污泥中金属氧化物和金属硫化物，该过程有时被称为生物增溶作用。该方法操作简单，且化学试剂消耗量少[62]。酸性硫杆菌在去除污泥中重金属过程中具有重要作用，氧化亚铁硫杆菌（*At. ferrooxidans*）和氧化硫硫杆菌（*At. thiooxidans*）是目前相关研究中常用的两种生物淋滤菌种[63,64]，这些物种在酸性 pH（1.0～3.0）条件下生长，而这个条件有利于重金属的溶出。

在基于硫的生物淋滤过程中，金属硫化物的增溶可以通过直接和间接机制实现[64]。在直接生物淋滤过程中，难溶性金属硫化物被氧化硫硫杆菌直接氧化转化为可溶性金属硫酸盐，见公式（5.4-1），M 为重金属。通常可以以这种方式溶解污泥中的金属硫化物（如硫化锌、硫化铜）。在间接细菌淋滤过程中，添加还原性硫化物或元素硫作为外部能量来源。这些物质被氧化硫硫杆菌氧化为硫酸，从而导致污泥 pH 降低，见公式（5.4-2），使得污泥中金属被溶出，见公式（5.4-3）。在铁基生物淋滤过程中，污泥中重金属的溶解主要有两种反应机制[63,64]。在直接淋滤过程中，金属硫化物被氧化亚铁硫杆菌直接氧化为可溶性金属硫酸盐，见公式（5.4-4）。间接淋滤过程主要有四个步骤：首先，液相中 Fe^{2+} 被氧化亚铁硫杆菌氧化成 Fe^{3+}，见公式（5.4-5）。然后，Fe^{3+} 作为电子受体，将金属硫化物氧化为金属硫酸盐，见公式（5.4-6），同时，在这个步骤中产生了硫酸，而硫酸也可以将金属硫化物氧化为金属硫酸盐，见公式（5.4-7）。最后，生成的元素硫，见公式（5.4-7），被氧化亚铁硫杆菌氧化为硫酸，见公式（5.4-8）。因此，这些反应可以形成一个循环，进一步提高重金属的去除率。

$$MS+2O_2 \xrightarrow{At.\ thiooxidans} MSO_4 \quad (5.4\text{-}1)$$

$$S^0+H_2O+1.5O_2 \xrightarrow{At.\ thiooxidans} H_2SO_4 \quad (5.4\text{-}2)$$

$$H_2SO_4+\text{Sludge-M} \longrightarrow 2H^+ +M^{2+} +SO_4^{2-} \quad (5.4\text{-}3)$$

$$MS+2O_2 \xrightarrow{At.\ ferrooxidans} MSO_4 \quad (5.4\text{-}4)$$

$$4FeSO_4+O_2+2H_2SO_4 \xrightarrow{At.\ ferrooxidans} 2Fe_2(SO_4)_3+2H_2O \quad (5.4\text{-}5)$$

$$4Fe_2(SO_4)_3+2MS+2H_2O+2O_2 \longrightarrow 2MSO_4+8FeSO_4+4H_2SO_4 \quad (5.4\text{-}6)$$

$$2MS+O_2+2H_2SO_4 \longrightarrow 2MSO_4+2S+2H_2O \quad (5.4\text{-}7)$$

$$2S+2O_2+2H_2O \xrightarrow{At.\ ferrooxidans} 2H_2SO_4 \quad (5.4\text{-}8)$$

目前，序批式生物淋滤过程需要较长时间（最多 16d），因为 pH 必须达到溶出重金属所需的条件。文献中描述了三种解决该问题的方法：①使用连续的生物淋滤工艺缩短生物浸出时间。②将芬顿类反应与生物淋滤联用。芬顿类反应可以减少生物淋滤时间，而生物淋滤创造了酸性条件，可催化芬顿类反应的发生。有研究报道称“生物淋滤＋类芬顿”联用工艺可将淋滤时间从 18d 缩短到 6d[65]。③将酸性硫杆菌属细菌和产生生物表面活性剂的微生物共同接种培养，从而减少生物淋滤时间，因为生物表面活性剂可以消耗抑制酸性硫杆菌属生长的有机酸，改善重金属溶解性[66,67]。有研究发现共同接种将生物淋滤时间缩短了 4.5d，并且获得了较高的铜和锌去除率（分别为 82％和 92％），而单一系统的铜和锌去除率分别为 64％和 84％[68]。以上这三种方法可以将淋滤时间减少至 10d，并且重金属的去除率也得到提高。

相比于化学提取法，生物淋滤法作为一种低成本、环保的工艺，已受到更多关注，因为，该方法利用的是微生物而不是利用化学试剂，这大大降低了工艺成本。然而，生物淋滤也存在着一些不足，比如，微生物对温度和 pH 非常敏感，而相对较长的淋滤时间也限制了生物淋滤法的工业应用。

5. 植物修复法

植物修复法主要是利用超富集植物吸收一种或多种重金属，然后将重金属转移至植物茎叶等可切割的部位，再将切割后的茎叶统一处理[69]。具体修复机制主要有：植物吸收、运输、体内储存，植物的根际行为[70]。对于植物吸收来说，非超富集植物主要吸收离子态的重金属，而超富集植物对重金属的吸收强于非超富集植物。重金属在植物中的运输与氨基酸具有较强的相关性。植物体内可以累积大量重金属，这是因为植物在进化过程中自身形成了解毒机制，比如植物可以与重金属形成沉淀物（磷酸镉沉淀），或者通过螯合作用解毒（如组氨酸、草酸等小分子物质与重金属形成螯合物)。植物的根际行为主要会影响处理基质中重金属的化学形态，比如，根际较低的pH会活化重金属，增强其迁移能力；根际微生物活性提高，可以促进植物生长，相应地提高了植物修复效率。

植物修复法虽然经济，具有生态友好性，但是该法处理重金属数量有限，而且，植物生长较为缓慢，不利于处理大量的污泥。

5.4.2 污泥中重金属的固化/稳定化研究

除了去除污泥中的重金属，研究者对重金属的稳定也开展了广泛的研究，采用添加稳定剂及热处理方法是目前实现污泥重金属固化稳定化的主要研究热点。

1. 热处理

热解法以及水热法是当前具有优势，且可实现重金属固化/稳定化的一种方法，污泥中重金属可被富集至生物炭/水热炭中，并且具有高稳定性，从而降低环境风险[36,71]。

在热解过程中，很少有重金属流入气相合成气和液相焦油，几乎完全保留在固相生物炭中，而且，在这一过程中，重金属转化为更稳定的形态[72]。一方面，由于几乎所有的金属氧化物和矿物质被作为灰分保留在生物炭中，且这些物质呈碱性，导致了生物炭的pH增加，产生碱度，在碱性环境下，重金属离子转化为溶解度极低，且更稳定的沉淀形态。另一方面，高温热解过程中形成玻璃化，将重金属嵌入固体溶液中[72,73]。有研究表明，在污泥热解过程中，重金属从不稳定态转变为稳定态，热解后生物炭中大部分重金属主要以硫化物/有机物结合态和残留态为主[74,75]。但是镉、砷以及汞在热解过程中的变化和其他重金属不同，氧化镉在350～750℃的热解过程中，会与碳基化合物反应，最终生成气态镉[36]；砷主要在较低温度（＜500℃），且有机成分仍存在的情况下开始挥发[76]；汞则是因为容易被气化。此外，当热解温度高于850℃时，氧化铅也会与碳基化合物反应，形成挥发性铅化合物[76]。加入添加剂与污泥进行共热解是用于增强污泥中重金属固定的有效方法。比如，有研究将竹屑与污泥进行共热解，结果表明，与单一污泥热解相比，共热解增加了铜和锌的残留态含量，降低了镍、锰和铬的可交换态和碳酸盐结合态含量，促进了重金属向稳定态的转化[77]；也有研究将污泥与飞灰（来自城市生活垃圾焚烧）共热解，发现共热解产生的生物炭可增强重金属固化/稳定化，这是由于重金属固定在碳结构内，并形成稳定的金属晶体化合物，以及生物炭具有较高碱性[78]。

污泥水热处理通常在相对较低的温度（＜550℃）下进行，因此，转移到气相产物中的重金属很少[36,79]。经过水热处理后，污泥中大部分重金属被浓缩到水热炭中，并且，水热炭中大部分重金属被固化，但也有部分重金属会迁移到液相产品——生物油中，这具有一定风险性[79]。为了使更多的重金属在水热炭中浓缩和固定，研究人员采取优化水热处理工艺参数的方式，如温度的调控、添加催化剂或者其他生物质等。有研究发现生物炭中锌、镉、铅、铬、镍和铜的不稳定态（可交换态+碳酸盐结合态）的比例均随着水热碳化温度的升高而降低（170～280℃），而且除镉以外，所有重金属的残留态含量均增加，而镉主要是有机结合态含量增加[80]。催化剂在污泥水热液化中很重要，一些催化剂不仅提高生物油的产量，也可以改变重金属化学形态，增加其固化/稳定化。比如，有研究报道称，氢氧化钠的加入可以增强生物炭中重金属的固定化，与非催化处理相比，当采用氢氧化钠作为催化剂时，锌的酸溶/可交换态和碳酸盐结合态含量降低，锌、铜和镉的可浸出浓度也降低[81]。也有研究人员将稻草这类生物质加入污泥中进行水热处理，重金属可以被生物质进一步包裹或者与一些官能团螯合，然后固定在稳定的生物质——污泥基质中，从而增强重金属的固定性[79]。

热处理法虽然对污泥中重金属的固化/稳定化效果较好，但是需要一定的能耗成本。此外，热解法在操作前需要对污泥进行干化处理，而且在运行过程中，需要惰性环境，水热法需要的压力条件较高，不利于处理大量污泥。

2. 添加稳定剂

稳定剂包括：碱性物质、硫化物、磷酸盐类、有机物质等[82]。碱性物质一方面可以提高污泥 pH，增加体系电荷量，增强对重金属的吸附性能；另一方面，由于羟基离子的增加，有利于形成金属氢氧化物沉淀，降低重金属的可迁移性，比如，污泥中投加氧化钙和过氧化钙，可促使镍和锌的稳定态含量显著增加[83]。硫化物不仅具有碱性物质的特征，还可以产生硫离子，与大多数重金属发生反应生成沉淀物，比如可与锌、铜分别生成硫化锌、硫化铜[82]。磷酸盐类可通过吸附、沉淀，或者形成矿物等方式，降低污泥中重金属的不稳定态含量，实现重金属固化/稳定化；在几种磷酸盐类物质中，磷灰石对重金属的固化/稳定化效果较好，它可以与多种二价重金属（如铜、锌、铅）反应生成难溶物，降低重金属的可迁移性。腐殖质这类有机质具有大量羟基官能团，可以吸附固定重金属离子，改变重金属的化学形态[84]。胡敏酸是腐殖质中的主要组分，有研究表明，随着污泥中胡敏酸含量增加，铬、锌、铅、铜以及镍的硫化物/有机物结合态含量增加，铅的残留态含量也随之增加[85]。此外，复合型化学稳定剂也越来越受到关注，它不仅具有单一稳定剂的功能，也可以实现两种或多种稳定剂的协同作用，进一步提高重金属的固化/稳定化效果，比如，常见的水铁矿和磷灰石复合稳定剂，水铁矿具有比表面积大、吸附性能强的优势，与磷灰石复合，提高磷灰石对污泥中重金属的固化/稳定化[82]。研究表明，该复合稳定剂可提高污泥中铅、锌、铜及镉残留态含量[86]。

总体来说，添加稳定剂处理法是一种易操作、见效快的方法，但也要根据污泥中重金属的种类、化学形态等因素，选择合适的固化/稳定剂，同时还要考虑成本。

5.5　污泥中重金属无害化处理的研究展望

尽管目前对污泥中重金属的量有了一定的认识，但是在重金属化学形态的分布方面仍不够清晰。研究表明，污泥中重金属的毒性不仅与重金属总量有关，更与化学形态的分布有关，但污泥中重金属的形态因重金属自身性质、污泥来源和所采用的污泥处理方式而异，这就导致不同研究中重金属化学形态的差异性较大，没有系统性的分类标准。应该进一步系统性地探讨重金属在污泥自身结构中化学形态分布，因为污泥自身结构构成不会因其来源以及处理方式不同而发生改变。比如，可将污泥分为胞内和胞外结构，分类探究其中各类重金属的形态分布。该方式不仅可以从污泥角度系统性地建立重金属形态分布的分类标准，还针对性地对污泥中重金属进行无害化处理，比如，可以根据污泥中重金属的形态分布规律、处理方法、对污泥以及重金属的影响特性，合理地选择最恰当的处理方法。

虽然，目前针对污泥中重金属无害化处理的方法可以实现大部分重金属的去除，或者固化稳定化，但是这些方法在机理研究、方法优化以及方法的系统性评价标准等方面仍存在不足。

（1）应深入研究当前重金属处理方法的机理，包括化学形态的变化和重金属的分布。从化学角度看，从污泥中去除重金属主要原理是离子交换、络合和氧化。然而，尽管已知基质中重金属的化学形态会影响重金属的去除率，但研究人员仍较多地关注重金属去除中涉及的反应类型，忽略了每个反应中涉及的重金属的化学形态。从生物角度看，研究人员已经了解重金属在微生物细胞的表面和内部如何积累，但是，很少从微生物的角度探讨重金属处理方法的机制，同时，也不清楚目前的方法是否可以去除细胞内的重金属。因此，未来应探究重金属在细胞内的变化。

（2）进一步优化当前处理污泥中重金属的方法，包括寻找新试剂、改进工艺以及方法联用。尽管目前的方法在一定程度上可以实现重金属无害化处理，但是每种方法都有其自身的局限性，比如，化学试剂价格昂贵，而且有些是不可被生物降解的；电动技术无法活化重金属；热处理法能耗较高。因此，开发廉价、可被生物降解、可广泛使用的试剂，优化现有方法的实验参数将是实现这一目标的手段。与优化单个方法相比，将不同方法联用是一种更具潜力的措施，因为方法联用可以用一种方法的优点弥补另一种方法的缺点，比如，生物淋滤法可以活化重金属，从而可弥补电动技术的不足，相比于单一生物淋滤法，两种方法联用可以提高重金属浸出污泥的效率[55]。

污泥中重金属无害化处理的核心是实现污泥安全处置。尽管对污泥中重金属的去除和固化研究较为广泛，但是缺乏针对不同污泥最终处置方式选择合适的重金属无害化处理方法的研究。比如，若污泥的最终处置方式为建材利用，则应选择恰当的重金属处理方法以满足建材利用中重金属的浓度限值。此外，污泥经过处理后，仍会存在部分残留重金属，这些重金属会进入自然环境中，而重金属累积到一定程度，会产生毒性，因此，有必要进一步探究污泥处置后残留重金属的环境毒性，建立重金属含量对环境产生毒性作用的定量化模型。

参考文献

[1] YANG W，SONG W，LI J，et al. Bioleaching of heavy metals from wastewater sludge with the aim of land application [J]. Chemosphere，2020，249：126134.

[2] CHOJNACKA K. Biosorption and bioaccumulation-the prospects for practical applications [J]. Environment International，2010，36 (3)：299-307.

[3] QIN H Q，HU T J，ZHAI Y B，et al. The improved methods of heavy metals removal by biosorbents：a review [J]. Environmental Pollution，2020，258.

[4] CHOIŃSKA-PULIT A，SOBOLCZYK-BEDNAREK J，ŁABA W. Optimization of copper，lead and cadmium biosorption onto newly isolated bacterium using a Box-Behnken design [J]. Ecotoxicology and Environmental Safety，2018，149：275-283.

[5] PAGNANELLI F，MAINELLI S，BORNORONI L，et al. Mechanisms of heavy-metal removal by activated sludge [J]. Chemosphere，2009，75 (8)：1028-1034.

[6] BĂDESCU I S，BULGARIU D，AHMAD I，et al. Valorisation possibilities of exhausted biosorbents loaded with metal ions-a review [J]. Journal of Environmental Management，2018，224：288-297.

[7] ESCUDERO L B，MANIERO M Á，AGOSTINI E，et al. Biological substrates：Green alternatives in trace elemental preconcentration and speciation analysis [J]. TrAC：Trends in Analytical Chemistry，2016，80：531-546.

[8] LI Y F，WANG D B，XU Q X，et al. New insight into modification of extracellular polymeric substances extracted from waste activated sludge by homogeneous Fe (Ⅱ) /persulfate process [J]. Chemosphere，2020，247.

[9] XU Y，LU Y Q，DAI X H，et al. Spatial configuration of extracellular organic substances responsible for the biogas conversion of sewage sludge [J]. ACS Sustainable Chemistry & Engineering，2018，6 (7)：8308-8316.

[10] XU Y，LU Y Q，DAI X H，et al. The influence of organic-binding metals on the biogas conversion of sewage sludge [J]. Water Research，2017，126：329-341.

[11] XU Y，ZHANG C S，ZHAO M H，et al. Comparison of bioleaching and electrokinetic re-

mediation processes for removal of heavy metals from wastewater treatment sludge [J]. Chemosphere，2017，168：1152-1157.

[12] KOTRBA P，MACKOVA M，MACEK T. Microbial biosorption of metals [M]. Prague：Springer，2011.

[13] LEDIN M. Accumulation of metals by microorganisms-processes and importance for soil systems [J]. Earth-Science Reviews，2000，51 (1)：1-31.

[14] HUANG F，WANG Z H，CAI Y X，et al. Heavy metal bioaccumulation and cation release by growing bacillus cereus RC-1 under culture conditions [J]. Ecotoxicology and Environmental Safety，2018，157：216-226.

[15] 耿源濛，张传兵，张勇，等．我国城市污泥中重金属的赋存形态与生态风险评价 [J]. 环境科学，2021，42 (10)：4834-4843.

[16] WANG T，XUE Y J，ZHOU M，et al. Effect of addition of rice husk on the fate and speciation of heavy metals in the bottom ash during dyeing sludge incineration [J]. Journal of Cleaner Production，2020，244：118851.

[17] YANG Z Z，TIAN S C，LIU L L，et al. Recycling ground MSWI bottom ash in cement composites：long-term environmental impacts [J]. Waste Management，2018，78：841-848.

[18] YAO J，LI W B，KONG Q N，et al. Content，mobility and transfer behavior of heavy metals in MSWI bottom ash in Zhejiang province，China [J]. Fuel，2010，89 (3)：616-622.

[19] LI W H，MA Z Y，HUANG Q X，et al. Distribution and leaching characteristics of heavy metals in a hazardous waste incinerator [J]. Fuel，2018，233：427-441.

[20] ABRAMOV S，HE J，WIMMER D，et al. Heavy metal mobility and valuable contents of processed municipal solid waste incineration residues from Southwestern Germany [J]. Waste Management，2018，79：735-743.

[21] ÖZBELGE T A，ÖZBELGE H Ö，ALTINTEN P. Effect of acclimatization of microorganisms to heavy metals on the performance of activated sludge process [J]. Journal of Hazardous Materials，2007，142 (1-2)：332-339.

[22] TESSIER A，CAMPBELL P G C，BISSON M. Sequential extraction procedure for the speciation of particulate trace metals [J]. Analytical Chemistry，1979，51 (7)：844-851.

[23] 周立祥，沈其荣，陈同斌，等．重金属及养分元素在城市污泥主要组分中的分配及其化学形态 [J]. 环境科学学报，2000，20 (3)：269-274.

[24] ZHANG X Y，ZHOU J，XU Z J，et al. Characterization of heavy metals in textile sludge with hydrothermal carbonization treatment [J]. Journal of Hazardous Materials，2021，402.

[25] LIU T T，LIU Z G，ZHENG Q F，et al. Effect of hydrothermal carbonization on migration and environmental risk of heavy metals in sewage sludge during pyrolysis [J]. Biore-

source Technology，2018，247（1）：282-290.

[26] TANG J，HE J G，TANG H J，et al. Heavy metal removal effectiveness，flow direction and speciation variations in the sludge during the biosurfactant-enhanced electrokinetic remediation [J]. Separation and Purification Technology，2020，246.

[27] ZHANG M，WANG Y C. Effects of Fe-Mn-modified biochar addition on anaerobic digestion of sewage sludge：biomethane production，heavy metal speciation and performance stability [J]. Bioresource Technology，2020，313.

[28] CHEN G Y，TIAN S，LIU B，et al. Stabilization of heavy metals during co-pyrolysis of sewage sludge and excavated waste [J]. Waste Management，2020，103：268-275.

[29] 黄翔峰，叶广宇，穆天帅，等．污泥厌氧消化过程中重金属稳定性研究进展 [J]. 环境化学，2017，36（9）：2005-2014.

[30] WANG T F，TANG Z Y，GUO Y D，et al. Comparison of heavy metal speciation of sludge during mesophilic and thermophilic anaerobic digestion [J]. Waste and Biomass Valorization，2019，11（6）：2651-2660.

[31] APPELS L，HOUTMEYERS S，VAN MECHELEN F，et al. Effects of ultrasonic pretreatment on sludge characteristics and anaerobic digestion [J]. Water Science & Technology，2012，66（11）：2284-2290.

[32] WANG X J，CHEN L，XIA S Q，et al. Changes of Cu，Zn，and Ni chemical speciation in sewage sludge co-composted with sodium sulfide and lime [J]. Journal of Environmental Sciences，2008，20（2）：156-160.

[33] LIU H，YIN H，TANG S Y，et al. Effects of benzo [a] pyrene（BaP）on the composting and microbial community of sewage sludge [J]. Chemosphere，2019，222：517-526.

[34] ZHOU H B，MENG H B，ZHAO L X，et al. Effect of biochar and humic acid on the copper，lead，and cadmium passivation during composting [J]. Bioresource Technology，2018，258：279-286.

[35] YANG W Q，ZHUO Q，CHEN Q，et al. Effect of iron nanoparticles on passivation of cadmium in the pig manure aerobic composting process [J]. Science of the Total Environment，2019，690：900-910.

[36] CHANAKA UDAYANGA W D，VEKSHA A，GIANNIS A，et al. Fate and distribution of heavy metals during thermal processing of sewage sludge [J]. Fuel，2018，226：721-744.

[37] CHEN L M，LIAO Y F，MA X Q，et al. Heavy metals chemical speciation and environmental risk of bottom slag during co-combustion of municipal solid waste and sewage sludge [J]. Journal of Cleaner Production，2020，262.

[38] LIU Z Z，QIAN G R，SUN Y，et al. Speciation evolutions of heavy metals during the sewage sludge incineration in a laboratory scale incinerator [J]. Energy & Fuels，2010，24（4）：2470-2478.

[39] CHEN T, YAN B. Fixation and partitioning of heavy metals in slag after incineration of sewage sludge [J]. Waste Management, 2012, 32 (5): 957-964.

[40] XIAO Z H, YUAN X Z, LI H, et al. Chemical speciation, mobility and phyto-accessibility of heavy metals in fly ash and slag from combustion of pelletized municipal sewage sludge [J]. Science of the Total Environment, 2015, 536: 774-783.

[41] HU Y J, WANG J B, DENG K, et al. Characterization on heavy metals transferring into flue gas during sewage sludge combustion [J]. Energy Procedia, 2014, 61: 2867-2870.

[42] LIU J Y, ZENG J J, SUN S Y, et al. Combined effects of $FeCl_3$ and CaO conditioning on SO_2, HCl and heavy metals emissions during the DDSS incineration [J]. Chemical Engineering Journal, 2016, 299: 449-458.

[43] HAN J, XU M H, YAO H, et al. Influence of calcium chloride on the thermal behavior of heavy and alkali metals in sewage sludge incineration [J]. Waste Management, 2008, 28 (5): 833-839.

[44] HE D Q, BAO B, SUN M K, et al. Enhanced dewatering of activated sludge by acid assisted Heat-CaO_2 treatment: simultaneously removing heavy metals and mitigating antibiotic resistance genes [J]. Journal of Hazardous Materials, 2021, 418.

[45] GUO J Y, GAO Q F, CHEN Y H, et al. Insight into sludge dewatering by advanced oxidation using persulfate as oxidant and Fe^{2+} as activator: performance, mechanism and extracellular polymers and heavy metals behaviors [J]. Journal of Environmental Management, 2021, 288.

[46] LI C, ZHANG S N, YANG J K, et al. Distribution and speciation of heavy metals in two different sludge composite conditioning and deep dewatering processes [J]. RSC Advances, 2015, 5 (124): 102332-102339.

[47] GAO J, LUO Q S, ZHU J, et al. Effects of electrokinetic treatment of contaminated sludge on migration and transformation of Cd, Ni and Zn in various bonding states [J]. Chemosphere, 2013, 93 (11): 2869-2876.

[48] FU R B, WEN D D, XIA X Q, et al. Electrokinetic remediation of chromium (Cr) -contaminated soil with citric acid (CA) and polyaspartic acid (PASP) as electrolytes [J]. Chemical Engineering Journal, 2017, 316: 601-608.

[49] BABEL S, DEL MUNDO DACERA D. Heavy metal removal from contaminated sludge for land application: a review [J]. Waste Management, 2006, 26 (9): 988-1004.

[50] TANG J, HE J G, LIU T T, et al. Removal of heavy metal from sludge by the combined application of a biodegradable biosurfactant and complexing agent in enhanced electrokinetic treatment [J]. Chemosphere, 2017, 189: 599-608.

[51] LI Z M, YU J W, NERETNIEKS I. Electroremediation: Removal of heavy metals from soils by using cation selective membrane [J]. Environmental Science & Technology, 1998, 32 (3): 394-397.

[52] LIU Y X, ZHU H Q, ZHANG M L, et al. Cr (Ⅵ) recovery from chromite ore process-

ing residual using an enhanced electrokinetic process by bipolar membranes [J]. Journal of Membrane Science, 2018, 566: 190-196.

[53] KIM D H, RYU B G, PARK S W, et al. Electrokinetic remediation of Zn and Ni-contaminated soil [J]. Journal of Hazardous Materials, 2009, 165 (1-3): 501-505.

[54] PENG G Q, TIAN G M. Using electrode electrolytes to enhance electrokinetic removal of heavy metals from electroplating sludge [J]. Chemical Engineering Journal, 2010, 165 (2): 388-394.

[55] PENG G Q, TIAN G M, LIU J Z, et al. Removal of heavy metals from sewage sludge with a combination of bioleaching and electrokinetic remediation technology [J]. Desalination, 2011, 271 (1-3): 100-104.

[56] PEI D D, XIAO C X, HU Q H, et al. Electrokinetic gathering and removal of heavy metals from sewage sludge by ethylenediamine chelation [J]. Procedia Environmental Sciences, 2016, 31: 725-734.

[57] AKMEHMET BALCIOGLU I, BILGIN ONCU N, MERCAN N. Beneficial effects of treating waste secondary sludge with thermally activated persulfate [J]. Journal of Chemical Technology & Biotechnology, 2017, 92 (6): 1192-1202.

[58] BILGIN ONCU N, AKMEHMET BALCIOGLU I. Microwave-assisted chemical oxidation of biological waste sludge: simultaneous micropollutant degradation and sludge solubilization [J]. Bioresource Technology, 2013, 146: 126-134.

[59] LEE I H, KUAN Y C, CHERN J M. Factorial experimental design for recovering heavy metals from sludge with ion-exchange resin [J]. Journal of Hazardous Materials, 2006, 138 (3): 549-559.

[60] 吕华东．水厂污泥对重金属的吸附特性研究 [D]. 北京：北京建筑大学，2020.

[61] PANG H L, LI L, HE J G, et al. New insight into enhanced production of short-chain fatty acids from waste activated sludge by cation exchange resin-induced hydrolysis [J]. Chemical Engineering Journal, 2020, 388.

[62] GU T Y, RASTEGAR S O, MOUSAVI S M, et al. Advances in bioleaching for recovery of metals and bioremediation of fuel ash and sewage sludge [J]. Bioresource Technology, 2018, 261 (1): 428-440.

[63] XU A L, XIA J L, ZHANG S, et al. Bioleaching of chalcopyrite by UV-induced mutagenized acidiphilium cryptum and acidithiobacillus ferrooxidans [J]. Transactions of Nonferrous Metals Society of China, 2010, 20 (2): 315-321.

[64] PATHAK A, DASTIDAR M G, SREEKRISHNAN T R. Bioleaching of heavy metals from sewage sludge: a review [J]. Journal of Environmental Management, 2009, 90 (8): 2343-2353.

[65] FONTMORIN J M, SILLANPÄÄ M. Bioleaching and combined bioleaching/Fenton-like processes for the treatment of urban anaerobically digested sludge: removal of heavy metals and improvement of the sludge dewaterability [J]. Separation and Purification Tech-

nology，2015，156 (Part2)：655-664.

[66] KARWOWSKA E，ANDRZEJEWSKA-MORZUCH D，ŁEBKOWSKA M，et al. Bioleaching of metals from printed circuit boards supported with surfactant-producing bacteria [J]. Journal of Hazardous Materials，2014，264：203-210.

[67] BANAT I M，FRANZETTI A，GANDOLFI I，et al. Microbial biosurfactants production applications and future potential [J]. Applied and Microbiology Biotechnology，2010，87 (2)：427-444.

[68] ZHOU Q Y，GAO J Q，LI Y H，et al. Bioleaching in batch tests for improving sludge dewaterability and metal removal using acidithiobacillus ferrooxidans and acidithiobacillus thiooxidans after cold acclimation [J]. Water Science & Technology，2017，76 (6)：1347-1359.

[69] ALI H，KHAN E，SAJAD M A. Phytoremediation of heavy metals-concepts and applications [J]. Chemosphere，2013，91 (7)：869-881.

[70] 马伟芳. 植物修复重金属-有机物复合污染河道疏浚底泥的研究 [D]. 天津：天津大学，2006.

[71] PENG H L，WU Y K，GUAN T，et al. Sludge aging stabilizes heavy metals subjected to pyrolysis [J]. Ecotoxicology and Environmental Safety，2020，189.

[72] CHEN T，ZHANG Y X，WANG H T，et al. Influence of pyrolysis temperature on characteristics and heavy metal adsorptive performance of biochar derived from municipal sewage sludge [J]. Bioresource Technology，2014，164：47-54.

[73] PARK J K，SONG M J. Feasibility study on vitrification of low-and intermediate-level radioactive waste from pressurized water reactors [J]. Waste Management，1998，18 (3)：157-167.

[74] DEVI P，SAROHA A K. Risk analysis of pyrolyzed biochar made from paper mill effluent treatment plant sludge for bioavailability and eco-toxicity of heavy metals [J]. Bioresource Technology，2014，162：308-315.

[75] JIN J W，LI Y N，ZHANG J Y，et al. Influence of pyrolysis temperature on properties and environmental safety of heavy metals in biochars derived from municipal sewage sludge [J]. Journal of Hazardous Materials，2016，320：417-426.

[76] HAN H D，HU S，SYED-HASSAN S S A，et al. Effects of reaction conditions on the emission behaviors of arsenic，cadmium and lead during sewage sludge pyrolysis [J]. Bioresource Technology，2017，236：138-145.

[77] JIN J W，WANG M Y，CAO Y C，et al. Cumulative effects of bamboo sawdust addition on pyrolysis of sewage sludge：biochar properties and environmental risk from metals [J]. Bioresource Technology，2017，228：218-226.

[78] DOU X M，CHEN D Z，HU Y Y，et al. Carbonization of heavy metal impregnated sewage sludge oriented towards potential co-disposal [J]. Journal of Hazardous Materials，2017，321 (16)：132-145.

[79] HUANG H J, YUAN X Z. The migration and transformation behaviors of heavy metals during the hydrothermal treatment of sewage sludge [J]. Bioresource Technology, 2016, 200 (1): 991-998.

[80] SHI W S, LIU C G, DING D H, et al. Immobilization of heavy metals in sewage sludge by using subcritical water technology [J]. Bioresource Technology, 2013, 137 (6): 18-24.

[81] HUANG H J, YUAN X Z, ZENG G M, et al. Quantitative evaluation of heavy metals' pollution hazards in liquefaction residues of sewage sludge [J]. Bioresource Technology, 2011, 102 (22): 10346-10351.

[82] 张顺力. 某电子工业污染河道底泥重金属稳定化及脱水方法研究 [D]. 哈尔滨：哈尔滨工业大学，2019.

[83] 周雪飞，张亚雷，章明，等. 金山湖底泥重金属稳定化处理效果及机制研究 [J]. 环境科学，2008，29 (6)：1705-1712.

[84] DONNER E, BRUNETTI G, ZARCINAS B, et al. Effects of chemical amendments on the lability and speciation of metals in anaerobically digested biosolids [J]. Environmental Science & Technology, 2013, 47 (19): 11157-11165.

[85] DONG B, LIU X G, DAI L L, et al. Changes of heavy metal speciation during high-solid anaerobic digestion of sewage sludge [J]. Bioresource Technology, 2013, 131: 152-158.

[86] QIAN G R, CHEN W, LIM T T, et al. In-situ stabilization of Pb, Zn, Cu, Cd and Ni in the multi-contaminated sediments with ferrihydrite and apatite composite additives [J]. Journal of Hazardous Materials, 2009, 170 (2-3): 1093-1100.

第6章　污泥中病原微生物无害化处理研究

6.1　污泥中病原微生物的赋存特征

病原微生物是污水污泥中危害生物健康的因素之一，它主要通过人类或动物排泄物、食品加工、生物实验以及污水处理的方式进入污泥中。研究发现，污水中存在1400余种病原微生物，在污水处理过程中，大量病原微生物可通过吸附等过程被浓缩在污泥中，病原微生物在城市排水系统的移动路径及暴露风险点见图6.1-1[1,2]。这些病原微生物可能通过直接接触、气溶胶等途径，传播给人或牲畜。若不能将污泥进行有效无害化处理，在污泥资源化利用过程中，会对人畜健康产生巨大威胁。

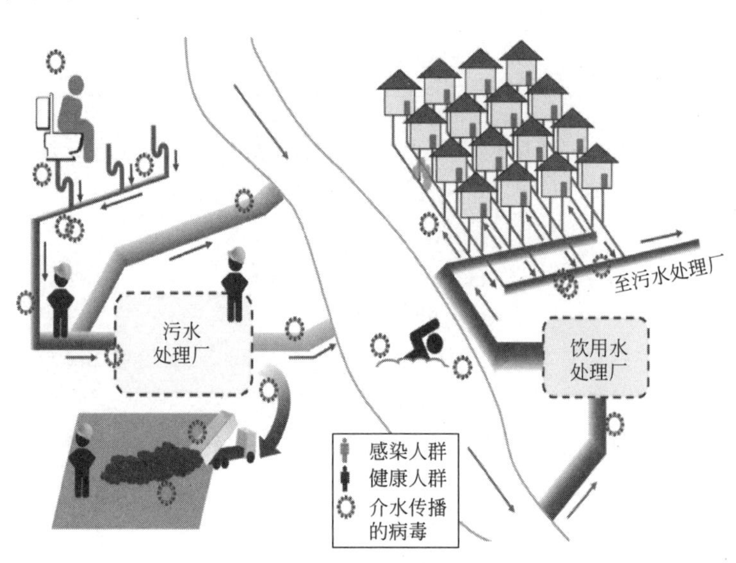

图6.1-1　病原微生物在城市排水系统的移动路径及暴露风险点

6.1.1　污泥中病原微生物的种类特征

污泥中病原微生物种类繁多，常见的病原微生物主要有：病毒，病原性细菌

(革兰氏阴性菌、革兰氏阳性菌)，病原性原生动物等。

1. 病毒

病毒个体微小、结构简单，可通过细菌过滤器。目前已发现700余种介水传播的病毒，其中，大约有140余种可通过粪便进入水体[3,4]，与此同时，污泥富含有机物，导致其易于吸附大量的病毒，目前污泥中已检出多种病毒，比如有肠道病毒、轮状病毒、腺病毒、甲型/戊型肝炎病毒、新型冠状病毒等[5]，污泥中一些常见病毒的类型及浓度如表6.1-1所示。

污泥中一些常见病毒的类型及浓度　　表6.1-1

病毒	症状	含量	污泥类型	参考文献
肠道病毒	胃肠炎、结膜炎、发烧等	$4.5\times10^3\sim2.5\times10^4$GC/g干污泥 1.32×10^3PFU/L	剩余污泥	[6] [7]
轮状病毒	胃肠炎、严重腹泻、发烧等	$30\sim26\times10^4$PFU/L $8\times10^3\sim8\times10^5$GC/L	初沉污泥 活性污泥	[3] [8]
腺病毒	呼吸道感染、肺炎、神经系统疾病等	$5.8\times10^3\sim3.25\times10^4$PFU/L $1.8\times10^4\sim1.1\times10^5$GC/L	初沉污泥 活性污泥	[3] [8]
甲型/戊型肝炎病毒	甲型/戊型肝炎、黄疸、发烧、恶心等	8.6×10^6GC/L 1.9×10^5GC/L	活性污泥 消化污泥	[8] [9]
新冠病毒	高烧、呼吸短促或呼吸困难等	$1.17\times10^4\sim4.02\times10^4$GC/L	初沉/二沉污泥	[10]

肠道病毒为单正链无包膜RNA病毒，包括脊髓灰质炎病毒、埃可病毒、柯萨奇病毒等，可引起脊髓灰质炎、心肌炎等疾病，主要通过粪口和呼吸道感染传播。研究表明，污泥中肠道病毒的浓度往往高于污水处理厂进水中肠道病毒的浓度，同时，其对消毒剂的耐受性较强，存活时间较长，污泥土地利用时存在风险[9]。一般而言，生污泥中肠道病毒含量是$1\times10^2\sim1\times10^4$PFU/g干污泥，消化污泥中约为300PFU/g干污泥，厌氧消化对污泥中肠道病毒的去除能力有限[11]。

轮状病毒为无包膜、线性双链RNA病毒，具有双层衣壳，主要经粪口或呼吸道传播。轮状病毒是全球幼儿和免疫缺陷个体急性胃肠炎的主要原因，污水中轮状病毒高达1×10^4PFU/L，是水传播的病原微生物之一[12]。有报道称，与脊髓灰质炎病毒相比，污泥对轮状病毒的吸附能力较弱，其在污泥中的浓度较低[13]。对污泥中轮状病毒的检测较为复杂，目前轮状病毒在污泥中的分布及存活情况尚不清晰。

腺病毒为无包膜、线性双链DNA病毒，可引起呼吸道疾病。研究表明，腺病毒可在污泥中大量存在（$1.3\times10^2\sim7.96\times10^5$GC/L）[14]。据报道，对于免疫功能低下的癌症患者，肠道腺病毒可导致53%～69%的死亡率，与其他肠道病毒相比，腺病毒对紫外线和热的耐受力更强，存活时间更长[15]。

甲型肝炎病毒为无包膜、单正链 RNA 病毒，主要通过粪口传播，可引起人类肠道肝炎。甲型肝炎病毒和戊型肝炎病毒具有全球性，但在发展中国家更为普遍。甲型肝炎病毒在污水中非常稳定，很难通过传统污水处理工艺去除[16]，目前，已从生污泥和消化污泥中分离出来[17]。有研究表明，污水污泥中高浓度的甲型肝炎病毒（1×10^5PFU/L）与其他肠道类病毒的灭活类似[14]，约为 $2\log_{10}$。

包膜病毒常被认为在环境中易于降解[18,19]，因而一直以来在污水污泥中没有得到足够的关注，如人类免疫缺陷病毒（HIV）在室温条件下水环境中的 T_{90} 值（病毒灭活 90%所需时间）为 1～2h，而相同条件下脊髓灰质炎病毒的感染性在 24h 内几乎没有变化[20]。然而，并不是所有的包膜病毒离开宿主，进入环境后都会快速失活，如粪便和呼吸道样本中的新型冠状病毒在室温下可长时间保持感染性[21]：新型冠状病毒在呼吸道样本中可存活 17d（室温）/120d（4℃），在碱性环境（腹泻粪便）中能存活 4d（室温），培养基中新型冠状病毒的 T_{90} 值为 9d（室温）。具有包膜结构的禽流感病毒 H5N1 在去离子水中的 T_{90} 值约为 84d（20℃）/508d（10℃），在地表水中的 T_{90} 值为 19d（20℃）/61d（10℃）[22]。研究发现，新型冠状病毒可在气溶胶中存活数小时，在塑料和不锈钢上可稳定存活（72h 内仍可被检出）[23]。

继在粪便中检测到新型冠状病毒后[24]，在污水处理厂的污水和污泥中也检测到该病毒的基因组[25]，且由于增厚污泥的停留时间长、TS 高，被推荐为监测新型冠状病毒最适宜的场所[24]。与无包膜病毒相比，该病毒等的包膜结构可增加与固体颗粒间的疏水作用，因而在废水中对固体颗粒更具亲和力[19]。采用病毒宏基因组揭示污水处理厂污水污泥中人类病毒多样性时，发现污泥中存在多种包膜病毒，甚至在 B 类生物固体中，发现冠状病毒 HKU1 等包膜病毒具有较高的检出率[5]。

在原始和消化的生物固体中，各类病毒的数量因研究而异，这与污泥类型、病毒的季节性变化、回收检测方法等有关。目前，污泥中病毒的洗脱回收和定量检测方法多种多样，缺乏标准化的分析技术，回收效率通常较低。

2. 病原性细菌

病原性细菌能够单独存在于外部环境，在条件适宜时能够增长繁殖，是引起肠胃炎的重要原因。污泥中一些常见致病菌的类型与浓度如表 6.1-2 所示。

污泥中一些常见致病菌的类型与浓度　　表 6.1-2

病原性细菌	症状	含量	污泥类型	参考文献
沙门氏菌	急性肠胃炎、腹泻、发热等	$1\times10^2\sim1\times10^4$MPN/100mL 5×10^4GC/mL	生污泥 脱水污泥	[26] [27]

续表

病原性细菌	症状	含量	污泥类型	参考文献
弯曲杆菌	急性胃肠炎、发烧、腹泻等	1.5～266MPN/g 干污泥 1×10^{6}GC/mL	河床沉积物 脱水污泥	[29] [30]
大肠杆菌 O157：H7	急性胃肠炎、溶血性尿毒症综合征、出血性结肠炎等	$1\times10^{4}\sim1\times10^{5}$MPN/g	动物粪便	[31]
产气荚膜梭状芽孢杆菌	急性肠胃炎、破伤风等	$4.5\times10^{6}\sim1.9\times10^{7}$MPN/g 干污泥 60,667～106,571CFU/g $1\times10^{3}\sim1\times10^{6}$GC/mL	剩余污泥 消化污泥 脱水污泥	[6] [28] [30]

沙门氏菌是最常见的细菌病原微生物之一，其中，伤寒沙门氏菌的危害性最大。沙门氏菌的最适生长 pH 为 6.2～7.2[32]，易在生污泥和处理后的污泥中检出。与粪大肠菌群、粪链球菌和肠球菌等指示菌（$1\times10^{5}\sim1\times10^{6}$MPN/g干污泥）相比，沙门氏菌在厌氧消化污泥中的含量相对较低（1～100MPN/g干污泥）。沙门氏菌可以在储存的泥浆中存活 3 个月，在应用于土地的生物固体中可存活 1 个月[33]。在特定条件下，沙门氏菌在 10～25℃的土壤中可存活 30～968d[34]，降雨可能会增加污泥中的沙门氏菌[33]。沙门氏菌在一定条件下会出现再生现象。

弯曲杆菌广泛存在于环境中，常在地表水和污水污泥中检出。据报道生污泥中可检出 1×10^{5}MPN/L 弯曲杆菌[35]，河床沉积物中弯曲杆菌可达 17MPN/g 干污泥，并可存活 3 周以上；随着河床沉积物深度的增加，大肠杆菌和弯曲杆菌浓度明显降低[29]。与好氧条件相比，弯曲杆菌在厌氧条件下存活时间更长，在泥浆中可存活 3 个月[33]。此外，弯曲杆菌已被证明可在环境胁迫下有存活，但为不可培养（VBNC）状态[36]，因而存在较大风险。

大肠杆菌 O157：H7 是一种重要的食源性致病菌，可造成人的肾脏损伤，甚至可能危及人员生命。它出现在受污染的饮用水、娱乐用水和食物中，在处理后的污泥样品中未被检出，在生物固体中的数量预计不高[28]。然而，有研究表明大肠杆菌 O157：H7 可在牧场及动物粪便中存活 11 周以上，且冬季预计可存活 6 个月以上[31,37]。此外，在某些条件下大肠杆菌 O157：H7 可能会像其他肠道细菌一样存在复发现象，因在而生物固体中对其风险不容忽视。

与革兰氏阴性菌相比，革兰氏阳性菌的细胞壁较厚（20～80nm），可一定程度保护原生质体免受渗透压引起破裂，防止有毒化学物质渗透细胞，对机械力、干燥等具有较强的抗性[38]。大多数化脓性球菌都属于革兰氏阳性菌，可产生外毒素使人致病（如肺炎链球菌、炭疽杆菌）。

产气荚膜梭状芽孢杆菌是能产生芽孢的革兰氏阳性杆菌，主要存在于人粪及温血动物的粪便内，可作为粪便污染水体和土壤的指示菌。产气荚膜梭状芽孢杆菌的细胞对温度较为敏感，其孢子高度耐热，对氯等消毒剂有较强的抵抗力。在土壤等环境中，孢子可以存活多年[27,39]。由于产气荚膜梭状芽孢杆菌孢子的存在，高温厌氧消化产生的生物固体可能无法满足污泥土地利用的相关要求，限制了生物固体的资源化利用[40]。

一些致病性细菌（如沙门氏菌、弯曲杆菌）可作为抗生素抗性基因的潜在宿主，形成超级细菌。在长期使用粪便改良肥料的温室土壤和田间土壤中，检测出46种携带抗性基因的致病菌，且施用肥料的年限越长，致病菌的相对丰度越高[41]。厌氧消化等污泥处理技术可在一定程度上降低污水污泥中病原微生物的抗性基因，热水解预处理可增强病原微生物相关抗性基因的削减，但在随后的厌氧和好氧消化过程中通常会出现反弹现象，这与微生物群落结构有关[42,43]。

3. 病原性原生动物和寄生虫

污泥中原生动物的卵囊和寄生虫的虫卵往往对环境条件和消毒剂具有较强的耐受能力，较难被去除。由于隐孢子虫和贾第鞭毛虫，对人或动物的免疫系统具有重大影响，所以，是污水污泥中最受关注的原生动物。污泥中一些常见致病原生动物和寄生虫的类型及浓度如表6.1-3所示。与隐孢子虫卵囊相比，贾第鞭毛虫包囊在污水污泥中的检出率更高，且呈季节性变化[44]。在污水处理厂的消毒回用水样中发现贾第鞭毛虫的检出率为35.8%（0.03～16个包囊/L），隐孢子虫的检出率为30.2%（0.03～25.8个卵囊/L）[45]。对西班牙污水处理厂调研发现，脱水污泥中贾第鞭毛虫和隐孢子虫的检出率分别高达100%（20～593个包囊/g）和48.9%（2～44个卵囊/g）[46]。据报道，隐孢子虫卵囊在土壤中可存活3个月[47]，在一些生物处理后的污泥如消化污泥、堆肥产品中，仍可检测出较高含量的贾第鞭毛虫包囊和隐孢子虫卵囊[48]。然而，由于取样、浓缩和回收方法不同，且回收效率低，难以准确评估、对比文献中原生动物病原体在污泥中的相关数据。目前，关于污泥中其他致病性原生动物（如微孢子虫）的报道较少，一般认为微孢子虫和环孢子虫这两种病原微生物对热较为敏感，因而可能在污泥处理过程中无法存活，但很少有数据支撑这一观点[9]。

美国国家环境保护局（EPA）在制定503法案病原微生物标准时，也限制了蛔虫、牛带绦虫、微小膜壳绦虫等寄生虫卵的含量[1]。寄生虫卵在污水处理时的沉降速度较大，其在污泥中的赋存更应受到重视[49]。波兰城市污水处理厂产生的污泥，在加药脱水后，对肠道线虫活卵的检出率可达99%[15]，有研究发现，好氧消化和脱水污泥中，仍能检测到原生动物卵囊及线虫卵[50]，猪蛔虫卵可在厌氧消化污泥中存活29周以上。猪蛔虫卵的抗性主要可归因于其4层卵膜，可保护胚胎不受外界各种化学物质的侵蚀，保持内部湿度，阻止紫外线的照射[51]。此外，由于污泥中常常会被添加絮凝剂等，导致污泥中寄生虫的检测也成为难题。

污泥中一些常见致病原生动物和寄生虫的类型及浓度　　表 6.1-3

病原微生物	症状	含量	污泥类型	参考文献
贾第鞭毛虫	腹痛、腹泻、吸收不良等	100 个包囊/g	消化污泥	[9]
隐孢子虫	胃肠炎、腹泻等	13.4～14.7 个卵囊/g	生污泥	[46]
蛔虫卵	恶心、发烧、气喘等	1.36 个/g	剩余污泥	[52]

6.1.2　污泥中病原微生物的存活特性

病原微生物只有在特定条件下才会生存、繁殖或复制，病毒离开寄主后不能繁殖，但可在一定条件下保持其感染性。污泥中病原微生物的存活主要受到酸碱度、温度、来自其他微生物的竞争、阳光、与宿主生物的接触、适当的营养和湿度水平等的影响。不同病原微生物，对环境因素表现出不同的抵抗力。

与其他生物不同，病毒以不同的形式携带它们的遗传物质，如 RNA/DNA、单链（ss）/双链（ds）、负（一）链/正（+）链 RNA 等。因此，病毒在其宿主中有多种复制策略（图 6.1-2）。衣壳的主要功能是保护基因组免受环境影响，并在无包膜或裸病毒情况下，允许基因组穿透宿主细胞（通过宿主识别、附着和基因组转移）。包膜允许病毒通过膜融合穿透宿主细胞。当暴露于灭活因素时，病毒间的异质性（如基因组、衣壳蛋白组成、包膜结构有/无等）会导致不同的行为[53,54]。ssRNA 病毒被认为是最敏感的病毒类型，也是肠道病毒最常见的基因组类型，其失活较快（可能是由于 ssRNA 基于催化的酯基交换导致基因组快速裂解）。腺病毒和甲型肝炎病毒对热具有较强的耐受能力[55]，其中，腺病毒等

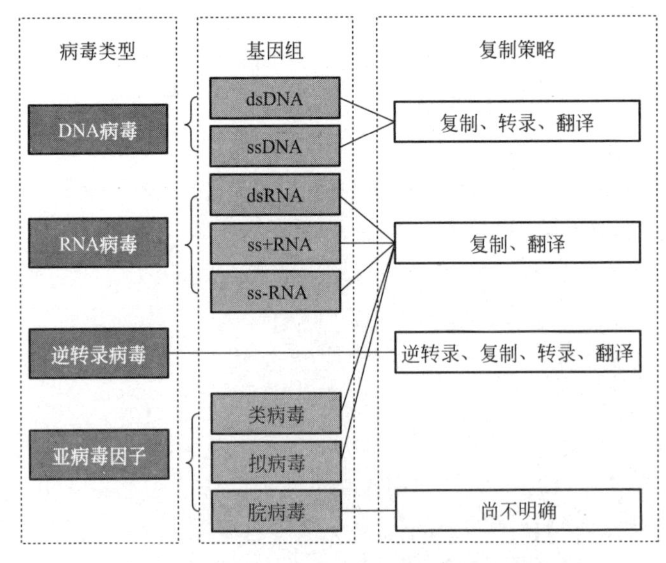

图 6.1-2　病毒类型及复制策略

dsDNA病毒还可能通过宿主细胞的脱氧核糖核酸修复机制修复受损的基因组[56]。高度相关的菌株也可能具有显著不同的环境稳定性，如在室温条件下，严重急性呼吸综合征冠状病毒SARS-CoV（T_{90}为9d）在培养基中丧失感染性的速度明显小于人类冠状病毒229E（T_{90}<1d）丧失感染性的速度，而20℃时禽流感病毒H5N1在去离子水中的T_{90}可达84d[2]，导致这种差异的原因尚不清楚，可能与来源于不同细胞的脂质双层膜有关。值得注意的是，目前，污水污泥中病毒存活情况与灭活机理的研究，主要集中在肠道病毒等无包膜病毒，包膜病毒的存活与分布现状尚不明晰。

此外，环境中致病细菌和病毒的赋存特征，还与病原微生物自身的等电点电位、大小密切相关。由于病原微生物表面由不同的蛋白质构成，每种病原微生物均具有独特的带电性质，由此可导致不同的吸附特性。大多数致病细菌的等电点电位（pI）为2～5[57]，病毒pI通常为3～7，在污泥中常以负电荷的形式存在。此外病毒大小是20～90nm，远小于细菌，具有明显的胶体性质，较细菌更易吸附在悬浮颗粒物、活性污泥絮体表面，能随着水流迁移到下游水域或随悬浮物沉积到底泥[58]。

不同类型的病原微生物对高温的耐受能力不同。有研究表明，甲型肝炎病毒在60℃，孵育60min后，仍可保持完整性和感染性，而在60℃，耶尔森氏菌在1～3min内即可丧失活性[3,59]。当温度高于70℃时，细菌很快会失去活性，但一些细菌产生的孢子或包囊，需要较高的温度才能被杀死。对比发现，病原微生物对高温的耐受能力排序为：产气荚膜梭菌>粪肠球菌>大肠杆菌、蛔虫卵>脊髓灰质炎病毒、猪细小病毒>牛肠病毒[38]。

病原微生物普遍随污泥含水率的降低，呈下降趋势（如大肠杆菌噬菌体MS2、产气荚膜梭菌、大肠杆菌[60]），然而，在气溶胶或飞沫中，病毒存活与相对湿度呈现U形趋势，即在较高（100%）和较低（低于33%）的相对湿度下，病毒存活得最好，在中等相对湿度条件下，病毒更易失活。在气溶胶或飞沫中，细菌的相对活力随着相对湿度的降低而降低[61]。在土壤中，随着含水率持续增加到饱和含水量时，脊髓灰质炎病毒的死亡率相应增加，而含水量继续增加（超过饱和含水量），病毒的寿命又会增长，即病毒在土壤含水量达到饱和时的死亡率最高[62]。

大多数细菌可在pH为1.5～8.8时，保持性能稳定，但一些细菌对pH较为敏感，如沙门氏菌在pH<4.0时可被损伤。大多数真菌要在偏酸性环境中生活，但一些真菌（如曲霉菌）也可在中性甚至碱性条件下生长。大多数肠道病毒在pH为3～9可稳定存活，而大部分呼吸道病毒在pH<6时不稳定[63]。一些病毒（如甲型肝炎病毒）具有耐酸性，可在pH为1～3.7时，稳定存活[3]。污泥pH可影响微生物细胞胞浆的电荷，过低的pH会造成微生物表面由带负电变为带正

电，进而影响对营养物质的吸收。高 pH 可直接破坏病毒的蛋白质和核酸，从而影响污泥中病毒的存活[64]。pH 还可影响污泥中游离氨和游离挥发酸的存在水平，间接影响病原微生物的存活，这与其穿透性有关[43]。在一定的 pH 条件下，一些金属离子的化学形态还会发生变化，增强对病原微生物的灭活效果[64]。

6.2 污泥中病原微生物无害化处理研究

6.2.1 污泥处理处置过程中病原微生物的传播途径和暴露风险

污泥处理处置过程主要包括污泥贮存、浓缩、调理、脱水、稳定、运输、填埋等环节，在这些处理处置环节中病毒等病原微生物可通过各种途径传播，污染土壤、空气、水源，在一定程度上可加速植物病害的传播，也能通过直接接触、气溶胶吸入和食物链危及人畜安全（图 6.2-1）。未经消毒处理的污泥一旦进入土壤，吸附在污泥中的病毒存在浸出风险[65]。

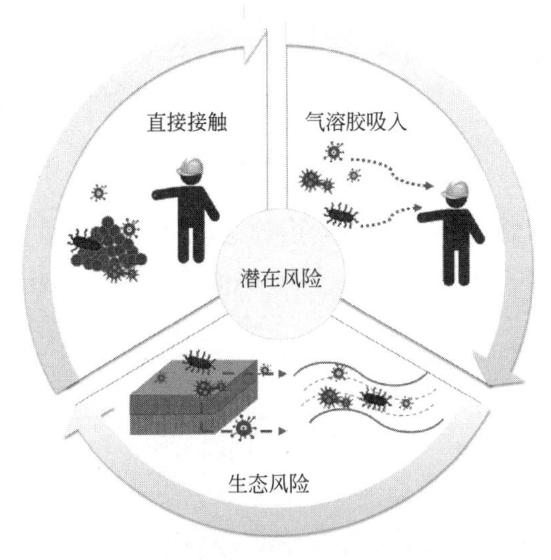

图 6.2-1 污泥处理处置过程中病原微生物传播途径和暴露风险[66]

研究表明，在不同暴露途径中，病毒风险等级依次为：直接摄入＞通过气溶胶吸入＞通过污染地下水摄入＞通过污染食物摄入[67,68]。直接摄入污泥将病原微生物带入人体的概率很低，但在机械维修、运输、日常采样等过程，工人或者操作人员直接接触污泥的概率很大，仍需要严格配备个人防护用品，并定期消毒。美国 EPA503 标准认为，通过气溶胶吸入是污泥土地利用附近公众最大的风险途径[68]。许多污泥处理（生物处理、污泥脱水和机械搅拌）易导致污泥中的有毒有害物质，以细小颗粒的形式释放到空气中。在污泥土地利用等处置过程中，也会形成气溶胶或粉尘，存在空气传播、暴露的风险。有关污泥土地利用的定量微生物风险评估分析表明，与沙门氏菌相比，诺如病毒、腺病毒的感染风险更大，其次为肠道病毒。研究发现，SARS-CoV-2 可以在气溶胶中存活并保持数小时的传染性，强调了它通过气溶胶传播的可能性[22]。降低污泥土地利用气溶胶传播风险的途径主要为前段强化污泥卫生化处理（污泥消毒）、控制防护间距等，研究表明间隔距离从 30m 增加 165m 时，病毒感染风险可减少（0.5～1.0）$\log_{10}$[68]。此外，污泥含水率也是一个重要影响因素，研究发现，脱水污泥土地利用过程中抛撒产生的气溶胶是液态污泥喷洒的 80 倍[68]。但是，与液态污泥相比，脱水污泥的运输更加经济，因此脱水污泥的含水率需要得到进一步优化，以便平衡经济成本与病毒传播风险。污泥处置（如土地利用）后的潜在生态风险也值得重视，病毒等病原微生物可随处理后的污泥进入土壤并可存活数天至数月[69,70]，同时，还可能会随地表径流、渗漏水等污染地表水和地下水，并存在人类或其他生物摄入的潜在风险[71]。

6.2.2　污泥中病原微生物的控制指标研究

1. 国内外污泥相关泥质标准中病原微生物的控制指标体系

针对污泥处理处置方面，美国及欧洲的一些国家对污泥卫生学指标限值如表 6.2-1 所示。美国的污泥处理处置标准规范采用的是 1993 年颁布的《美国生物污泥产生、使用和处置报告》（40 CFR Part503）[72]，仅对 B 级生物固体中的粪大肠菌提出了限值，而对 A 级生物固体中的沙门氏菌、粪大肠菌、寄生虫卵和肠道病毒等病原微生物的控制提出了具体要求。欧洲的一些国家针对污泥处理处置也制定了多项标准，污泥农用准则（Sewage Sludge Directive 86/278/EEC）[73]是欧洲等国制定污泥标准时的参考框架，标准中虽未对污泥中病毒等病原微生物的含量做出明确要求，但要求对污泥进行适当的调理，以去除病原微生物，法国、丹麦、芬兰等国对污泥中沙门氏菌等病原微生物提出了具体的控制限值，如表 6.2-1 所示。

美国及欧洲的一些国家对污泥卫生学指标限值（最高浓度，以干污泥计）[72,73]

表 6.2-1

国家	等级	沙门氏菌	粪链球菌	肠道细菌	粪大肠菌	肠道病毒	寄生虫卵
美国	A 级	3MPN/4g	—	—	＜1000MPN/g	＜1PFU/4g	＜1 个/4g
	B 级	—	—	—	＜2000000MPN/g	—	—
法国	—	8MPN/4g	—	—	—	3MPCN/10g	3 个/10g
丹麦*	—	不存在	＜100 个/g	—	—	—	—

续表

国家	等级	沙门氏菌	粪链球菌	肠道细菌	粪大肠菌	肠道病毒	寄生虫卵
芬兰	—	不得检出/25g	—	—	＜100CFU	—	—
意大利	—	1000 MPN/g	—	—	—	—	—
卢森堡	—	—	—	100/g	—	—	不得检出
波兰	—	含有沙门菌的污泥不得农用					10 个/kg

注：* 丹麦的卫生学指标限值仅针对高级处理后的污泥。

表 6.2-2 是我国污泥泥质标准中污泥卫生学指标限值。较为严格的泥质标准是《城镇污水处理厂污泥处置土地改良用泥质》GB/T 24600—2009，它对粪大肠菌群数、细菌总数和蠕虫卵死亡率，均提出较高的要求和限值，但这些指标仍是传统的卫生学指标，存在一定缺陷。近年来，许多研究发现，粪大肠菌群在抵抗外界刺激等方面与其指示的许多病原微生物存在相当大的差异。粪大肠菌群数虽能较好地表示人类肠道病原微生物的情况，但粪大肠菌会在受污染的污泥中繁殖，不能反映原始污染情况。

我国污泥泥质标准中污泥卫生学指标限值[74-78]　　表 6.2-2

用途	粪大肠菌群数	细菌总数（MPN/kg，干重）	蠕虫卵死亡率（%）	所依据的现行标准号
污染物排放标准	1000 个/L（一级 A 标准）	—	—	GB 18918—2002
城镇污水处理厂污泥泥质	＞0.01	$<10^8$	—	GB 24188—2009
园林绿化用泥质	＞0.01	—	＞95	GB/T 23486—2009
土地改良用泥质	＞0.01	$<10^8$	＞95	GB/T 24600—2009
混合填埋用泥质（覆盖土）	＞0.01	—	＞95	GB/T 23485—2009
制砖用泥质	＞0.01	—	＞95	GB/T 25031—2010
林地用泥质	≥0.01	—	≥95	CJ/T 362—2011
农用污泥泥质	≥0.01	—	≥95	GB 4284—2018

我国医疗机构污泥卫生学指标限值如表 6.2-3 所示，但仅有传染病医疗机构对其产生的污泥限制了肠道病毒这一病毒学指标。

我国医疗机构污泥卫生学指标限值[79]　　表 6.2-3

医疗机构类型	粪大肠菌群数（MPN/g干污泥）	肠道致病菌	肠道病毒	结核杆菌	蛔虫卵死亡率（%）
传染病医疗机构	≤100	不得检出	不得检出	—	＞95
结核病医疗机构	≤100	—	—	不得检出	＞95
综合医疗机构和其他医疗机构	≤100	—	—	—	＞95

综上所述，粪大肠菌等传统卫生学指标在国内外污泥泥质标准中均有应用，被大多数国家采纳。但随着检测技术的进步，越来越多的证据表明其指示作用的不足，美国、欧盟等陆续采用沙门氏菌等肠道致病细菌，作为主要的病原微生物指标，对病毒采用肠道病毒作为指示生物。目前，中国污泥泥质卫生化标准与美国、欧盟等仍存在一定差距，中国污泥卫生学指标的限值主要参考其他发达国家的相关数据，缺乏中国相关数据作为支持，因此，亟待加强对中国污泥泥质相关标准中卫生学指标的深入研究。此外，是否纳入新的指示微生物，以及指示微生物检测方法的规范化仍需被深入研究。

2. 病原微生物的指示物研究

污泥中病原微生物种类繁多，对大多数病原微生物的培养、检验十分复杂和困难。一些病毒如禽流感病毒等，具有高致病性，只被允许在 BSL3 和 BSL4 等级的实验室进行研究，因此，污泥的卫生学指标常采用易于检验的细菌总数、粪大肠菌群数等。细菌总数可用于指示被检污泥受细菌污染的程度，但细菌总数不能反映污染的来源，需结合大肠菌群数进行综合判断。和病原菌相同，粪大肠菌群主要来源于人类或动物粪便，其数量远远高于病原菌，此外，由于粪大肠菌易于培养检验，且对人体无害，常作为水体、污泥中病原微生物存在的指示菌[80]。污泥中粪大肠菌群等指标与大多数病原微生物对消毒剂和周围环境的耐受能力不同，与病原微生物之间的相关性较差，因此可能无法准确表征污泥中病原微生物的污染状况[9]。传统指示菌对病毒的指示效果更弱，研究发现，依赖于传统指示微生物的评价方法，并不能充分反映轮状病毒的实际污染情况。

一些微生物，如产气荚膜梭菌、肠球菌、噬菌体等越来越多地被应用于替代传统细菌指标。一般来说，肠球菌比大肠杆菌存活时间长，且肠球菌宿主范围有限，很少在环境中繁殖，其数量虽较人类粪便中的大肠菌群数量少，但出现的数量足以在废水、生物固体和堆肥中的被检测出[6,81]。产气荚膜梭菌的孢子对污水、污泥处理具有极强的抗性，比 E. coli 甚至是隐孢子虫卵囊和贾第鞭毛虫包囊的存活时间更长，被认为是粪便污染的最保守指标之一[82]。但产气荚膜梭菌孢子用于指示原生动物、寄生虫卵及肠道病毒时还存在争议。有研究发现，产气荚膜梭菌孢子与隐孢子虫卵囊在污水处理过程中的去除缺乏相关性[83]。同时，有研究发现，产气荚膜梭菌孢子减少 50％时，样品中的肠道病毒并没有明显地降低[84]。

噬菌体可感染细菌、真菌等微生物，和病毒一样都具有高度特异性，与病毒结构更为相似，不会感染人类和动物，可以保证实验的安全性，且易被分离、鉴定和计数，因而被广泛用作指示污泥中病毒的指示微生物。此外，噬菌体只有活性、非活性两种状态，不会存在细菌指标的可存活，但不可培养状态（VBNC），导致结果存在误差[85]，一般认为噬菌体对灭活具有较高的抵抗力，促进了噬菌体作为病毒指示微生物的可行性。F-RNA 特异性噬菌体（MS2 等）、体细胞大肠杆菌噬菌体（SOMCPH）等在理化特性、对环境条件和消毒剂的抗性方面与肠道病毒相似，常被用作污水、污泥中肠道病毒的指示生物。与诺如病毒、肠道病毒相比，MBR 过程中 MS2 表现出较低的去除率，表明其作为 MBR 操作监测指标的可行性[86]。Wade 等[87] 发现，F-RNA 特异性噬菌体和肠道病毒间存在强相关性，并提出其可作为娱乐水域健康风险的指标。有研究发现，相比于 F-RNA 特异性噬菌体和脆弱拟杆菌噬菌体，SOMCPH 可更有效评估污水、污泥对微生物的去除性能[88]，目前 SOMCPH 已被澳大利亚纳入污泥卫生化处理标准中[89]。然而，也有研究发现，在污泥厌氧消化过程中噬菌体 MS2 的灭活效果明显高于腺病毒。一些研究表明，在污水污泥处理过程中，噬菌体和肠道病毒的灭活之间的相关性较差。

此外，也有学者研究各类指示微生物在病原微生物污染溯源方面的应用。目前常用的粪便污染指示微生物主要包括拟杆菌、大肠杆菌噬菌体、脆弱拟杆菌噬菌体和人类肠道病毒等[90,91]。其中，脆弱拟杆菌噬菌体作为人类粪源污染的候选指标，在环境中的存在与人类肠病毒的存在呈显著正相关，且在环境中不会出现复制增殖。有研究通过对比辣椒轻斑驳病毒（PMMoV）、细环病毒（TTV）和人类乳头瘤病毒（hPBV）对河流粪便污染的指示效果，发现与 TTV 和 hPBV 相比，PMMoV 广泛存在于含高浓度粪便的污水与河水中，是一种非常有前景的粪便污染指示物[92]。crAssphage、Aichi 病毒等在污水污泥中广泛存在，也被推荐用作粪便源污染的分子标记[93]。

然而，指示微生物在污泥处理处置过程中与病原微生物削减间的相关性仍存在争议，有研究发现，厌氧消化过程大肠杆菌（*E. coli*）、粪大肠菌的削减与沙门氏菌的削减无显著相关性。噬菌体比沙门氏菌和粪大肠菌对处理工艺的耐受能力更高，因而，卫生学指标更适用于监测处理工艺的削减效果，而不是监测病原微生物是否存在。目前，污泥处理处置过程病原微生物的削减与指示微生物的减少之间的相关性仍旧欠缺，同时，病原微生物的检测技术和标准尚不统一，限制了病原微生物安全风险的评估。国内及国外的标准检测方法均为培养法，培养法可直接鉴别出具有感染性的病原体，计数精确，但比较费时费力。免疫学法和分子生物学方法都能显著缩短检测时间，但在免疫学法中，抗体易受环境中各种物质和微生物的影响，影响了它的广泛应用。分子生物学方法也存在无法区分感染性和非感染性病原微生物的不足[26]，同时，污泥中腐殖酸、无机盐等会对 PCR 造成抑制作用。针对指示微生物的检测，许多学者通过改良培养基、优化浓缩步骤、结合使用 PCR 和培养法等进行了改进，一些国家已经开始评估分子生物学的实际应用功效，以制定实用标准。因而，今后有关指示微生物检测技术的研究将集中于对现有技术的优化和新技术的探索，同时，探索开发综合多指标的鉴定方法，建立规范的定量分析方法，开展病原微生物健康风险的评估。

6.2.3 污泥中病原微生物的风险防控技术

污水处理厂污泥处理处置的暴露风险防控至关重要，尤其是在疫情暴发期间，需要降低与病原微生物的接触机会，降低感染风险。在新型冠状病毒肺炎疫情期间，污泥风险防控措施主要包括：适度提高活性污泥浓度，延长实际运行污泥龄；应尽量避免进行与人体暴露的污泥脱水处理，尽可能采用离心脱水装置；尽量采用热干化或石灰碱法稳定等方式进行消毒处理，污泥存储及运输过程应密闭，必要时，喷洒消毒剂。

污泥处理处置主要原则为减量化、稳定化、无害化和资源化，处理要求是最终处置时，污泥对环境无害。根据已颁布的相关标准，多种病原微生物的控制技术已得到广泛研究和应用，主要包括厌氧消化、污泥堆肥、石灰稳定、污泥干化等污泥常规的稳定化和消毒技术，污泥中病原微生物的控制指标及限值见表 6.2-4。

污泥中病原微生物的控制指标及限值[94]　　表 6.2-4

污泥处理工艺	粪大肠菌群菌值
厌氧消化	$>0.5\times10^{-6}$
污泥堆肥	$>1.0\times10^{-2}$
石灰稳定	$>0.5\times10^{-6}$
污泥干化	—

1. 厌氧消化

污泥厌氧消化是传统的污泥稳定方式，可利用微生物降解有机物，使污泥得到稳定。同时，在厌氧条件下，污泥在较高温度存留一段时间可杀死部分病原菌和寄生虫卵，从而实现污泥的卫生化。厌氧消化中间产物氨和挥发性脂肪酸（VFAs）在一定 pH 条件下可促进消毒。美国 EPA503 标准指出：污泥在 35～55℃厌氧消化处理 15d 以上，在 20℃处理 60d，可显著减少病原微生物数量。研究表明，经中温厌氧消化处理，可满足美国 EPA503 标准规定的 B 类污泥标准[95]。欧盟动物副产品法规规定，消化或堆肥后的产物中大肠杆菌和埃希氏菌要低于 10^3 个/g，且沙门氏菌在 5 个 25g 样本中不得检出[96]。

然而，不同污泥消化条件对病原微生物的削减作用不同。统计分析表明，影响污泥厌氧消化过程病原微生物灭活效果的因素依次为：病原微生物类型＞温度＞运行模式＞停留时间＞基质成分 2＞基质成分 1（图 6.2-2）。不同病原微生物对厌氧消化的敏感性不同，统计分析发现，厌氧消化过程中不同病原微生物的

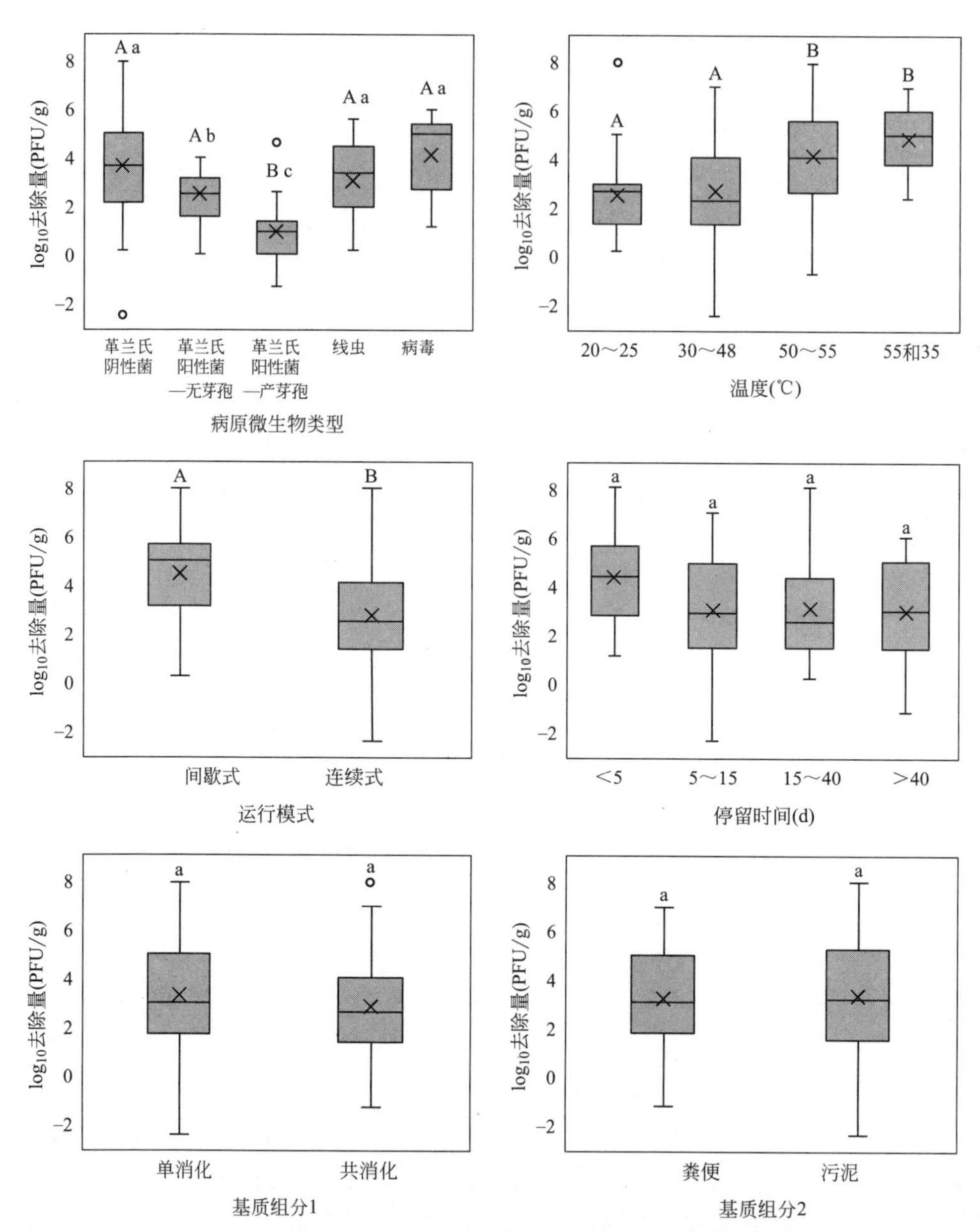

图 6.2-2　不同因素对厌氧消化削减病原微生物效果的影响[38]

注：同行数据肩标不同小写字母表示差异显著；不同大写字母表示差异极显著。[38]

抗性大小依次为：产芽孢革兰氏阳性菌＞革兰氏阳性菌＞寄生虫卵≥革兰氏阴性菌≥病毒。孢子的高度耐热性和革兰氏阳性菌较厚的细胞壁，使其对厌氧消化表现出较高的抵抗能力，研究发现，湿式中温厌氧消化不能有效灭活革兰氏阳性菌，高温厌氧消化可有效灭活非产芽孢革兰氏阳性菌，但无法灭活产芽孢革兰氏阳性菌，相比之下，干式厌氧消化对产孢子菌和非产孢子阳性菌普遍表现出良好的灭活性能。与噬菌体（MS2、Phi6）相比，动物病毒在中温厌氧消化和高温厌氧消化过程均表现出了较低的灭活效果，其中腺病毒、脊髓灰质炎病毒等动物病毒在中温厌氧消化（32℃±3℃，21d）后可减少 $2\log_{10}$，在高温厌氧消化（55℃±3℃，5d）可减少 $4\log_{10}$[97]。

温度是影响厌氧消化污泥中病原微生物削减的主要因素。高温厌氧消化的高温致死效应主要归因于酶的失活或衣壳蛋白的变性。仅靠中温厌氧消化并不能有效灭活污泥中感染性病毒，研究发现，中温厌氧消化产生的B类污泥中仍可检出感染性诺如病毒等肠道病毒和腺病毒[5,95]，说明，经厌氧消化后，污泥的安全性仍是值得关注的问题。与中温厌氧消化相比，高温厌氧消化表现出更好的消毒效果。研究发现，高温厌氧消化和双消化均能使粪大肠菌和蛔虫卵失活，并能达到美国EPA污泥产品的A类标准[98]。高温发酵（60℃、65kPa），高温厌氧消化（54.5℃），中温厌氧消化（34.5℃）对噬菌体f2的灭活速率分别为 $3.5\log_{10}/h$、$1.2\log_{10}/h$、$0.04\log_{10}/h$，其中，温度对灭活的贡献比率分别为100%、32%和19%[99]。但也有数据表明，高温灭活的粪大肠菌群在随后的处理过程中出现复发现象，这与高温厌氧消化过程病原微生物的不完全灭活、后续处理设施的污染等有关。

此外厌氧消化过程中污泥停留时间、运行方式等也会影响污泥病毒的灭活效果，一般认为延长污泥停留时间可增强大肠杆菌、沙门氏菌等病原微生物削减效果，但空肠弯曲杆菌等病原微生物的 T_{90} 值高达数百天，远远高于实际工程厌氧消化污泥停留时间。在大多数常温和中温连续运行或半连续运行的厌氧消化反应器中，污泥的生物安全不能得到保证。

厌氧消化中间产物氨和VFAs对病原微生物的削减也有一定的影响。比起铵离子，游离氨被认为是病原微生物灭活的主要因素，研究发现pH为7.0～9.5和低于40℃的厌氧消化中游离氨可导致噬菌体MS2基因组的完整性丧失，从而实现病毒灭活[54]。厌氧消化过程产生的高浓度VFAs和低pH可能会影响电子传递和质子传递，导致病原微生物失活[43]。VFAs对病原微生物的抑制作用主要可归因于游离VFAs、离子VFAs及pH，但它们对病原微生物削减的贡献尚不明确。通常认为，游离VFAs比离子VFAs对病原微生物的毒性更强，这是由于游离VFAs具有亲脂性，且可自由渗透细胞膜。粪大肠菌群数在100～2500mg/L游离VFAs条件下，5～9d内，可降至检出限以下。然而，在一些低浓度游离VFAs厌氧消化中也观察到沙门氏菌、大肠杆菌等的高效灭活，与其中性pH条件下高浓度的离子VFAs有关。VFAs的链长还会影响病原微生物的灭活，一般来说，VFAs对病原微生物的抑制作用随着链长的增加而增强。一些发酵细菌，如产气荚膜梭状芽孢杆菌，具有高度耐酸能力，能够在较低细胞内酸碱度条件下产生三磷酸腺苷，其细胞内具有较高浓度的钾离子，可抵消胞内离子 VFAs 的积累，使得病原微生物能够耐受更高的 VFAs 离子浓度，这一类细菌通常是革兰氏阳性菌。也有研究发现，低浓度的 VFAs 会刺激一些病原微生物（如鼠伤寒沙门氏菌）抑制基因的表达，导致系统性感染[100]。但通过调节厌氧消化过程 pH 和中间产物的形成，提高消毒效果是不现实的，因为这可能会影响整个系统的厌氧消化性能。与湿式厌氧消化相比，干式厌氧消化往往可产生高浓度的氨氮和 VFAs，因而更有利于厌氧消化过程病原微生物的灭活。

总体而言，厌氧消化具有一定的去除病原微生物和病毒的效果，可起到污泥的卫生化处理的作用，但用于土地改良还需要进一步的灭菌处理。高温厌氧消化虽对病原微生物有更好的削减作用，但高温厌氧消化存在不利于后续污泥的脱水减量等问题。针对污泥彻底卫生化的要求，采用污泥消毒预处理与厌氧消化相结合或高温卫生化处理是一种有效的途径。

目前，常用于提高污泥中病原微生物削减的主要预处理技术包括：热处理（巴氏杀菌、热水解等），超声波，电化学等手段。有研究发现，相比于超声波处理，热处理（135℃、20min）对体细胞大肠杆菌噬菌体的削减效果更好[101]。15V 的电化学预处理可提高 42%的污泥脱水能力，同时将大肠杆菌、沙门氏菌和粪链球菌丰度下降 $5\log_{10}$ 左右。酸性条件（pH 为 2）零价铁和臭氧的联合处理污泥可通过羟基自由基的释放实现污泥脱水性能的提升和病原微生物的有效灭活，达到美国 A 类生物固体标准。Wang 等[102] 对比了 5 种污泥预处理方法（超声波、甲醇、酸、阳极氧化、电芬顿），发现，电芬顿可在 60min 内实现大肠杆菌和大肠菌群的高效灭活（约 $4\log_{10}$），其次是甲醇、阳极氧化、酸处理，超声波处理可减少抗性基因，但不能灭活大肠菌群和大肠杆菌。预处理虽可一定程度降低污泥中病原微生物，但预处理后的污泥在厌氧消化等体系中往往存在再生现象，因此，仍需继续探究污泥处理技术，以实现污泥中病原微生物的真正灭活。

2. 污泥堆肥

污泥堆肥是利用有机质降解产生的热量，使基质升温，在稳定化过程中温度可达 55～70℃，在一定的停留时间条件下，可充分去除大多数肠道微生物，并形成大量腐殖质[103]。堆肥后期微生物产生的许多抗生素类物质也可缩短病原微生物的存活时间。研究表明，55～70℃温度条件下可使病毒削减 3～4 $\log_{10}$[104]。美国 EPA503 标准指出[72] 污泥堆肥温度上升到 40℃或者更高，维持此温度 5d，同时在这 5d 内，有 4h 温度超过 55℃，即可显著减少病原微生物数量。使用静态好氧堆肥方法，污泥温度控制在 55℃以上，并持续 3d，若使用摊堆方法时，污泥温度控制在 55℃或者更高，并且要持续 15d 以上，就可进一步杀灭病原微生物。

Paluszak 等[105] 发现在污泥好氧堆肥过程中，即使没有高温阶段，病毒的存活时间也仅为 34～44.5h。他们认为，除了温度之外，堆肥过程中的其他理化因素可能也会引起病毒的削减。脱水作用可能是引起病毒削减的另一个原因，它可通过病毒衣壳的断裂，导致核苷酸的释放。Watanabe 等[106] 研究表明，在 1.0g 湿堆肥基质中没有检测出病毒，污泥堆肥基质中病毒每年的感染风险低于 0.01%，表明污泥堆肥对病毒有很好的控制效果。另外，采用碱性堆肥和旋转容器中堆肥来控制病原微生物，也有较好的处理效果[107,108]。也可通过在堆肥过程引入蚯蚓省略预堆肥步骤，显著降低粪大肠菌、沙门氏菌、肠道病毒、蠕虫卵病原指示微生物数量，这被认为是产生 A 级污泥的可行方法[109]。蚯蚓可通过酶解、分泌抑菌物质或产生与病原菌拮抗作用的微生物等直接消灭病原微生物，也可通过刺激特定或某些微生物类型导致竞争、拮抗作用增强，间接促进病原微生物的削减[110]。蚯蚓分泌的黏液可显著降低病原微生物的存活时间，但蚯蚓肠道消化对病原菌的减少具有选择性，如消化后沙门氏菌和总大肠菌数量未明显下降[111]。但采用蚯蚓堆肥时，应避免过高温度（导致蚯蚓的死亡），对比三种堆肥工艺（高温堆肥、高温堆肥后引入蚯蚓、非高温蚯蚓粪堆肥）发现，高温堆肥后引入蚯蚓可将蚯蚓和高温灭菌的作用有效结合，使处理效果达到最佳[112]。

但是，污泥堆肥也存在一定的不足，如对某些抵抗力较强的植物病毒和噬菌体去除效果有限[113]，同时，在堆肥过程中烟曲霉等病原性真菌的生长也使堆肥操作人员的健康存在风险[114]。在降雨条件下，污泥堆肥在贮存过程中可能出现病原微生物的再次生长，因而贮存时间不宜过长。与生物固体堆肥相比，外加养分可能会影响堆肥的灭菌效果[115]。

3. 石灰稳定

石灰稳定是目前控制污泥中病毒等病原微生物数量的有效手段[116]。它主要通过向污泥中投加足量的石灰，使 pH≥12，放热使得污泥温度升高，在高温和高 pH 条件下，大大减少细菌和病毒的含量以及病媒的接触可能，具有操作简易性、经济实用性等特点。当混合物的 pH 保持在 12（含）以上至少 72h，同时温度保持在 52℃至少 12h，可达到 A 类生物固体要求。

石灰稳定能在 2～24h 内灭活污泥中的大肠杆菌、沙门氏菌等病原指示微生物[117]。有研究表明，当添加 20%石灰时，李斯特菌病原物在稳定处理样品中均未检测到[118]。不考虑温度时，投加石灰使污泥 pH 高于 12 并维持 3 个月，可将蛔虫卵降至可忽略水平。投加石灰使温度维持在 55℃、5～75min 或 60℃、1～8min，可实现蛔虫卵的灭活。研究发现，革兰氏阴性杆菌和肠道病毒对熟石灰较为敏感，且利用熟石灰消毒时，有机物和温度对其消毒效果影响较小[119]。当原污泥中肠道病毒的含量为 3.4～167MPNCU/gTS 时，经石灰处理后污泥中未发现存活的肠道病毒。石灰稳定法还可在 24h 内将接种到堆肥和生污泥中的腺病毒 5 型、轮状病毒 Wa 和雄性特异性大肠杆菌噬菌体 MS2 降至低于检出限值[116]。

高 pH 可有效减少或消除污泥中的 1 型脊髓灰质炎病毒，用石灰稳定处理 11h 后，脊髓灰质炎病毒的去除率可达到 90%[120]。Brewster 等[121] 研究发现，在每克干污泥中加 80g 以上石灰，储存 1d 后，污泥中肠道病毒的含量低于 1PFU/4gTS，满足美国 EPA503 标准中关于 A 级污泥的要求。此外，Koch 和 Strauch[122] 研究发现，污泥特性可能影响石灰稳定灭活病毒的效果，同等条件下，在厌氧消化污泥中灭活脊髓灰质炎病毒所需的石灰剂量是生污泥的 2.5 倍。在高 pH 和氨的共同作用下，肠道病毒的削减可达到至少 $4\log_{10}$[114]。

石灰稳定削减病原微生物的机理可能主要是在此过程中 pH 呈碱性（pH≥12），同时在此 pH 条件，NH_4^+ 离子会转化形成游离氨，游离氨的存在严重破坏大肠杆菌、肠道病毒等。因此，高 pH 和游离氨是确保石灰稳定对污泥病毒杀灭效果的重要条件。事实上，不同病原微生物对 pH 和游离氨的耐受程度不同，如细小病毒对游离氨更敏感，而脊髓灰质炎病毒对高 pH（pH≥12）更敏感[122]。石灰稳定还常与热处理等联合使用，可增强灭菌效果，并提高污泥脱水性能。

然而，石灰稳定还不能认为是污泥卫生化处理的最有效方法，虽然它能显著降低病毒等病原微生物的数量，但是不能将病毒等病原微生物全部杀死[123]。此外，添加量大及高 pH 不利于污泥后续处置，通常只作为一种应急处理方式。

4. 污泥干化

污泥干化是通过污泥水分蒸发，实现污泥减量化的一种重要手段，其温度效应可以杀灭污泥中的病原菌、寄生虫卵等，结合干化后污泥的低含水率，可使污泥达到相对较彻底的卫生学无害化水平。美国 EPA503 标准指出，污泥在沙床、砾石床或未铺石砖的床层上自然风干 3 个月以上，可明显减少病原微生物数量。污泥热干化温度高于 80℃，且含水量低于 10%，可进一步杀灭病原微生物[72]。

Romdhana 等[3] 评估了 4 种热干化工艺（转筒间接干化、转筒直接干化、薄层干化、太阳能干化）对甲肝病毒的削减效果，研究表明，前三种干化工艺对甲肝病毒的灭活所需时间分别为 10min、20min 和 10s，但太阳能干化效果不明显。转筒间接干化初期，甲肝病毒浓度不变，当温度达到 75℃时，浓度开始快速下降，大约 10min 后，完成消毒。转筒直接干化温度较高（80～100℃），但消毒大概需要 20min，这是因为当污泥量较大时，污泥传热速率较慢。薄层干化表面温度可达到 112～137℃，因此，其对甲肝病毒消毒时间仅需要 10s。太阳能干化由于温度较低（低于 38℃），对甲肝病毒等病原微生物几乎没有削减效果。这表明：温度是影响污泥热干化过程中病毒削减的重要因素。研究污泥风干过程中病毒活性的变化，发现在污泥含水率下降到 20%的过程中，病毒的感染性会逐渐降低，表明污泥脱水作用有利于减少病毒的感染活性[124]。研究表明，污泥脱水可使脊髓灰质炎病毒的结构被分解，释放出遗传物质 RNA，在污泥中不可逆地被灭活[125]，通过蒸发使污泥中含固率增加至 83%以上，可有效地灭活污泥中的脊髓灰质炎病毒（滴度降低1 log_{10}以上），且感染性恢复率明显下降，也可使呼肠孤病毒和柯萨奇病毒滴度明显下降[126]。此外，污泥风干过程中大肠杆菌噬菌体数量也会逐渐减少，表明污泥自然干化过程中肠道病毒也可能被削减[60]。但是，De Oliveira等[127]对比了3种温度（室温、30℃和60℃）的污泥干化，发现3种污泥干化条件下脊髓灰质炎病毒均会被快速削减，但是体细胞大肠杆菌噬菌体会持续存在，表明污泥经低温热干化处理后部分病毒被杀灭，但对某些抵抗力强的病毒削减效果有限。

总之，高温和低含水率是实现污泥干化过程中病毒削减的两个重要方面。目前没有证据表明低温热干化（40～50℃）条件下会促进病毒等病原微生物活性的增加，虽然病毒在污泥中不能繁殖，但是在低温、高湿条件下，其存活时间有可能延长[105]。

5. 其他技术

热处理可直接破坏病毒的蛋白质，实现病毒的灭活。目前，常采用低温水热和高温水热的方式处理污泥。研究表明，低温热处理（＜100℃）虽然能够显著降低病原微生物的数量，但是并不能将其全部杀死。用热处理灭活贻贝中甲型肝炎病毒（HAV）时发现，在60℃下处理30min，80℃浸泡10min和100℃浸泡1min均不足以灭活所有病毒；需要在100℃浸泡2min才能完全灭活病毒[128]。超声波与传统热处理结合还可以实现低频超声波和热的协同作用，提高病原微生物的灭活效果[129]。

辐射消毒通常采用β或γ射线（来自60Co或137Ce）在室温（20℃）下照射污泥，可实现污泥的消毒。采用γ射线和电子束照射城市污水处理厂污泥时发现：较低剂量（1kGy）辐射即可大幅度降低活性污泥中的细菌总数[130]。污泥中的脊髓灰质炎病毒对微波辐射最敏感；艾柯病毒对γ辐射比脊髓灰质炎病毒更敏感[131]。不过，辐射的消毒效果会受到污泥厚度的影响，研究发现，污泥厚度会影响粪性链球菌、真菌、放线菌和细菌总数的消毒效果[132]。

微波处理常被用作厌氧消化的预处理手段，可通过热效应或氢键断裂破坏微生物，从而减少污泥中大肠杆菌、蛔虫卵等病原微生物数量。研究发现污泥经微波预处理（65℃）＋厌氧消化处理可达到美国国家环境保护局（EPA）要求的A类污泥标准，同时与单独厌氧消化处理相比，该方法还可以提高系统的甲烷产量[133]。

污泥氧化技术是通过氧化剂的高氧化还原电位，破坏病原微生物的酶或细胞机体结构而使其减少的方法。在有二氧化氯存在，且pH为2.3，亚硝酸浓度为1800～400mg/L，与其对应的接触时间在2～24h，能产生符合美国国家环境保护局（EPA）的A类标准污泥[134]。过氧乙酸（PAA）是一种结构简单的过氧化有机酸，氧化性强是高效灭活病毒的主要原因。次氯酸钠和过氧乙酸两种消毒剂对 MBR 工艺的污泥消毒均有效，但前者效果略优于后者；采用次氯酸钠对污泥消毒时，会产生消毒副产物（如三氯甲烷），而过氧乙酸消毒过程中无明显副产物的生成，因而认为过氧乙酸更佳[135]。但该方法需投加化学药剂，不够经济，因此限制了其使用。

6.3 污泥中病原微生物的研究展望

虽然污泥中病原微生物的风险及削减得到一定的重视，多种技术已广泛用于污泥中病原微生物的削减，但污泥的卫生化仍然存在诸多挑战。

首先，污水处理厂污泥中病原微生物的赋存特征尚不清晰。鉴于缺乏完善的病毒、原生动物等病原微生物的回收、检测和计数方法，污泥中病原微生物的行为无法得到准确描述。污泥中缺乏标准化的量化程序，尤其是病毒和原生动物，难以比较现有数据并建立相关性关系。目前污泥中关于病毒的赋存特征主要集中在肠道病毒，而对一些新兴的病毒包括诺如病毒、冠状病毒等病毒的研究缺乏。因而应针对病原微生物类型和存活特性，发展健全和标准的检测和定量方法，以解析污泥全链条处理处置环节病原微生物的赋存特征及转化规律。

其次，污泥处理处置过程病原微生物的传播及暴露风险不明确。目前，国外关于污泥产物土地利用等环节中病毒等致病微生物的暴露风险及传播途径有一定的研究，但对于污泥贮存、浓缩、调理、脱水、储存、转运等处理环节中病原微生物的传播途径及暴露风险很少有报道。因而应探明污泥处理处置过程中典型病原微生物的潜在传播及暴露途径，研究污泥典型病原微生物在不同环境介质（土壤、大气、水）的扩散迁移机制，阐明污泥典型病原微生物对生态系统和人类健康的潜在中长期风险，这可为突发性感染疫情防控期间污泥处理处置过程中应急防控提供科学依据。

对污泥病原微生物控制要求和标准有待完善。细菌、病毒、原生动物等在不同环境的生存特性各不相同，用于评估病原微生物存在与处理过程效能时，需确定更合适的卫生学指标或替代指标以保护公众健康。目前，针对污水处理厂污泥泥质的指标主要有：细菌总数、粪大肠菌群数等，缺乏对危险性较大的病原微生物（如病毒）的限值和检测方式。美国、法国等国家制定了污泥标准对肠道病毒进行限制性控制，但是我国尚没有针对污水处理厂污泥中病毒控制的相关要求，因此，应进一步建立完善的控制标准。

此外，污泥中病原微生物的控制技术有待进一步优化。目前，对污泥中病原微生物的控制技术仍主要是厌氧消化、石灰稳定、污泥堆肥、污泥干化，这些技术对病原微生物的削减效果有限，因而需要进一步优化工艺参数、增加前置预处理或后置处理，以实现污泥的高效卫生化。微波、氧化、电化学等技术表现出较高的消毒效果，但需要额外的化学药剂、能源消耗等，如何推广应用这些技术，还有待进一步研究。

综上所述，污水处理厂污泥中的病原微生物数量大、种类多，限制了污泥的利用，对其进行风险控制具有重要意义。由于污泥的常规处理方法（如堆肥、消化）对病原微生物的控制有局限性，因此，应基于感染性病原微生物的传播特性、致病性风险、存活及灭活特性，提出定量化、分级管控标准，构建完善的污水处理厂污泥卫生化管理体系，并基于污泥卫生化要求，优化现有污泥处理处置技术参数，在加强污泥减量化、资源化的同时，加强污泥无害化的研究，促进污泥处理处置技术水平的全面提高。

参考文献

[1] PEPPER I L，BROOKS J P，GERBA C P. Pathogens in biosolids [J]. Advances in Agronomy，2006，90 (6)：1-41.

[2] WIGGINTON K R，YE Y Y，ELLENBERG R M. Emerging investigators series：the source and fate of pandemic viruses in the urban water cycle [J]. Environmental Science Water Research & Technology，2015，1 (6)：735-746.

[3] ROMDHANA M H，LECOMTE D，LADEVIE B，et al. Monitoring of pathogenic microorganisms contamination during heat drying process of sewage sludge [J]. Process Safety & Environmental Protection，2009，87 (6)：377-386.

[4] 吉铮. 城市污水及再生水中典型病毒的赋存及分布特性研究 [D]. 西安：西安建筑科技大学，2014.

[5] BIBBY K，PECCIA J. Identification of viral pathogen diversity in sewage sludge by metagenome analysis [J]. Environmental Science & Technology，2013，47 (4)：1945-1951.

[6] POURCHER A M，MORAND P，PICARD-BONNAUD F，et al. Decrease of enteric micro-organisms from rural sewage sludge during their composting in straw mixture [J]. Journal of Applied Microbiology，2010，99 (3)：528-539.

[7] WILLIAMS F P，HURST C J. Detection of environmental viruses in sludge：enhancement of enterovirus plaque assay titers with 5-iodo-2′-deoxyuridine and comparison to adenovirus and coliphage titers [J]. Water Research，1988，22 (7)：847-851.

[8] PRADO T，GASPAR A，MIAGOSTOVICH M P. Detection of enteric viruses in activated sludge by feasible concentration methods [J]. Brazilian Journal of Microbiology，2014，45 (1)：343-349.

[9] SIDHU J，TOZE S G. Human pathogens and their indicators in biosolids：a literature review [J]. Environment International，2009，35 (1)：187-201.

[10] KOCAMEMI B A，KURT H，SAIT A，et al. SARS-CoV-2 detection in istanbul

wastewater treatment plant sludges [J]. Journal of Environmental Chemical Engineering. 2020, 9 (5): 106296.

[11] SOARES A C, STRAUB T M, PEPPER I L, et al. Effect of anaerobic digestion on the occurrence of enteroviruses and giardia cysts in sewage sludge [J]. Journal of Environmental Science and Health. Part A: Environmental Science and Engineering and Toxicology, 1994, 29 (9): 1887-1897.

[12] BOSCH A, PINTO R M, BLANCH A R, et al. Detection of human rotavirus in sewage through two concentration procedures [J]. Water Research, 1988, 22 (3): 343-348.

[13] ARRAJ A, BOHATIER J, LAVERAN H, et al. Comparison of bacteriophage and enteric virus removal in pilot scale activated sludge plants [J]. Journal of Applied Microbiology, 2010, 98 (2): 516-524.

[14] NESTOR, ALBINANA-GIMENEZ, PILAR, et al. Distribution of human polyoma-viruses, adenoviruses, and hepatitis e virus in the environment and in a drinking-water treatment plant [J]. Environmental Science & Technology, 2006, 23 (40): 7416-7422.

[15] ZDYBEL J, KARAMON J, DĄBROWSKA J, et al. Parasitological contamination with eggs *ascaris* spp., *trichuris* spp. and *toxocara* spp. of dehydrated municipal sewage sludge in Poland [J]. Environmental Pollution, 2019, 248: 621-626.

[16] MORACE G, AULICINO F A, ANGELOZZI C, et al. Microbial quality of wastewater: detection of hepatitis a virus by reverse transcriptase-polymerase chain reaction [J]. Journal of Applied Microbiology, 2010, 92 (5): 828-836.

[17] STRAUB T M, PEPPER I L, GERBA C P. Detection of naturally occurring enteroviruses and hepatitis a virus in undigested and anaerobically digested sludge using the polymerase chain reaction [J]. Canadian Journal of Microbiology, 1994, 40 (10): 884-888.

[18] YE Y Y, CHANG P H, HARTERT J, et al. Reactivity of enveloped virus genome, proteins, and lipids with free chlorine and UV254 [J]. Environmental Science & Technology, 2018, 52 (14): 7698-7708.

[19] YE Y Y, ELLENBERG R M, GRAHAM K E, et al. Survivability, partitioning, and recovery of enveloped viruses in untreated municipal wastewater [J]. Environmental Science & Technology, 2016, 50 (10): 5077-5085.

[20] MOORE B E. Survival of human immunodeficiency virus (HIV), HIV-infected lymphocytes, and poliovirus in water [J]. Applied & Environmental Microbiology, 1993, 59 (5): 1437-1443.

[21] LAI M Y Y, CHENG P K C, LIM W W L. Survival of severe acute respiratory syndrome coronavirus [J]. Clinical Infectious Diseases, 2005, 41 (7): 67-71.

[22] NAZIR J, HAUMACHER R, IKE A, et al. Long-term study on tenacity of avian influenza viruses in water (distilled water, normal saline, and surface water) at different temperatures [J]. Avian Diseases, 2010, 54 (1): 720-724.

[23] DOREMALEN N V, BUSHMAKER T, MORRIS D H, et al. Aerosol and surface sta-

bility of SARS-CoV-2 as compared with SARS-CoV-1 [J]. New England Journal of Medicine，2020，382 (16)：1564-1567.

[24] SUN J，ZHU A R，LI H Y，et al. Isolation of infectious SARS-CoV-2 from urine of a covid-19 patient [J]. Emerging Microbes and Infections，2020，9 (1)：1-8.

[25] RAN DAZZO W，TRUCHADO P，CUEVAS-FERRANDO E，et al. SARS-CoV-2 RNA in wastewater anticipated COVID-19 occurrence in a low prevalence area-sciencedirect [J]. Water Research，2020，181.

[26] METCALF & EDDY，Inc. Wastewater engineering：treatment and reuse [M]. 4th Edition. Mc Graw-Hill，2003.

[27] SAHLSTR M L. A review of survival of pathogenic bacteria in organic waste used in biogas plants [J]. Bioresource Technology，2003，87 (2)：161-166.

[28] SAHLSTR M L，ASPAN A，BA GGE E，et al. Bacterial pathogen incidences in sludge from swedish sewage treatment plants [J]. Water Research，2004，38 (8)：1989-1994.

[29] SCHANG C，LINTERN A，COOK P，et al. Presence and survival of culturable *campylobacter* spp. and *Escherichia coli* in a temperate urban estuary [J]. Science of The Total Environment，2016，569-570：1201-1211.

[30] WéRY N，LHOUTELLIER C，DUCRAY F，et al. Behaviour of pathogenic and indicator bacteria during urban wastewater treatment and sludge composting，as revealed by quantitative PCR [J]. Water Research，2008，42 (1-2)：53-62.

[31] OGDEN I D，HEPBURN N F，MACRAE M，et al. Long-term survival of escherichia coli o157 on pasture following an outbreak associated with sheep at a scout camp [J]. Letters in Applied Microbiology，2010，34 (2)：100-104.

[32] FUKUSHI K，BABEL S，BURAKRAI S. Survival of salmonella spp. In a simulated acid-phase anaerobic digester treating sewage sludge [J]. Bioresource Technology，2003，86 (2)：53-57.

[33] NICHOLSON F A，GROVES S J，CHAMBERS B J. Pathogen survival during livestock manure storage and following land application [J]. Bioresource Technology，2005，96 (2)：135-143.

[34] HEATON J C，JONES K. Microbial contamination of fruit and vegetables and the behaviour of enteropathogens in the phyllosphere：a review [J]. Journal of Applied Microbiology，2008，104 (3)：613-626.

[35] JONES K. Campylobacters in water，sewage and the environment [J]. Symposium series (Society for Applied Microbiology)，2001，90 (30)：68-79.

[36] 邸聪聪，胡平，胡章立，等. 细菌活的非可培养（VBNC）状态及其机理研究进展 [J]. 应用与环境生物学报，2014，20 (6)：1124-1131.

[37] KUDVA I T，BLANCH K，HOVDE C J. Analysis of escherichia coli o157：H7 survival in ovine or bovine manure and manure slurry [J]. Applied & Environmental Microbiology，1998，64 (9)：3166-3174.

[38] JIANG Y, XIE S H, DENNEHY C, et al. Inactivation of pathogens in anaerobic digestion systems for converting biowastes to bioenergy: A review [J]. Renewable and Sustainable Energy Reviews, 2020, 120.

[39] BYRNE B, DUNNE G, BOLTON D J. Thermal inactivation of bacillus cereus and clostridium perfringens vegetative cells and spores in pork luncheon roll [J]. Food Microbiology, 2007, 23 (8): 803-808.

[40] LLORET E, PASTOR L, PRADAS P, et al. Semi full-scale thermophilic anaerobic digestion (tand) for advanced treatment of sewage sludge: stabilization process and pathogen reduction [J]. Chemical Engineering Journal, 2013, 232: 42-50.

[41] WANG C, HU R W, STRONG P J, et al. Prevalence of antibiotic resistance genes and bacterial pathogens along the soil-mangrove root continuum [J]. Journal of Hazardous Materials, 2020, 408.

[42] MA Y J, WILSON C A, NOVAK J T, et al. Effect of various sludge digestion conditions on sulfonamide, macrolide, and tetracycline resistance genes and class I integrons [J]. Environmental Science & Technology, 2011, 45 (18): 7855-7861.

[43] ZHAO Q, LIU Y. Is anaerobic digestion a reliable barrier for deactivation of pathogens in biosludge? [J]. Science of The Total Environment, 2019, 668: 893-902.

[44] CACCIò S, GIACOMO M, AULICINO F A, et al. Giardia cysts in wastewater treatment plants in Italy [J]. Applied and Environmental Microbiology, 2003, 69 (6): 3393-3398.

[45] RAZZOLINI M, BRETERNITZ B S, KUCHKARIAN B, et al. Cryptosporidium and giardia in urban wastewater: a challenge to overcome [J]. Environmental Pollution, 2019, 257: 113545.

[46] GRACZYK T K, KACPRZAK M, NECZAJ E, et al. Occurrence of cryptosporidium and giardia in sewage sludge and solid waste landfill leachate and quantitative comparative analysis of sanitization treatments on pathogen inactivation [J]. Environmental Research, 2008, 106 (1): 27-33.

[47] NASSER A M, HUBERMAN Z, ZILBERMAN A, et al. Die-off and retardation of *cryptosporidium* spp. oocyst in loamy soil saturated with secondary effluent [J]. Water Science & Technology Water Supply, 2003, 3 (4): 253-259.

[48] KATO S, FOGARTY E, BOWMAN D. Effect of aerobic and anaerobic digestion on the viability of cryptosporidium parvum oocysts and ascaris suum eggs [J]. International Journal of Environmental Health Research, 2003, 13 (2): 169-179.

[49] NELSON K L. Concentrations and inactivation of ascaris eggs and pathogen indicator organisms in wastewater stabilization pond sludge [J]. Water Science & Technology, 2003, 48 (2): 89-95.

[50] BENITO M, MENACHO C, CHUEC P, et al. Seeking the reuse of effluents and sludge from conventional wastewater treatment plants: analysis of the presence of intestinal protozoa and nematode eggs [J]. Journal of Environmental Management, 2020, 261.

[51] JOHNSON P W，DIXON R，ROSS A D. An in-vitro test for assessing the viability of ascaris suum eggs exposed to various sewage treatment processes [J]. International Journal for Parasitology，1998，28 (4)：627-633.

[52] 池勇志，薛彩红，习钰兰，等．污水污泥中病原微生物的性质及灭活方法 [J]. 天津城建大学学报，2011 (1)：48-54.

[53] DECREY L，KAZAMA S，UDERT K M，et al. Ammonia as an in situ sanitizer：Inactivation kinetics and mechanisms of the ssRNA virus MS2 by NH_3 [J]. Environmental Science & Technology，2015，49 (2)：1060-1067.

[54] DECREY L，KAZAMA S，KOHN T. Ammonia as an in-situ sanitizer：Influence of virus genome type on inactivation [J]. Applied & Environmental Microbiology，2016，82 (16)：4909-4920.

[55] GERBA C P，PEPPER I L，WHITEHEAD L F. A risk assessment of emerging pathogens of concern in the land application of biosolids [J]. Water Science & Technology，2002，46 (10)：225-230.

[56] EISCHEID A C，THURSTON J A，LINDEN K G. UV disinfection of adenovirus：present state of the research and future directions [J]. Critical Reviews in Environmental Science and Technology，2011，41 (15)：1375-1396.

[57] HARDEN V P，HARRIS J O. The isoelectric point of bacterial cells [J]. Journal of Bacteriology，1953，65 (2)：198-202.

[58] 徐丽梅．水中病原微生物的紫外线和氯消毒灭活作用机制研究 [D]. 西安：西安建筑科技大学，2017.

[59] GOYAL S M，CANNON J L. Human and animal viruses in food (including taxonomy of enteric viruses) [M]. Springer International Publishing，2016.

[60] ROUCH D A，MONDAL T，PAI S，et al. Microbial safety of air-dried and rewetted biosolids [J]. Journal of Water & Health，2011，9 (2)：403-414.

[61] LIN K，MARR L C. Humidity-dependent decay of viruses，but not bacteria，in aerosols and droplets follows disinfection kinetics [J]. Environmental Science and Technology，2019，54 (2)：1024-1032.

[62] 赵炳梓，张佳宝．病毒在土壤中的迁移行为 [J]. 土壤学报，2006，43 (2)：306-313.

[63] MELNICK J L，GERBA C P，BERG G. The ecology of enteroviruses in natural waters [J]. CRC Critical Reviews in Environmental Control，1980，10 (1)：65-93.

[64] SINCLAIR R G，ROSE J B，HASHSHAM S A，et al. Criteria for selection of surrogates used to study the fate and control of pathogens in the environment [J]. Applied & Environmental Microbiology，2012，78 (6)：1969-1977.

[65] CHETOCHINE A S，BRUSSEAU M L，GERBA C P，et al. Leaching of phage from class b biosolids and potential transport through soil [J]. Applied & Environmental Microbiology，2006，72 (1)：665-671.

[66] YANG W，CAI C，DAI X H. The potential exposure and transmission risk of SARS-CoV-

2 through sludge treatment and disposal [J]. Resources Conservation and Recycling, 2020, 162.

[67] BROOKS J P, TANNER B D, GERBA C P, et al. Estimation of bioaerosol risk of infection to residents adjacent to a land applied biosolids site using an empirically derived transport model [J]. Journal of Applied Microbiology, 2010, 98 (2): 397-405.

[68] VIAU E, BIBBY K, PAEZ-RUBIO T, et al. Toward a consensus view on the infectious risks associated with land application of sewage sludge [J]. Environmental Science & Technology, 2011, 45 (13): 5459-5469.

[69] POURCHER A M, FRANÇOISE P B, VIRGINIE F, et al. Survival of faecal indicators and enteroviruses in soil after land-spreading of municipal sewage sludge [J]. Applied Soil Ecology, 2007, 35 (3): 473-479.

[70] DAMGAARD-LARSEN S, JENSEN K O, LUND E, et al. Survival and movement of enterovirus in connection with land disposal of sludges [J]. Water Research, 1977, 11 (6): 503-508.

[71] CLARKE R, PEYTON D, HEALY M G , et al. A quantitative microbial risk assessment model for total coliforms and e-coli in surface runoff following application of biosolids to grassland [J]. Environmental Pollution, 2017, 224: 739-750.

[72] United States Environmental Protection Agency. Part 503-standards for the use or disposal of sewage sludge [S]. 1993.

[73] MININNI G, BLANCH A R, LUCENA F, et al. Eu policy on sewage sludge utilization and perspectives on new approaches of sludge management [J]. Environmental Science and Pollution Research, 2014, 22 (10): 7361-7374.

[74] 国家环境保护总局．城镇污水处理厂污染物排放标准：GB 181918—2002 [S]. 2002.

[75] 中华人民共和国住房和城乡建设部．城镇污水处理厂污泥泥质：GB/T 24188—2009 [S]. 北京：中国标准出版社，2009.

[76] 中华人民共和国住房和城乡建设部．城镇污水处理厂污泥处置混合填埋用泥质：GB/T 23485—2009 [S]. 北京：中国标准出版社，2009.

[77] 中华人民共和国住房和城乡建设部．农用污泥污染物控制标准：GB 4284—2018 [S]. 北京：中国标准出版社，2018.

[78] 中华人民共和国住房和城乡建设部．城镇污水处理厂污泥处置园林绿化用泥质：GB/T 23486—2009 [S]. 北京：中国标准出版社，2009.

[79] 国家环境保护总局科技标准司．医疗机构水污染物排放标准：GB 18466—2005 [S]. 北京：中国环境科学出版社，2005.

[80] 颜莹莹，梁远，沙雪华，等．新冠肺炎疫情下关于减少污泥中病原体的思考 [J]. 中国给水排水，2020，506 (6)：30-35.

[81] WHEELER A L, HARTEL P G, GODFREY D G, et al. Potential of enterococcus faecalis as a human fecal indicator for microbial source tracking [J]. Journal of Environmental Quality, 2002, 31 (4): 1286-1293.

[82] HÖRMAN A, RIMHANEN-FINNE R, MAUNULA L, et al. *Campylobacter* spp., *Giardia* spp., *Cryptosporidium* spp., noroviruses, and indicator organisms in surface water in southwestern Finland, 2000-2001 [J]. Applied & Environmental Microbiology, 2004, 70 (1): 87-95.

[83] HARWOOD V J, LEVINE A D, SCOTT T M, et al. Validity of the indicator organism paradigm for pathogen reduction in reclaimed water and public health protection [J]. Applied and Environmental Microbiology, 2005, 71 (6): 3163-3170.

[84] PAYMENT P, PLANTE R, CEJKA P. Removal of indicator bacteria, human enteric viruses, giardia cysts, and cryptosporidium oocysts at a large wastewater primary treatment facility [J]. Canadian Journal of Microbiology, 2001, 47 (3): 188-193.

[85] PASCUAL-BENITO M, GARCíA-ALJARO C, CASANOVAS-MASSANA S, et al. Effect of hygienization treatment on the recovery and/or regrowth of microbial indicators in sewage sludge [J]. Journal of Applied Microbiology, 2015, 118 (2): 412-418.

[86] AMARASIRI M, KITAJIMA M, NGUYEN T H, et al. Bacteriophage removal efficiency as a validation and operational monitoring tool for virus reduction in wastewater reclamation: review [J]. Water Research: A Journal of the International Water Association, 2017, 121: 258-269.

[87] WADE T J, PAI N, EISENBERG J N, et al. Do U. S. Environmental Protection Agency water quality guidelines for recreational waters prevent gastrointestinal illness? A systematic review and meta-analysis [J]. Environmental Health Perspectives, 2003, 111 (8): 1102-1109.

[88] MANDILARA G D, SMETI E M, MAVRIDOU A T, et al. Correlation between bacterial indicators and bacteriophages in sewage and sludge [J]. FEMS Microbiology Letters, 2010, 263 (1): 119-126.

[89] Department of Environment and Conservation. Western Australian guidelines for biosolids management [S]. 2012.

[90] FIELD K G, SCOTT T M. Microbial source tracking: current methodology and future directions [J]. Applied and Environmental Microbiology, 2002, 68 (12): 5796-5803.

[91] NSHIMYIMANA J P, CRUZ M C, THOMPSON R J, et al. Bacteroidales markers for microbial source tracking in southeast Asia [J]. Water Research, 2017, 118: 239-248.

[92] HAMZA I A, JURZIK L, ÜBERLA K, et al. Evaluation of pepper mild mottle virus, human picobirnavirus and Torque teno virus as indicators of fecal contamination in river water [J]. Water Research, 2011, 45 (3): 1358-1368.

[93] FARKAS K, WALKER D I, ADRIAENSSENS E M, et al. Viral indicators for tracking domestic wastewater contamination in the aquatic environment [J]. Water Research, 2020, 181: 115926.

[94] 中华人民共和国住房和城乡建设部. 城镇污水处理厂污泥处理 稳定标准: CJ/T 510—2017 [S]. 北京: 中国标准出版社, 2017.

[95] WONG K, ONAN B M, XAGORARAKI I. Quantification of enteric viruses, pathogen indicators, and salmonella bacteria in class b anaerobically digested biosolids by culture and molecular methods [J]. Applied and Environmental Microbiology, 2010, 76 (19): 6441-6448.

[96] APPELS L, LAUWERS J, DERÈVE, et al. Anaerobic digestion in global bio-energy production: potential and research challenges [J]. Renewable and Sustainable Energy Reviews, 2011, 15 (9): 4295-4301.

[97] SASSI H P, IKNER L A, ABD-ELMAKSOUD S, et al. Comparative survival of viruses during thermophilic and mesophilic anaerobic digestion [J]. Science of The Total Environment, 2018, 615: 15-19.

[98] CHEUNBARN T, PAGILLA K R. Aerobic thermophilic and anaerobic mesophilic treatment of sludge [J]. Journal of Environmental Engineering, 2000, 129 (9): 790-795.

[99] TRAUB F, WYLER R. Method for determining virus inactivation during sludge treatment processes [J]. Applied and Environmental Microbiology, 1986, 52 (3): 498-503.

[100] VOGT S L, PENA-DIAZ J, FINLAY B B, et al. Chemical communication in the gut: effects of microbiota-generated metabolites on gastrointestinal bacterial pathogens [J]. Anaerobe, 2015, 34: 106-115.

[101] LEVANTESI C, BEIMFOHR C, BLANCH A R, et al. Hygienization performances of innovative sludge treatment solutions to assure safe land spreading [J]. Environmental Science & Pollution Research International, 2015, 22 (10): 7237-7247.

[102] WANG M, CHEN H P, LIU S L, et al. Removal of pathogen and antibiotic resistance genes from waste activated sludge by different pre-treatment approaches [J]. Science of The Total Environment, 2020, 763.

[103] MONPOEHO S, MAUL A, BONNIN C, et al. Clearance of human-pathogenic viruses from sludge: study of four stabilization processes by real-time reverse transcription-PCR and cell culture [J]. Applied & Environmental Microbiology, 2004, 70 (9): 5434-5440.

[104] WARD R L, ASHLEY C S. Heat inactivation of enteric viruses in dewatered wastewater sludge [J]. Applied and Environmental Microbiology, 1978, 36 (6): 898-905.

[105] PALUSZAK Z, LIPOWSKI A, LIGOCKA A. Survival rate of suid herpesvirus (SuHV-1, Aujeszky's disease virus, ADV) in composted sewage sludge [J]. Polish Journal of Veterinary Sciences, 2012, 15 (1): 51-54.

[106] WATANABE T, SANO D, OMURA T. Risk evaluation for pathogenic bacteria and viruses in sewage sludge compost [J]. Water Science & Technology: A Journal of the International: Association on Water Pollution Research, 2002, 46 (11-12): 325.

[107] OLESZKIEWICZ, MAVINIC, D. Wastewater biosolids: an overview of processing, treatment, and management [J]. Journal of Environmental Engineering & Science, 2002, 28 (S1): 102-114.

[108] FÜRHACKER M，HABERL R. Composting of sewage sludge in a rotating vessel [J]. Water Science & Technology，1995，32 (11)：121-125.

[109] EASTMAN B R，KANE P N，EDWARDS C A，et al. The effectiveness of vermiculture in human pathogen reduction for USEPA biosolids stabilization [J]. Compost Science & Utilization，2001，9 (1)：38-49.

[110] 张一．基于组学的蚯蚓（amynthas heterochaetus）自身免疫系统及肠道微生物群落协同防御机理研究 [D]. 北京：中国农业大学，2016.

[111] 李帅磊．城镇污泥降解过程中蚯蚓对病原菌丰度的影响 [D]. 兰州：兰州交通大学，2019.

[112] TOGNETTI C，LAOS F，MAZZARINO M J，et al. Composting vs. vermicomposting：a comparison of end product quality [J]. Compost Science & Utilization，2013，13 (1)：6-13.

[113] ROBLEDO-MAHóN T，SILVA-CASTRO G A，KUHAR U，et al. Effect of composting under semipermeable film on the sewage sludge virome [J]. Microbial Ecology，2019，78 (4)：895-903

[114] 吴丽杰，苑宏英，陈练军，等．污水厂污泥中病原微生物控制技术研究进展 [J]. 天津城建大学学报，2010，16 (3)：182-188.

[115] GLASS J S. Composting wastewater biosolids [J]. Biocycle Journal of Composting & Recycling，1993，34 (1)：68-72.

[116] JACQUELINE H，PAUL W，AARON M. Inactivation of adenovirus type 5，rotavirus WA and male specific coliphage (MS2) in biosolids by lime stabilization [J]. International Journal of Environmental Research and Public Health，2007，4 (1)：61-67.

[117] LOPES B C，MACHADO E C，RODRIGUES H F，et al. Effect of alkaline treatment on pathogens，bacterial community and antibiotic resistance genes in different sewage sludges for potential agriculture use [J]. Environmental Technology，2018，41：1-28.

[118] JEPSEN S E，KRAUSE M，GRüTTNER H. Reduction of fecal streptococcus and salmonella by selected treatment methods for sludge and organic waste [J]. Water Science & Technology，1997，36 (11)：203-210.

[119] 周永林．医院污泥的消毒与处置 [J]. 消毒与灭菌，1986 (4)：231.

[120] HURST C J，GERBA C P. Fate of viruses during wastewater sludge treatment processes [J]. Critical Reviews in Environmental Control，1989，18 (4)：317-343.

[121] BREWSTER J，OLESZKIEWICZ J A，COOMBS K M，et al. Enteric virus indicators：Reovirus versus poliovirus [J]. Journal of Environmental Engineering，2005，131 (7)：1010-1013.

[122] KOCH K，STRAUCH D. Removal of polio-and parvovirus in sewage-sludge by lime-treatment (author's transl) [J]. Zentralbl Bakteriol Mikrobiol Hyg B，1981，174 (4)：335-347.

[123] 孙玉焕，骆永明．污泥中病原物的环境与健康风险及其削减途径 [J]. 土壤，2005，37

(5)：12-19.
[124] TSAI C T，LIN S T. Disinfection of hospital waste sludge using hypochlorite and chlorine dioxide [J]. Journal of Applied Microbiology，2010，86 (5)：827-833.
[125] BRASHEAR D A，WARD R L. Inactivation of indigenous viruses in raw sludge by air drying [J]. Applied & Environmental Microbiology，1983，45 (6)：1943-5.
[126] 周玉芬，郑祥，雷洋，等. 活性污泥对病毒的生物吸附特性 [J]. 环境科学，2012，33 (5)：1621-1624.
[127] DE OLIVEIRA J F，KER R R F，Teixeira G A，et al. Survival evaluation of bacterial indicators and viruses during thermal drying of sewage sludge in a greenhouse [J]. Engenharia Sanitaria e Ambiental，2018，23 (6)：1079-1089.
[128] CROCI L，CICCOZZI M，MEDICI D D，et al. Inactivation of hepatitis a virus in heat-treated mussels [J]. Journal of Applied Microbiology，2010，87 (6)：884-888.
[129] ZENKER M，HEINZ V，KNORR D. Application of ultrasound-assisted thermal processing for preservation and quality retention of liquid foods [J]. Journal of Food Protection，2003，66 (9)：1642.
[130] 张韶华，石利民，金萍. 辐照对污泥消毒效果的观察 [J]. 职业与健康，2002，18 (12)：77-77.
[131] VASL R J，EIGENBERG E M，LAPIDOT M，et al. Virus behaviour in irradiated sludge [J]. Water Science & Technology，1983，15 (5)：123-127.
[132] 关克志，李素芝. 不同厚度污泥对辐射灭菌的影响 [J]. 环境污染与防治，1990，154：8-10，45.
[133] HONG S M，PARK J K，TEERADEJ N. Pretreatment of sludge with microwaves for pathogen destruction and improved anaerobic digestion performance [J]. Water Environment Research，2006，78 (1)：76-83.
[134] 曹秀芹，吴蕙蓉，甘一萍，等. 国外污泥病原菌的研究进展 [C] //建设部，科技部，国家环境保护总局. 第六届亚太地区基础设施发展部长级论坛暨第二届中国城镇水务发展国际研讨会论文集，2007.
[135] 张景丽. 医院污水膜生物反应器（MBR）污泥消毒处理的研究 [D]. 天津：天津大学，2010.

第7章 污泥中新兴污染物环境行为及削减研究

7.1 概述

近年来，研究人员在全球范围城市水环境中频繁检测出药物、微塑料、抗生素、抗性基因等多种新兴污染物。新兴污染物是指：能够在环境中检测到，但未被纳入常规监测的，对人体健康和生态环境存在潜在危害的污染物，其具有环境持久性、生物积累性及毒性等特点。同时，此类污染物大部分都有疏水性，更倾向于在污泥中积聚，这无疑增加了污泥处理处置的困难，严重影响了污泥的开发利用。

污泥中新兴污染物的来源途径众多，药物主要通过市政管网、医院废水等进入城市污水处理系统；工业添加剂、有机锡化合物、全氟化合物等，来源于化工厂生产、加工过程中产生的废水，废水经过集中处理后进入市政管网；表面活性剂和有机锡化合物、雌激素类物质，分别作为洗涤剂和农用杀虫剂的主要成分，通过生活污水进入城市污水处理系统；一些工业添加剂和溴系阻燃剂来源于电子产品和塑料制品，通过生活污水和垃圾渗滤液进入城市污水处理系统，最终进入污泥。污泥中新兴污染物种类见图 7.1-1。

7.1.1 污泥中新兴污染物的种类

污泥中的新兴污染物可分为以下八类：药物、雌激素、表面活性剂及其代谢产物、个人护理品的添加物、溴系阻燃剂、工业添加剂、有机锡化合物、全氟化合物[1]。其中，药物主要包括抗生素类药物（如土霉素、氧氟沙星、磺胺甲恶唑等）及精神性药物（如卡马西平等）；工业添加剂主要有多氯联苯、邻苯二甲酸酯等；目前已检测出的表面活性剂主要包含阴离子表面活性剂（直链烷基苯磺酸）、非离子表面活性剂（壬基酚聚氧乙烯醚）、阳离子表面活性剂等，以及作为表面活性剂的代谢中间体的壬基苯酚，具体如表 7.1-1 所示。新兴污染物可能造成人或动物内分泌系统功能障碍、生殖毒性、免疫损伤和发育缺陷等，进而危害人类及其他动物健康[2]。

图 7.1-1　新兴污染物在污泥中的富集

污泥中新兴污染物种类[1,2]　　**表 7.1-1**

类型	典型物质	应用
药物	卡马西平	常见精神性药物
	环丙沙星	抗菌药物
	氧氟沙星	抗菌药物
	土霉素	抑菌剂
	磺胺甲恶唑	抗生素
雌激素	雌酮	农药、色素及防腐剂等
	雌三醇	农药、色素及防腐剂等
表面活性剂及其代谢产物	壬基苯酚	洗涤剂、增湿剂、塑化剂
	直链烷基苯磺酸	洗涤剂原料
	壬基酚聚氧乙烯醚	洗涤、印染和化工等
个人护理品	三氯生	香皂、洗衣液、消毒剂
	三氯卡班	洗衣粉及抗菌、防臭织物整理剂
	合成麝香	化妆品、香料
溴系阻燃剂	多溴联苯醚	具有防火性能的复合材料
	六溴环十二烷	具有防火性能的复合材料
工业添加剂	双酚 A	塑化剂
	邻苯二甲酸酯	塑化剂
	呋喃	热芯盒工艺型芯的胶粘剂
	多氯联苯	树脂、橡胶、结合剂、涂料、复写纸、陶釉、防火剂等的添加剂

续表

类型	典型物质	应用
有机锡化合物	单丁基锡	催化剂、稳定剂
	三丁基锡	农用杀虫剂、涂料和防霉剂
全氟化合物	全氟辛酸	润滑剂、乳化剂等
	全氟辛烷磺酸	纺织、造纸、皮革等

7.1.2　污泥中新兴污染物的含量

污泥中新兴污染物浓度范围见图7.1-2，污泥中新兴污染物的浓度通常受化合物的理化性质（如分子量、疏水性、水溶解性、酸度系数、抗生物降解性）[3]，污泥特性（pH、有机质、阳离子浓度），运行参数（水力停留时间、污泥停留时间、污泥稳定方法）[4] 的影响，此外，还与人们的使用频率密切相关。例如，抗生素常通过市政管网、医院废水等进入城市污水处理系统，并通过吸附作用进入污泥。除本身可能对环境造成毒性危害外，抗生素的广泛应用还会促进耐药菌（ARB）和抗性基因（ARG）的产生和积累，从而加速抗生素耐药性的发展[5]。据报道，大多数（>99%）的ARG最终积聚在污泥[6]。

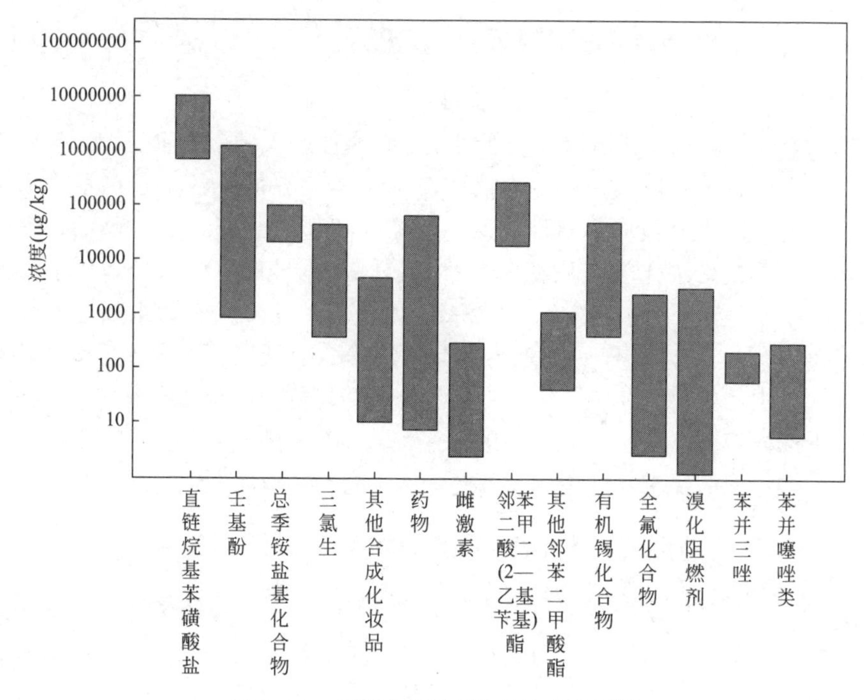

图7.1-2　污泥中新兴污染物浓度范围[2]

此外，污泥中含有较高含量的个人护理品的添加物，如三氯生、三氯卡班、佳乐麝香，同时，还存在一定量的天然雌激素（雌酮、雌二醇、雌三醇），17α—乙炔雌二醇（EE2）和其他浓度较低的合成麝香。据报道，三氯生在二级污泥中浓度为620～17500μg/kg，在生物固体中浓度为190～9850μg/kg。

表面活性剂具有生物降解性低和吸附作用强的特性。线性烷基苯磺酸盐、壬基苯酚乙氧基酸盐和季铵盐类化合物是阴离子、非离子和阳离子表面活性剂的代表，其中，线性烷基苯磺酸盐（LAS）在污泥中浓度最高。在废水生物处理过程中，壬基苯酚乙氧基酸盐产出的代谢产物有：壬基苯酚、壬基酚单甲氧基酯和壬基苯酚二乙氧基酯[7]，污泥中壬基苯酚含量一般可达0.02～2530mg/kg[8]。

多氯联苯、双酚A、邻苯二甲酸酯等工业添加剂在常规的污水处理系统中难以被降解，大多被转移到污泥中。邻苯二甲酸酯（特别是邻苯二甲酸双酯）在污泥中被检测出具有高浓度，其在污泥厌氧消化过程中的去除与烷基链的长度密切相关，烷基链越长，越难被降解[9]。

综上所述，新兴污染物可通过吸附等作用在污水污泥中实现不同浓度的富集。药物、抗性基因和微塑料在污泥中具有高浓度、持久性、生态毒性和传播风险的特征，是目前城市污水污泥的重要被监测对象。

7.2 药品及其代谢产物在污泥处理处置过程中的归趋

药物活性化合物（PhACs）会通过尿液和粪便进入城市废水系统，会对生态系统和人类健康产生巨大影响。据估计，大约30%～90%的给药剂量作为未变化化合物的活性成分或作为活性代谢物，经尿液和粪便排出[10]。然而，现有的常规污水处理厂无法完全去除废水中的PhACs，据报道，污水处理厂中微污染物的去除率从－148%到100%，这取决于化合物的性质以及污水处理厂的工艺和运行条件[2,3]。污水处理厂中PhACs的不完全去除或降解，导致这些污染物出现在废水出水和生物固体中[11,12]。活性污泥可通过静电和疏水相互作用，在微生物活动下形成絮状体，实现PhACs的去除[13]，但由于产生了含有大量PhACs的污泥，使得污泥的无害化处理成为备受全球关注的环境问题[14]。

7.2.1 污泥中药品及其代谢产物的分析检测和质量控制

由于污泥本身性质复杂、组成多样，加上PhACs在污泥中含量较低，使得取样、样品制备和分析测定成为研究的关键。关于样品的收集，需要确保样品的代表性，主要通过收集若干随机子样本，然后将这些随机子样本汇集，获得具有代表性的复合样本。Martín等[15] 在实验中收集了2L初沉/二沉污泥、1kg厌氧消化脱水污泥/堆肥残渣，对样品进行均质化、冷冻干燥和筛分处理后，最终获得1.0g初沉/二沉污泥、1.5g消化污泥或2.0g堆肥残渣作为样本。

样品制备通常包括提取、纯化和预浓缩。传统的超声波溶剂萃取法（USE）仍被广泛应用于污泥中的PhACs萃取。然而，该方法需要手动操作，耗时长，试剂消耗大。由此开发了更环保的低成本、自动化、小型化技术，如加压液相萃取（PLE）、基质固相萃取（MSPD）、加压热水萃取（PHWE）等。

污泥样品常采用固相萃取，用C18或Oasis HLB吸附剂，或用分散—固相萃取、C18和PSA吸附剂进行纯化。然而，与单独的提取相比，该步骤明显增加了分析时间，并涉及额外的样本操作。对此，Rossini等[16]开发了QuEChERS萃取与在线固相萃取液相色谱—串联质谱（LC-MS/MS）相结合的方法，消除QuEChERS的分散—固相萃取步骤，用于测定污泥中非甾体抗炎药及其代谢物。Saleh等[17]在PHWE后，采用新兴中空纤维液相微萃取对污泥样品中的非甾体抗炎药进行了分析。鉴于PhACs多样的物理化学性质（包括许多极性和非挥发性化合物），反相LC-MS/MS是最适合检测PhACs及其代谢物的技术。近几年，亲水性相互作用液相色谱在极性化合物，特别是在PhACs代谢物的分析中应用广泛。

统计发现，目前仅针对一种或两种类型的污泥进行了污泥样品中PhACs及其代谢物的检测方法开发和验证。然而，为了全面评估污水处理厂中PhACs的分布，需要对所有处理阶段的不同类型污泥中的PhACs浓度进行测量[18,19]。此外，很少有方法专注于PhACs代谢物的测定，目前，发现的方法侧重于对单个PhACs或来自同一组的PhACs测定[20]。

当污泥基质有机成分含量偏高，可能会增加样品的黏度和电喷雾电离源中产生液滴的超临界张力，从而降低目标分析物的蒸发效率，因此，在实验中应尽可能降低基质效应带来的影响。质谱分析中存在的基质效应可通过比较直接注入流动相标准品的响应与加入已提取样品的相同量标准品的响应来评估[18]。在实际应用中，可以采用不同的方法来降低基质效应：①改善提取物的提取净化或色谱分离程度；②稀释样品；③使用矩阵匹配校准曲线进行定量，以及使用同位素标记。后者是最常见的方法，但成本高昂，商业用途有限[20,21]。

7.2.2　污泥处理处置过程中药品及其代谢产物的迁移转化

统计发现污水污泥中药品浓度受物质本身、用途、污泥基质及地理区域等影响，目前，行业内重点主要集中于对污泥处理终端产品（消化、脱水或混合污泥）中PhACs浓度的研究，而对污泥稳定化处理过程中PhACs分布的研究较少，对其代谢产物分布的研究更是缺乏。

1. 初沉/二沉污泥中药品及代谢产物的归趋

统计表明，污泥中检出次数及检出浓度最高的5种药物分别为：抗菌剂>抗生素>非甾体抗炎药>抗抑郁药>抗糖尿病药[3]（图7.2-1）。其中，抗菌剂三氯卡班的浓度最高，氟喹诺酮类药物的浓度范围较广[8]。污泥中大环内酯类抗生素的存在会促进抗生素耐药性发展。抗癫痫药物卡马西平是污泥样品中经常被研究和检测到的PhACs之一，具有持久性，在中国的平均浓度为0.9ng/g[22,23]。其他经常被测量和定量的药物包括β受体阻滞剂（普萘洛尔和阿替洛尔）、抗抑郁药（西酞普兰和文拉法辛）、兴奋剂（咖啡因）和降脂药（吉非罗齐和苯扎贝特）。

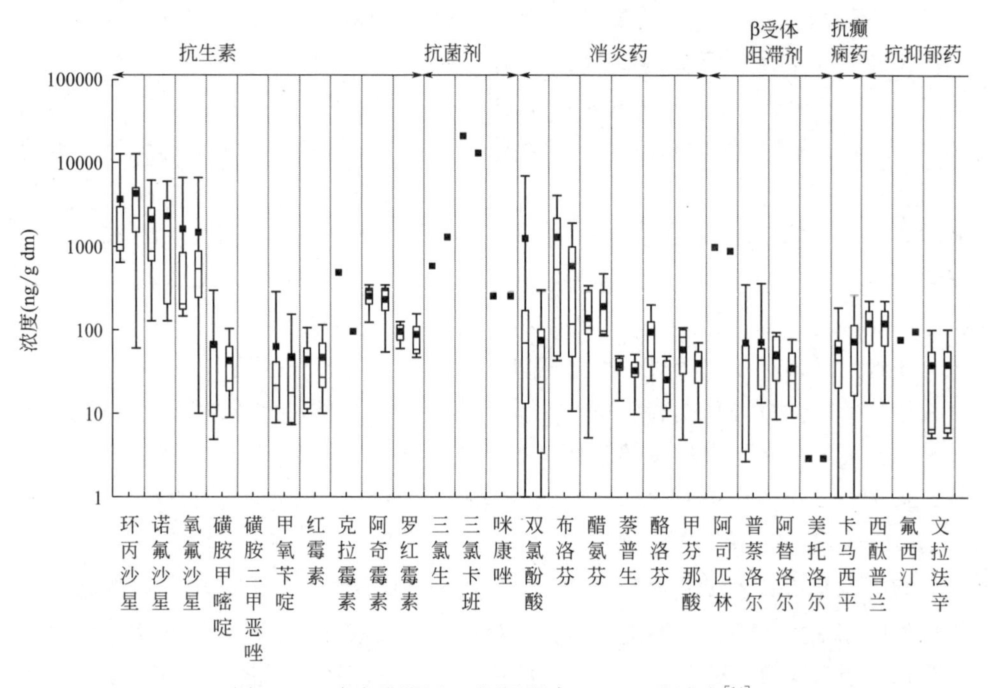

图7.2-1 初沉污泥和二沉污泥中PhACs的浓度[14]

初沉污泥中PhACs的高浓度是由于其高进水浓度（如咖啡因、布洛芬或西酞普兰），或高疏水性（如三氯生或三氯卡班）导致污泥中的高分配。PhACs和污泥中有机物之间的吸附由疏水作用主导，污泥性质不同，会导致PhACs吸附行为有所不同。然而，并非所有在污泥中检测到的PhACs都是疏水性化合物，一些PhACs具有极性官能团，无论其疏水性如何，都能通过静电相互作用吸附到有机物或矿物上。因此，在初沉和二沉污泥样品中，也会检测出高浓度的亲水性物质，如诺氟沙星、对乙酰氨基酚或阿替洛尔[24,25]。pH为7时，污泥表面带负电荷，PhACs呈中性或带正电荷，从而大量吸附在初级和二级污泥上。除静电作用外，PhACs会与其代谢物（如四环素）和污泥中的金属阳离子（Mg^{2+}、

Ca^{2+}和Cu^{2+}）形成复合物，也会对其吸附浓度产生影响[26,27]。此外，PhACs在污泥上的吸附性能还与污泥碳含量有关。

除PhACs外，污泥样品中还存在大量PhACs代谢产物。邻羟基苯甲酸和N—去甲舍曲林是污泥中浓度最高的PhACs代谢产物，尽管二者为亲水性物质，但在环境pH下以阴离子形式存在。同时，污泥颗粒物中存在的Fe^{3+}与邻羟基苯甲酸的酚基基团之间形成了络合物[28]。对于某些化合物，在二沉污泥中的代谢物浓度高于在初沉污泥中的代谢物浓度。

污泥中PhACs的浓度还与采样区域、气候条件、人类健康状况等有关，在不同国家或地区的检出浓度差异明显，Chen等[29]发现，中国东部污泥中PhACs浓度与中国北部或西部污泥中PhACs浓度存在显著差异。因此，仅对一个或几个污水处理厂进行采样，可能无法反映实际污染状况。

2. 污泥稳定化处理过程药品及代谢产物的削减

对污泥稳定通常采用厌氧或好氧消化的方法。在消化污泥中检出最多的药物类别为：抗生素、非甾体抗炎药、抗癫痫药和抗抑郁药。消化污泥中检测到的高浓度PhACs包括三氯卡班（21000ng/g）、环丙沙星（12858ng/g）、奥氟沙星（6712ng/g）、诺氟沙星（6049ng/g）、双氯芬酸（7020ng/g）、布洛芬（4105ng/g）、咖啡因（2828ng/g）和吉非罗齐（1562ng/g），消化污泥中的PhACs浓度见图7.2-2。相关污泥稳定处理过程中化合物的评估和分布的研究表明，在厌氧消化和好氧消化期间，上述物质的浓度均会发生衰减。

在大多数发达国家，常采用厌氧消化对污泥进行稳定化处理。Ivanová等[30]发现，经过厌氧消化或好氧消化后的PhACs浓度存在显著差异。例如，替米沙坦、舍曲林、阿奇霉素、厄贝沙坦在好氧消化污泥中检出率较高，相比之下，厌氧消化污泥中四氢呋喃、非索非那定、西酞普兰和N—去甲基—西酞普兰的浓度较高。与好氧细菌相比，厌氧微生物能提高克拉霉素、红霉素和雌激素的去除率[31]。而相对地，对于部分PhACs，经过好氧消化后，其在污泥中的浓度明显低于厌氧消化后在污泥中的浓度（如三氯生在好氧消化污泥中的浓度为220mg/kg，在厌氧消化污泥中的浓度为5580mg/kg）[32]。研究认为，好氧堆肥可以成功地去除三氯生，且随着通气量的增加，降解率缓慢升高[33]。此外，堆肥还可促进微生物活性，增加与三氯生降解有关的微生物的相对丰度。

相关研究表明，仅使用厌氧消化或好氧消化对污泥中PhACs的降解能力有限，但可通过结合两种或两种以上的混合工艺来增强其去除效果。González-Salgado等[34]采用高温好氧与中温厌氧相结合的混合工艺实现了双氯芬酸、2—羟基布洛芬的中度去除和奥沙西泮、普萘洛尔、氧氟沙星的高度去除，而不管采用何种工艺，咖啡因和磺胺甲恶唑的去除率始终高于90%。厌氧、好氧、缺氧消化工艺通过减少PhACs的积累或增强它们的降解，改善了PhACs的去除效果

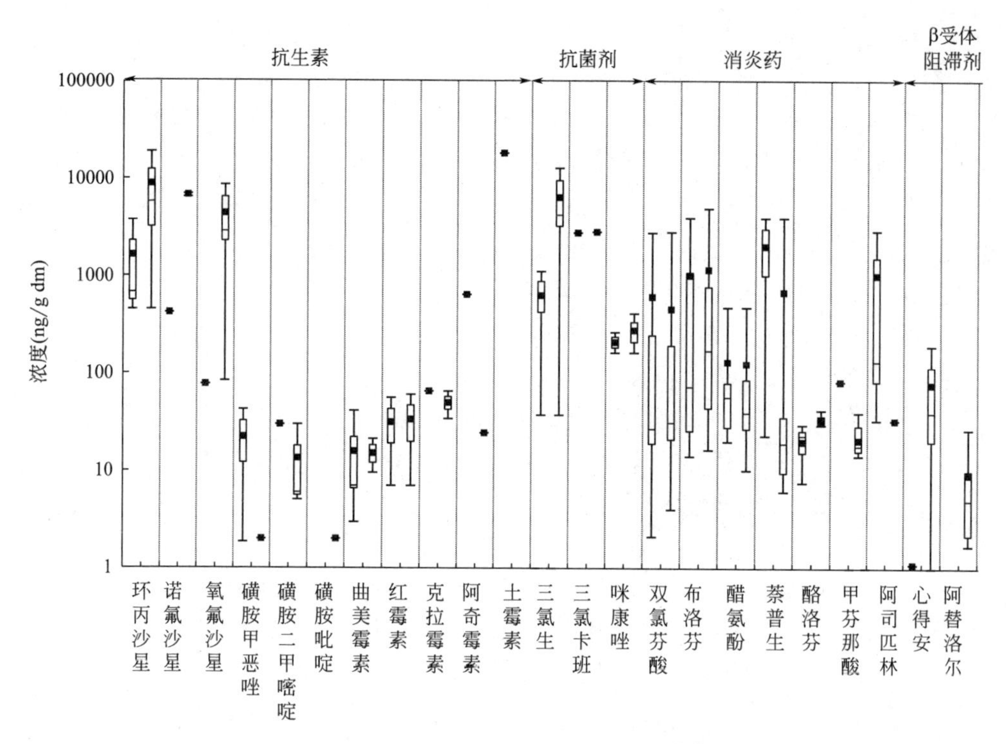

图 7.2-2 消化污泥中的 PhACs 浓度[14]

(10%～50%)[35]。研究发现，温度循环好氧、缺氧消化器和传统中温+好氧、缺氧工艺对污泥中的三氯生和相关化合物的去除率分别高达 80%和 97%，而使用单一厌氧消化工艺的去除率仅为 40%[36]。

除 PhACs 特性和污泥特性外，污水处理厂的运行参数似乎也与污染物的去除有关。据报道，厌氧反应器中双氯芬酸和地西泮的去除率与温度有关。在中温条件下，两种化合物的去除率均为 60%；在高温条件下，双氯芬酸和地西泮的去除率分别为 38%和 73%[37]。此外，延长污泥停留时间（SRT）可提高三氯生和有机物的去除率。然而 Heidler 等[38] 发现，在厌氧消化培养 19d 之后，三氯卡班没有被降解，卡马西平和双氯芬酸在厌氧消化过程中也很难被去除[8]，一些化合物还具有时间依赖性（161d 后，双烯丙醇的去除率为 14%，萘普生的去除率为 100%）。

同时，PhACs 对产甲烷菌的抑制作用与其在厌氧污泥上的吸附能力及其浓度有关。Li 等[39] 发现，少量的氟喹诺酮（2mg/L）会导致甲烷产量略有增加，但高添加量（100mg/L）不会改善甲烷产量，甚至会减少 8%的甲烷产量。红霉素浓度高达 250mg/L 时，不会抑制沼气的产生，而泰乐新、多西环素等抗生素，新霉素干扰丙酸和丁酸降解菌的活性，部分会抑制沼气的形成[40]。磺胺甲基恶唑和氯硼酸在 400mg/L 的浓度下，普萘洛尔在 30mg/L 的浓度下，对产甲烷的抑制率为 50%[41]。Silva 等[42] 研究发现，PhACs 对厌氧菌群中的产甲烷菌和产乙酸菌活性影响排序为：环丙沙星＞17α—炔雌醇＞双氯芬酸＞布洛芬。这些 PhACs 都不影响污水处理厂废水中低浓度的产甲烷作用，但 PhACs 的长期存在，会导致挥发性脂肪酸的积累。关于消化过程中代谢物的行为，Malvar 等[43] 揭示了 3—羟基卡马西平和 4—羟基双氯芬酸的高持久性，而咖啡因的主要代谢物副黄嘌呤显示出高生物降解性。好氧和厌氧消化中均存在布洛芬的羟基化和羧基化。

3. 污泥处理处置过程药品及代谢产物的归趋

在干化或堆肥过程中，PhACs 浓度会出现相当大的衰减，这与污泥中水溶性 PhACs 的光降解及堆肥过程导致的矿化和稀释有关。污泥中 PhACs 的浓度还与处理类型有关：石灰污泥稳定（7619mg/kg，总浓度）＞消化污泥（2364mg/kg）＞堆肥污泥（264mg/kg）[44]。一般有机固废的降解时间越长，PhACs 浓度越低。

研究发现，由于矿化作用，在间歇式反应器中的 5～6 周后，PhACs 浓度可低于标准要求，这主要归因于细菌释放的水解酶[44]。Wu 等[45] 发现，PhACs 的去除依赖于药物类型和时间，在好氧或厌氧处理后，部分 PhACs 并没有被去除，有些 PhACs 甚至需要数十天才能被轻微去除。

水热碳化、生物干燥和水热液化等新兴技术可应用于 PhACs 的分布与降解。研究发现，水热碳化对污泥中 PhACs 的去除率为 39%～97%。Pilnáček 等[46] 强调了在 PhACs 处理中使用生物干燥的预处理方法，即利用堆肥高温阶段产生的热量生产生物废物产品，用于抗生素生物降解。此外，水热液化也是一种适用于污泥处理的技术[47]，可有效去除 9 种 PhACs 和 5 种杀菌剂（去除率超过 98%）。

7.2.3　污泥处理处置过程药品及代谢物的研究展望

对污泥中 PhACs 及其代谢产物的检测十分重要。开发多类抗生素残留物的标准化分析方法对于成功监测和了解抗生素在环境中的归趋至关重要。常见的样品制备程序，以及可用于测定废水和污泥等复杂环境基质中多类抗生素的分析技术有：①利用固相萃取（SPE）从水基质中预浓缩和提取抗生素，其分析化合物的有效性与吸附剂类型密切相关，常见吸附剂包括 OasisHLB、OasisMCX 和 OasisWCX、OasisMAX 和 WAX 等；②从固体样品中提取抗生素到液相中的提取技术，如常规溶液萃取、基质固相分散（MSPD）、超声波辅助提取（USE）、微波辅助提取（MAE）、微波辅助微束提取（MAME）和加压液提取（PLE）。SPE 预处理后，对抗生素一般采用液相色谱和二极管阵列检测、荧光检测、质谱或串联质谱检测。

尽管在污泥稳定方面已经取得了一些进展，但污泥处理并不能去除全部PhACs。由于涉及众多因素，很难确定减少PhACs在污泥中累积的具体条件。有研究报道，将厌氧消化和其他工艺联合使用可获得更理想的处理效果。目前，关于PhACs在好氧和厌氧条件下的稳定性及其代谢行为和特征的信息匮乏。水热碳化、生物干燥或水热液化等作为潜在技术，可在污泥进入土壤之前有效地减少PhACs负荷。

此外，有必要建立数学模型预测生物废水处理过程中PhACs的归趋。目前，生物活性污泥模型（ASM-X）等已被用来预测抗生素的迁移转化，也被用来识别不同因素对废水处理过程中抗生素去除的影响。此外，已通过模型观察到去除效率的变化规律可能与母体抗生素代谢产物的转化、SRT、吸附特点和采样策略有关。

有必要建立土壤和污泥基质中污染物的吸附系数 K_d 数据库，从而使得大多数PhACs代谢产物的环境风险评估成为可能。吸附剂（污泥）、PhACs的物理—化学性质和生物处理系统工况等均会影响土壤、污泥中PhACs的 K_d。目前有关PhACs的生态毒理学数据主要来自水生生物，但关于其对陆生生物影响的信息却很少，PhACs的代谢产物亦是如此。

7.3 抗性基因在污泥处理处置过程中的归趋

抗生素被广泛应用于医疗和家禽养殖，而人体或动物体内的抗生素只能部分代谢，其余部分以原型形式被排泄到环境中[48,49]，对环境造成危害。目前，环境中耐药细菌（ARB）和抗性基因（ARGs）的产生和积累最为人们关注，因为它们可能存在公共和生态安全风险。污水处理厂是ARB和ARGs的重要储存库[50]。在废水处理过程中，ARB和ARGs赋存在废水和污水污泥中，大多数ARGs（>99%）最终积累在剩余污泥中[6]。研究发现，与污水排放相比，通过污泥排放，环境中ARGs和ARB的日释放负荷更高[51]，与此同时，污泥的产量和排放量也在逐年增加。

污泥处置方法主要有填埋和土地利用两种，这是ARGs和ARB从污泥向环境传播的关键路径，对人类健康造成极大威胁。控制污水处理厂中的ARGs含量，是避免环境中ARGs扩散的有效方法。据报道，污泥经过厌氧消化和堆肥等工艺处理后，能显著降低污泥中ARGs和ARB的含量。Rahube等[52] 调查了未经处理的污水污泥土壤和厌氧消化的污水污泥土壤对ARB、病原体和ARGs丰度的影响。与用消化污水污泥改良的土壤相比，未经处理的污水污泥土壤中耐药大肠菌群数量明显增加。这些结果表明，污泥经过厌氧消化等工艺处理后，能够显著降低污泥中ARGs和ARB的含量，并使在后续的土地利用过程中释放到土壤中的ARGs含量下降。然而，目前的研究尚未找到ARGs和ARB降低的规律及原因。总之，污水处理厂是ARGs控制的关键环节，在预防和控制ARGs引发的生态环境风险方面发挥着重要作用。ARGs在污水和污泥处理过程中的归趋见图7.3-1。

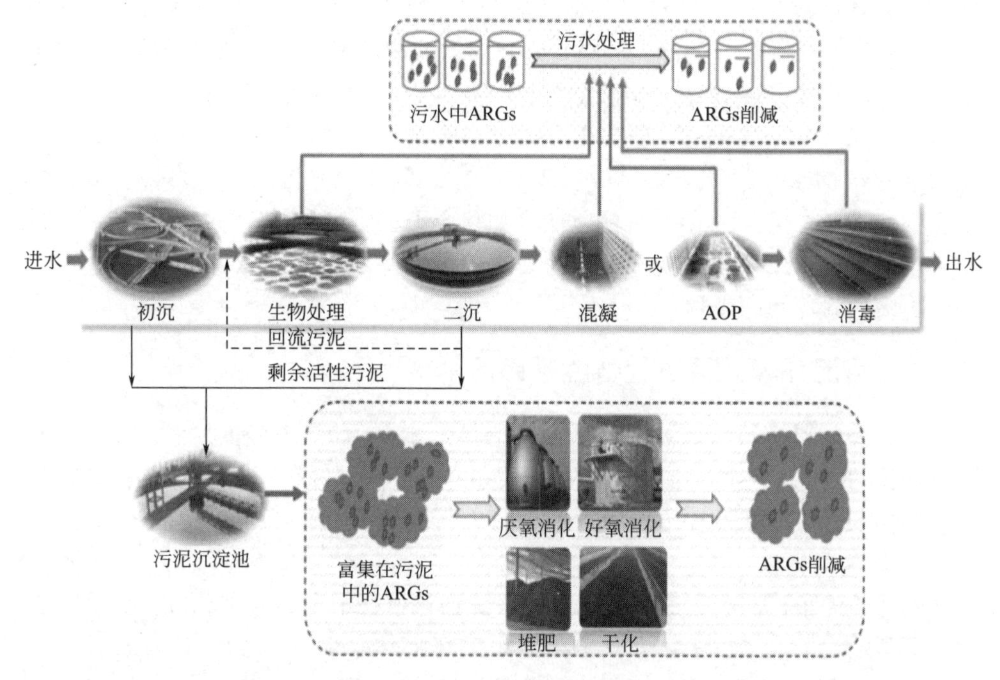

图7.3-1　ARGs在污水和污泥处理过程中的归趋[69]

7.3.1　污泥中抗性基因的来源与分布

人们对污水处理厂中ARGs的多样性（或ARGs类型）和丰度进行了大量的研究，为了进一步细分ARGs类型，引入了基于相应抗生素的ARGs亚型。在我国香港特别行政区5个污水处理厂中，检测到323种ARGs亚型，在沙田的进出水和活性污泥中，检测到271种ARGs亚型，分属18种ARGs类型[53-55]。此外，各种污水处理厂的主要ARGs类型也各不相同。由于四环素的大量使用，在不同的污水处理厂中，四环素ARGs类型出现得更频繁，丰度更高。此外，磺胺类、β—内酰胺类、氨基糖苷类等其他抗生素的使用量也在不断增加，其相关耐药基因也越来越多。

最近研究表明，四环素类抗生素在全世界抗生素的生产和使用中排名第二[56,57]，磺胺类药物占21世纪初抗生素总销售额的21%[58,59]。由于四环素和磺胺类抗生素的消耗量较大，被排入污水中的量也相应较大，被检出频率和浓度较高[60,61]。检测出最多的四环素 ARGs 亚型包括 tetA、tetC、tetM、tetO、tetX、tetW 和 tetG，磺胺 ARGs 亚型主要包括 sulI 和 sulⅡ。据报道，进水中四环素 ARGs 的丰度较高，废水中至少存在 22 种不同的四环素 ARGs 亚型[62]。废水流入物中 ARGs 的浓度可达 10^8～10^9 拷贝数/mL，而活性污泥中 ARGs 的浓度在 10^8～10^9 拷贝数/mL[63]。我们应对高含量且频繁检测到的 ARGs（如四环素和磺胺耐药基因）给予更多关注。同时，除对污水处理厂中 ARGs 的多样性、分布和浓度进行调查外，还应关注污泥或废水处理过程中 ARGs 的环境行为。研究人员提出，确定 ARGs 的传播应依赖于对 ARGs 所在的共同遗传结构的检测（如可移动遗传元件 MGEs)，而不是 ARGs 本身[64,65]。因此，在目前有关降低 ARGs 的研究中，也考虑了减少 MGEs 的方法（如整合子、质粒和转座子)[66]。其中，整合子作为大量 ARGs 的交换和整合的关键遗传元件，可导致 ARGs 的水平转移，产生更多的耐药性微生物[67,68]。

7.3.2 污泥处理处置过程抗性基因的削减

厌氧消化和好氧堆肥被认为是世界上最常用的污泥处理和处置方法[70]，而好氧消化的研究和应用相对较少。因此，相对于污泥好氧消化中 ARGs 的削减，厌氧消化和好氧堆肥过程中 ARGs 的削减规律越来越受到人们的关注。

1. 厌氧消化

到目前为止，已有大量研究对污泥厌氧消化过程中 ARGs 的研究。有研究表明，厌氧消化可以通过水解和生物降解来破坏胞外 DNA，导致 ARGs 含量显著减少[71,72]。研究表明，厌氧消化操作条件对 ARGs 降解效率有很大影响。例如，污泥厌氧消化的产酸阶段实现了 ARGs 的大幅减少（>50%）[73]。在中温厌氧消化条件下，tetM 耐药基因得到了富集，然而，与之形成鲜明对比的是，在高温处理过程中，它下降了（0.1～1.5）$\log_{10}$[74]。当厌氧消化器在 40℃运行时，tetW 和 tetX 的去除率为 89%～96%，氟喹诺酮耐药基因（qnrA）下降了 99%以上[75]。在污泥厌氧消化期间保持 pH 为 10 后，与未调节 pH 的厌氧消化相比，ARGs 的数量进一步减少，这表明碱性发酵对 ARGs 的减少更有效[76]。此外，Ma 等[71] 发现，较长的固体停留时间对 sulI、sulⅡ、tetC、tetG 和 tetX 有更大程度的去除。

温度是去除 ARGs 的关键变量，一般根据温度分为中温厌氧消化和高温厌氧消化。一些研究人员提出，与中温厌氧消化相比，高温厌氧消化能更好地降低 ARGs 和 intI1[77,78]。研究表明，在去除 tetA、tetO、tetX 和 intI1 的 ARGs 亚型方面，高温厌氧消化器优于中温厌氧消化器[79]。Tian 等[80] 发现，中温和高温厌氧消化处理后污泥中总 ARGs 相对丰度之和，分别降低了 38.82%和 64.99%；

随着温度升高，四环素和大环内酯类耐药基因的降低率，分别由46.53%上升至69.84%，由1.98%上升至89.45%。Ma等[71] 也观察到相对于中温厌氧消化嗜热厌氧消化器在47℃、52℃和59℃，对ermB、ermF、tetO和tetW的降低更有效。Diehl等研究了tetA、tetL、tetO、tetW、tetX和intI1在不同温度厌氧消化下的削减情况[67]，结果表明，tetA、tetO、tetW、tetX和intI1的含量，随着温度的升高而急剧下降。然而，在温度较高（60℃和63℃）的厌氧消化中，ARGs的去除程度并不总是优于55℃时的去除程度[75]。

综上所述，随着厌氧消化温度的升高，ARGs的去除效率逐渐提高。但升高到较高温度时，降幅没有明显改善。一些研究人员提出，较高温度下ARGs衰减较多的可能原因是ARGs宿主的有效减少[81]。较高的温度还可以提高生物和化学反应速率，在一定程度上，加快ARGs的降解速率。Miller等[82] 指出，由于微生物多样性的明显限制，以及由此导致的水平基因转移的限制，高温厌氧消化似乎可以实现比中温厌氧消化更高的ARGs降解率。此外，ARGs的类型会影响ARGs在厌氧消化中的削减效果。Zhang等[83] 发现福霉素和四环素耐药基因在中温厌氧消化和高温厌氧消化中的去除率相似；在高温厌氧消化中，吖啶黄素、大环内酯—林可酰胺—链球菌素类和磺胺类耐药基因去除效果较好，而中温厌氧消化则有利于降低氨基糖苷类、杆菌肽类、多药耐药类和喹诺酮类的耐药基因。据报道，ermB、ermF、tetO和tetW在高温厌氧消化过程中往往有更高的去除率[71]。在中温厌氧消化期间，包括大环内酯类抗性基因和氨基糖苷类抗性基因在内的ARGs显著减少，而红霉素抗性基因显著增加[80]。结果表明，在56℃条件下，氟喹诺酮类ARGs几乎没有减少，而四环素类ARGs下降了99%以上。此外，对于同一类抗性基因，不同亚型在消化过程中的规律也不同。例如，对于四环素ARGs，在高温厌氧消化期间，tetA的去除率为50%～80%，而tetO的去除率为85%～99%[79]。因此，除温度外，ARGs类型对ARGs的削减起着至关重要的作用。一些研究人员推测，这可能与微生物对厌氧消化的不同响应有关[78,84]。

在污泥消化过程中，固体停留时间是影响ARGs去除的另一个重要参数。一般来说，固体停留时间越长，ARGs降低的幅度越大。例如，当中温厌氧消化在10d和20d的固体停留时间下运行时，大多数ARGs（sulI、sulⅡ、tetC、tetG和tetX）的清除程度变大。然而，tetO在两个中温厌氧消化器之间的反应不同：在固体停留时间为20d的消化罐中减少，但在固体停留时间为10d的消化罐中增加[71]。在污泥厌氧消化过程中，固体停留时间和ARGs类型会共同影响ARGs的降解率。因此，应首先区分污泥中具有较高丰度的特定ARGs，然后选择合适的固体停留时间以获得最佳的去除效果。未来，对固体停留时间的研究也将是一个方向，从而深入探索ARGs寄主范围的潜在影响。

另外，ARGs在污泥厌氧消化过程中的行为，随初始pH的变化而变化。不同的ARGs亚型，随初始pH的不同有很大变化。在不同初始pH（pH为3、5、7、9、11）下对剩余污泥进行厌氧消化处理，结果表明，四环素ARGs的去除率分别为0.96$\log_{10}$、0.75$\log_{10}$、0.62$\log_{10}$、0.86$\log_{10}$和0.98$\log_{10}$，对照组为0.65$\log_{10}$，说明在初始pH为3和11时，四环素ARGs的丰度降低较多。同样，intI1在初始pH为3和11时也有较好的去除效果。然而，磺胺类ARGs对不同的初始pH表现出高度相似的响应。此外，Huang等[76]研究表明，当污泥发酵保持在pH为10时，污泥中sulI、sulⅡ、tetO、tetQ和tetX的丰度显著降低至4.16×10^{11}拷贝数/gTS、3.22×10^{10}拷贝数/gTS、2.50×10^{9}拷贝数/gTS、2.51×10^{8}拷贝数/gTS和9.02×10^{9}拷贝数/gTS，大大低于未调整pH的情况（3.09×10^{12}拷贝数/gTS、7.33×10^{11}拷贝数/gTS、6.55×10^{9}拷贝数/gTS、3.22×10^{9}拷贝数/gTS和9.92×10^{10}拷贝数/gTS）。研究人员还发现，在pH为9时，tetO、tetQ、tetC和tetX的净降解量分别为0.45$\log_{10}$、0.94$\log_{10}$、0.47$\log_{10}$和0.41$\log_{10}$；在pH为10时，tetO、tetQ、tetC和tetX的净降解量分别为0.70$\log_{10}$、1.31$\log_{10}$、0.92$\log_{10}$和1.03$\log_{10}$。相反，在酸性环境，所评估的四环素ARGs的绝对量与对照（pH为7）显著增加，表明酸性条件有利于四环素ARGs的增殖[85]。这些结果表明，与不调整pH的处理相比，保持pH为9或10的发酵，可以进一步削减ARGs[85]。因此，适当调节pH可以提高ARGs的去除效率。

进一步的研究表明，酸碱环境的快速变化使微生物群落数量减少，代谢功能退化，一些功能微生物甚至由于极端环境而死亡。DNA从细胞分裂中排出，细胞外DNA被部分水解或生物降解。另外，Huang等[76]认为碱性条件导致了部分ARGs宿主的死亡，这可能会干扰目标基因在特定宿主中的垂直转移，有利于相应ARGs的减少。此外，碱性条件对质粒DNA的持久性和eDNA浓度有明显的负面影响，从而导致可转化的质粒数量较少，转化的基因载体受限。

2. 预处理+厌氧消化工艺

厌氧消化被认为是处理废弃污泥的一种有效而常用的方法，它可以有效地降低大部分ARGs的浓度。然而，有些ARGs亚型不能通过污泥的厌氧消化去除，或者去除效率较低。例如，在污泥的厌氧消化期间，红霉素和四环素ARGs的数量显著增加[86]。Ju等[87]还提出厌氧消化仅可去除污泥中20%～52%的ARGs。一些研究报告称：臭氧、微波和热水解过程可以实现污泥减量、病原体去除和促进甲烷产生[69,88,89]。近年来，研究人员还提出了预处理与厌氧消化相结合的方法，强化污泥中ARGs的减量。

微波预处理是一种应用广泛的预处理方法。微波辐射导致细菌活性迅速下降，这似乎是一种可行的杀灭ARGs宿主细菌的方法[90]。有研究分别比较微波（MW）、微波—酸（MW-H）和微波—过氧化氢（MW-H_2O_2）这三种预处理方法对 ARGs 的影响，结果表明，与 MW 和 MW-H_2O_2 预处理相比，MW-H 对所有类型 ARGs 的总绝对浓度和相对丰度（ARGs/16S rRNA）的去除效果更好，而 MW-H_2O_2 预处理略有降低。此外，热水解预处理在降低 ARGs 丰度方面也起着关键作用。研究发现大多数 ARGs 在厌氧消化联合热水解预处理期间削减效果增强。在热水解过程中，高温和高压会杀菌并破坏细胞壁[91]，DNA 的减少是对热水解中温度和压力变化的直接反应。另外，臭氧处理也是污泥预处理的一种方法。研究发现，臭氧预处理后 ARGs 和 MGEs 的总相对丰度降低了 10%[92]。同样，臭氧预处理可去除四环素抗性基因，减少 0.55～1.03 个对数单位。总体而言，臭氧预处理导致 ARGs 的丰度降低，但臭氧的非选择性氧化作用使得臭氧会首先与可溶性有机物反应，之后再与细胞膜、基因反应[93]。臭氧是否能穿透细胞质，并实现基因减少，主要取决于臭氧的剂量。

然而，预处理后的厌氧消化过程中往往存在 ARGs 丰度反弹的现象。例如，MW-H 和 MW-H_2O_2 预处理污泥的 ARGs 总绝对浓度分别增加了 11.1% 和 1.2%，而 MW 的总绝对浓度在随后的厌氧消化工艺中下降了 1.2%[94]。其他研究人员也报道了 ARGs 绝对丰度在厌氧消化后增加的相似趋势[91,95]。然而，尽管在后续厌氧消化过程中 ARGs 的总绝对丰度出现反弹，与未预处理污泥相比，厌氧消化联合预处理污泥依然表现出更好的 ARB 和 ARGs 削减效率。此外，臭氧预处理中 ARGs 总相对丰度的削减量低于其他两种预处理方法中 ARGs 相对丰度的削减量。热水解预处理的 ARGs 总相对丰度最低，表现出较好的 ARGs 降解效果。综上所述，预处理与厌氧消化联合可有效用于污泥中 ARGs 的控制。然而，预处理后的 ARGs 在厌氧消化过程中反弹的机制尚不明确。因此，在未来的研究中，揭示 ARGs 在厌氧消化中反弹的机制，并进一步探索防止 ARGs 反弹的预处理方法，显得尤为重要。

此外，在厌氧消化过程中加入一些物质也可以提高 ARGs 的去除效率。研究发现，在高温厌氧消化期间，当零价铁（Fe^0）的添加剂量为 5g/L 时，四环素 ARGs（tetW 除外）和 intI1 的数量显著减少，净减少四环素 ARGs（tetA、tetC、tetG、tetM、tetO 和 tetX）（1.44～3.94）$\log_{10}$[96]。Carey 等[96] 研究了慢性三氯生（TCS）暴露对厌氧消化池中 ARGs 的影响，发现 MexB 基因的相对丰度在含 TCS 的各个消化池中均显著高于对照组的相关数值，含 2500mgTCS/kgTS 的消化池中的 tetL 比其他消化池高 3 个数量级以上，而 intI1 与 TCS 浓度无关。对于 ermF，含 2500mgTCS/kgTS 的沼气池比其他沼气池的 ermF 低两个数量级。无 TCS 和低 TCS 含量的反应器中（30mgTCS/kgTS、100mgTCS/kgTS 和 850mgTCS/kgTS）ermF 相对丰度在统计结果上相似[97]。

3. 好氧堆肥

目前，畜禽粪便堆肥被认为是一项很有前途的技术，在降低抗生素和降低

ARGs水平方面有显著的效果。据报道，在粪便堆肥过程中观察到红霉素ARGs的丰度下降了几个数量级[98]。研究发现好氧堆肥过程中四环素ARGs具有良好的去除率（高达$6\log_{10}$），且猪粪堆肥样品中无法检出大多数的ARGs[99]。污泥堆肥也被认为是一种有效且被广泛采用的污泥处理方法[100]，然而，一些研究表明，污泥堆肥可以在一定程度上富集ARGs[77,94]。例如，Su等发现在污泥堆肥过程中，ARGs的多样性和丰度显著增加，ARGs拷贝数增加了3倍多。更重要的是，tetX的增幅最大，在堆肥50d后增加了7026.91倍[94]。研究发现，在污泥堆肥过程中添加天然沸石可使ARGs总量减少1.5%，添加硝化抑制剂可使ARGs总量增加1.95倍，这意味着在污泥堆肥过程中添加天然沸石或硝化抑制剂可能会对ARGs的去除产生影响。值得注意的是，污泥高温堆肥可实现抗生素和ARGs的有效降解。研究表明，高温堆肥21d后，超过95%的抗生素可被降解[101]。Liao等[102]发现，超高温堆肥比传统堆肥能更有效地去除ARGs和MGEs，并降低ARGs和MGEs的半衰期，因此，污泥直接堆肥可能会导致ARGs的不断扩散。在污泥堆肥过程中，由理化性质变化引起的细菌群落的变化是形成ARGs结构的主要驱动因素。适当地使用添加剂或高温将促进ARGs的去除，这表明有必要进一步优化污泥堆肥操作参数以抑制ARGs积累。此外，污泥堆肥中ARGs数量增多，而大多数ARGs在粪肥堆肥中减少，这可能是由于污泥和粪肥在理化性质和细菌多样性上存在差异。

4. 好氧消化

采用好氧消化削减ARGs的研究相对较少。研究发现，在好氧消化温度为20℃，平均水力停留时间为13.5d±0.7d，intI1含量没有明显下降，tetX含量增加了5倍[67]。而与半连续流动模式相比，抗性基因的含量（包括intI1和tetX）在批量实验阶段均有所下降。例如，ermB和tetW的数量大约下降了两个数量级，而intI1、sulI、tetA和tetX的数量各下降了一个数量级[6]。在污泥好氧消化过程中，ermB和tetW下降，但其他ARGs（tetA、tetX、sulI、intI1和16S rRNA）增加[103]。以上分析表明，污泥好氧消化过程中ARGs的削减与ARGs类型、水力停留时间和反应器设计等因素有关。

5. 其他方法

污泥生物干燥主要是通过好氧降解有机物和曝气，使水分蒸发，实现污泥减量。对污泥生物干燥过程中ARGs的归趋进行研究，结果表明，它对降低ARGs和MGEs特别有效。污泥生物干燥时间（10～25d）远远少于污泥堆肥时间（30～50d）[104]。生物干燥可有效降低大部分ARGs和MGEs，tetM的降幅最大；但一些ARGs在生物干燥过程中有所增加，如tetX增加最多，ermF和sulⅡ也有所增加。ARGs的削减可能是由于其潜在宿主细菌的死亡[105]。此外，除了生物干燥方法外，ARGs在污泥空气干燥过程的削减也有一定的研究，结果表明，空气干燥床能够将ARGs浓度（ermB、sulI、tetA、tetW和tetX）降低1～5个数量级[106]。可通过增强净细胞死亡和优化处理单元的条件，从污泥中高效去除ARGs[103,106]。

7.3.3 污泥处理处置过程抗性基因的研究展望

污水处理厂作为ARGs的重要储存库，对控制污水和污泥中的ARGs和ARB起着重要作用。污泥处理处置中ARGs的降解已被人们广泛关注和研究，但仍存在一些挑战。

（1）虽然微波、热水解和臭氧等预处理在一定程度上提高了ARGs的去除效率，但ARGs在后续厌氧消化过程中往往出现反弹现象，导致这一现象的机制尚不明确。在污泥处理过程中，预处理后上清液中增加的ARGs可能是导致污泥消化初始阶段出现ARGs反弹现象的原因之一，然而该部分ARGs的归趋常被忽略。因此，需进一步深入探讨ARGs反弹的原因，以及后续厌氧消化过程中如何控制反弹。

（2）需要进一步揭示污泥中影响ARGs削减的主要因素与机制，评估ARGs的生物转化和化学降解。研究表明，高级氧化技术等消毒技术可通过产生活性氧（ROS）损伤细胞和DNA结构，从而实现ARGs的降解。但是ARGs的削减是一个复杂的过程，除受微生物的影响，操作参数和环境因素均可能造成一定影响，因而需要结合操作参数等全面分析并揭示污泥中ARGs的降解的主要因素。

（3）关于生态风险，ARB和ARGs已在多种环境介质中被检测出，因药物排放到环境中而导致的抗生素耐药性日益增加。为缓解这一现象，首先，要减少不必要的抗生素使用。其次，应建立系统的监测网络，包括在地方和国家定期、持续地测量农业及周围环境的抗生素耐药性。目前的污水处理技术无法完全去除或破坏抗生素，大部分抗生素在污水生物处理过程中被转移到污泥中，而对这些固体基质中残留物质的高效处理尚待进一步研究。在监测之外，还应同时制定一些标准或规范，以监管污水污泥或动物粪便的土地利用，从而减少在环境中对人类、粮食作物和野生动物传播抗性的风险。最后，还需要确定可能发生耐药性的抗生素水平，并为污泥的消纳环境制定抗生素或ARGs的最大阈值。

7.4 微塑料在污泥处理处置过程中的赋存与转化

7.4.1 污泥中微塑料的赋存形态和时空分布

1. 污泥中微塑料的类型

污泥中微塑料主要来源于污水中微塑料的沉积及转移，因此其微塑料的组成类型总体与污水中微塑料的组成类型相似。Li等[107]研究发现，污泥微塑料中的颜色占比是：白色占比最高，是59.6%；其次是黑色占比，是17.6%；红色占比是9.0%；橙色占比是3.3%；绿色占比是2.3%；蓝色占比是1.7%，其他颜色占比是6.5%。与此同时，污泥微塑料的形状组成占比为：纤维状占比是62.5%，杆状占比是14.9%，薄膜状占比是14%，薄片状占比是7.3%，球体状占比是1.3%。此外，在化学组成上有：聚烯烃、丙烯酸纤维、聚乙烯（PE）、聚酰胺（PA）、聚酯、聚苯乙烯（PS）等。Mahon等[108]也发现，污泥微塑料中纤维占比为75.8%，其次为薄片和薄膜。通过红外光谱检测发现，微塑料类型包括高密度聚乙烯（HDPE）、聚乙烯、聚酯、丙烯酸类、聚对苯二甲酸乙二醇酯（PET）、聚丙烯（PP）、聚酰胺（PA）等。Lusher等[109]调研了挪威8个污水处理厂的污泥微塑料，他们发现，污泥微塑料的类型占比为：微小球占比是37.6%、薄片占比是31.8%、纤维状占比是28.9%、闪光粉占比是1.7%。Mintenig等[110]研究表明，污泥中的微塑料主要是粒径小于500μm的微塑料，包括聚乙烯（PE）、聚丙烯（PP）、聚酰胺（PA）和聚苯乙烯（PS）等。这些塑料类型与我们日常使用的塑料制品类型较为一致。污泥中部分微塑料类型的显微特征见图7.4-1。

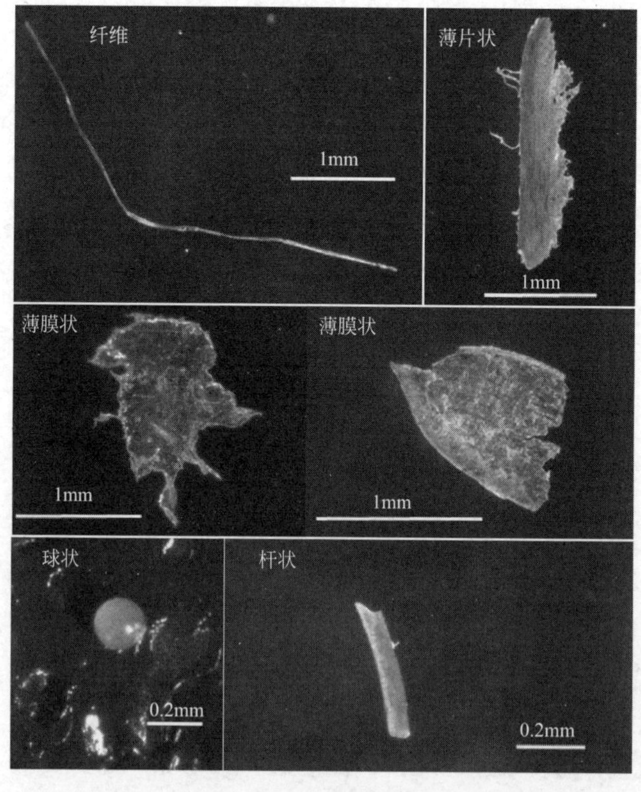

图7.4-1　污泥中部分微塑料类型的显微特征[107]

2. 污泥中微塑料的含量

目前为止，污泥的微塑料含量表达通常为单位质量污泥中微塑料的个数。Magnusson等[111] 在瑞典污水处理厂调研时发现，污泥中微塑料含量达（16.7±1.96）个/g湿污泥。Zubris和Richards[112] 发现，北美污泥中微塑料和施用到土壤中微塑料的丰度分别为1.5～5.0纤维/g湿污泥和0.08～1.21纤维/g湿污泥。Li等[107] 研究了我国28个污水处理厂污泥中的微塑料，发现微塑料含量为1.6×10^3～56.4×10^3个/kg干污泥。总之，污水处理厂中的大部分微塑料会进入不同处理单元的污泥中。Talvitie等[113] 估算出污泥中20%的污染物（包括微塑料）通过脱水液返回污水池，而80%的污染物，最终留在剩余污泥中被处理。Sujathan等[114] 研究发现，回流活性污泥中微塑料含量达到4.95×10^5个/kg干污泥。此外，Li等[107] 发现，我国污水处理厂污泥中的微塑料含量时空分布不同，可能与人口密度、经济发达程度、造林面积、气温、降雨量等因素有关。与此同时，进水中工业废水比例、生化处理工艺、污泥脱水方式等工艺参数也会影响污泥微塑料含量。

3. 污泥微塑料的组成及重金属含量分析

污泥微塑料的类型有：聚烯烃、聚酯树脂、聚酰胺、聚苯乙烯等，S1、S2、S3污泥样品中微塑料的类型比例如图7.4-2所示。进一步分析污泥微塑料表面的重金属含量，如图7.4-3所示，污泥微塑料上吸附的镉、铅和钴含量高于污泥中相应的金属，镍含量则相反，表明微塑料会在污泥中富集金属污染物。研究发现，塑料上的金属污染物含量高于周围海水中的金属浓度，说明微塑料可能作为

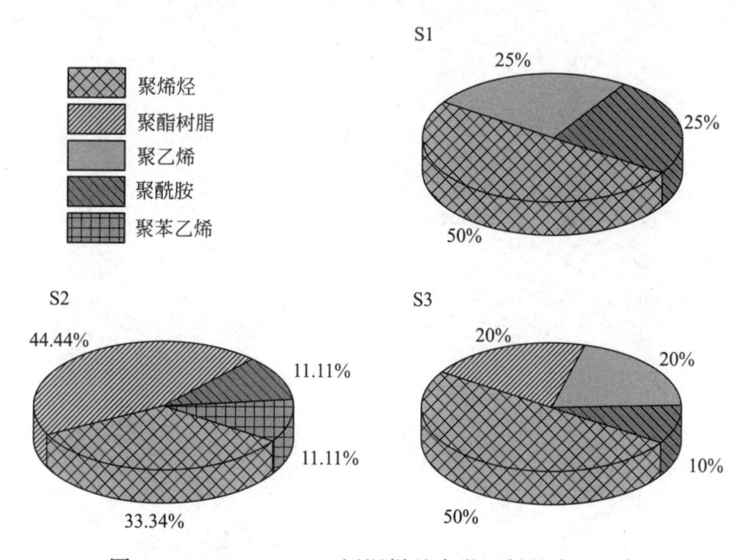

图7.4-2　S1、S2、S3污泥样品中微塑料的类型比例

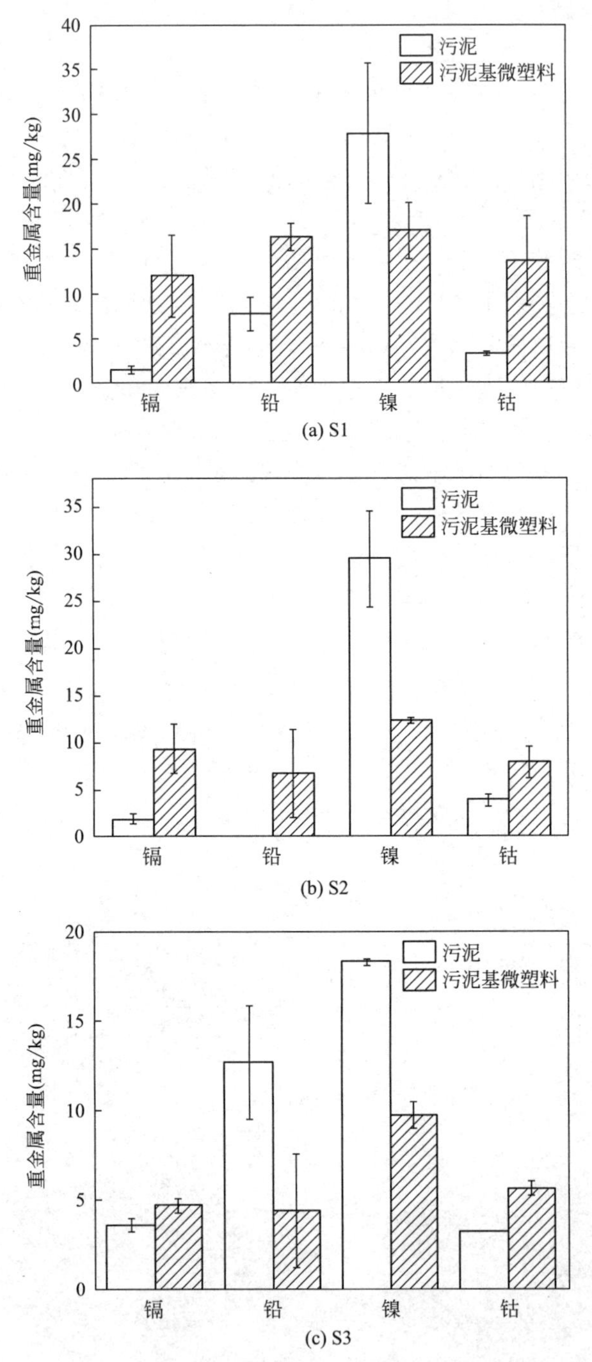

图 7.4-3 污泥微塑料表面的重金属含量

（S1、S2 和 S3 是分别来自不同污水处理厂的污泥样品）

金属污染物的载体[115]。另外，微塑料上携带的金属不是固有的，这意味着表层沉积物中微塑料对金属污染物有积累作用。

7.4.2　污泥中微塑料的检测方法

1. 微塑料的提取与纯化

污泥中微塑料的提取主要使用沉积物分析法。污泥中的有机物含量高，大量有机物絮体的存在不利于微塑料的提取，提取效率不高，有待进一步优化。

污泥中微塑料的提取检测方法见图7.4-4。研究发现，在60℃下，对污泥用35%的 H_2O_2 处理4d，几乎达到100%的有机物去除率。在较低的温度（25～50℃）下，也获得了良好的去除率[116]。

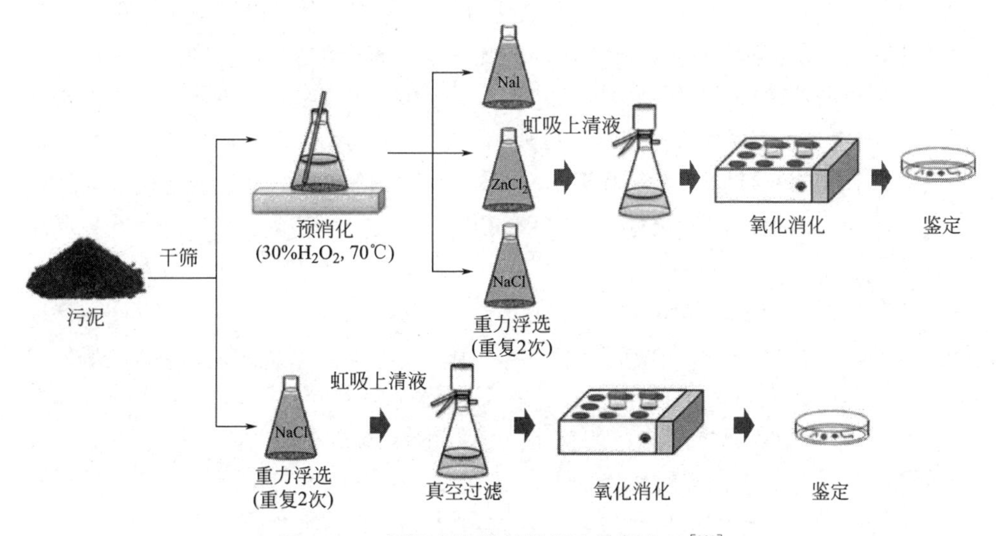

图7.4-4　污泥中微塑料的提取检测方法[123]

酶消解是从有机物中提纯微塑料的另一个新兴方法，主要是将微塑料样品浸入淀粉酶、蛋白酶和纤维素酶等酶混合物中进行消解[117,118]，该方法常用作染色的前处理。酶消解具有危害较小、对微塑料无侵蚀性等优点，但消解效率因有机物类型而异。因此，建议采用酶消解和其他方法（如 H_2O_2 和芬顿试剂）联合的方式提高纯化效果[119]。

酸、碱消解也常用于污泥有机物去除，其中酸消解常采用硝酸或盐酸进行，碱消解常采用氢氧化钠和氢氧化钾进行。然而酸或碱处理可能会导致微塑料变色，甚至完全破坏微塑料结构，从而低估样品中微塑料含量[120,121]。如聚酰胺（PA）、聚氨酯（PU）和完全溶解的黑色轮胎橡胶弹性体等聚合物最易受到化学消解的影响。其他未完全溶解的聚合物显示出一定程度的颜色损失，如聚碳酸酯聚合物（PC）、发泡固体聚苯乙烯（EPS、PS）和聚对苯二甲酸乙二醇酯

(PET)。对于聚丙烯(PP)、高密度和低密度聚乙烯(HDPE、LDPE)、乙烯—醋酸乙烯酯(EVA)和聚四氟乙烯，未观察到任何影响。此外，化学消解通常需要在110～120℃进行，而一些微塑料在90℃可能出现熔化现象，因而限制了化学消解的使用[122]。

2. **污泥中微塑料的鉴定与定量**

微塑料不仅在形状、颜色和组成等方面与环境介质中其他组分不同，而且，由于其来源广泛，不同微塑料也存在显著差异。因此，对微塑料的定性、定量分析难度较大。目前微塑料的鉴定和表征方法多种多样，其中光学显微镜、傅里叶变换红外光谱(FTIR)、拉曼光谱和扫描电子显微镜(SEM)是常用的鉴定设备和方法。

目前，微塑料的丰度主要通过显微镜计数，此外，电子显微镜可以用于检测化学消解后微塑料表面上的修饰[119]，但无法确定聚合物的组成。

微塑料染色法的应用也较为普遍，其中尼罗红被发现可用于检测许多聚合物[124]。研究表明，采用尼罗红试剂染色，聚丙烯、聚乙烯、聚苯乙烯、尼龙和聚氨酯具有强荧光性，而聚酯和聚氯乙烯的灵敏度较低。染色过程通常在聚碳酸酯膜上进行，以提供非荧光背景。染色前通常需要进行消解处理，以去除样品中的有机物。

热重分析(TGA)和差示扫描量热法(DSC)已广泛应用于固体环境样品(主要是农业土壤)中微塑料的表征[125]。由于这类样品基质的复杂性，在分析前，需要对样品进行大量的清洗和预浓缩，这就使得分析方法更具挑战性。其中，TGA是一种热分析方法，在特定气体(惰性气体或空气)下对温度进行编程设置，监测样品质量随时间或温度的变化情况。该技术主要通过监测加热过程中样品的质量损失进行定量分析，一般无须对样品进行预处理，适用于固体复杂样品中微塑料的表征。热解—气相色谱—质谱联用(Pyr-GC/MS)技术也可以对未处理样本中的微塑料进行鉴定，即在升温裂解高聚物的同时，利用差示扫描量热法检测样品池重量随温度的变化情况，对微塑料进行定量分析。该方法能够有效区分不同组分的塑料，特别适合共混物的同时定量分析，目前已广泛应用于聚丙烯、聚乙烯、聚苯乙烯、聚甲基丙烯酸甲酯(PMMA)、聚对苯二甲酸乙二醇酯和聚氯乙烯(PVC)等聚合物的分析。但是，这些技术仍存在一些问题，如检测效果受样品类型和微塑料浓度的影响。

红外光谱在环境基质微塑料的鉴定中也具有广泛用途，该类技术可表征微塑料类型，避免错误分类样品中的有机物与微塑料[126]。其中，傅里叶变换红外光谱可直接应用于浮选或消解后的样品[127]，或应用于荧光显微镜鉴定后的微塑料表征[128]。此外，光谱学还可与其他技术耦合使用。比如，原子力显微镜—红外(AFM-IR)技术可使用脉冲红外激光激发样品中的分子振动，同时红外吸收导致样品快速热膨胀，引起原子力显微镜悬臂振荡，振幅和样品的红外吸收成正比，因此可获得微塑料样品的红外吸收光谱[129]。该方法已用于固体基质中聚氨酯纳米塑料的鉴定[130]。此外，拉曼光谱也常用于微塑料的检测和表征，主要通过光谱解析确认微塑料组分。拉曼成像还可根据光谱特征直观地以不同颜色呈现不同的化学结构，快速准确地对塑料粒子或微纤片段进行组分确认和统计。同时，拉曼光谱和拉曼成像分析不需要额外提取微塑料，可通过可见—近红外光谱法直接检测、识别土壤表层的微塑料[131]。

7.4.3　微塑料对污泥厌氧消化的影响

有研究表明，原水中的大部分微塑料被保留在污泥中，污泥对微塑料的截留率高达99%。经检测，污泥中微塑料的浓度为$1.5\times10^3\sim2.4\times10^4$个/kg[108]。污水处理厂的运行负荷率也影响污水中微塑料的浓度。污水处理厂超负荷运行减少了水力停留时间，提高了污水的流量，缩短了除油过程中生物污染和微生物降解时间，导致微塑料浓度的增加[132]。污水处理厂的微塑料种类繁多，颜色多样，其中大部分为纤维和白色微塑料。

厌氧消化是污泥稳定常用的方法之一[133]。厌氧消化的第一步是将颗粒状有机物转化为可溶性基质。PVC微塑料含量越高，SCOD释放量越大[134]。这可能是由于剩余活性污泥（WAS）释放出的脂质和核酸所致，这表明PVC微塑料增加了WAS在厌氧消化中的溶解度。PE微塑料不影响消化过程中有机物的溶解，可能原因：溶解是一个非生物过程，或是由于PE微塑料不影响与溶解相关的微生物。微塑料的存在会对蛋白质和多糖的水解产生不利影响，降低酸化底物的可用性，从而导致产生的气体量变少。微塑料也会降低丁酸盐的降解率。

与没有纳米塑料的厌氧消化系统不同，有纳米塑料的情况下甲烷产量和最大日产量下降[135]。在消化的四个过程中，甲烷生产最容易被微塑料抑制[136]。纳米塑料可拖延混合厌氧消化系统的启动时间。研究发现，高浓度的PE微塑料导致甲烷产量减少12.4%～27.5%，甲烷生产潜力和水解系数更低。在微塑料为200个/gTS的情况下，甲烷的累积生产量减少了27.5%±0.1%[136]。较低含量的PVC微塑料可以提高WAS中的甲烷产量，而较高含量的PVC微塑料可以抑制甲烷产量和WAS水解[134]。

阳离子PS纳米塑料（PS-NH_2）比阴离子PS纳米塑料（PS-SO_3H）对甲烷的影响更大，而VFA浓度与PS纳米颗粒量之间没有显著关系[137]。AGS是一种复杂的微生物集合体，EPS对AGS具有保护作用，所以AGS对异源污染物抵抗力更强[138]。当短时间接触PS纳米塑料时，AGS的气态产物会被暂时性抑制，而VFA的产生不受影响，这归因于产甲烷菌比产酸菌对化学毒性更敏感[139]。

7.4.4 微塑料对微生物结构和功能的影响机制

1. **微塑料对微生物群落的影响**

微塑料表面的微生物群落的代谢和结构与周围的微生物群落不同[140]。微塑料可能会通过改变微生物区系来影响非目标物种，导致同位素掺入、微生物的生长和繁殖发生改变。微塑料生物膜的多样性也明显低于下游水柱和悬浮有机物细菌组合。在厌氧消化系统中，纳米塑料在一定程度上抑制醋酸杆菌的生长和代谢，产氢醋酸杆菌膜上有多种纳米塑料定植[135]。微塑料附着在细胞膜上，导致细胞壁凹陷，细胞中微塑料积累还会致使细胞功能紊乱。

氯杆菌、拟杆菌、放线菌、变形菌和后壁菌是污泥消化的优势菌种，微塑料会降低这些菌种的丰度。微塑料还可减少微生物群落序列[136]，水解会造成红细菌破蛋白菌（利用蛋白质产生乙酸）的相对丰度降低[141]。然而，在 PS-SO_3H 和 PS-NH_2 中，将醋酸脱羧为 CH_4 和 CO_2 的甲烷丝菌相对丰度，分别从 34.20%降至 30.60%和 29.90%。Methonomassiliicoccus，一种依赖氢气的产甲烷菌，与 *candidatus cloacamonas* 菌的丰度有关，随着 PS 纳米塑料的增加而下降[142]。

细菌对纳米塑料的反应是由细胞膜结构决定[142,143]。不同微生物群落对同一纳米塑料的响应不完全相同。当微塑料浓度为 0.2g/L 时，Cloacamononae、Porphyromonadaceae、Anaerolinaceae 和 Gracilibacteraceae 菌相对丰度下降，Clostridiaceae、Geobacteraceae、Dethiosulfovibrionaceae 和 Desulfobulbaceae 菌相对丰度提高[138]。产氢合成菌 Candidatus Cloacamonas 有助于丙酸的氧化。Syntrophobacter、Saccharofermentans、Atribacteria generaincertaesedis、Treponema、Lactivibrio、Smithella 和 Paludibacter 作为直接生产者利用碳水化合物和糖生产醋酸酯。Methanothrix、Methanobacterium、Methanolinea 和 Methanomassiliiccoccu 是优势古菌。上述细菌与 PS 纳米塑料接触时，数量下降，仅有古菌几乎不受其影响[137]。表明 PS 纳米塑料可以同时抑制乙酸盐的形成和消耗。

2. **微塑料对关键酶和代谢中间体的影响**

mcrA 和 ACAS 是产甲烷过程的两个主要功能基因。研究发现，纳米颗粒主要通过限制发酵过程的代谢中间体和关键酶，抑制厌氧消化过程[144]。随着 PS 纳米塑料浓度的增加，其对 mcrA 基因的抑制作用增强，表明纳米塑料对产甲烷古菌有负面影响。与厌氧消化系统中的其他微生物相比，产甲烷菌对 PS 纳米塑料更敏感。随着 PVC 塑料浓度的增加，厌氧消化关键酶的相对活性降低。微塑料及其吸收的污染物或释放的添加剂，可能会影响酶的活性。研究表明，微塑料可能会限制无脊椎动物和脊椎动物体内的各种酶和代谢的活动[145]。

3. **微塑料影响微生物群落和酶活性的机理**

EPS 通过复杂的相互作用与细胞结合，形成含水的巨大网状结构，保护细胞免受脱水和有毒物质的伤害[146]。微生物聚集体中的 EPS，有许多吸附金属和有机物的位点（如蛋白质中的芳香化合物、脂肪化合物和碳水化合物中的疏水区域）。因此，碳水化合物含量的增加，使微生物吸附微塑料的能力增强。EPS 中的羧基和羟基等官能团，可以与其他物质络合。羰基和酰胺基，以及脂质或氨基酸的侧链，与微塑料和 EPS 相互作用[147]。微塑料可以影响细胞结构和一些基因表达，此外，PS 纳米塑料可以改变 EPS 中的蛋白质二级结构[147]。高浓度 PVC 微塑料会导致可溶性蛋白质的积累。当纳米塑料进入污水处理厂时，会与 EPS 相互作用。在微生物聚集过程中，污染物主要与 EPS 中的蛋白质发生反应[148]。EPS 中的蛋白质是参与 PS 纳米塑料相互作用的主要化合物。细菌分泌更多的蛋白质中和污染物，从而保护细胞免受有毒化学物质的伤害[149]。功能化的 PS 纳米塑料，可以将 EPS 基质渗透到一定浓度的厌氧颗粒污泥中。微塑料与 EPS 的吸附性主要受表面电荷的影响[150]，EPS 带负电荷，可以通过静电相互作用与带正电荷的污染物结合。

微塑料破坏细胞壁和细胞膜的完整性。生物膜通过调节膜蛋白的活性调控细胞功能。膜的特性，如厚度、弹性或横向非均质性，决定了蛋白质的分离和功能[151]。微塑料被吞入细胞内，当其粒径减小到纳米级时，厚度逐渐接近生物膜厚度。聚苯乙烯纳米塑料与脂质接触时，纳米塑料在几微秒内渗透到膜中，随后被迅速溶解，PS 纳米塑料可溶于膜的核心，改变膜结构。此外，它还显著减弱分子扩散过程，软化膜。膜性质和侧壁组织的改变，严重影响膜蛋白的活性，从而影响细胞功能。

氧化应激可在细胞水平上解释新兴污染物造成毒性的机制[152]。细胞中 ROS 的产生可能是造成微塑料毒性效应的重要原因。细胞中 ROS 含量的增加会导致脂质过氧化，破坏细胞膜结构和蛋白质等生物大分子。此外，它还会使细胞膜骨架塌陷、细胞变形、细胞膜通透性下降，影响细胞内外能量交换，使电子转移效率下降。大多数细胞可以通过酶反应，中和一定量的活性氧，细胞内超氧化物歧化酶活性增强，活性氧被消除。然而，因为酶数量有限，此过程不能一直发生。ROS 浓度过高，超过细胞自身修复能力时，细胞就会死亡。微塑料和细胞之间的吸附，也是毒性产生的主要原因。微塑料可能会阻止物质进出细胞，抑制细胞内外物质和能量的交换。

包括过氧化氢、超氧化物和羟基自由基在内的 ROS，可以在细胞或生物体内引起毒性氧化应激过程，从而导致细胞失活，也能触发氧化还原敏感的信号通路（例如 MAP 激酶和 NF-kB 反应）[153]。氧与微塑料上的还原基，通过歧化或芬顿化学反应生成 O^{2-} 和 H_2O_2。即使在厌氧条件下，ROS 也会以亚微摩尔浓度氧气的形式，保留在介质中。此外，生成的 H_2O_2 与线粒体中的还原铁相互作用，会生成 ROS（OH·）[154]。随着微塑料用量的增加，细胞内活性氧的产生也随之增加，最大增幅为23.3%±1.9%，细胞死亡比例也相应升高。当微塑料的浓度为60个/gTS时，细胞死亡比例高达28.9%±1.9%，且微塑料浓度越高，比例越大。

经胺修饰的带正电荷纳米塑料（50nm）的氧化能力，高于带负电荷的未改性纳米塑料（55nm）的氧化能力[155]。带正电的微塑料因为静电吸引，与细胞紧密结合，细胞毒性强，而带负电的微塑料主要通过范德华力、酸碱相互作用和静电力与细胞结合[156]。即使EPS可起到保护作用，但纳米塑料诱导的细胞内ROS水平可能超过EPS的保护屏障，从而导致细菌损伤。当微塑料达到纳米级时，可能会通过EPS与细菌膜相互作用，改变细胞质膜压力，影响细菌的新陈代谢。

微塑料上细菌群落的α多样性（丰富度、均匀度和多样性），明显低于天然基质。微塑料生物膜的生长过程中会出现物种分化现象，导致与微塑料相关的生物膜群落抗干扰力下降。科研人员研究了微塑料对水生生物的氧化状态、人体神经的影响、相关酶对能量的调节，以及肠道损伤的变化[157]。由于细胞的防御反应和对压力的适应性反应，微塑料对细菌生长起促进作用。但当微塑料浓度为320mg/L时，会明显抑制细胞生长。

塑料还可以吸收或携带铁、铜和银等金属离子[158]。金属离子在低浓度下参与分子运输和细胞信号的传递，调节细胞和生物体的生命活动。然而，过量的金属离子可能会造成酶活性或氧化应激改变，导致自由基产生、DNA损伤和膜过氧化等负面影响。其他金属离子（如银和铝）通过直接与DNA相互作用，可能会引起细胞凋亡。因此，老化塑料的降解和有毒物质的释放，对环境威胁巨大。

与塑料相关的化学物质浸出聚合物对环境有潜在影响。大量软质的PVC产品（如管道、合成皮革或塑胶地板）都使用邻苯二甲酸酯和双酚A作为增塑剂，一些金属，如铅和铜，也常被作为催化剂、杀菌剂、紫外线稳定剂和热稳定剂等，添加到制作过程中[159]。塑料中的添加剂具有抗微生物降解性，可改善塑料的性能，并延长塑料的使用寿命，所以它们能够长期存在于污泥中。化学添加剂的分子量相对较低，可能会从微塑料中迁移出来，对生物体有毒性。微塑料中容易滤出潜在有毒物，且不会随时间减少。尽管在浸出过程中，某些溶剂可能会被活性污泥中的其他颗粒吸收，但随着微塑料浓度的增加，浸出的溶剂逐渐累加。Bejgarn等[160] 认为，超过1/3的微塑料浸出液对大型蚤有害。DBP和BPA可以抑制污泥消化过程，渗滤液是微塑料对污泥处理产生负面影响的原因之一。

微塑料具有巨大的比表面积，与微生物细胞可充分接触。自由基和分子氧在其表面发生催化反应，生成ROS。在好氧或厌氧条件下，微塑料可通过产生ROS诱导细胞毒性，浓度水平与微塑料浓度呈正相关，与颗粒大小呈负相关[161]。影响污泥处理的主要因素，可能是添加剂和ROS单独释放或它们的联合作用：如果添加剂的毒性很高，则添加剂的释放是主要因素；如果微塑料的粒径很小，ROS则可能是主要因素，但也不排除其他条件，如聚合材料或微塑料吸附的有毒物质成为潜在抑制剂的可能。

7.4.5　污泥中微塑料的研究展望

微塑料广泛存在于海洋、淡水、土壤等环境中，其对生态系统的潜在危害已被人们认识。目前，对污水处理厂中微塑料的研究，正成为国际上的研究热点，然而相关研究仍存在空白或不足。

(1) 污水污泥微塑料分析方法需要标准化。目前，关于微塑料的纯化与检测方法的研究有很多，但这些方法都有一定的局限性，且尚未形成标准体系。对于较小尺寸的微塑料，如纳米塑料，仍缺乏识别和检测方法，且现有技术回收率低、成本高，未来有必要提出回收率高、成本低、省时省力、操作简单的微塑料纯化和检测方法。

(2) 微塑料去除效果有待进一步提升。微塑料的存在往往会降低污泥消化效率，需要延长污泥停留时间，增大消化池体积，实现与无微塑料系统相同的处理效果，增加了处理成本。因此，应针对污泥中微塑料，设定特定的处理单元，避免微塑料对废水和污泥处理系统的危害。同时，厌氧消化过程对微塑料的去除效果有限，污泥可能成为环境中微塑料污染的重要来源之一，有必要开发微塑料的高效降解技术，如采用热解、催化热解等技术。

(3) 污水污泥微塑料与污染物相互作用机制不明确。许多研究表明，微塑料具有比表面积大、较强的疏水性，易吸附各类污染物，可作为污染物的载体。与自然水体相比，污水污泥中含有高浓度的重金属、致病菌、有机物等污染物。有研究表明，经过污水污泥处理后，微塑料表面理化特性变化显著，对污染物吸附潜力明显增强，但相关机制尚不清晰。此外，在污泥土地或农业利用过程中，吸附各类污染物的微塑料可作为污染物的富集库，成为污染物释放到土壤或者生物体内的源头，进一步加大污泥土地或农业利用中微塑料的生态风险评估，具有重要意义。

参考文献

[1] 杨安琪，张光明，王洪臣，等. 污泥厌氧消化中新型污染物去除的研究进展 [J]. 环境污染与防治，2016 (3)：82-89.

[2] STASINAKIS A S. Review on the fate of emerging contaminants during sludge anaerobic digestion [J]. Bioresource Technology，2012，121：432-440.

[3] CLARA M，WINDHOFER G，HARTL W，et al. Occurrence of phthalates in surface runoff，untreated and treated wastewater and fate during wastewater treatment [J]. Chemosphere，2010，78 (9)：1078-1084.

[4] JANEX-HABIBI M L, HUYARD A, ESPERANZA M, et al. Reduction of endocrine disruptor emissions in the environment: the benefit of wastewater treatment [J]. Water Research, 2009, 43 (6): 1565-1576.

[5] BOUKI C, VENIERI D, DIAMADOPOULOS E. Detection and fate of antibiotic resistant bacteria in wastewater treatment plants: a review [J]. Ecotoxicology and Environmental Safety, 2013, 91: 1-9.

[6] BURCH T R, SADOWSKY M J, LAPARA T M. Aerobic digestion reduces the quantity of antibiotic resistance genes in residual municipal wastewater solids [J]. Front Microbiol, 2013, 4.

[7] BIRKETT J W, LESTER J N. Endocrine disrupters in wastewater and sludge treatment processes [M]. Boca Raton, FL: Lewis Publishers, 2002.

[8] MAILLER R, GASPERI J, PATUREAU D, et al. Fate of emerging and priority micropollutants during the sewage sludge treatment: case study of Paris conurbation. Part 1: Contamination of the different types of sewage sludge [J]. Waste Management, 2017, 59: 379-393.

[9] 梁志锋，周文，林庆祺，等. 城市污泥中邻苯二甲酸酯（PAEs）的厌氧微生物降解 [J]. 应用生态学报，2014，25（4）：1163-1170.

[10] KOSMA C I, LAMBROPOULOU D A, ALBANIS T A. Investigation of PPCPs in wastewater treatment plants in Greece: occurrence, removal and environmental risk assessment [J]. Science of The Total Environment, 2014, 466-467 (1): 421-438.

[11] GOLOVKO O, ÖRN S, SÖRENGÅRD M, et al. Occurrence and removal of chemicals of emerging concern in wastewater treatment plants and their impact on receiving water systems [J]. Science of The Total Environment, 2020, 754.

[12] MARTÍNEZ-ALCALÁI, GUILLÉN-NAVARRO J M, FERNÁNDEZ-LÓPEZ C. Pharmaceutical biological degradation, sorption and mass balance determination in a conventional activated-sludge wastewater treatment plant from Murcia, Spain [J]. Chemical Engineering Journal, 2017, 316: 332-340.

[13] JIA A, WAN Y, XIAO Y, et al. Occurrence and fate of quinolone and fluoroquinolone antibiotics in a municipal sewage treatment plant [J]. Water Research, 2012, 46 (2): 387-394.

[14] VERLICHHI P, AL AUKIDY M, ZAMBELLO E. Occurrence of pharmaceutical compounds in urban wastewater: removal, mass load and environmental risk after a secondary treatment: a review [J]. Science of The Total Environment, 2012, 429 (7): 123-155.

[15] MARTÍN J, SANTOS J L, APARICIO I, et al. Multi-residue method for the analysis of pharmaceutical compounds in sewage sludge, compost and sediments by sonication-assisted extraction and lc determination [J]. Journal of Separation Science, 2010, 33 (12): 1760-1766.

[16] ROSSINI D, CIOFI L, ANCILOTTI C, et al. Innovative combination of QuECHERS ex-

traction with on-line solid-phase extract purification and pre concentration，followed by liquid chromatography-tandem mass spectrometry for the determination of non-steroidal anti-inflammatory drugs and their metabolites in sewage sludge [J]. Analytica Chimica Acta，2016，935：269-281.

[17] SALEH A，LARSSON E，YAMINI Y，et al. Hollow fiber liquid phase microextraction as a preconcentration and clean-up step after pressurized hot water extraction for the determination of non-steroidal anti-inflammatory drugs in sewage sludge [J]. Journal of Chromatography A，2011，1218 (10)：1331-1339.

[18] PEYSSON W，VULLIET E. Determination of 136 pharmaceuticals and hormones in sewage sludge using quick，easy，cheap，effective，rugged and safe extraction followed by analysis with liquid chromatography-time-of-flight-mass spectrometry [J]. Journal of Chromatography A，2013，1290：46-61.

[19] MIAO X S，YANG J J，METCALFE C D，et al. Carbamazepine and its metabolites in wastewater and in biosolids in a municipal wastewater treatment plant [J]. Environmental Science & Technology，2005，39 (19)：7469-7475.

[20] GARCÍA-GALÁN M J，DÍAZ-CRUZ S，BARCELÓD. Multiresidue trace analysis of sulfonamide antibiotics and their metabolites in soils and sewage sludge by pressurized liquid extraction followed by liquid chromatography-electrospray-quadrupole linear ion trap mass spectrometry [J]. Journal of Chromatography A，2013，1275：32-40.

[21] MALVAR J L，SANTOS J L，MARTÍN J，et al. Comparison of ultrasound-assisted extraction，QuEChERS and selective pressurized liquid extraction for the determination of metabolites of parabens and pharmaceuticals in sludge [J]. Microchemical Journal，2020.

[22] YAN Q，GAO X，CHEN Y P，et al. Occurrence，fate and ecotoxicological assessment of pharmaceutically active compounds in wastewater and sludge from wastewater treatment plants in Chongqing，the Three Gorges Reservoir Area [J]. Science of The Total Environment，2014，470-471：618-630.

[23] JULIA MARTIN M，CAMACHO-MUNOZ D，SANTOS J L，et al. Distribution and temporal evolution of pharmaceutically active compounds alongside sewage sludge treatment. Risk assessment of sludge application onto soils [J]. Journal of Environmental Management，2012，102：18-25.

[24] MURIUKI C，KAIRIGO P，HOME P，et al. Mass loading，distribution，and removal of antibiotics and antiretroviral drugs in selected wastewater treatment plants in Kenya [J]. Science of The Total Environment，2020，743.

[25] PARK J，KIM C，HONG Y，et al. Distribution and removal of pharmaceuticals in liquid and solid phases in the unit processes of sewage treatment plants [J]. International Journal of Environmental Research and Public Health，2020，17 (3) .

[26] STEVENS-GARMON J，DREWES J E，KHAN S J，et al. Sorption of emerging trace organic compounds onto wastewater sludge solids [J]. Water Research，2011，45 (11)：

3417-3426.

[27] TRAN N H，REINHARD M，GIN Y H. Occurrence and fate of emerging contaminants in municipal wastewater treatment plants from different geographical regions：a review [J]. Water Research，2018，133：182-207.

[28] OU X X，WANG C，ZHANG F J，et al. Complexation of iron by salicylic acid and its effect on atrazine photodegradation in aqueous solution [J]. Frontiers of Environmental Science & Engineering in China，2010，4 (2)：112-132.

[29] CHEN Y S，YU G，CAO Q M，et al. Occurrence and environmental implications of pharmaceuticals in Chinese municipal sewage sludge [J]. Chemosphere，2013，93 (9)：1765-1772.

[30] IVANOVÁ L，MACKUAK T，GRABIC R，et al. Pharmaceuticals and illicit drugs：a new threat to the application of sewage sludge in agriculture [J]. Science of The Total Environment，2018，634：606-615.

[31] ALENZI A，HUNTER C，SPENCER J，et al. Pharmaceuticals effect and removal，at environmentally relevant concentrations，from sewage sludge during anaerobic digestion [J]. Bioresource Technology，2020，319.

[32] YING G G，KOOKANA R S. Triclosan in wastewaters and biosolids from Australian wastewater treatment plants [J]. Environment International，2007，33 (2)：199-205.

[33] ZHENG G D，YU B，WANG Y W，et al. Removal of triclosan during wastewater treatment process and sewage sludge composting：a case study in the middle reaches of the Yellow River [J]. Environment International，2020，134.

[34] GONZALEZ-SALGADO I，CAVAILLÉ L，DUBOS S，et al. Combining thermophilic aerobic reactor (tar) with mesophilic anaerobic digestion (mad) improves the degradation of pharmaceutical compounds [J]. Water research，2020，182.

[35] AHMAD M，ESKICIOGLU C. Fate of sterols，polycyclic aromatic hydrocarbons，pharmaceuticals，ammonia and solids in single-stage anaerobic and sequential anaerobic/aerobic/anoxic sludge digestion [J]. Waste Management，2019，93：72-82.

[36] ABBOTT T，ESKICIOGLU C. Comparison of anaerobic，cycling aerobic/anoxic，and sequential anaerobic/aerobic/anoxic digestion to remove triclosan and triclosan metabolites from municipal biosolids [J]. Science of The Total Environment，2020，745.

[37] ZHOU H D，ZHANG Z，WANG M，et al. Enhancement with physicochemical and biological treatments in the removal of pharmaceutically active compounds during sewage sludge anaerobic digestion processes [J]. Chemical Engineering Journal，2017，316：361-369.

[38] HEIDLER J，SAPKOTA A，HALDEN R. Partitioning，persistence，and accumulation in digested sludge of the topical antiseptic triclocarban during wastewater treatment [J]. Environmental Science & Technology，2006，40 (11)：3634-3639.

[39] LI N，LIU H J，XUE Y G，et al. Partition and fate analysis of fluoroquinolones in sewage

sludge during anaerobic digestion with thermal hydrolysis pretreatment [J]. Science of The Total Environment, 2017, 581: 715-721.

[40] SANZ J L, RODRÍGUEZ N, AMILS R. The action of antibiotics on the anaerobic digestion process [J]. Applied Microbiology & Biotechnology, 1996, 46 (5-6): 587.

[41] FOUNTOULAKIS M, DRILLIA P, STAMATELATOU K, et al. Toxic effect of pharmaceuticals on methanogenesis [J]. Water Science & Technology, 2004, 50 (5): 335-340.

[42] SILVA A R, GOMES J C, SALVADOR A F, et al. Ciprofloxacin, diclofenac, ibuprofen and 17α-ethinylestradiol differentially affect the activity of acetogens and methanogens in anaerobic communities [J]. Ecotoxicology, 2020, 29 (7): 1122-1134.

[43] MALVAR J L, SANTOS J L, MARTÍN J, et al. Occurrence of the main metabolites of pharmaceuticals and personal care products in sludge stabilization treatments [J]. Waste Management, 2020, 116: 22-30.

[44] JOSS A, ANDERSEN H, TERNES T, et al. Removal of estrogens in municipal wastewater treatment under aerobic and anaerobic conditions: consequences for plant optimization [J]. Environmental Science & Technology, 2004, 38 (11): 3047-3055.

[45] WU C X, SPONGBERG A L, WITTER J D. Determination of the persistence of pharmaceuticals in biosolids using liquid-chromatography tandem mass spectrometry [J]. Chemosphere, 2008, 73 (4): 511-518.

[46] PILNÁČEK V, INNEMANOVÁ P, ŠEREŠ M, et al. Micropollutant biodegradation and the hygienization potential of biodrying as a pretreatment method prior to the application of sewage sludge in agriculture [J]. Ecological Engineering, 2019, 127: 212-219.

[47] THOMSEN L, CARVALHO P N, PASSOS J, et al. Hydrothermal liquefaction of sewage sludge; energy considerations and fate of micropollutants during pilot scale processing [J]. Water Research, 2020, 183: 116101.

[48] BAQUERO F, MARTÍNEZ J, CANTÓN R. Antibiotics and antibiotic resistance in water environments [J]. Current Opinion in Biotechnology, 2008, 19 (3): 260-265.

[49] HIRSCH R, TERNES T, HABERER K, et al. Occurrence of antibiotics in the aquatic environment [J]. Science of The Total Environment, 1999, 225 (1-2): 109-118.

[50] WU D, DOLFING J, XIE B. Bacterial perspectives on the dissemination of antibiotic resistance genes in domestic wastewater bio-treatment systems: beneficiary to victim [J]. Applied Microbiology and Biotechnology, 2018, 102: 597-604.

[51] MUNIR M, WONG K, XAGORARAKI I. Release of antibiotic resistant bacteria and genes in the effluent and biosolids of five wastewater utilities in Michigan [J]. Water Research, 2011, 45 (2): 681-693.

[52] RAHUBE T O, MARTI R, SCOTT A, et al. Impact of fertilizing with raw or anaerobically digested sewage sludge on the abundance of antibiotic-resistant coliforms, antibiotic resistance genes, and pathogenic bacteria in soil and on vegetables at harvest [J]. Applied

& Environmental Microbiology，2014，80（22）：6898-6907.

[53] WANG Z，ZHANG X X，HUANG K L，et al. Metagenomic profiling of antibiotic resistance genes and mobile genetic elements in a tannery wastewater treatment plant [J]. Plos One，2013，8（10）.

[54] TANG J Y，BU Y Q，ZHANG X X，et al. Metagenomic analysis of bacterial community composition and antibiotic resistance genes in a wastewater treatment plant and its receiving surface water [J]. Ecotoxicology and Environmental Safety，2016，132：260-269.

[55] SU J Q，AN X L，LI B，et al. Metagenomics of urban sewage identifies an extensively shared antibiotic resistome in China [J]. Microbiome，2017，5：1422-1434.

[56] WANG X，RYU D，HOUTKOOPER R H，et al. Antibiotic use and abuse：a threat to mitochondria and chloroplasts with impact on research，health，and environment [J]. BioEssays，2015，37：334-345.

[57] GU C，KARTHIKEYAN K G. Interaction of tetracycline with aluminum and iron hydrous oxides [J]. Environmental Science and Technology，2005，39（8）：2660-2667.

[58] SARMAH A K，MEYER M T，BOXALL A. A global perspective on the use，sales，exposure pathways，occurrence，fate and effects of veterinary antibiotics（VAs）in the environment [J]. Chemosphere，2006，65（5）：725-759.

[59] UNGEMACH F R. Figures on quantities of antibacterials used for different purposes in the EU countries and interpretation [J]. Acta Veterinaria Scandinavica，2000，93（S1）：89-97.

[60] WANG H M，GUO C S，QIU H Y，et al. Occurrence of antibiotics and antibiotic resistance genes in a sewage treatment plant and its effluent-receiving river [J]. Chemosphere，2015，2015，119：1379-1385.

[61] GAO L H，SHI Y L，LI W H，et al. Occurrence of antibiotics in eight sewage treatment plants in Beijing，China [J]. Chemosphere，2012，2012，86（6）：665-671.

[62] ZHANG X X，ZHANG T，FANG H. Antibiotic resistance genes in water environment [J]. Applied Microbiology & Biotechnology，2009，82（3）：397-414.

[63] AUERBACH E A，SEYFRIED E E，MCMAHON K D. Tetracycline resistance genes in activated sludge wastewater treatment plants [J]. Water Research，2007，41（5）：1143-1151.

[64] LUPO A，COYNE S，BERENDONK T U. Origin and evolution of antibiotic resistance：the common mechanisms of emergence and spread in water bodies [J]. Frontiers in Microbiology，2012，3：18-29.

[65] RIZZO L，MANAIA C，MERLIN C，et al. Urban wastewater treatment plants as hotspots for antibiotic resistant bacteria and genes spread into the environment：a review [J]. Science of The Total Environment，2013，447（9）：345-360.

[66] MAZEL D. Integrons：agents of bacterial evolution [J]. Nature Reviews Microbiology，2006，4（8）：608-620.

[67] DIEHL D L, LAPARA T M. Effect of temperature on the fate of genes encoding tetracycline resistance and the integrase of class 1 integrons within anaerobic and aerobic digesters treating municipal wastewater solids [J]. Environmental Science & Technology, 2010, 44 (23): 9128-9133.
[68] RUBY S, SCHROEDER C M, MENG J, et al. Identification of antimicrobial resistance and class 1 integrons in Shiga toxin-producing Escherichia coli recovered from humans and food animals [J]. J Antimicrob Chemother, 2005 (1): 216-219.
[69] XUE G, JIANG M J, CHEN H, et al. Critical review of ARGs reduction behavior in various sludge and sewage treatment processes in wastewater treatment plants [J]. Critical Reviews in Environmental Science and Technology, 2019, 49 (18): 1623-1674.
[70] MATEOSAGASTA J, RASCHIDSALLY L, THEBO A. Global wastewater and sludge production, treatment and use [M]. Springer Netherlands, 2015.
[71] MA Y J, WILSON C A, NOVAK J T, et al. Effect of various sludge digestion conditions on sulfonamide, macrolide, and tetracycline resistance genes and class I integrons [J]. Environmental Science & Technology, 2011, 45 (18): 7855-7861.
[72] MILLER J, NOVAK J T, PRUDEN A, et al. Effect of nanosilver and antibiotic loading on fate of antibiotic resistance genes in thermophilic and mesophilic anaerobic digesters [J]. Proceedings of the Water Environment Federation, 2012, 2012 (2): 1221-1234.
[73] WU Y, CUI E P, ZUO Y R, et al. Fate of antibiotic and metal resistance genes during two-phase anaerobic digestion of residue sludge revealed by metagenomic approach [J]. Environmental Science and Pollution Research, 2018, 25 (14): 13956-13963.
[74] SUN W, QIAN X, GU J, et al. Mechanism and effect of temperature on variations in antibiotic resistance genes during anaerobic digestion of dairy manure [J]. Scientific Reports, 2016, 6.
[75] BURCH T R, SADOWSKY M J, LAPARA T M. Modeling the fate of antibiotic resistance genes and class 1 integrons during thermophilic anaerobic digestion of municipal wastewater solids [J]. Applied Microbiology & Biotechnology, 2016, 100 (3): 1437-1444.
[76] HUANG H N, ZHENG X, CHEN Y G, et al. Alkaline fermentation of waste sludge causes a significant reduction of antibiotic resistance genes in anaerobic reactors [J]. Science of The Total Environment, 2017, 580: 380-387.
[77] YOUNGQUIST C P, MITCHELL S M, COGGER C G. Fate of antibiotics and antibiotic resistance during digestion and composting: a review [J]. Journal of Environmental Quality, 2016, 45 (2): 537-545.
[78] JANG H M, SHIN J, CHOI S, et al. Fate of antibiotic resistance genes in mesophilic and thermophilic anaerobic digestion of chemically enhanced primary treatment (CEPT) sludge [J]. Bioresource Technology, 2017, 244 (Part1): 433-444.
[79] GHOSH S, RAMSDEN S J, LAPARA T M. The role of anaerobic digestion in control-

ling the release of tetracycline resistance genes and class 1 integrons from municipal wastewater treatment plants [J]. Applied Microbiology & Biotechnology, 2009, 84 (4): 791-796.

[80] TIAN Z, ZHANG Y, YU B, et al. Changes of resistome, mobilome and potential hosts of antibiotic resistance genes during the transformation of anaerobic digestion from mesophilic to thermophilic [J]. Water Research, 2016, 98 (Jul. 1): 261-269.

[81] MILLER J H, NOVAK J T, KNOCKE W R, et al. Effect of silver nanoparticles and antibiotics on antibiotic resistance genes in anaerobic digestion [J]. Water Environment Research A Research Publication of the Water Environment Federation, 2013, 85 (5): 411-421.

[82] MILLER J H, NOVAK J T, KNOCKE W P. Survival of antibiotic resistant bacteria and horizontal gene transfer control antibiotic resistance gene content in anaerobic digesters [J]. Frontiers in Microbiology, 2016, 7 (18): 263.

[83] ZHANG T, YANG Y, PRUDEN A. Effect of temperature on removal of antibiotic resistance genes by anaerobic digestion of activated sludge revealed by metagenomic approach [J]. Applied Microbiology and Biotechnology, 2015, 99 (18): 7771-7779.

[84] YANG G, ZHANG G M, WANG H C. Current state of sludge production, management, treatment and disposal in China [J]. Water Research, 2015, 78: 60-73.

[85] HUANG H N, CHEN Y G, ZHENG X, et al. Distribution of tetracycline resistance genes in anaerobic treatment of waste sludge: the role of pH in regulating tetracycline resistant bacteria and horizontal gene transfer [J]. Bioresource Technology, 2016, 218: 1284-1289.

[86] AYDIN S, INCE B, INCE O. Assessment of anaerobic bacterial diversity and its effects on anaerobic system stability and the occurrence of antibiotic resistance genes [J]. Bioresource Technology, 2016, 207: 332-338.

[87] JU F, LI B, MA L P, et al. Antibiotic resistance genes and human bacterial pathogens: co-occurrence, removal, and enrichment in municipal sewage sludge digesters [J]. Water Research, 2016, 91: 1-10.

[88] CHI Y Z, LI Y Y, FEI X N, et al. Enhancement of thermophilic anaerobic digestion of thickened waste activated sludge by combined microwave and alkaline pretreatment [J]. Journal of Environmental Sciences, 2011, 23 (8); 1257-1265.

[89] PILLI S, BHUNIA P, SONG Y A, et al. Ultrasonic pretreatment of sludge: a review [J]. Ultrasonics Sonochemistry, 2011, 18 (1): 1-18.

[90] HONG S M, PARK J K, LEE Y O. Mechanisms of microwave irradiation involved in the destruction of fecal coliforms from biosolids [J]. Water Research, 2004, 38 (6): 1615-1625.

[91] PEI J, YAO H, WANG H, et al. Comparison of ozone and thermal hydrolysis combined with anaerobic digestion for municipal and pharmaceutical waste sludge with tetracycline re-

sistance genes [J]. Water Research, 2016, 99 (1): 122-128.

[92] TONG J, LU X T, ZHANG J Y, et al. Occurrence of antibiotic resistance genes and mobile genetic elements in enterococci and genomic DNA during anaerobic digestion of pharmaceutical waste sludge with different pretreatments [J]. Bioresource Technology, 2017, 235: 316-324.

[93] ZHAO L, GU W M, HE P J, et al. Biodegradation potential of bulking agents used in sludge bio-drying and their contribution to bio-generated heat [J]. Water Research, 2011, 45 (6): 2322-2330.

[94] TONG J, LIU J B, ZHENG X, et al. Fate of antibiotic resistance bacteria and genes during enhanced anaerobic digestion of sewage sludge by microwave pretreatment [J]. Bioresource Technology, 2016, 217: 37-43.

[95] WANG J, BEN W W, YANG M, et al. Dissemination of veterinary antibiotics and corresponding resistance genes from a concentrated swine feedlot along the waste treatment paths [J]. Environment International, 2016, 92-93: 317-323.

[96] GAO P, GU C C, WEI X, et al. The role of zero valent iron on the fate of tetracycline resistance genes and class 1 integrons during thermophilic anaerobic co-digestion of waste sludge and kitchen waste [J]. Water Research, 2017, 111: 92-99.

[97] CAREY D E, ZITOMER D H, KAPPELL A D, et al. Chronic exposure to triclosan sustains microbial community shifts and alters antibiotic resistance gene levels in anaerobic digesters [J]. Environmental science: Processes & impacts, 2016, 18 (8): 1060-1067.

[98] CHEN J, YU Z T, MICHEL F C, et al. Development and application of real-time PCR assays for quantification of erm genes conferring resistance to macrolides-lincosamides-streptogramin B in livestock manure and manure management systems [J]. Applied and Environmental Microbiology, 2007, 73 (14): 4407-4416.

[99] YU Z T, MICHEL F C, HANSEN G, et al. Development and application of real-time PCR assays for quantification of genes encoding tetracycline resistance [J]. Applied and Environmental Microbiology, 2005, 71 (11): 6926-6933.

[100] WÉRY N, LHOUTELLIER C, DUCRAY F, et al. Behaviour of pathogenic and indicator bacteria during urban wastewater treatment and sludge composting, as revealed by quantitative PCR [J]. Water Research, 2008, 42 (1-2): 53-62.

[101] MITCHELL S M, ULLMAN J L, BARY A, et al. Antibiotic degradation during thermophilic composting [J]. Water Air and Soil Pollution, 2015, 226 (2) .

[102] LIAO H P, LU X M, RENSING C, et al. Hyperthermophilic composting accelerates the removal of antibiotic resistance genes and mobile genetic elements in sewage sludge [J]. Environmental Science & Technology, 2018, 52 (1): 266-276.

[103] BURCH T, SADOWSKY M J, LAPARA T M. Effect of different treatment technologies on the fate of antibiotic resistance genes and class 1 integrons when residual municipal wastewater solids are applied to soil [J]. Environmental Science & Technology, 2017,

51 (24): 14225-14232.

[104] ZHANG J Y, CAI X, QI L, et al. Effects of aeration strategy on the evolution of dissolved organic matter (DOM) and microbial community structure during sludge bio-drying [J]. Applied Microbiology and Biotechnology, 2015, 99 (17): 7321-7331.

[105] ZHANG J Y, SUI Q W, TONG J, et al. Sludge bio-drying: effective to reduce both antibiotic resistance genes and mobile genetic elements [J]. Water Research, 2016, 106 (1): 62-70.

[106] BURCH T R, SADOWSKY M J, LAPARA T M. Air-drying beds reduce the quantities of antibiotic resistance genes and class 1 integrons in residual municipal wastewater solids [J]. Environmental Science & Technology, 2013, 47 (17): 9965-9971.

[107] LI X W, CHEN L B, MEI Q Q, et al. Microplastics in sewage sludge from the wastewater treatment plants in China [J]. Water Research, 2018, 142: 75-85.

[108] MAHON A M, O'CONNELL B, HEALY M G, et al. Microplastics in sewage sludge: effects of treatment [J]. Environmental Science & Technology, 2017, 51 (2): 810-818.

[109] LUSHER A L, HURLEY R, VOGELSANG C, et al. Mapping microplastics in sludge [R]. 2017.

[110] MINTENIG S M, INT-VEEN I, LODER M G, et al. Identification of microplastic in effluents of waste water treatment plants using focal plane array-based micro-Fourier-transform infrared imaging [J]. Water Research, 2017, 108: 365-372.

[111] MAGNUSSON K, NOREN F. Screening of microplastic particles in and down- stream a wastewater treatment plant [R]. Report C55 Swedish Environmental Research Institute, Stockholm, 2014.

[112] ZUBRIS K A, RICHARDS B K. Synthetic fibers as an indicator of land application of sludge [J]. Environmental pollution, 2005, 138 (2): 201-211.

[113] TALVITIE J, MIKOLA A, SETALA O, et al. How well is microlitter purified from wastewater? A detailed study on the stepwise removal of microlitter in a tertiary level wastewater treatment plant [J]. Water Research, 2017, 109: 164-172.

[114] SUJATHAN S, KNIGGENDORF A-K, KUMAR A, et al. Heat and bleach: A cost-efficient method for extracting microplastics from return activated sludge [J]. Archives of environmental contamination and toxicology, 2017, 73 (4): 641-648.

[115] WANG J D, PENG J P, TAN Z, et al. Microplastics in the surface sediments from the Beijiang River littoral zone: composition, abundance, surface textures and interaction with heavy metals [J]. Chemosphere, 2017, 171: 248-258.

[116] RUGGERO F, GORI R, LUBELLO C. Methodologies for microplastics recovery and identification in heterogeneous solid matrices: a review [J]. Journal of Polymers and the Environment, 2020, 28 (3): 739-748.

[117] COLE M, WEBB H, LINDEQUE P K, et al. Isolation of microplastics in biota-rich sea-

water samples and marine organisms [J]. Scientific Reports，2014，4.

[118] LOEDER M G J，KUCZERA M，MINTENIG S，et al. Focal plane array detector-based micro-Fourier-transform infrared imaging for the analysis of microplastics in environmental samples [J]. Environmental Chemistry，2015，12 (5)：563-581.

[119] BRETAS ALVIM C，MENDOZA-ROCA J A，BES-PIA A. Wastewater treatment plant as microplastics release source：quantification and identification techniques [J]. Journal of Environmental Management，2020，255.

[120] KARAMI A，GOLIESKARDI A，CHOO C K，et al. A high-performance protocol for extraction of microplastics in fish [J]. Science of The Total Environment，2017，578 (16)：485-494.

[121] DEVRIESE L I，VAN DER MEULEN M D，MAES T，et al. Microplastic contamination in brown shrimp (Crangon crangon，Linnaeus 1758) from coastal waters of the Southern North Sea and Channel area [J]. Marine Pollution Bulletin，2015，98 (1-2)：179-187.

[122] CARR S A，LIU J，TESORO A G. Transport and fate of microplastic particles in wastewater treatment plants [J]. Water research，2016，91 (15)：174-182.

[123] LI Q L，WU J T，ZHAO X P，et al. Separation and identification of microplastics from soil and sewage sludge [J]. Environmental Pollution，2019，254 (B) .

[124] ERNI-CASSOLA G，GIBSON M I，THOMPSON R C，et al. Lost，but found with Nile red；a novel method to detect and quantify small microplastics (20 m-1 mm) in environmental samples [J]. Environmental Science & Technology，2017，51 (23)：13641-13648.

[125] DAVID J，WEISSMANNOVA H D，STEINMETZ Z，et al. Introducing a soil universal model method (SUMM) and its application for qualitative and quantitative determination of poly (ethylene)，poly (styrene)，poly (vinyl chloride) and poly (ethylene terephthalate) microplastics in a model soil [J]. Chemosphere，2019，225：810-819.

[126] LAVERS L J，OPPEL S，BOND A L. Factors influencing the detection of beach plastic debris [J]. Marine Environmental Research，2016，119：245-51.

[127] QUINN B，MURPHY F，EWINS C. Validation of density separation for the rapid recovery of microplastics from sediment [J]. Analytical Methods，2017，9 (9)：1491-1498.

[128] MAES T，JESSOP R，WELLNER N，et al. A rapid-screening approach to detect and quantify microplastics based on fluorescent tagging with Nile Red [J]. Scientific Reports，2017，7.

[129] DAZZI A，PRATER C B，HU Q，et al. AFM-IR：combining atomic force microscopy and infrared spectroscopy for nanoscale chemical characterization [J]. Applied Spectroscopy，2012，66 (12)：1365.

[130] DAZZI A，SAUNIER J，KJOLLER K，et al. Resonance enhanced AFM-IR：a new powerful way to characterize blooming on polymers used in medical devices [J]. Interna-

tional Journal of Pharmaceutics, 2015, 484 (1-2): 109-114.

[131] CORRADINI F, BARTHOLOMEUS H, LWANGA E H, et al. Predicting soil microplastic concentration using vis-NIR spectroscopy [J]. Science of The Total Environment, 2018, 650: 922-932.

[132] MURPHY F, EWINS C, CARBONNIER F, et al. Wastewater treatment works (WwTW) as a source of microplastics in the aquatic environment [J]. Environmental Science & Technology, 2016, 50 (11): 5800-5808.

[133] AK M S, MUZ M, KOMESLI O T, et al. Enhancement of bio-gas production and xenobiotics degradation during anaerobic sludge digestion by ozone treated feed sludge [J]. Chemical Engineering Journal, 2013, 230: 499-505.

[134] WEI W, HUANG Q S, SUN J, et al. Polyvinyl chloride microplastics affect methane production from the anaerobic digestion of waste activated sludge through leaching toxic bisphenol-A [J]. Environmental Science & Technology, 2019, 53 (5): 2509-2517.

[135] FU S F, DING J N, ZHANG Y, et al. Exposure to polystyrene nanoplastic leads to inhibition of anaerobic digestion system [J]. Science of the Total Environment, 2018, 625: 64-70.

[136] WEI W, HUANG Q-S, SUN J, et al. Revealing the mechanisms of polyethylene microplastics affecting anaerobic digestion of waste activated sludge [J]. Environmental Science & Technology, 2019, 53 (16): 9604-9613.

[137] FENG Y, FENG L-J, LIU S-C, et al. Emerging investigator series: inhibition and recovery of anaerobic granular sludge performance in response to short-term polystyrene nanoparticle exposure [J]. Environmental Science-Water Research & Technology, 2018, 4 (12): 1902-1911.

[138] SHENG G P, YU H Q, LI X Y. Extracellular polymeric substances (EPS) of microbial aggregates in biological wastewater treatment systems: a review [J]. Biotechnology Advances, 2010, 28 (6): 882-894.

[139] MU H, ZHENG X, CHEN Y G, et al. Response of anaerobic granular sludge to a shock load of zinc oxide nanoparticles during biological wastewater treatment [J]. Environmental Science & Technology, 2012, 46 (11): 5997-6003.

[140] ZETTLER E R, MINCER T J, AMARAL-ZETTLER L A. Life in the " Plastisphere": microbial communities on plastic marine debris [J]. Environmental Science & Technology, 2013, 47 (13): 7137-7146.

[141] WANG Y L, ZHAO J W, WANG D B, et al. Free nitrous acid promotes hydrogen production from dark fermentation of waste activated sludge [J]. Water Research, 2018, 145: 113-124.

[142] DRIDI B, FARDEAU M-L, OLLIVIER B, et al. Methanomassiliicoccus luminyensis gen. nov., sp nov., a methanogenic archaeon isolated from human faeces [J]. International Journal of Systematic and Evolutionary Microbiology, 2012, 62: 1902-1907.

[143] ROSSI G, BARNOUD J, MONTICELLI L. Polystyrene nanoparticles perturb lipid membranes [J]. Journal of Physical Chemistry Letters, 2014, 5 (1): 241-246.

[144] MU H, CHEN Y G, XIAO N D. Effects of metal oxide nanoparticles (TiO_2, Al_2O_3, SiO_2 and ZnO) on waste activated sludge anaerobic digestion [J]. Bioresource Technology, 2011, 102 (22): 10305-10311.

[145] ANBUMANI S, KAKKAR P. Ecotoxicological effects of microplastics on biota: a review [J]. Environmental Science and Pollution Research, 2018, 25 (15): 14373-14396.

[146] SUTHERLAND I W. Biofilm exopolysaccharides: a strong and sticky framework [J]. Microbiology-Uk, 2001, 147: 3-9.

[147] FENG L J, WANG J J, LIU S C, et al. Role of extracellular polymeric substances in the acute inhibition of activated sludge by polystyrene nanoparticles [J]. Environmental Pollution, 2018, 238: 859-865.

[148] HENRIQUES I D S, LOVE N G. The role of extracellular polymeric substances in the toxicity response of activated sludge bacteria to chemical toxins [J]. Water Research, 2007, 41 (18): 4177-4185.

[149] LERICHE V, BRIANDET R, CARPENTIER B. Ecology of mixed biofilms subjected daily to a chlorinated alkaline solution: spatial distribution of bacterial species suggests a protective effect of one species to another [J]. Environmental Microbiology, 2003, 5 (1): 64-71.

[150] DELLA TORRE C, BERGAMI E, SALVATI A, et al. Accumulation and embryotoxicity of polystyrene nanoparticles at early stage of development of sea urchin embryos paracentrotus lividus [J]. Environmental Science & Technology, 2014, 48 (20): 12302-12311.

[151] CANTOR R S. Lateral pressures in cell membranes: A mechanism for modulation of protein function [J]. Journal of Physical Chemistry B, 1997, 101 (10): 1723-1725.

[152] CARLSON C, HUSSAIN S M, SCHRAND A M, et al. Unique cellular interaction of silver nanoparticles: size-dependent generation of reactive oxygen species [J]. Journal of Physical Chemistry B, 2008, 112 (43): 13608-13619.

[153] XIA T, KOVOCHICH M, LIONG M, et al. Comparison of the mechanism of toxicity of zinc oxide and cerium oxide nanoparticles based on dissolution and oxidative stress properties [J]. ACS Nano, 2008, 2 (10): 2121-2134.

[154] DEGLI ESPOSTI M, MCLENNAN H. Mitochondria and cells produce reactive oxygen species in virtual anaerobiosis: relevance to ceramide-induced apoptosis [J]. FEBS Letters, 1998, 430 (3): 338-342.

[155] SUN X M, CHEN B J, LI Q F, et al. Toxicities of polystyrene nano- and microplastics toward marine bacterium *Halomonas alkaliphila* [J]. Science of the Total Environment, 2018, 642: 1378-1385.

[156] KIM S, MARION M, JEONG B-H, et al. Crossflow membrane filtration of interacting

nanoparticle suspensions [J]. Journal of Membrane Science, 2006, 284 (1-2): 361-372.

[157] ANTAO BARBOZA L G, VIEIRA L R, BRANCO V, et al. Microplastics cause neurotoxicity, oxidative damage and energy-related changes and interact with the bioaccumulation of mercury in the European seabass, Dicentrarchus labrax (Linnaeus, 1758) [J]. Aquatic Toxicology, 2018, 195: 49-57.

[158] KEDZIERSKI M, D'ALMEIDA M, MAGUERESSE A, et al. Threat of plastic ageing in marine environment. Adsorption/desorption of micropollutants [J]. Marine Pollution Bulletin, 2018, 127: 684-694.

[159] TURNER A. Heavy metals, metalloids and other hazardous elements in marine plastic litter [J]. Marine Pollution Bulletin, 2016, 111 (1-2): 136-142.

[160] BEJGARN S, MACLEOD M, BOGDAL C, et al. Toxicity of leachate from weathering plastics: an exploratory screening study with Nitocra spinipes [J]. Chemosphere, 2015, 132: 114-119.

[161] JEONG C-B, WON E-J, KANG H-M, et al. Microplastic size-dependent toxicity, oxidative stress induction, and p-JNK and p-p38 activation in the monogonont rotifer (Brachionus koreanus) [J]. Environmental Science & Technology, 2016, 50 (16): 8849-8857.

第8章 污泥基功能材料的制备和应用研究

8.1 概述

鉴于日趋严重的污泥问题以及传统污泥处理处置方法所面临的挑战，越来越多的研究更加侧重于对污泥资源化利用方法的研究和开发[1,2]。以污泥为前驱体制备功能材料，是污泥资源化利用的一种重要途径。污泥具有较高的碳元素含量，因此，可以通过热解或水热等方法得到具有一定孔隙结构和吸附催化性能的污泥基碳功能材料，将它应用于染料、重金属离子、挥发性有毒气体的吸附和催化等方面。在此制备过程中，污泥中的重金属元素在高温条件下被固定，从而减少可能的二次污染。

相对于秸秆和锯末等具有相对固定结构的生物质前体，污泥具有特殊的复杂组分，在以其为前体的功能材料制备和催化应用过程中，具有独特的性能[2,3]。污泥中的无机矿物质能够作为内嵌模板，从而使所制备的污泥基功能资料具有独特介孔结构，增加其比表面积；部分过渡金属，能够在制备过程中起到催化石墨化的作用，得到具有特定石墨化结构的碳基材料；当以污泥为载体时，部分无机物能与负载的功能材料形成相应的化学键或晶体结构，得到具有独特结构和性能的污泥负载功能材料。

污泥制备功能材料的研究可以追溯到1971年[4]，污泥基功能材料具有原料廉价易得、材料方便修饰改性、制备工艺易于控制等特点，在吸附、催化、储能等领域得到了广泛关注（图8.1-1）[5]。但是，污泥组成、结构和性质的不稳定性和不确定性，又限制了它的实际应用。

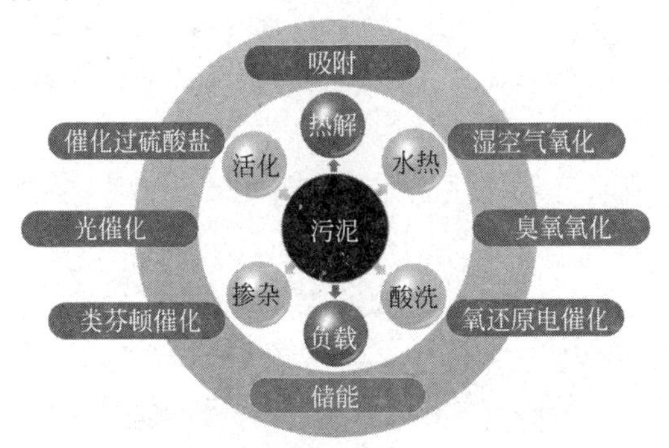

图8.1-1 污泥制备碳基功能材料示意图

8.2 污泥基功能材料的制备方法研究

自 Kemmer 等在 1971 年通过化学活化法制备得到污泥基吸附剂以来[4]，热处理方法及其衍生工艺，如热解、水热、焚烧和活化等，已经成为目前最为常用的污泥基功能材料制备方法[2,3]。污泥具有特殊的复杂组分，污泥基功能材料的结构和性能与污泥组分、制备方法、活化条件和负载物种类等密切相关[6,7]。

8.2.1 热解活化法制备污泥基功能材料研究

污泥热解是一种将污泥置于高温无氧条件下进行加热分解，使污泥中的有机物大分子经热分解转化，变为液态生物油、气态热解气和固态碳基材料的污泥处理处置技术[8,9]。热解过程中残留的无机物与有机物在热解碳化后，产生的生物炭，共同组成了具有独特组分、丰富的表面官能团和介孔结构的固态碳基功能材料，可被用于吸附、催化、储能等领域[10,11]。

污泥基碳功能材料的产率和品质受到热解工艺参数的影响。热解温度影响固态碳基材料的形态、表面结构、比表面积和孔体积。高热解温度会增加芳构化结构，改进碳基材料的表面结构。但是，过高的热解温度会使已形成的孔结构发生坍塌或变形，减小碳基材料的比表面积[12]。升温速率和停留时间也会影响固态碳基材料的产率和品质。慢速升温，会降低碳基材料的气化或者液化程度，提高固态产物产率和碳含量；快速升温，可促进污泥的气化或者液化，减少碳基材料的产率和碳含量。当停留时间过短时，污泥组分没有被完全解聚，导致固态碳基材料产率降低；延长停留时间，则有利于污泥组分被充分解聚，提高碳基材料的产率[13]。

但是，污泥直接热解过程中所产生的焦油等物质会造成所制备碳材料孔隙的堵塞，且污泥直接热解碳材料通常具有较小的比表面积和较大的灰分含量，大大限制了其作为功能材料的应用前景。因此，为了增加污泥基碳材料的比表面积，得到具有优越性能的碳基功能材料，满足相应的吸附、催化应用需求，活化过程成为至关重要的步骤。已报道的污泥碳基功能材料制备过程中的活法方法主要有：物理活化法、化学活化法和化学物理活化法[5,14,15]。

物理活化法是指将污泥在高温下与适量的氧化性气体（水蒸气和 CO_2）发生反应，形成较为发达的孔隙结构，提升其比表面积的过程[16,17]。相对于 CO_2 分子，水分子在孔隙中的扩散速度更快，在活化改性时更具优势。通过水蒸气活化后，污泥基碳材料的比表面积增加，氢碳比（芳香性）降低，极性减弱，亲水性加强[18,19]。物理活化法工艺相对简单，不存在环境污染问题，且制得的污泥碳可直接使用，但相对较低的比表面积限制了其应用[18,19]。

化学活化法是指通过化学试剂，直接或间接处理污泥或污泥基碳，改善其理化性质的方法。化学活化法主要包含酸活化法、碱活化法以及浸渍活化法，常用的化学活化剂有 H_2SO_4、H_3PO_4、KOH、NaOH 和 $ZnCl_2$ 等[20]。酸活化法是指在热解污泥前，先将污泥和酸按照一定比例浸渍数小时或者数天后，进行热解的方法[21]。酸活化后碳基材料的氢碳比和氧碳比有所增加，碳氮比变化不定，表面含有更多的酸性官能团（如羟基、羧基、酮和其他含氧分子），亲水性提高，极性加强，有利于增强污泥基功能材料对水中污染物的化学吸附[22,23]。

碱活化法是先把污泥热解碳在 25～100℃下，浸渍在不同浓度的碱溶液 6～24h，干燥后，在氮气气氛下，经过 300～900℃热解 1～2h，将热解产物用酸洗、水洗后，得到具有较高比表面积的污泥基碳功能材料[20,24]。碱活化改性后的碳基材料表面芳香性提高，比表面积增加，并产生正电荷，因此，有利于吸附带有负电荷的物质。用 KOH 活化，对碳材料改性时，碱碳比一般在 3 左右[24,25]。KOH 活化时间一般在 120min，时间太短，活化反应不能进行完全；时间太长，原有的孔隙结构会发生坍塌，不利用形成多级孔碳材料[24,26]。与酸活化法相比，经碱活化后的功能材料氧碳比较小，亲水性降低，材料表面出现交联反应，具有更多的含氮官能团，芳香性提高，对有机物的吸附效果更佳[25,26]。

浸渍活化法是将污泥或污泥基碳浸渍于金属盐/氧化物溶液中，在混合均匀后，在氮气中进行热解活化的方法[27,20,28-31]。在浸渍活化法中，污泥或污泥基碳与金属盐/氧化物溶液相混合，促进金属离子和前体材料结构的物理和化学固定[32,33]。按照浸渍的顺序主要分为：先浸渍原料后热解和先热解后浸渍两种方法。先浸渍原料后热解法，是先将热解前体浸渍在不同浓度的金属盐/氧化物中，浸渍温度为 25～120℃，持续搅拌 1～6h 后，在 300～900℃下的氮气中进行热解。先热解后浸渍法，则是首先将原料前体进行热解，然后用金属盐/氧化物溶液浸渍后，再次进行热解活化。$ZnCl_2$ 活化法是较为常用的浸渍活化法，其原理是：浸渍在碳材料内部的 $ZnCl_2$ 在 450～600℃气化后，起到骨架的作用，促进污泥碳的热解沉积，当 $ZnCl_2$ 被酸洗去后，得到具有多孔结构和大比表面积的污泥基碳功能材料[28,34]。

通过化学活化或浸渍活化的方法可以得到具有较高比表面积的污泥碳，但是，KOH 化学活化法需要消耗大量的活化剂（生物炭∶KOH＝1∶3），且制备过程还需要经过预碳化、活化剂混合、烘干、热解，以及酸洗等多个步骤，同时，由于热解过程中 KOH 的催化活化作用，使得这种方法产率较低[24,25]。而 $ZnCl_2$ 活化法同样需要大量的活化剂（前体∶$ZnCl_2$＝1∶3）和复杂的处理过程，且热解过程中 $ZnCl_2$（沸点 732℃）的挥发，会造成严重的环境污染。此类方法普遍耗时长、成本高、产率低、污染环境，实际应用状况不佳[28,34]。

8.2.2 水热法制备污泥基功能材料研究

水热法是以水为溶剂，在密封的压力容器中，在150～250℃的条件下，进行水热化学反应的污泥基功能材料转化技术[35-37]。在水热反应体系中，处于超/亚临界状态水的黏度、电导率和溶解性等物化性质与常温、常压下的水截然不同。水热过程中水分子会破坏污泥中多糖链中的糖苷键及蛋白质中的肽键，使其分别解聚成单糖、氨基酸，以及相应的低聚物。这些化合物能够和污泥中的金属元素结合，形成具有催化活性的污泥基水热碳功能材料[35-44]。与热解和其他热处理技术相比，水热法无须高能耗的干燥步骤就能够实现污泥减量化和无害化，同时，能够有效地固定污泥中的碳，从而实现污泥的资源化和材料化利用[36-38]。

水热法所得污泥基碳材料具有丰富的含氧官能团，具有作为吸附剂的应用前景，但是低的比表面积（≤31m^2/g）限制了其吸附容量（<71mg/g 亚甲基蓝）。因此，可以进一步通过活化方法来提高其比表面积和吸附容量。Ferrentino 等[45]通过化学活化法，将污泥水热衍生碳基材料的吸附能力提高至140.1mg/g，此碱活化过程虽然没有明显增加污泥水热衍生碳基材料的比表面积，但是能够增强其表面的均质性。进一步通过热化学活化，污泥水热衍生碳基材料的比表面积能够增加270倍，活化后具有更丰富的介孔和大孔，能够提供足够的吸附活性位点，得到具有与商业活性炭可比的污染物吸附性能。

此外，生化污泥与铁污泥混合水热也能够得到具有催化活性的污泥基水热碳基材料，在水热过程中，污泥中的 SiO_2 能够在水热过程中与铁污泥中的铁元素形成稳定的 Si—O—Fe 键，Fe^{3+} 同时会被污泥中的多糖还原成 Fe^{3+}，并进一步产生 Fe_3O_4，形成具有磁性的碳铁催化剂[36,44,45]。另外，在水热热解过程中，污泥中的重金属可以被溶出，并原位掺杂于 TiO_2 的晶体内部[46]。这些重金属会在 TiO_2 的导带和价带之间形成新的能带，使得所制备污泥基催化剂的禁带宽度降低至2.85eV，从而能够被可见光所激发。金属离子的原位掺杂，一方面，能够促进光生电子和空穴的分离，提高光催化剂的催化效率；另一方面，可以缩小催化剂的禁带宽度，使得所制备的催化剂具有可见光光催化的性能[46]。

8.2.3 污泥基功能材料的其他制备方法研究

焚烧污泥是目前较为成熟的污泥处理方式，在焚烧过程中，污泥中的有机物基本被完全燃烧，焚烧后剩余的无机残渣无菌、无臭味，体积仅为原来污泥的5%左右，大大降低了污泥的总量[47]。污泥焚烧灰渣含有 SiO_2 等无机物，在焚烧过程中也可以通过相应的负载方法得到污泥基功能材料。以污泥为原料，通过简单的搅拌、离心、烘干、焚烧的方法，可以制备得到稳定高效的可见光光芬顿反应催化剂，该催化剂能够在紫外光、可见光和太阳光的照射下稳定、高效地降解偶氮染料和有机污染物，表现出优越的催化性能和可重复利用性，具有良好的应用前景[48]。

污泥基可见光光芬顿反应催化剂在制备过程中，充分地利用了污泥中的所有成分，如污泥中的有机大分子物质在焚烧过程中被燃烧或碳化，为催化剂提供了多孔的微观结构，而增加了催化剂的比表面积[46,48]。污泥中原有的铁元素被用作催化光芬顿反应。污泥中的部分无机物小分子可组成催化剂的构架，其中，SiO_2 更是和负载的铁氧化物，通过 Si—O—Fe 键形成了稳定的结构，保证了催化剂在使用过程中的稳定性和可重复利用性。污泥中主要的重金属污染物在催化剂制备过程中，形成稳定的化合物形态，这些重金属化合物能吸收可见光，将 Fe^{2+} 还原成 Fe^{3+}，保证催化反应体系中铁离子的循环使用，使得反应可以在可见光照射下持续进行[46,48]。

污泥本身含有的特定催化活性成分（如铁盐和 TiO_2 等）比例较低，因此，可以通过外加组分增强得到更高活性的污泥负载功能材料。Yuan 等[48] 以铁盐为添加剂，建立了一种污泥负载铁氧化物非均相可见光光芬顿催化剂的制备方法，污泥中的重金属被原位利用，作为可见光光敏剂。Tu 等[49] 通过外加铁盐得到污泥负载的碳基类芬顿催化剂，用于偶氮染料的降解矿化。对于 TiO_2 光催化，Yuan 等[46] 以污泥为载体，以污泥中的过渡金属为掺杂剂，制备得到一种污泥负载 TiO_2 具有最优的光催化活性。Athalathila 等[50] 通过对比不同制备方法，证实水热法所得污泥负载 TiO_2 具有最优的光催化活性。对于电催化氧还原，污泥混合椰壳热解所得碳基材料具有更高的导电性和氧还原活性[51]。Yuan 等[52] 通过对比污泥在 NH_3 和 N_2 热解所得碳基材料的结构和性能发现，NH_3 热解所得碳基材料具有更高的掺杂氮原子含量，从而增强了其电催化氧还原活性。

8.3　污泥基功能材料关键组分的结构特征

污泥具有特殊的复杂组分，它的成分与四季变化及污水处理厂的污水来源和处理系统密切相关。污泥基功能材料转化过程中的物理化学变化与污泥的组分直接相关，也决定了污泥基功能材料的结构和性能。因此，了解污泥关键组分及其变化规律，对污泥基功能材料的制备及应用至关重要[6,7]。

8.3.1　污泥基功能材料中碳元素的结构特征

碳元素是污泥中最重要的元素，也是污泥中微生物和有机物的主要组成元素，因此，污泥前体热化学制备碳基材料也就成为污泥基功能材料的主要研究方向[53]。污泥中碳分为无机组分（如碳酸盐和碳酸氢盐）和有机组分（如脂肪烃和芳香烃等）。在热化学过程中，无机组分碳在高温下可分解为CO_2或转化为金属氧化物，大部分有机组分碳在高温下经过脱水、脱挥发分、聚合和芳构化等一系列反应，最终转化为具有π-π相互作用的sp^2杂化结构。污泥基碳材料的性能由石墨化程度、材料比表面积、表面基团、掺杂元素形态等物化性质决定，而这些物化性质则是由污泥前体的组分及相应的热化学转化过程决定的。污泥的复杂组分决定了污泥热化学转化过程的复杂，最终形成了污泥基功能材料的独特物化性质[2,3]。

污泥基碳功能材料中碳原子的四种主要官能团（C—C/C＝C、C—OH、C—O和O—C＝O）及其相应的比例，决定了其相应的吸附和催化性能。污泥基碳功能材料吸附Pb^{2+}的研究表明，Pb^{2+}的吸附能够降低其表面的C—C/C＝C和C—OH官能团比例，增加C—O和O—C＝O官能团的比例，说明在此吸附过程中，污泥基碳功能材料表面的还原基团可与Pb^{2+}络合，提供还原能力，而在此过程中，污泥基碳功能材料表面被氧化，产生了更多的含氧官能团（图8.3-1）[54,55]。Huang等[56]分别对比了H_2、N_2H_4和H_2SO_4处理后的污泥基功能材料表面C＝O官能团的相对含量，根据材料表面C＝O官能团与其催化单过氧硫酸盐（PMS）活性间的线性关系，证实了污泥基功能材料表面C＝O官能团可能是催化PMS分解的关键活性位点。

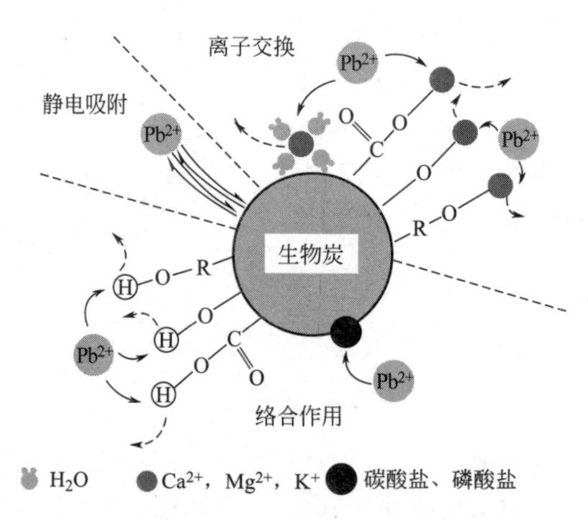

图8.3-1　生物炭去除重金属的主要机理示意图[54]

除了上述四种主要官能团外，含铁污泥在热解过程中，通过静电作用、配体交换及螯合作用，铁在生物炭材料表面可以形成Fe—O—C的稳定基团，得到具有磁性的含铁污泥热解材料[57]。将其应用于催化过二硫酸盐（PDS）降解时，功能材料表面铁的氧化还原态，将随着表面区域电子密度的增大而降低，提高了电荷转移到PDS生成自由基的效率。且含铁污泥热解材料具有较高的表面积，可以为污染物提供更多的吸附和活化位点，能够提高活化 PDS 降解污染物的效率。

8.3.2 污泥基功能材料中 SiO_2 的结构特征

当以污泥为载体时，污泥中的部分无机物能与负载的功能材料形成相应的化学键或晶体结构，得到具有独特结构和性能的污泥负载碳基功能材料[46,48]。如污泥中存在大量的 SiO_2，它既可以用作模板，制备高效碳基氧还原电催化剂[52,58]，又可以作为铁氧化物的载体，得到稳定高效的非均相光芬顿催化剂，解决均相光芬顿反应铁离子无法回收，而可能造成二次污染的问题[48]。

Yuan 等[48] 所制备的污泥基光芬顿反应催化剂中的铁元素，主要以 α-Fe_2O_3 的形式存在，这些 α-Fe_2O_3 是通过 Si—O—Fe 键结合在 SiO_2 上的，这保证了催化剂的高稳定性。当其用作非均相光芬顿催化剂，铁离子的溶出浓度较低，罗丹明 B 在紫外光照射下完全降解后，溶液中铁离子的浓度为 0.66mg/L±0.15mg/L，低于国家关于地下水的标准（1mg/L）。此外，Tu 等[49] 通过对比不同 SiO_2 含量的污泥基光芬顿反应催化剂的催化性能发现，其污染物降解速率和 SiO_2 含量具有相关性，进一步证实了 SiO_2 通过表面的酸性微环境和 H_2O_2 与 Si—O—Si 间氢键的协同作用，促进了 H_2O_2 吸附和分解，从而对污泥基光芬顿反应具有协同促进作用。

以污泥为载体，以污泥中的过渡金属为掺杂剂，可以制备污泥负载 TiO_2 可见光光催化材料 SS-Ti-700。通过对催化剂的结构表征显示，SS-Ti-700 在红外光谱的 952cm^{-1} 处有一个明显的肩峰存在，这个肩峰是属于 Si—O—Ti 键的特征峰，证实了污泥中 SiO_2 作为载体通过化学键和负载的 TiO_2 光催化剂相结合[46]。

8.3.3 污泥基功能材料中金属等杂原子的结构特征

对制备过程中污泥组分的特定作用，以及制备工艺对所得污泥基功能材料物化性能，及功能活性影响的系统研究表明：污泥基碳功能材料的优越性能，来源于其自身独特组分之间的协同作用。污泥中的关键组分在向碳基功能材料转化过程中，具有自模板、自催化和自掺杂的作用[52,59,60]。污泥中的无机矿物质能，作为内嵌模板，得到具有独特介孔结构的碳基材料，增加比表面积；部分过渡金属，能够在热解过程中起到催化石墨化的作用，得到具有石墨化结构的碳基材料。污泥中的 Fe、N、S 等杂原子的原位自掺杂和 Fe、Cu、Cr 等金属元素的原位自催化，改变了碳基材料表面的电子结构和反应历程，增加了其催化反应位点的数量和活性[52,59,60]。

对污泥负载 TiO_2 光催化剂而言，Fe^{3+}（0.69Å）和 Ti^{4+}（0.74Å）具有相近的半径，因此 Fe^{3+} 能够代替 TiO_2 晶体中的钛离子，从而形成铁掺杂的 TiO_2[46]。较小的 Cr^{6+}（0.58Å）也可以发挥同样的作用，而较大的 Cu^{2+}

(0.87Å)一般只能掺杂于 TiO_2 晶体的间隙位置。利用电子顺磁共振波谱，对所制备污泥负载 TiO_2 可见光光催化材料进行分析，电子顺磁共振波谱在 $g=1.99$(g 是光谱分裂因子)处有明显的峰，该峰属于掺杂在 TiO_2 的晶体中替代 Ti^{4+} 的 Fe^{3+}，证实了污泥中的 Fe^{3+} 在合成过程中被原位掺杂到了 TiO_2 纳米材料的晶体内。此外，电子顺磁共振波谱在 $g=2.10$ 和 $g=1.94$ 处也有较为微弱的峰存在，这两个峰分别归属于由于原子直径较大，只能掺杂于 TiO_2 晶体间隙位置的 Cu^{2+} 离子和掺杂在 TiO_2 的晶体中替代 Ti^{4+} 的 Cr^{6+} 离子。因此，所制备的污泥负载 TiO_2 可见光光催化材料的掺杂剂，是来源于污泥中的 Fe^{3+}、Cu^{2+} 和 Cr^{6+} 离子。这些离子被溶出，并在催化剂合成过程中被原位掺杂于所制备的 TiO_2 纳米晶体内。掺杂这些金属可以促进光生电子和空穴的分离，也可以为 TiO_2 形成新的能带，使所制备的光催化剂具有可见光光催化性能。

Huang 等[56] 分别用纯水、50%HF 和 HCl 对污泥进行预处理，用纯水预处理后的污泥基功能材料仍然具有良好的 PMS 催化性能，而用酸预处理后的污泥基功能材料的催化活性则大幅度下降。向牛血清蛋白中添加混合金属离子，比较金属离子对所得碳基材料的催化性能，证实了污泥中含有的金属离子，对污泥基功能材料催化活性形成的促进作用。

Yuan 等[52] 通过将污泥在 NH_3 中热解的方法，提高碳基材料的掺杂 N 原子含量，构建 N、Fe 和 S 多原子掺杂的污泥基双功能电催化剂。所制备的污泥基电催化剂，在酸性和碱性介质中，均表现出优异的电催化氧还原反应催化活性，以及良好的稳定性。这种污泥基电催化剂的增强电催化性能源自促进反应物和电子传输的分层多孔结构，以及多掺杂杂原子的协同作用，尤其是 NH_3 气氛中的热解能够增加 N 掺杂的含量。在此过程中，N 掺杂的吡啶—N(25.7%/N)和石墨—N(33.4%/N)有助于 O_2 和 OH^- 的吸附及解离，并促进电子转移。金属(Fe、Ni 等)的引入显著提高了掺 N 碳基材料的电催化氧还原反应的催化活性。S 掺杂剂的引入会影响碳骨架的自旋密度和可极化性，并形成结构缺陷，促进了其电催化氧还原反应的进行。杂原子的存在，增加了污泥基碳材料碳骨架结构上电催化活性位点(例如 N、Fe 和 S 掺杂剂)和表面积，能够有效地促进反应物传质和电子传输，提高污泥基碳材料的电催化氧还原反应，并得到催化活性。

8.4 污泥基功能材料的应用研究

污泥由于其特殊的复杂组分，在以其为前体的碳基功能材料制作和应用过程中，具有独特的性能[3,59]。污泥中的无机矿物质能作为内嵌模板得到具有独特介孔结构的碳基材料，增加比表面积，部分过渡金属能够在热解过程中起到催化石墨化的作用，得到具有石墨化结构的碳基材料。当以污泥为载体时，部分无机物能与负载的功能材料形成相应的化学键或晶体结构，得到具有独特结构和性能的污泥负载碳基功能材料[3,13,10]。因此，充分且恰当地利用污泥的特定组分实现污泥前体向高活性功能材料的控制转化，既是一种污泥高附加值资源化利用的有效途径，又能为碳基吸附/催化材料的制备和发展提供独特的参考价值[52,60]。

8.4.1　污泥基吸附材料的应用研究

热解污泥所制备的碳基材料，具有较大的比表面积和丰富的孔隙结构，以及大量的官能团，具有污染物吸附特性，可以作为吸附剂使用[5,20]。吸附效果的好坏通常与吸附剂的结构特性、表面性质、成分组成等物理化学特征紧密相关。吸附质与吸附剂的作用力主要有静电作用力和范德华力[17,20]。表面化学和溶液的pH，被认为是影响吸附过程最重要的两大因素，当吸附质以分子形式存在时，吸附作用力主要是范德华力；当吸附质因溶液 pH 过高或过低，发生解离，呈离子形态时，则静电作用力占主导。因此，表面化学和溶液的酸碱度被认为是决定吸附过程最为重要的两大因素。目前，热解污泥得到的碳基材料用于吸附环境污染物的研究已被广泛关注[5,20,22]。

碳基材料的比表面积和官能团的种类、数量、性质，对其吸附性能有显著影响。Rozada 等[61] 证实，经过 $ZnCl_2$ 浸渍改性后的污泥基碳材料比表面积提高了8倍，对于 Cu^{2+} 和 Cr^{3+} 的吸附量均提高了 5 倍以上。带有负电荷的官能团，如羧基，被证实可作为阳离子染料（即碱性染料）的结合位点；带有正电荷的官能团，如氨基，被认为是阴离子染料（即酸性染料）的结合位点[62]。pH 可改变碳基材料表面的物化性质，进而影响吸附性能。一般来说，当 pH 较高时，溶液界面正电荷减少，吸附剂表面出现负电荷，对阳离子染料的吸附容量增加，对阴离子染料的吸附容量减少。H_3PO_4 改性使得污泥基碳基材料表面出现了大量的羧基等酸性官能团，这些出现在碳基材料表面的丰富负电荷，提高了其阳离子的交换容量，可更好地吸附带有正电荷的 Cu^{2+}，对 Cu^{2+} 具有更佳的吸附效果[63]。碳基材料对甲基蓝的吸附容量则取决于其孔隙率和表面化学性能，中孔结构有利于大分子的快速运输，从而提高对染料的吸附容量。经过 NaOH 改性的污泥基碳基材料，具有较高的中孔孔径，对甲基蓝的吸附量最高可达 518mg/g[64]。碳基材料吸附甲基蓝的主要机理是静电吸附，阴离子官能团、磷酸盐和羧基被确定为阳离子甲基蓝的结合位点[65-66]。

污泥前体的热解制备条件（包括热解温度、热解时间、升温速率、热解气氛及气体流量等）均会对热解炭的孔隙率、比表面积、官能团产生影响，从而影响污泥基碳材料的物理化学性能。污泥不经过任何活化，直接碳化后，得到材料的比表面积为 $100\sim150m^2/g$[16,17,67]。碳化温度和热解时间会直接影响到材料的造孔过程，高的碳化温度更易于污泥中的碳发生芳香异构化。且污泥基碳材料的比表面积，在一定范围内随着碳化温度的升高而上升。此外，污泥碳化温度越高，所需的碳化时间越短。研究表明，当温度高于 900℃时，延长碳化时间会导致材料多孔结构的进一步坍塌和收缩，不利于材料的造孔。高温裂解后产生的无机组分和灰分可以利用盐酸等酸洗法去除[16,17,67]。

污泥热解活化和改性方法也会影响污泥基功能材料的吸附性能。Lillo-Rodenas 等[68] 以 KOH 为活化剂，采用一步热解的方式制备污泥基碳，所得材料比表面积高达 1882m^2/g。这些高比表面积和孔隙率的污泥基碳可应用于水体中金属离子、染料以及难降解有机物的吸附去除[5,20]。Zhang 等[69] 通过对比 H_2SO_4、$ZnCl_2$、H_3PO_4 三种活化方法处理污泥后，热解得到的富铁生物炭对汞的吸附性能，证实了 $ZnCl_2$ 活化得到的富铁污泥碳比表面积最大，对金属离子的吸附效果最好，但吸附平衡达到的时间也最长。Wu 等[70] 采用聚乙烯泡沫球作为模板，将污泥覆盖在其表面进行热解，在 500℃下，聚乙烯泡沫球被完全分解，最终制备出中空的富铁污泥碳材料。在制作过程中，可以通过控制聚乙烯泡沫球的大小控制球形孔洞碳材料的厚度，从而通过不同厚度的中空富铁污泥碳，调控所得污泥基功能材料对染料的吸附性能。Xin 等[71] 以污泥为前体，以阳离子聚丙烯酰胺为模板，通过 900℃热解的方法，得到污泥基碳功能材料，用于去除水中的亚甲基蓝。阳离子聚丙烯酰胺模板在热解过程中的成核作用，为污泥基碳功能材料带来了良好的结构和孔径分布，增加了比表面积，使得其具有优越的对亚甲基蓝吸附的能力。此外，Xin 等以污泥为前体，以硫酸为活化剂，通过水热预处理和化学活化相结合的方式，制备得到污泥基碳功能材料，用于双酚 A 的吸附。结果表明：水热预处理与化学活化相结合，有利于污泥的深度热解，所得的污泥基碳功能材料具有更大的比表面积、更少的结晶相、更窄的孔径分布和较高的双酚 A 吸附量[72-73]。

8.4.2 污泥基类芬顿催化材料的应用研究

芬顿试剂一般是指 Fe^{2+} 和 H_2O_2 构成的高级氧化体系，它是由法国化学家芬顿发现的。由于具有反应迅速、反应条件缓和等优点，近年来在废水处理中受到广泛关注[74-79]。1991 年，Zeep 等[75] 证实：用紫外光照射，可以保证芬顿反应体系中铁离子的循环使用，使得反应可以持续进行，紫外光还可以促进 H_2O_2 的分解，从而进一步提高反应速率。但是均相的光芬顿反应，需要高浓度的铁离子参与，反应结束后，铁离子难以从介质中分离，不仅造成了铁离子的损失，还可能引发二次污染，因此，多相芬顿反应在近些年成为研究的热点[74]。多相光芬顿反应催化剂是将具有催化活性的铁化合物，固定在相应的具有较大比表面积的载体上，从而既具有了均相芬顿无差别的高效催化性能，又不会由于反应后铁离子的无法回收而造成二次污染。20世纪80年代以来，Nafion、分子筛、活性炭等均被用来作为铁活性位点的载体，一系列相应的多相光芬顿反应催化剂被成功研制，但是这些催化剂大多只能在紫外光下被激发，部分还存在成本较高，且在反应过程中容易失活的问题[74-79]。因此，稳定高效的可见光多相光芬顿催化剂的研发和制备，具有重要的环境意义和实用价值。

由于含铁絮凝剂的大量使用，铁元素在污泥中含量较高。Zhang等[80] 以污泥为原料，通过不同热处理方法，得到污泥基多相光芬顿催化剂，并通过浸渍—热解法增加铁盐的含量，强化所制备催化剂的催化性能。该负载铁后的污泥碳基材料残留的大孔/中孔结构，有利于反应物和产物的快速扩散，加快传质过程。负载铁后的污泥碳基材料比表面积为372.4m^2/g，其中，铁主要以Fe_2O_3、Fe-C和Fe_3O_4三种形态存在，从而使得负载铁后的污泥碳基材料在非均相芬顿反应中，具有足够的催化反应活性位点，且可在催化活性位点附近吸附高浓度的典型污染物质，加快催化降解典型污染物质的速率。所得污泥基催化材料对双酚A具有高效的催化降解能力，催化降解容量达到475.0mg/g。负载铁后的污泥碳基材料的铁离子浸出率低，结构性能稳定，具有良好的重复利用性能。

为了进一步实现污泥基光芬顿反应催化剂的控制转化，Yuan等[29,48] 尝试了不同的热化学制备方法，并通过比较热解方法及后续处理等制备工艺对其物化性能的影响，进一步确定了污泥基光芬顿反应催化剂的催化活性形成机制，确定了其与污泥本身组分的内在关联（图8.4-1）。该污泥基光芬顿反应催化剂在制备过程中，充分地利用了污泥中的所有成分，如污泥中的有机大分子物质在低温缺氧热解过程中被热解或炭化，为催化剂提供了多孔的微观结构，增加了催化剂的比表面积。污泥中原有的铁元素也被用来作为催化的活性位点催化光芬顿反应的进行。污泥中的部分无机物小分子用于组成催化剂的构架，其中的SiO_2更是和负载的铁氧化物α-Fe_2O_3通过Si—O—Fe键，形成了稳定的结构，保证了催化剂在使用过程中的稳定性和可重复利用性。污泥中主要的重金属污染物，在催化剂制备过程中形成稳定的氧化物形态，这些氧化物形态被用来作为可见光吸收剂，用来吸收可见光，使Fe^{2+}变为Fe^{3+}，保证了反应体系中铁离子的循环使用，使得反应可以在可见光照射下持续进行。

此外，Tu等[49] 通过将污泥和氧化铁的混合物在800℃热解，得到污泥负载氧化铁功能材料，用于非均相芬顿催化酸性橙Ⅱ的降解，所得污泥基功能材料具有比相同条件下木屑基功能材料更好的催化性能。原因是污泥中的SiO_2和Al_2O_3能够促进污泥基功能材料的非均相芬顿催化性能，Al_2O_3可以提高Fe^{3+}和Fe^{2+}的氧化还原循环，增加对磺酸类染料的吸附，促进H_2O_2的降解。SiO_2表面附近的酸性环境和H_2O_2与Si—O—Si的氢键的协同作用，能够促进H_2O_2的吸附（图8.4-2）。Gu等[81,82] 通过自由基活化铁浸渍污泥法，制备得到污泥基

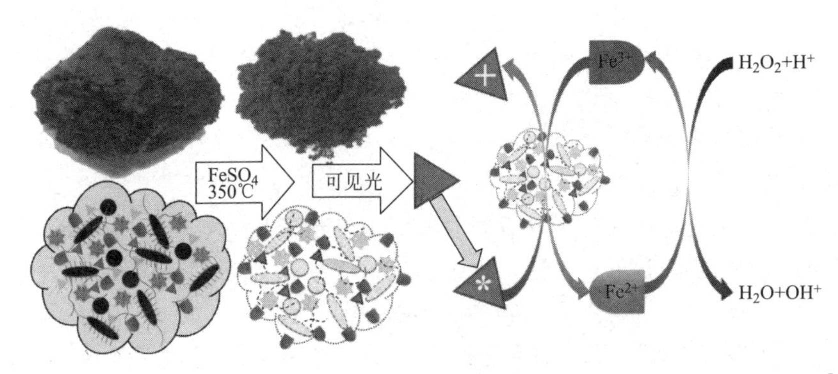

图 8.4-1　污泥基光芬顿反应催化剂的催化活性机制和与污泥本身组分的内在关联[48]

磁性 Fe@C 材料，作为非均相芬顿反应催化剂（图 8.4-3）。

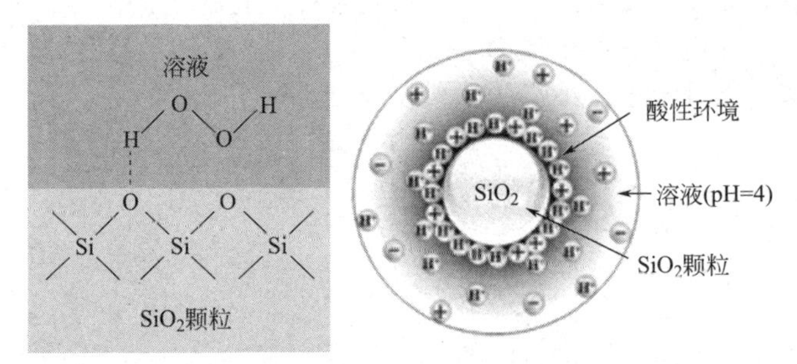

图 8.4-2　H_2O_2 与 Si—O—Si 间的氢键及 SiO_2 表面附近的酸性环境协同共催化效应[49]

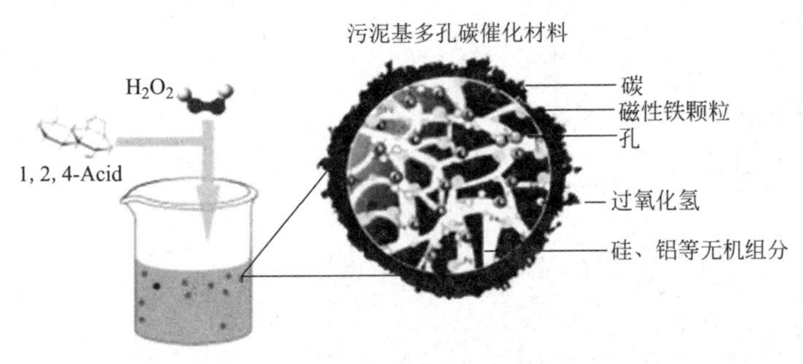

图 8.4-3　污泥前体磁性多孔碳基功能材料的制备[81,82]

除了铁盐外，铁污泥也可以作为污泥基非均相光电芬顿催化功能材料的铁源。Hou 等[83] 报道了通过简易方法，用铁污泥和市政污泥制备污泥基功能材料。这种污泥基功能材料可以作为电芬顿工艺处理煤气化废水的催化电极。与 Fe_3O_4 磁性纳米粒子相比，这种污泥基功能材料具有更大的吸附率（101.1mg/g），其总酚和总有机碳去除率分别为 93.5%和 65.5%。源自铁污泥的铁化合物与污

泥中的 SiO_2 形成稳定的 Si—O—Fe 键，使得所制备污泥基功能材料具有良好的稳定性和优异的催化活性。Zhang 等[84,85] 则通过水热碳化法以市政污泥和铁质污泥为原料，制备得到磁性污泥基功能材料，用于催化芬顿印染废水的降解，证实了所得磁性污泥基功能材料中 Fe_3O_4 的关键催化作用。

污泥中原有的铁元素的芬顿催化性能也被进一步挖掘出来，在不添加额外铁源的情况下，通过碳化和活化工艺制备的污泥基功能材料，也可用于吸附和降解各种有机污染物。但是，与负载法制备的污泥基负载氧化铁功能材料相比，需要采用更为复杂的合成工艺制备得到具有不同结构和功能的污泥基功能材料。Gu 等[81,82] 通过 0.5mol/L 的 KOH 溶液浸渍、pH 为 1 的 HNO_3 溶液微波消解和 N_2 中热解的方法得到含有 Fe_3O_4 的磁性污泥基功能材料，将它用于芬顿反应降解萘环染料，并通过 1mol/L 的 HCl 和 1mol/L 的 HF 酸洗实验证实了磁性污泥基功能材料中 Fe、C、SiO_2 和 Al_2O_3 的协同催化作用。Al_2O_3 和铁物种为 Haber-Weiss 反应提供了催化中心，而与碳颗粒相关的 SiO_2 有助于 H_2O_2 和有机污染物在氧化铁表面的浓度和催化中心的分散。此外，SiO_2 和碳基体还可以作为 Fe_3O_4 颗粒的稳定剂限制羟基自由基（OH^*）等强氧化剂的外部效应。

通过 HNO_3 和 H_2SO_4 预处理，可以调控污泥基功能材料的表面功能，优化芬顿催化性能用于间甲酚的催化降解[86]。经酸处理后，污泥基功能材料表现出更大的吸附容量，且在碳材料表面形成—COOH 与—OH，使得间甲酚更容易吸附在污泥基功能材料的表面。同时，污泥中的 SiO_2 可与 H_2O_2 通过氢键与 Si—O—Si 键合，促进催化反应的进行和间甲酚的降解，而 H_2SO_4 预处理的污泥基功能材料表面能够再次形成—COOH 和 Si—O—Si 键合，实现间甲酚的持续高效降解。所制备酸处理污泥基功能材料的催化活性源自污泥表面基团、Fe^{3+} 和 SiO_2 等污泥固有组分的协同催化作用。

8.4.3　污泥基光催化材料的应用研究

TiO_2 光催化氧化技术因其无毒、廉价和高活性的特点，近年来已成为环境领域的研究热点之一，是一种具有重要应用前景的污染处理方法[87,88]。但是，TiO_2 在光激发下发生电子跃迁，所产生光生电子和光生空穴能够快速复合，限制了后面的催化氧化反应的进行，降低了 TiO_2 光催化的量子效率，限制了光催化技术的实际应用。TiO_2 的禁带宽度为 3.2eV，对应的光激发阈值（387nm）位于紫外区，使得 TiO_2 基本对可见光没有响应，从而无法实现对太阳能的有效转化和利用，这也是阻碍 TiO_2 光催化剂广泛应用的一个重要因素。因此，关于光催化的研究，目前主要集中在如何提高光催化效率和提高催化剂在可见光区域的响应等方面。

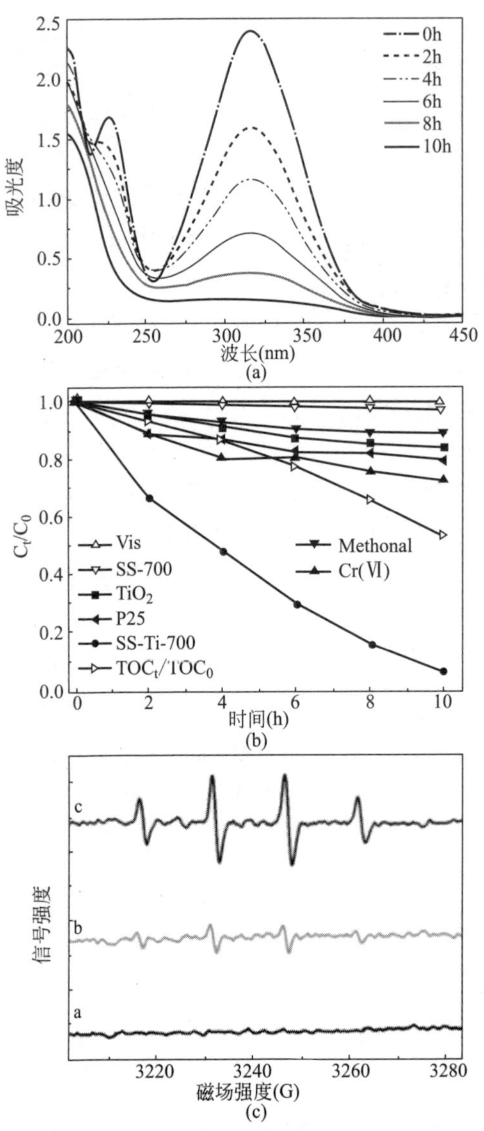

图 8.4-4　典型污泥基光催化功能材料 SS-Ti-700 的催化活性

(a) SS-Ti-700 在可见光照射下催化降解对硝基苯酚过程中溶液 UV-vis 吸收光谱随时间的变化；(b) 代表性降解过程中对硝基苯酚相对浓度随时间的变化，Vis 代表只有可见光照射的情况，SS-700、TiO_2、P25、SS-Ti-700 分别表示可见光照射下加入该材料的情况。Methanol 和 Cr（Ⅵ）分别表示加入甲醇和重铬酸钾作捕获剂的情况；(c) 水溶液中各种情况下 DMPO 捕获自由基的 ESR 光谱（a—无光照射；b—可见光照射 60s；c—紫外光照射 60s[46]）

以污泥为负载物模板和掺杂剂，以硫酸氧钛为前体，采用热处理方法可以合成具有可见光光催化性能的污泥基光催化剂 SS-Ti-700，在可见光下，其对代表性污染物和对硝基苯酚的降解效果，证实了它的可见光光催化性能（图 8.4-4）[46]。污泥中的有机物在煅烧过程中被燃烧和碳化，阻止了 TiO_2 纳米颗粒的聚集，同时使已合成的光催化剂具有多孔的结构。污泥中原有的 SiO_2 作为主要的载体，在 SS-Ti-700 中大量存在。催化剂中钛的含量达到 48.4%，占最主要的成分。由于 Fe^{3+}（0.69Å）和 Ti^{4+}（0.74Å）具有大小相近的半径，因此 Fe^{3+} 能够较好地代替 TiO_2 晶体中的钛离子，形成铁掺杂的 TiO_2。较小的 Cr^{6+}（0.58Å）也可以发挥同样的作用，而较大的 Cu^{2+}（0.87Å）一般只能掺杂于 TiO_2 晶体的间隙位置。在 SS-Ti-700 中检出这些这元素可能意味着它们除了残留在载体中的部分外，还作为掺杂剂存在于所制备的光催化材料的晶体内。在合成过程中，污泥中的金属铁、铜和铬被溶出，并原位掺杂于 TiO_2 的晶体内，这些金属会在 TiO_2 的导带和价带之间形成新的能带，使得所制备催化剂 SS-Ti-700 的禁带宽度降低至 2.85eV，从而能够被可见光所激发。激发产生的光生电子能够和溶液中的氧分子反应，产生氧自由基，进而生产羟基自由基，导带上的光生空穴也可以和表面的氢氧根反应，生成羟基自由基，羟基自由基是 SS-Ti-700 降解对硝基苯酚的主要活性中间体。

金属离子的原位掺杂一方面能够促进光生电子和空穴的分离，提高光催化剂的催化效率；另一方面可以减少催化剂的禁带宽度，从而使得所制备的催化剂具有可见光光催化的性能。此催化剂制备过程基于污泥前体所特有的自模板、自催化和自掺杂的性能，污泥中的金属为掺杂剂，污泥中的 SiO_2 和铝、钠、钾、钙等作为载体，污泥中的有机物作为牺牲剂制备得到金属铁、铜和铬掺杂的 TiO_2 光催化剂 SS-Ti-700，催化剂中 TiO_2 主要是通过 Si—O—Ti 键和污泥载体结合在一起。因此，基于污泥中特定组分在污泥基光催化材料光催化反应时独特的协同催化作用，实现了污泥前体向可见光光催化剂的控制转化（图 8.4-5）[46]。

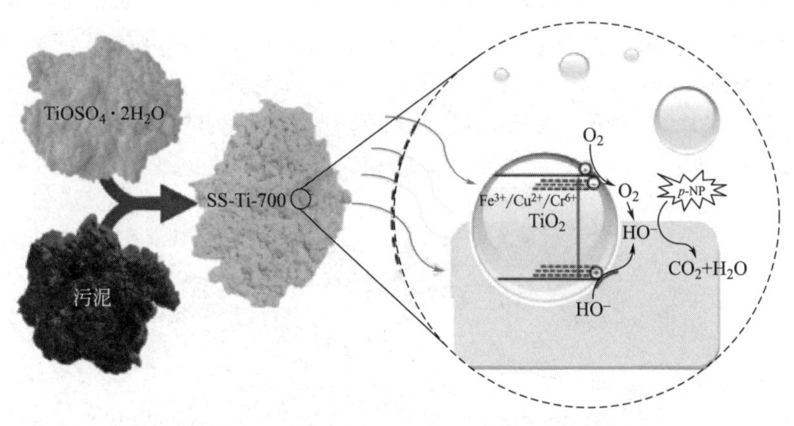

图 8.4-5　典型污泥基光催化材料 SS-Ti-700 的制备过程与催化机理[46]

Athalathil 等[50] 进一步通过各种表面改性工艺，提高污泥碳/TiO_2 纳米复合材料的光催化效率。与使用化学处理和溶胶—凝胶工艺获得的污泥基功能材料相比，通过水热沉积工艺获得的污泥基功能材料表现出较高的光催化速率，在催化湿式氧化和催化臭氧氧化反应中，污泥炭/TiO_2 纳米复合材料对双酚 A 的去除率也较高。Mian 等[89] 也通过污泥和钛浸渍壳聚糖共热解的方法，制备污泥基 $TiO_2/Fe/Fe_3C$ 碳复合材料，用于光催化污染物的降解。

8.4.4　污泥基过硫酸盐催化材料的应用研究

基于硫酸根自由基（SO_4^{2-}）的高级氧化技术是利用低价态过渡金属元素离子活化过硫酸盐（单过氧硫酸盐 PMS/过二硫酸盐 PDS），产生大量 SO_4^{2-}，与水中难降解有机物发生氧化还原化学反应，从而实现对其分解和矿化的过程[90-93]。PMS/PDS 具有与 H_2O_2 相似的化学结构，其中的 O—O 键能够被催化剂活化，所产生的 SO_4^{2-} 氧化还原电位（2.5～3.1V），比 · OH（1.9～2.7V）高，半衰期更长，是高级氧化技术创新和研究的新方向。污泥基功能材料可用于催化活化

PMS/PDS，但由于污泥组分复杂的特点，导致污泥基功能材料的催化活化机制也各有异同，其中的金属形态及表面基团是催化活化 PMS/PDS 降解污染物效率和机制的关键影响因素。

Huang 等[56] 通过一步热解法将污泥转化为污泥基功能材料，并用于催化过硫酸盐，降解双酚 A。结果表明，污泥基功能材料在 pH 为 4.0～10.0 时，可对 3.21mol BPA/(molPMS・h) 降解，且在 30min 内，矿化效率可达到 80%左右。催化机制分析表明，所得污泥基功能材料中的酮基含氧官能团催化 PMS 产生的单线态氧是降解 BPA 的主要活性氧化物质，污泥前体中含有的少量金属元素，在高温碳化过程中参与了催化剂活性位的形成。Wang 等[94] 通过慢速热解制备得到含有丰富含氧官能团和无定形铁的污泥基功能材料，吸附催化过硫酸盐，降解 4—氯苯酚，通过废水实验证实了所得污泥基功能材料的高效性和稳定性。NaOH 活化法所得污泥基功能材料也被用于活化过硫酸盐，实现水和废水中三氯生的降解，・OH 和 $SO_4^{\cdot -}$ 被证实是此过程中的主要活性基团[95]。污泥基功能材料催化过硫酸盐的制备过程与催化降解机理见图 8.4-6。

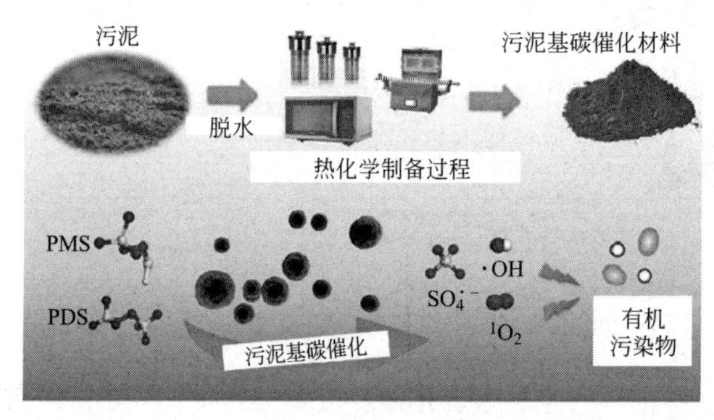

图 8.4-6 污泥基功能材料催化过硫酸盐的制备过程与催化降解机理[3]

聚丙烯酰胺和聚硫酸铁这两种常用的污泥絮凝剂，可作为污泥基功能材料改性掺杂的氮源和铁源前体。Yu 等[96] 通过热解聚丙烯酰胺和聚硫酸铁絮凝污泥，制备得到磁性掺氮污泥基功能材料，用于催化过硫酸盐降解四环素，其具有超越石墨粉、氧化石墨烯和多壁碳纳米管等常见碳基材料的优越催化性能，催化活性主要来源于铁化合物、掺杂氮和石墨碳的共同作用。

Mian 等[14] 通过对比不同化学处理方法（如 NH_4OH、KOH 或 HCl 处理）和热解条件，得到的污泥基功能材料，催化过硫酸盐降解有机污染物的性能，证实了所得污泥基功能材料中掺杂吡啶氮进行的非自由基过程，是其主要催化作用机制，而吡咯氮、活化碳（＋）和比表面积的主要作用在于污染物的吸附。反应速率常数和染料吸附之间的显著相关性表明，非自由基氧化过程受污染物吸附和过硫酸盐活化的影响。此外，Mian 等[97] 还通过添加不同比例的三聚氰胺，用单步热解法制备了一系列掺氮污泥基碳，并将其用作活化过硫酸盐的催化剂，进一步证实了由吡啶氮进行的非自由基过程主导了污染物的氧化降解。

赤泥和污水污泥共同制备的污泥基功能材料也被用于催化活化 PMS 降解磺胺甲恶唑，催化降解过程以$^1O_2$为主要活性基团，Fe、氧空位、酮基和石墨碳为主要催化位点，在磺胺甲恶唑的降解过程中产生的中间体较少，毒性较低[98]。Zhu 等[99] 将铁污泥热解所得磁性 Fe^0/Fe_3C 催化剂用于环丙沙星的降解，所得污泥基功能材料能够在 $SO_4^{\cdot -}$、$\cdot OH$、O_2^- 和$^1O_2$ 的共同作用下，在 20min 内实现对 99%的环丙沙星降解。Wang 等[100] 用 $NaBH_4$ 溶液还原加热解辅助方法制备得到纳米零价铁—污泥基碳，用于催化过硫酸盐降解酸性橙和垃圾渗滤液，污水污泥中固有的 Fe 转化为 Fe^0，其中的 Fe^{2+}、Fe^0、无定形 Fe（Ⅱ）和含氧官能团均对过硫酸盐的催化具有促进作用。

Chen 等[3] 进一步研究了厌氧消化污泥为前体在 400～1000℃热解得到消化污泥基碳功能材料，用于活化过硫酸盐降解有机污染物，对比研究发现，高温条件下热解所得污泥基碳功能材料具有高度的石墨化结构、较大的比表面积和良好的导电性，且表现出良好的稳定性和低生物毒性，可以在较宽的 pH 和温度范围内高效地活化 PDS 降解水中的各种有机污染物，如染料、雌激素和磺胺等。

8.4.5　污泥基湿式氧化/臭氧催化材料的应用研究

湿式氧化是指在高温（120～320℃）和高压（0.5～20MPa）的条件下用氧气作为氧化剂在液相中将有机污染物氧化成低毒或无毒物质的过程。Marques 等[101] 研究通过碳化，物理化学活化（蒸汽、K_2CO_3 或 CO_2）和 HCl 酸洗制备得到污泥基功能材料，在苯酚催化湿式氧化反应中的应用。所得污泥基功能材料均表现出苯酚催化氧化活性，这可能与表面羰基官能团和活性金属（尤其是铁）生成的自由基有关[101,102]。苯酚和总有机碳的去除率与比表面积有很强的相关性。经过盐酸洗涤工艺获得的污泥基功能材料，具有较大的 BET（为 Brunauer-Emmett-Teller 三人英文名称首字母组合）表面积（497.4m^2/g），具有与基准的工业碳（AP4-X，1013.4m^2/g）相当的催化湿式氧化性能活性。

Stüber 和 Yu 等[103,104] 发现使用木质素磺酸盐胶粘剂生产的硬化污泥基热解碳，也能够作为稳定的湿式氧化催化剂，尤其是经 H_2SO_4 和 HNO_3 等氧化性酸处理的污泥基功能材料，在间甲酚的湿式氧化中，表现出良好的催化活性。这也归因于铁含量高和表面官能团的协同作用（图 8.4-7）。经 HNO_3 预处理的污泥基催化剂，在 160℃下反应 90min，间甲酚的转化率可达到 99.0%。Tu 等[102] 也研究了污泥负载氧化铁基功能材料的制备及其在催化湿式氧化 2—氯酚中的成功应用，通过使用醋酸盐缓冲液，可以在保持其催化活性的同时，使铁浸出现象降至最低。与经典的贵金属催化剂 Ru/ZrO_2 相比，污泥衍生的碳负载氧化铁催化剂，在相同的反应条件下，能够表现出较高的催化活性。

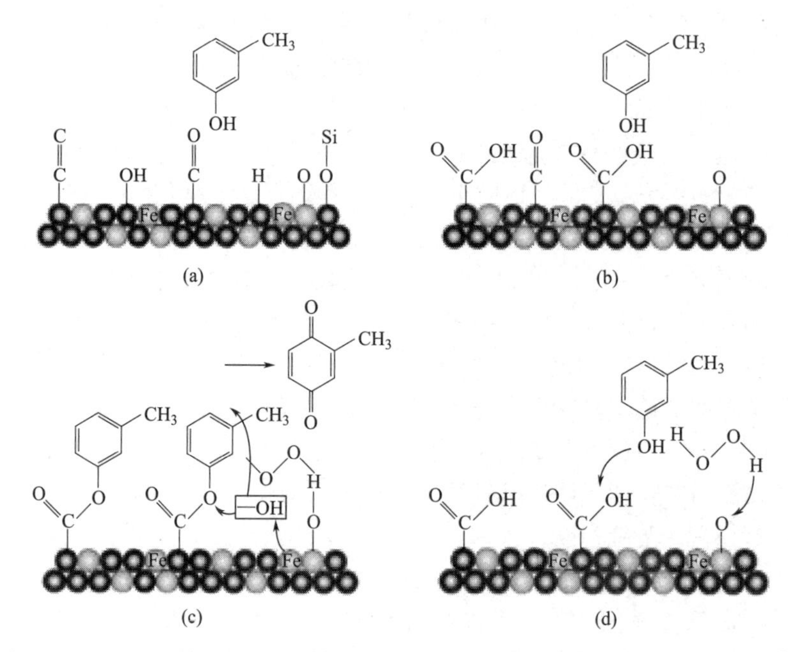

图 8.4-7　HNO_3 预处理污泥基催化湿式氧化反应氧化间甲酚的表面反应机理[86]

臭氧氧化处理是利用臭氧（O_3）作为强氧化剂，氧化水或废水中的有机物或无机物，达到消毒、氧化或脱色的目的。污泥基功能材料，对难降解有机物的催化臭氧化，也表现出良好的性能[105,106]。污泥基功能材料与 O_3 的组合表现出强烈的协同共催化效应，与单一污泥基碳吸附和 O_3 的简单加和相比，污泥基功能材料催化 O_3 氧化去除草酸的效率提高了 45.4%。机理分析表明，难降解有机物在污泥前体功能材料表面的吸附，是协同共催化效应的主要原因。此外，锰和氧化铁在污泥前体功能材料上的负载，能够进一步提高鲁奇煤气化废水的催化臭氧氧化效果，处理后的废水毒性比单独使用 O_3 处理的废水毒性更小，可生物降解性能更佳，这是因为负载的锰和铁氧化物能促进 O_3 分解，生成自由基 OH^*，提高了催化活性[105,106]。

8.4.6　污泥基电催化材料的应用研究

燃料电池技术作为一种将化学能直接转化为电能的清洁能源供给方式，具有效率高和污染少等优点，是近年来最受关注的能源转化技术之一[52,60]。但是，目前商业化应用的铂基燃料电池阴极氧还原反应（ORR）催化剂大大限制了其商业化应用。杂原子掺杂的碳基材料，被认为是最具潜力的铂基催化剂，价格高、易失活，使用不广泛。目前，许多掺杂碳基材料的制备，需要昂贵且、有毒的有机物前体和复杂的合成方法，而具有独特组分的污泥制备掺杂碳基催化剂时，具有独特的优势。

污泥通过直接热解的方法可以制备得到具有高催化活性和优越稳定性的碳基氧还原反应催化剂。用不同热解温度的对比研究表明，900℃热解所得污泥基功能材料具有更高的 N 和 Fe 含量、更多的微孔、更高的 ORR 峰值电流和正峰值电位。将其应用于微生物燃料电池系统中，得到的最大功率密度为 500±17mW/m^2，说明它具有更好的甲醇耐受性和稳定性[31]。碳基氧还原反应催化剂的催化性能主要来源于污泥自身各个复杂组分独特的协同作用。污泥中含有的 N、S 等杂原子，在热解过程中，会掺杂在碳基材料中，改变碳基材料表面的电子结构和反应历程，提高电催化氧还原活性。污泥中的 Fe 等金属及其化合物，在碳结构上的原位负载或掺杂，能够形成新的电催化氧还原反应活性位点，使得碳基材料的电催化活性显著提高[52]。

以污泥为原料，通过热解活化的方法，能够实现污泥基碳电催化材料的控制转化。它有显著的优点：高催化活性，良好的动力学，对 ORR 和 OER 电化学催化反应的耐久性。采用污泥与椰子壳混合热解的方法可以提高污泥基功能材料的碳含量，可进一步提高污泥基功能材料的催化活性，所得污泥基功能材料用于微生物燃料电池体系的阴阳极的最大功率密度为 969±28mW/m^2，约是 Pt 阴极和石墨阳极的微生物燃料电池的 2.4 倍，这既是因为加入椰子壳，提高了材料的导电率，又是因为掺杂 N、P、Fe 等杂原子，增加了材料的催化应点[52,60]。

使用污泥在 NH_3 中热解的方法，可以进一步提高碳基材料的掺杂氮原子含量，构建高效且稳定的 N、Fe、S 多掺杂污泥衍生的双功能电催化剂（图 8.4-8）[52]。所制备的污泥基电催化剂在酸性和碱性介质中均表现出优异的 ORR 催化活性，可与基准商业 Pt/C（20%）相媲美，同时，还表现出良好的析氧反应性能和优越的稳定性。这种污泥基电催化剂的增强电催化性能，可能源于促进反应物和电子传输的分层多孔结构，以及多掺杂杂原子的协同作用，尤其是 NH_3 气氛中的热解能够增加氮掺杂的含量。N 掺杂的吡啶—N（25.7%/N）和石墨—N（33.4%/

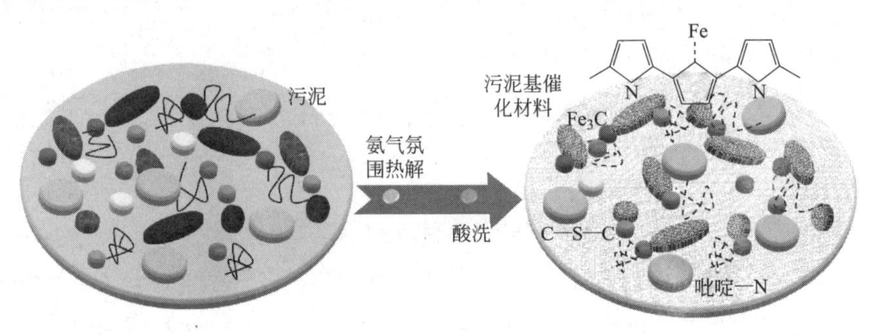

图 8.4-8　构建高效且稳定的 N、Fe、S 多掺杂污泥衍生的双功能电催化剂[52]

N）掺杂结构有助于 O_2 和 OH^- 的吸附和解离，并促进电子转移。污泥中的金属（Fe、Ni 等）能够显著提高掺氮碳基材料的电催化氧还原反应的催化活性。污泥中硫的掺杂会影响碳骨架的自旋密度和可极化性，并形成结构缺陷，促进其电催化氧还原反应的进行，从而提高污泥基碳材料的电催化氧还原反应催化活性，实现污泥基碳电催化材料的控制转化。

8.4.7 污泥基超级电容器材料的应用研究

超级电容器又称电化学电容器、超大容量电容器，它是介于传统电容器和充电电池之间的一种新型储能装置，它既具有电容器快速充放电的特性，又具有电池的储能特性。因其充电速度快、功率密度高、生命周期长、工作温度范围广等优点，是极具潜力的能源存储与转换设置，现已在分布式电力系统和电动汽车等领域开始使用，但也存在着能量密度较低的不足[80,107]。电极材料的结构特性和表面化学性质对超级电容器的储能性能具有重要影响。一般来说，具有 N、O 等杂原子掺杂、大比表面积、合理孔径分布和优良导电性的电极材料，有助于提高超级电容器的能量密度。污泥含有大量的含氮有机物和含氧有机物，是超级电容器碳电极材料的潜在前体之一。

以污泥为唯一前体，通过 800℃热解方法制备得到独特的氮、氧掺杂的污泥基碳功能材料，其在 0.5mol/L 的 Na_2SO_4 溶液中具有 178.32F/g 比电容值，且在 1 万次充电/放电循环内表现出优异的稳定性。此污泥基碳功能材料的电储能性能，可归因于污泥前体的特定杂原子掺杂组合物的伪电容性贡献，以及在合成过程中形成的适当的分级多孔结构。如污泥中的无机成分 SiO_2 被用作模板，而有机物则是理想的掺杂剂和天然前体[107]。

为了进一步提高污泥基碳功能材料的储能性能，将高灰分污泥用 KOH 活化，用 30%HF 溶液处理，可以得到具有三维蜂窝状微观结构的污泥基碳功能材料。此制备过程中的碱活化和酸洗过程，能做到使灰分中的有效浸出和孔隙率增加，使得所得污泥基碳功能材料的比表面积大大增加，进而，能够提高其电化学储能性能。所得碳基材料在 Na_2SO_4 溶液（1mol/L）的比电容值，提高至 379F/g，且在 20A/g 的高电流密度下，经过 2 万次充电/放电循环，还具有超过 90%的电容保持率[108]。其出色的电化学储能性能可归因于分层互连的三维蜂窝状框架，该框架适用于高功率和长寿命的超级电容器。因此，污泥基碳功能材料可以成为高性能超级电容器的电极材料。

污泥厌氧消化处理技术具有有效杀灭病原体、回收生物质能、改善污泥性能等优势，目前，逐渐成为最广泛使用的剩余污泥资源化处理技术之一，具有良好的应用前景。经厌氧消化技术得到的消化污泥中仍包含大量的不被生物降解的有机质，为了回收消化污泥中的资源，提高污泥基碳功能材料的储能性能，Zhang

等[80] 以厌氧消化后的消化污泥为前体，通过热解/活化反应，制备得到具有自掺杂、自模板的多级孔纳米碳材料，并对该碳材料进行了形貌表征、组分分析和循环伏安、恒电流充放电和交流阻抗等电化学测试，进一步证实了使用厌氧消化污泥前体制作超级电容器碳电极材料的可行性。

厌氧消化污泥可以通过碳化活化得到的碳基材料，作为超级电容器的电极，其具有优良的动力学可逆性，倍率性能良好，可进行大电流充放电。当电流密度为1.0A/g时，比电容是245F/g；当电流密度增加至11A/g时，比电容为211F/g。以消化污泥基碳材料为活性物质制作的超级电容器电极，具有良好的循环稳定性，在2000次循环电流充放电后，电容保留率为98.4%（图8.4-9）[80]。厌氧消化污泥基碳材料电极的优越电化学储能性能可归因于以下四方面：①所得碳基材料具有孔径分布合理和相互贯通的多级孔结构，有助于在充电/放电过程中，进行快速电解质离子扩散；②超大的比表面积可为电解质离子提供更多的存储位置和反应位点；③丰富的含氧官能团提高了碳电极材料的亲水性；④碳框架中掺杂的N原子和材料的部分石墨化，提高了电极材料的导电性。

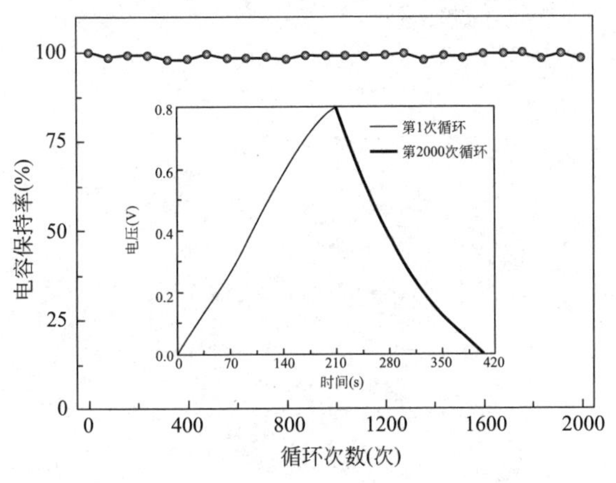

图8.4-9　厌氧消化污泥碳化活化所得碳基材料作为超级电容器电容保持率变化图[80]

8.4.8　污泥基锂电池材料的应用研究

锂电池因具有能量高、使用寿命长、额定电压高、绿色环保等优点，被广泛应用。商用锂离子电池负极绝大多数采用的是碳材料[109]。石墨类的碳负极材料因其平稳的充放电性能、易于制备和较低的嵌锂/脱嵌电位等优点，在近年来备受推崇[110]。碳材料用作负极材料时，不仅具有优秀的可逆储能特性，还具有比容量大、锂损失量小、可逆性好等优点[14]。随着人们对能源需求和要求的不断提高，寻找具有更高电池容量、更优秀电化学性能的新型负极材料成为当下的热点。

戴晓虎等[110] 将市政污泥作为前体，分别通过水热法和热解法制备污泥基碳材料，在满足无害化、减量化处理污泥的同时，回收利用固体产物中的碳材料，并将其制成电极片，基于此研究了其作为锂离子电池碳负极材料的可行性及储能效果（图 8.4-10）。通过与纯物质为前驱体所得碳材料用于锂电池的对比，进一步证实了污泥作为前驱体制备所得污泥基碳材料的优越性。水热法污泥基碳材料作为电极材料的比电容，随着水热温度的增加而增加。当水热温度为 200℃时，所得碳材料具有最高的比电容，放电比稳定（可达 600mAh/g），80 次循环后，比电容依旧可以稳定在 590mAh/g 以上，循环损耗率低于 5%。而 180℃、160℃、140℃所得水热炭电极的放电比电容分别为 477.1mAh/g、318.2mAh/g、279.1mAh/g，依次递减。在 2.0A/g 的高电流密度下，200℃水热炭电极的比电容几乎达到 140℃水热炭电极的 80 倍。这与碳材料的结构特征变化相关，当温度从 140℃升至 200℃时，水热法污泥基碳材料从最初平整的表面，到开始出现褶皱和崩碎，最后呈现立体蜂窝状。致密的孔洞结构，有助于电解液中的离子更容易进入碳电极的内部结构中，很好地避免了极化现象（图 8.4-11）。

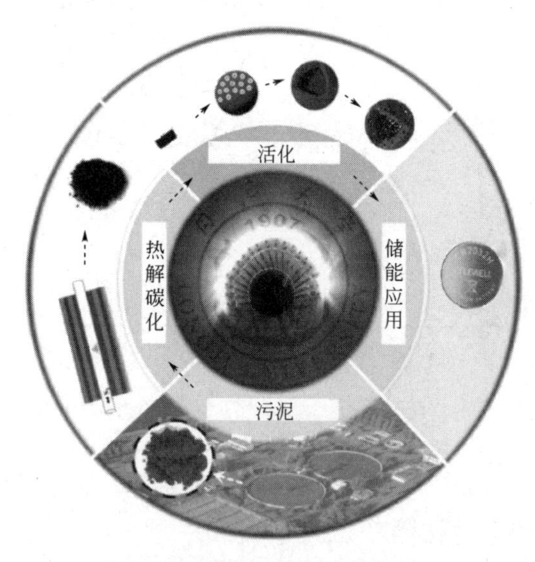

图 8.4-10　市政污泥制备作为锂离子电池碳负极材料[110]

热解法制备的污泥基碳材料表现出很好的三维立体特征，具有相互贯通的孔道结构，在其边缘和表面上出现许多中空球状结构，比表面积达到了 1518m²/g。它作为锂电池负极材料，在首次充放电测试中出现较高的首次不可逆容量。这是首次充放电过程中 SEI 膜形成的原因[111]。随着电流密度从 0.1A/g 逐步增加到 0.2A/g、0.4A/g、0.6A/g、0.8A/g、1.0A/g、2.0A/g，热解法污泥基碳材料

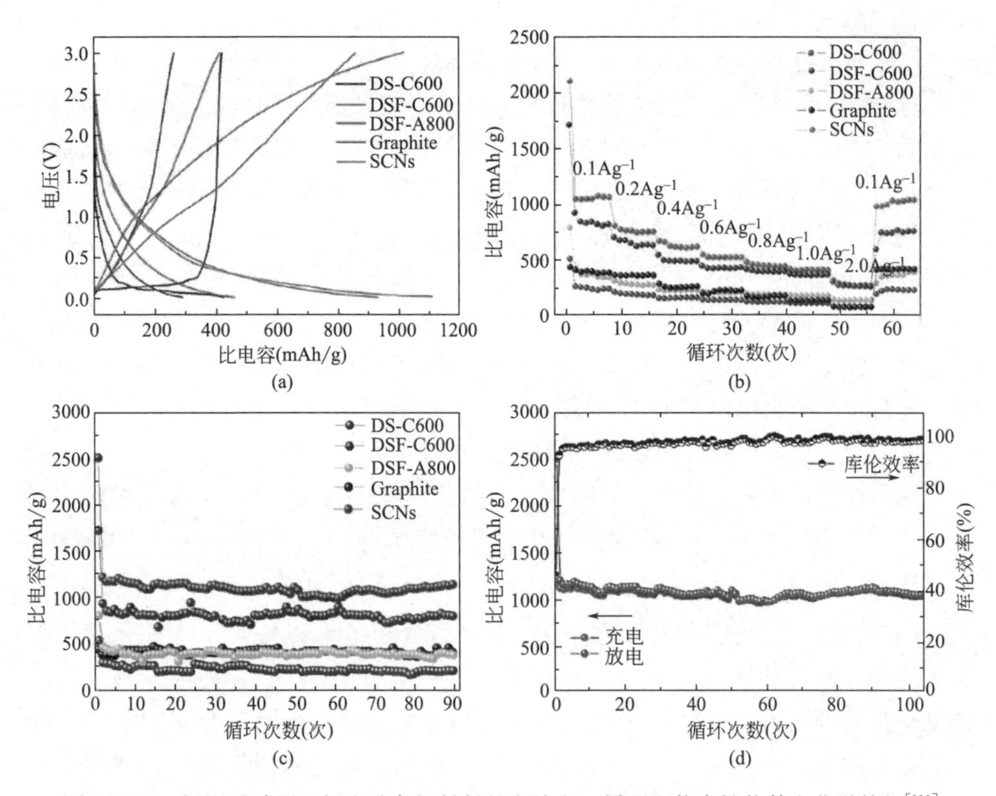

图 8.4-11　污泥基碳用于锂电池负极材料的充放电、循环和倍率性能等电化学特征[111]

电极的稳定比电容量分别为 1168.9mAh/g、776.3mAh/g、629.6mAh/g、536.2mAh/g、462.4mAh/g、424.6mAh/g、287.1mAh/g，均优于其他碳材料。这是因为热解法所得污泥基碳材料的层状多孔和空心纳米球的结构特征，对电解质离子的扩散和透射有很大影响，可缩短扩散距离，促进活性物质与电解质之间的电荷转移反应，并且，高比表面积和小尺寸的纳米孔可产生丰富的电极/电解质界面以吸收 Li^+。以单一组分纤维素、蛋白质、糖类，以及由单一组分组成的配比物作为前驱体，所得生物炭，并没有表现出与污泥基碳材料一样优越的电化学性能，这也说明单一组分以及仅靠简单的组分混合制备而成的配比物，并不能够制备出具有优越储能性能的衍生炭。因此，充分且恰当地利用污泥中的特定组分的协同作用，能够实现污泥前体向高活性储能材料的定向转化。

8.5　污泥基功能材料的研究展望

虽然，对污泥基碳功能材料的设计和应用已经有较多研究，但在污泥基功能材料被实际应用之前，仍然存在诸多科学和技术方面的挑战。

（1）污泥被直接热解或者水热所得碳材料，通常具有较小的比表面积和较大的灰分含量，大大限制了其作为功能材料的应用前景。虽然通过化学活化或浸渍活化的方式可以增加污泥基碳材料的比表面积，得到具有优越性能的碳基功能材料以满足相应的吸附、催化应用需求，但是，活化过程通常需要消耗大量的活化剂，制备过程还需要经过预碳化、活化剂混合、烘干、热解、酸洗等多个步骤，使得此类方法耗时长、成本高、产率低、污染环境，大大限制了其实际应用[5,36,111]。应该系统地研究具有复杂组分污泥的结构特性和合成过程对污泥基碳功能材料物化性能的影响，重点关注污泥关键组分、制备过程，以及所得污泥基碳功能材料的物化性质和催化/储能性能之间的必然联系，基于此，可开发更简洁高效的制备过程，并针对性地调节所得功能材料的质构特性[111]。

（2）作为污泥的关键组分，对重金属的形态变化、稳定性及可能的浸出风险，在污泥基功能材料使用过程中也需要重点关注[112]。此外，不同的重金属也具有独特的功能，如铜基催化剂可将 CO_2 有效地转化成复杂碳氢化合物[113]，镍基催化剂可以用于催化应用于超高分子量聚乙烯以及功能化聚烯烃材料的高效制备偶联反应和环加成反应等有机合成过程[114]。因此，基于含有特定重金属的污泥（如电镀污泥等）研究相应的催化功能材料制备过程，能够为电镀污泥等富含特定重金属的污泥的资源化、材料化利用提供特定的研究和应用方向。

（3）污泥含有大量可被回收利用的资源和能源，具有“污染”与“资源”双重属性，对其有效的回收利用可实现污泥能源的高效回收及物质的高效循环利用。例如，在合成过程中由于蒸发、燃烧或碳化而损失的一部分挥发性有机物，可以预先通过厌氧消化实现资源回收[115]，也可以结合磷回收技术实现污泥中磷等不可再生资源的循环利用[116,117]。因此，建议在尽量不影响污泥基碳功能材料性能的基础上，结合厌氧消化等联合处理处置方法，更彻底地实现污泥的资源化回收利用，将污泥基功能材料的制备作为其他污泥处理处置工艺的补充[62,118]。

（4）还应全面考虑在污泥热解过程中的其他产品，如液体（生物油）和不可冷凝的气态（烟气）产品[119]。污泥特性和热解条件会影响功能材料的质构特性，也会影响所产生的生物油和热解气的组成特征。因此，除了关注污泥基功能材料的活性以外，还应关注所产生的生物油和热解气的最终用途，以及热解过程中的能量回收效率，建议结合全生命周期分析等对污泥从产生，到污泥基功能材料的制备，及应用整个过程中的环境、经济效益进行全面评估分析[120]。

参考文献

[1] JELLALI S, KHIARI B, USMAN M, et al. Sludge-derived biochars: a review on the influence of synthesis conditions on pollutants removal efficiency from wastewaters [J]. Renewable and Sustainable Energy Reviews, 2021, 144: 111068.

[2] United States Environmental Protection Agency. A Plain English Guide to the EPA Part 503 Biosolids Rule. [S]. 1994.

[3] CHEN Y D, WANG R P, DUAN X G, et al. Production, properties, and catalytic applications of sludge derived biochar for environmental remediation [J]. Water Research, 2020,187.

[4] KEMMER F N, ROBERTSON S R, MATTIX R D, Sewage Treatment Process Nalco Chemical Company: Patent No. 3, 619, 420 [P]. US Patent Office, 1971.

[5] SMITH K M, FOWLER G D, PULLKET S, et al. Sewage sludge-based adsorbents: a review of their production, properties and use in water treatment applications [J]. Water Research, 2009, 43 (10): 2569-2594.

[6] SYED-HASSAN S S A, WANG Y, HU S, et al. Thermochemical processing of sewage sludge to energy and fuel: fundamentals, challenges and considerations [J]. Renewable and Sustainable Energy Reviews, 2017, 80: 888-913.

[7] TYTŁA M, WIDZIEWICZ K, ZIELEWICZ E. Heavy metals and its chemical speciation in sewage sludge at different stages of processing [J]. Environmental Technology, 2016, 37 (7): 899-908.

[8] GAO N B, QUAN C, LIU B Y, et al. Continuous pyrolysis of sewage sludge in a screw-feeding reactor: products characterization and ecological risk assessment of heavy metals [J]. Energy Fuels, 2017, 31: 5063-5072.

[9] DJANDJA O S, WANG Z-C, WANG F, et al. Pyrolysis of municipal sewage sludge for biofuel production: a review [J]. Industrial & Engineering Chemistry Research, 2020, 59 (39): 16939-16956.

[10] MIAN M M, LIU G J, FU B, Conversion of sewage sludge into environmental catalyst and microbial fuel cell electrode material: a review [J]. Science of The Total Environment, 2019, 666: 525-539.

[11] GOPINATH A, DIVYAPRIYA G, SRIVASTAVA V, et al. Conversion of sewage sludge into biochar: a potential resource in water and wastewater treatment [J]. Environmental Research, 2021, 194.

[12] MAHAPATRA K, RAMTEKE D S, PALIWAL L J. Production of activated carbon from sludge of food processing industry under controlled pyrolysis and its application for methylene blue removal [J]. Journal of analytical and applied pyrolysis, 2012, 95: 79-86.

[13] YILMAZ A E, BONCUKCUOLU R, KOCAKERIM M, et al., Waste utilization: the removal of textile dye (Bomaplex Red CR-L) from aqueous solution on sludge waste from

electrocoagulation as adsorbent [J]. Desalination, 2011, 277 (1-3): 156-163.

[14] MIAN M M, LIU G J. Activation of peroxymonosulfate by chemically modified sludge biochar for the removal of organic pollutants: understanding the role of active sites and mechanism [J]. Chemical Engineering Journal, 2020, 392.

[15] SINGH S, KUMAR V, DHANJAL D S, et al. A sustainable paradigm of sewage sludge biochar: valorization, opportunities, challenges and future prospects [J]. Journal of Cleaner Production, 2020, 269.

[16] WANG S J, GUO W, GAO F, et al. Characterization and Pb (Ⅱ) removal potential of corn straw- and municipal sludge-derived biochars [J]. Royal Society Open Science, 2017, 4.

[17] MÉNDEZ A, GASCÓ G, FREITAS M M A, et al. Preparation of carbon-based adsorbents from pyrolysis and air activation of sewage sludges [J]. Chemical Engineering Journal, 2005, 108: 169-177.

[18] MONSALVO V M, MOHEDANO A F, RODRIGUEZ J J. Activated carbons from sewage sludge: application to aqueous-phase adsorption of 4-chlorophenol [J]. Desalination, 2011, 277 (1-3): 377-382.

[19] AL-QODAH Z, SHAWABKAH R. Production and characterization of granular activated carbon from activated sludge [J]. Brazilian Journal of Chemical Engineering, 2009, 26: 127-136.

[20] DEVI P, SAROHA A K. Utilization of sludge based adsorbents for the removal of various pollutants: a review [J]. Science of The Total Environment, 2017, 578: 16-33.

[21] POKORNA E, POSTELMANS N, JENICEK P, et al. Study of bio-oils and solids from flash pyrolysis of sewage sludges [J]. Fuel, 2009, 88: 1344-1350.

[22] VELGHE I, CARLEER R, YPERMAN J, et al. Characterisation of adsorbents prepared by pyrolysis of sludge and sludge/disposal filter cake mix [J]. Water Research, 2012, 46: 2783-2794.

[23] XI X L, GUO X L. Preparation of bio-charcoal from sewage sludge and its performance on removal of Cr (Ⅵ) from aqueous solutions [J]. Journal of Molecular Liquids, 2013, 186: 26-30.

[24] AUTA M, HAMEED B H. Optimized and functionalized paper sludge activated with potassium fluoride for single and binary adsorption of reactive dyes [J]. Journal of Industrial and Engineering Chemistry, 2013, 20: 830-840.

[25] HUNSOM M, AUTTHANIT C. Adsorptive purification of crude glycerol by sewage sludge-derived activated carbon prepared by chemical activation with H_3PO_4, K_2CO_3 and KOH [J]. Chemical Engineering Journal, 2013, 229: 334-343.

[26] OUMABADY S, SELVARAJ P S, KAMALUDEEN S P B, et al. Application of sludge-derived KOH-activated hydrochar in the adsorptive removal of orthophosphate [J]. RSC Advance, 2021, 11: 6535-6543.

[27] LI Y，YANG Z Q，ZHANG H G，et al. Fabrication of sewage sludge-derived magnetic nanocomposites as heterogeneous catalyst for persulfate activation of Orange G degradation [J]. Colloids and Surfaces A：physicochemical and Engineering Aspects，2017，529：856-863.

[28] KARIMNEZHAD L，HAGHIGHI M，FATEHIFAR E. Adsorption of benzene and toluene from waste gas using activated carbon activated by $ZnCl_2$ [J]. Frontiers of Environmental Science & Engineering，2014，8 (6)：835-844.

[29] YUAN S J，LIAO N H，DONG B，et al. Optimization of a digested sludge-derived mesoporous material as an efficient and stable heterogeneous catalyst for the photo-Fenton reaction [J]. Chinese Journal of Catalysis，2016，37 (5)：735-742.

[30] BAI X，ZHANG Y C，SHI J，et al. A new application pattern for sludge-derived biochar adsorbent：Ideal persulfate activator for the high-efficiency mineralization of pollutants [J]. Journal of Hazardous Materials，2021，195.

[31] YUAN Y，YUAN T，WANG D M，et al. Sewage sludge biochar as an efficient catalyst for oxygen reduction reaction in an microbial fuel cell [J]. Bioresource Technology，2013，144：115-120.

[32] HADI P，XU M，NING C，et al. A critical review on preparation，characterization and utilization of sludge-derived activated carbons for wastewater treatment [J]. Chemical Engineering Journal，2015，260：895-906.

[33] YU W B，YANG J K，SHI Y F，et al. Roles of iron species and pH optimization on sewage sludge conditioning with Fenton's reagent and lime [J]. Water Research，2016，95：124-133.

[34] VEENHUYZEN B V，HORSTMANN C，CHIRWA E M N，et al. High capacity Pb (Ⅱ) adsorption characteristics onto raw- and chemically activated waste activated sludge [J]. Journal of Hazardous Materials，2021，416.

[35] KIM D，LEE K，PARK K Y. Hydrothermal carbonization of anaerobically digested sludge for solid fuel production and energy recovery [J]. Fuel，2014，130：120-125.

[36] LIU H，ALPER BASAR I，NZIHOU A，et al. Hydrochar derived from municipal sludge through hydrothermal processing：a critical review on its formation，characterization，and valorization [J]. Water Research，2021，199.

[37] LENG L J，YUAN X Z，HUANG H J，et al. Bio-char derived from sewage sludge by liquefaction：characterization and application for dye adsorption [J]. Applied Surface Science，2015，346：223-231.

[38] AHMED M，ANDREOTTOLA G，ELAGROUDY S，et al. Coupling hydrothermal carbonization and anaerobic digestion for sewage digestate management：Influence of hydrothermal treatment time on dewaterability and bio-methane production [J]. Journal of Environmental Management，2021，281.

[39] QIAN L L，WANG S Z，SAVAGE P E，Fast and isothermal hydrothermal liquefaction

of sludge at different severities: Reaction products, pathways, and kinetics [J]. Applied Energy, 2020, 260.

[40] SHAH A A, TOOR S S, CONTI F, et al. Hydrothermal liquefaction of high ash containing sewage sludge at sub and supercritical conditions [J]. Biomass Bioenergy, 2020, 135.

[41] XU Z X, SONG H, LI P J, et al. Hydrothermal carbonization of sewage sludge: Effect of aqueous phase recycling [J]. Chemical Engineering Journal, 2020, 387.

[42] WANG H, YANG Z J, LI X, et al. Distribution and transformation behaviors of heavy metals and phosphorus during hydrothermal carbonization of sewage sludge [J]. Environmental Science and Pollution Research, 2020, 27: 17109-17122.

[43] CHU Q N, XUE L H, SINGH B P, et al. Sewage sludge-derived hydrochar that inhibits ammonia volatilization, improves soil nitrogen retention and rice nitrogen utilization [J]. Chemosphere, 2020, 245: 125558.

[44] ZHU S Y, FANG S, HUO M X, et al. A novel conversion of the groundwater treatment sludge to magnetic particles for the adsorption of methylene blue [J]. Journal of Hazardous Materials, 2015, 292: 173-179.

[45] FERRENTINO R, CECCATO R, MARCHETTI V, et al. Sewage sludge hydrochar: an option for removal of methylene blue from wastewater [J]. Applied Sciences, 2020, 10: 3445.

[46] YUAN S J, LI X W, DAI X H. Efficient degradation of organic pollutants with a sewage sludge support and in situ doped TiO_2 under visible light irradiation conditions [J]. RSC Advance, 2014, 4: 61036-61044.

[47] LI J S, XUE Q, FANG L, et al. Characteristics and metal leachability of incinerated sewage sludge ash and air pollution control residues from Hong Kong evaluated by different methods [J]. Waste Management, 2017, 64: 161-170.

[48] YUAN S J, DAI X H. Facile synthesis of sewage sludge-derived mesoporous material as an efficient and stable heterogeneous catalyst for photo-Fenton reaction [J]. Applied Catalysis B: Environmental, 2014, 154-155: 252-258.

[49] TU Y T, TIAN S H, KONG L J, et al. Co-catalytic effect of sewage sludge-derived char as the support of Fenton-like catalyst [J]. Chemical Engineering Journal, 2012, 185: 44-51.

[50] ATHALATHIL S, ERJAVEC B, KAPLAN R, et al. TiO_2-sludge carbon enhanced catalytic oxidative reaction in environmental wastewaters applications [J]. Journal of Hazardous Materials, 2015, 300: 406-414.

[51] YUAN Y, LIU T, FU P, et al. Conversion of sewage sludge into high-performance bifunctional electrode materials for microbial energy harvesting [J]. Journal of Materials Chemistry A, 2015, 3: 8475-8482.

[52] YUAN S J, DAI X H. An efficient sewage sludge-derived bi-functional electrocatalyst for

oxygen reduction and evolution reaction [J]. Green Chemistry, 2016, 18 (14): 4004-4011.

[53] WANG X P, GU L, ZHOU P, et al. Pyrolytic temperature dependent conversion of sewage sludge to carbon catalyst and their performance in persulfate degradation of 2-Naphthol [J]. Chemical Engineering Journal, 2017, 324: 203-215.

[54] 陈以頔，污泥生物炭制备及对水中污染物去除的性能与机理 [D]. 哈尔滨：哈尔滨工业大学，2019.

[55] HO S H, CHEN Y D, YANG Z K, et al. High-efficiency removal of lead from wastewater by biochar derived from anaerobic digestion sludge [J]. Bioresource Technology, 2017, 246: 142-149.

[56] HUANG B C, JIANG J, HUANG G X, et al. Sludge biochar-based catalysts for improved pollutant degradation by activating peroxymonosulfate [J]. Journal of Materials Chemistry A, 2018, 6 (19): 8978-8985.

[57] CHEN Y D, BAI S W, LI R X, et al. Magnetic biochar catalysts from anaerobic digested sludge: production, application and environment impact [J]. Environment International, 2019, 126: 302-308.

[58] LIANG H W, ZHUANG X D, BRÜLLER S, et al. Hierarchically porous carbons with optimized nitrogen doping as highly active electrocatalysts for oxygen reduction [J]. Nature Communications, 2014, 5.

[59] YUAN S J, DAI X H. Sewage sludge-based functional nanomaterials: development and applications [J]. Environmental Science: Nano, 2017, 4: 17-26.

[60] YU Y L, XU Z B, XU X Y, et al. Synergistic role of bulk carbon and iron minerals inherent in the sludge-derived biochar for As (V) immobilization [J]. Chemical Engineering Journal, 2021, 417.

[61] ROZADA F, OTERO M, MORAN A, et al. Adsorption of heavy metals onto sewage sludge-derived materials [J]. Bioresource Technology, 2008, 99 (14): 6332-6338.

[62] CAI J X, CUI L Z, WANG Y X, et al. Effect of functional groups on sludge for biosorption of reactive dyes [J]. Journal of Environmental Sciences, 2009, 21 (4): 534-538.

[63] PAMUKOGLU M Y, KARGI F. Effects of operating parameters on kinetics of copper (Ⅱ) ion biosorption onto pre-treated powdered waste sludge (PWS) [J]. Enzyme & Microbial Technology, 2007, 42 (1): 76-82.

[64] GÓMEZ-PACHECO C V, RIVERA-UTRILLA J, SÁNCHEZ-POLO M, et al. Optimization of the preparation process of biological sludge adsorbents for application in water treatment [J]. Journal of Hazardous Materials, 2012, 217-218 (3): 76-84.

[65] DHAOUADI H, M'HENNI F. Vat dye sorption onto crude dehydrated sewage sludge [J]. Journal of Hazardous Materials, 2009, 164 (2-3): 448-458.

[66] LI W H, YUE Q Y, GAO B Y, et al. Preparation of sludge-based activated carbon made from paper mill sewage sludge by steam activation for dye wastewater treatment [J]. De-

salination, 2011, 278 (1-3): 179-185.

[67] YUAN S J, DAI X H. Facile synthesis of sewage sludge-derived in-situ multi-doped nanoporous carbon material for electrocatalytic oxygen reduction [J]. Scientific Reports, 2016, 6.

[68] LILLO-RODENAS M A, ROS A, FUENTE E, et al. Further insights into the activation process of sewage sludge-based precursors by alkaline hydroxides [J]. Chemical Engineering Journal, 2008, 142: 168-174.

[69] ZHANG F S, NRIAGU J O, ITOH H, Mercury removal from water using activated carbons derived from organic sewage sludge [J]. Water Research, 2005, 39: 389-395.

[70] WU Z J, KONG L J, HU H, et al. Adsorption performance of hollow spherical sludge carbon prepared from sewage sludge and polystyrene foam wastes [J]. ACS Sustainable Chemistry & Engineering, 2015, 3 (3): 552-558.

[71] XIN W, SONG Y H, WU Y H. Enhanced capture ability of sludge-derived mesoporous biochar with template-like method [J]. Langmuir, 2019, 35: 6039-6047.

[72] XIN W, LI X, SONG Y H. Sludge-based mesoporous activated carbon: the effect of hydrothermal pretreatment on material preparation and adsorption of bisphenol A [J]. Journal of Chemical Technology & Biotechnology, 2020, 95: 1666-1674.

[73] XIAO B Y, DAI Q, YU X, et al. Effects of sludge thermal-alkaline pretreatment on cationic red X-GRL adsorption onto pyrolysis biochar of sewage sludge [J]. Journal of hazardous materials, 2018, 343: 347-355.

[74] WALLING C, GOOSEN A. Mechanism of the ferric ion catalyzed decomposition of hydrogen peroxide. Effect of organic substrates [J]. Journal of the American Chemical Society, 1973, 95: 2987-2991.

[75] ZEEP R G, FAUST B C, HOIGNE J. Hydroxyl radical formation in aqueous reactions (pH 3-8) of iron (II) with hydrogen peroxide: the photo-Fenton reaction [J]. Environmental Science and Technology, 1992 , 26: 313-319.

[76] CHENG M, MA W H, LI J, et al. Visible-light-assisted degradation of dye pollutants over Fe (Ⅲ)-loaded resin in the presence of H_2O_2 at neutral pH values [J]. Environmental Science and Technology, 2004, 38: 1569-1575.

[77] FENG J Y, HU X J, YUE P L, et al. Novel bentonite clay-based Fe-nanocomposite as a heterogeneous catalyst for photo-Fenton discoloration and mineralization of Orange Ⅱ [J]. Environmental Science and Technology, 2004, 38: 269-275.

[78] PHAM A L T, LEE C, DOYLE F M, et al. A silica-supported iron oxide catalyst capable of activating hydrogen peroxide at neutral pH values [J]. Environmental Science and Technology, 2009, 43: 8930-8935.

[79] KASIRI M B, ALEBOYEH H, ALEBOYEH A. Degradation of acid blue 74 using Fe-ZSM5 zeolite as a heterogeneous photo-Fenton catalyst [J]. Applied Catalysis B: Environmental, 2008, 84: 9-15.

[80] ZHANG J J, FAN H X. DAI X H, et al. Digested sludge-derived three-dimensional hierarchical porous carbon for high-performance supercapacitor electrode [J]. Royal Society Open Science, 2018, 5 (4): 172456.

[81] GU L, ZHU N W, GUO H Q, et al. Adsorption and Fenton-like degradation of naphthalene dye intermediate on sewage sludge derived porous carbon [J]. Journal of Hazardous Materials, 2013, 246-247: 145-153.

[82] GU L, ZHU N W, ZHOU P. Preparation of sludge derived magnetic porous carbon and their application in Fenton-like degradation of 1-diazo-2-naphthol-4-sulfonic acid [J]. Bioresource Technology, 2014, 118: 638-642.

[83] HOU B L, HAN H J, JIA S Y, et al. Three-dimensional heterogeneous electro-Fenton oxidation of biologically pretreated coal gasification wastewater using sludge derived carbon as catalytic particle electrodes and catalyst [J]. Journal of the Taiwan Institute of Chemical Engineers, 2016, 60: 352-360.

[84] ZHANG H, HAY A G. Magnetic biochar derived from biosolids via hydrothermal carbonization: Enzyme immobilization, immobilized-enzyme kinetics, environmental toxicity [J]. Journal of Hazardous Materials, 2020, 384.

[85] ZHANG H, XUE G, CHEN H, et al. Magnetic biochar catalyst derived from biological sludge and ferric sludge using hydrothermal carbonization: preparation, characterization and its circulation in Fenton process for dyeing wastewater treatment [J]. Chemosphere, 2018, 191: 64-71.

[86] YU Y, WEI H Z, YU L, et al. Surface modification of sewage sludge derived carbonaceous catalyst for m-cresol catalytic wet peroxide oxidation and degradation mechanism [J]. RSC Advances, 2015, 5: 41867-41876.

[87] YUAN S J, CHEN J J, LIN Z Q, et al. Nitrate formation from atmospheric nitrogen and oxygen photocatalysed by nano-sized titanium dioxide [J]. Nature Communications, 2013,4.

[88] INTURI S N R, BONINGARI T, SUIDAN M, et al. Visible-light-induced photodegradation of gas phase acetonitrile using aerosol-made transition metal (V, Cr, Fe, Co, Mn, Mo, Ni, Cu, Y, Ce, and Zr) doped TiO_2 [J]. Applied Catalysis B: Environmental, 2014, 144: 333-342.

[89] MIAN M M, LIU G J. Sewage sludge-derived TiO_2/Fe/Fe_3C-biochar composite as an efficient heterogeneous catalyst for degradation of methylene blue [J]. Chemosphere, 2019, 215: 101-114.

[90] HU P D, LONG M C. Cobalt-catalyzed sulfate radical-based advanced oxidation: a review on heterogeneous catalysts and applications [J]. Applied Catalysis B: Environmental, 2016, 181: 103-117.

[91] HUANG K-C, COUTTENYE R A, HOAG G E. Kinetics of heat-assisted persulfate oxidation of methyl tert-butyl ether (MTBE) [J]. Chemosphere, 2002, 49: 413-420.

[92] NIE M H, YANG Y, ZHANG Z J, et al. Degradation of chloramphenicol by thermally activated persulfate in aqueous solution [J]. Chemical Engineering Journal, 2014, 246: 373-382.

[93] DING S, WAN J Q, WANG Y, et al. Activation of persulfate by molecularly imprinted Fe-MOF-74@SiO_2 for the targeted degradation of dimethyl phthalate: effects of operating parameters and chlorine [J]. Chemical Engineering Journal, 2021, 422.

[94] WANG J, LIAO Z W, IFTHIKAR J, et al. Treatment of refractory contaminants by sludge-derived biochar/persulfate system via both adsorption and advanced oxidation process [J]. Chemosphere, 2017, 185: 754-763.

[95] WANG S Z, WANG J L. Activation of peroxymonosulfate by sludge-derived biochar for the degradation of triclosan in water and wastewater [J]. Chemical Engineering Journal, 2019, 356: 350-358.

[96] YU J F, TANG L, PANG Y, et al. Magnetic nitrogen-doped sludge-derived biochar catalysts for persulfate activation: internal electron transfer mechanism [J]. Chemical Engineering Journal, 2019, 364: 146-159.

[97] MIAN M M, LIU G J, ZHOU H, Preparation of N-doped biochar from sewage sludge and melamine for peroxymonosulfate activation: N-functionality and catalytic mechanisms [J]. Science of The Total Environment, 2020, 744.

[98] WANG J, SHEN M, WANG H, et al. Red mud modified sludge biochar for the activation of peroxymonosulfate: Singlet oxygen dominated mechanism and toxicity prediction [J]. Science of The Total Environment, 2020, 740.

[99] ZHU S J, WANG W, XU Y P, et al. Iron sludge-derived magnetic Fe^0/Fe_3C catalyst for oxidation of ciprofloxacin via peroxymonosulfate activation [J]. Chemical Engineering Journal, 2019, 365: 99-110.

[100] WANG J, SHEN M, GONG Q, et al. One-step preparation of ZVI-sludge derived biochar without external source of iron and its application on persulfate activation [J]. Science of The Total Environment, 2020, 714.

[101] MARQUES R R N, STÜBER F, SMITH K M, et al. Sewage sludge based catalysts for catalytic wet air oxidation of phenol: preparation, characterisation and catalytic performance [J]. Applied Catalysis B: Environmental, 2011, 101 (3-4): 306-316.

[102] TU Y T, XIONG Y, TIAN S H, et al. Catalytic wet air oxidation of 2-chlorophenol over sewage sludge-derived carbon-based catalysts [J]. Journal of Hazardous Materials, 2014, 276: 88-96.

[103] STÜBER F, SMITH K M, MENDOZA M B, et al. Sewage sludge based carbons for catalytic wet air oxidation of phenolic compounds in batch and trickle bed reactors [J]. Applied Catalysis B: Environmental, 2011, 110: 81-89.

[104] YU Y, WEI H Z, YU L, et al. Catalytic wet air oxidation of m-cresol over a surface-modified sewage sludge-derived carbonaceous catalyst [J]. Catalysis Science & Technol-

ogy，2016，6（4）：1085-1093.

[105] WEN G，PAN Z H，MA J，et al. Reuse of sewage sludge as a catalyst in ozonation：efficiency for the removal of oxalic acid and the control of bromate formation [J]. Journal of Hazardous Materials，2012，239-240：381-388.

[106] ZHUANG H F，HAN H J，HOU B L，et al. Heterogeneous catalytic ozonation of biologically pretreated Lurgi coal gasification wastewater using sewage sludge based activated carbon supported manganese and ferric oxides as catalysts [J]. Bioresource Technology，2014，166：178-186.

[107] YUAN S J，DAI X H. Heteroatom-doped porous carbon derived from "all-in-one" precursor sewage sludge for electrochemical energy storage [J]. RSC Advances，2015，5（57）：45827-45835.

[108] FENG H B，ZHENG M T，DONG H W，et al. Three-dimensional honeycomb-like hierarchically structured carbon for high-performance supercapacitors derived from high-ash-content sewage sludge [J]. Journal of Materials Chemistry A，2015，3（29）：15225-15234.

[109] QI W，SHAPTER J G，WU Q，et al. Nanostructured anode materials for lithium-ion batteries：principle，recent progress and future perspectives [J]. Journal of Materials Chemistry A，2017，5：19521-19540.

[110] DAI X H，FAN H X，ZHANG J J，et al. Sewage sludge-derived porous hollow carbon nanospheres as high-performance anode material for lithium ion batteries [J]. Electrochimica Acta，2019，319：277-285.

[111] RAHEEM A，SIKARWAR V S，HE J，et al. Opportunities and challenges in sustainable treatment and resource reuse of sewage sludge：a review [J]. Chemical Engineering Journal，2018，337：616-641.

[112] CHANAKA UDAYANGA W D，VEKSHA A，GIANNIS A，et al. Fate and distribution of heavy metals during thermal processing of sewage sludge [J]. Fuel，2018，226：721-744.

[113] KIM T，PALMORE G T R. A scalable method for preparing Cu electrocatalysts that convert CO_2 into C_{2+} products [J]. Nature Communications，2020，11.

[114] LIANG T，GOUDARI S B，CHEN C L. A simple and versatile nickel platform for the generation of branched high molecular weight polyolefins [J]. Nature Communications，2020，11：372.

[115] DUAN N N，DONG B，WU B，et al. High-solid anaerobic digestion of sewage sludge under mesophilic conditions：Feasibility study [J]. Bioresource Technology，2012，104：150-156.

[116] OKANO K，YAMAMOTO Y，TAKANO H，et al. A simple technology for phosphorus recovery using acid-treated concrete sludge [J]. Separation and Purification Technology，2016，165：173-178.

[117] CIEŚLIK B, KONIECZKA P. A review of phosphorus recovery methods at various steps of wastewater treatment and sewage sludge management. The concept of "no solid waste generation" and analytical methods [J]. Journal of Cleaner Production, 2017, 142: 1728-1740.

[118] SELVARAJ P S, PERIASAMY K, SUGANYA K, et al. Novel resources recovery from anaerobic digestates: current trends and future perspectives [J]. Critical Reviews in Environmental Science and Technology, 2022, 52 (11): 1915-1999.

[119] MALINS K, KAMPARS V, BRINKS J, et al. Bio-oil from thermo-chemical hydro-liquefaction of wet sewage sludge [J]. Bioresource Technology, 2015, 187: 23-29.

[120] TEOH S K, LI L Y. Feasibility of alternative sewage sludge treatment methods from a lifecycle assessment (LCA) perspective [J]. Journal of Cleaner Production, 2020, 247: 119495.

第9章 污泥脱水性能影响机制及绿色脱水技术研究

9.1 污泥中水赋存状态及分类分型

9.1.1 污泥自由水、结合水概念及界定方法

污泥中水赋存形态及分类分型是认识污泥组成结构特征、掌握深度脱水限度的关键基础，国内外已有大量研究致力于污泥水分型的界定、表征及影响因素分析。通常，污泥中不受固体组分影响的水，被界定为自由水[1,2]，由于水—固相互作用，使得其物理化学性质（饱和蒸气压、结晶焓变、黏度、密度等）有显著变化的水，被定义为结合水。相应地，自由水可以通过机械分离的方式得以脱除，而结合水则由化学键力或物理吸附作用与固相结合，不能直接通过物理分离方式去除[3,4]。

目前，若干种基于机械分离的自由水、结合水界定方式在工程实践中被广泛应用。比如，基于离心脱水的结合水定量方法假设，在趋近于无穷大的离心转速下，污泥样品会出现一个稳定的固液交界面，该交界面至离心管底的距离是平衡高度[5-9]，平衡高度以下部分为固体和结合水，以上部分为自由水[10]；再比如，基于抽滤脱水的结合水定量方法认为：真空抽滤所得泥饼中残留的水，是与固体有相互作用，难以用物理手段分离、脱除的结合水，被抽滤排出的水为自由水[5,11-13]。

部分学者将化工干燥的工艺过程引入污泥水分型，开发了基于热干化速率的自由水、结合水界定方式[4]。该方式以残余含水率对应水蒸气逸散通量，绘制干燥曲线，并将干燥曲线划分为快速升温阶段、恒速蒸发阶段、降速蒸发阶段、二次降速蒸发阶段[4,14-17]。其中，恒速蒸发阶段和降速蒸发阶段的拐点，代表了干燥过程由外部条件控制向物料内部性质控制的转变（在连续干燥中，外部条件指温度、湿度和气流速度等），因此，有研究将该拐点处的含水率界定为结合水含量[4,14-23]。

此外，也有学者进一步从热力学角度深入分析污泥中结合水的赋存条件。Catalano 等[24] 首先提出了通过水—固结合能进行污泥结合水界定的方式，在其

理论中，结合能被定义为：破坏结合水与污泥固相相互作用所需的能量，而结合水则被定义为与污泥有机相存在相互吸引作用的水，这类相互作用关系的强弱，由一定大小的结合能所反映。相应地，与固体相无任何作用力的水则被定义为自由水。基于结合能的结合水定义，Lee 等[25] 进一步明确了结合能大小的宏观表象，及结合水的测定方法，即结合水是在一定的低温条件下，能够保持流体状态，不转化为冰晶体的水。结合水在低温条件下无法结晶的主要原因是：这类水与有机絮体的相互作用，降低了其热力学活性，使之不至于在环境温度剧烈降低的条件下，向外界释放热能而转变为冰晶体。结合水结晶温度热力学推导过程如下：

$$\frac{\mathrm{d}G_{\mathrm{S}}}{T}=-\frac{S_{\mathrm{S}}}{T}\mathrm{d}T \tag{9.1-1}$$

$$\frac{\mathrm{d}G_{\mathrm{L}}}{T}=-\frac{S_{\mathrm{L}}}{T}\mathrm{d}T-\frac{R}{n_{\mathrm{A}}+n_{\mathrm{B}}}dn_{\mathrm{B}}-\frac{\mathrm{d}E_{\mathrm{B}}}{T} \tag{9.1-2}$$

式中 G_{S}、G_{L}——污泥固相、液相吉布斯自由能，J/mol；

S_{L}、S_{S}——污泥固相、液相熵值，J/(mol·K)；

R——普适气体常量，8.314J/(mol·K)；

n_{A}、n_{B}——溶解质和水摩尔数，mol；

T——温度，K；

E_{B}——水分与固相组分结合能，J/mol。

在凝固点平衡状态有：

$$\mathrm{d}G_{\mathrm{L}}=\mathrm{d}G_{\mathrm{S}} \tag{9.1-3}$$

将公式（9.1-1）和公式（9.1-2）代入公式（9.1-3），同步积分得：

$$\int_{T_{\mathrm{f0}}}^{T_{\mathrm{sh}}}\frac{S_{\mathrm{S}}-S_{\mathrm{L}}}{T}\mathrm{d}T-R\ln\frac{n_{\mathrm{A}}+n_{\mathrm{B}}}{n_{\mathrm{A}}}-\frac{E_{\mathrm{B}}}{T_{\mathrm{f0}}}=0 \tag{9.1-4}$$

式中，T_{sh} 与 T_{f0} 分别为结合水与自由水结晶点，二者数量关系如下：

$$T_{\mathrm{sh}}=\left(R\frac{n_{\mathrm{B}}}{n_{\mathrm{A}}+n_{\mathrm{B}}}+\frac{E_{\mathrm{B}}}{T_{\mathrm{f0}}}\right)\frac{T_{\mathrm{f0}}^{2}}{\Delta H_{\mathrm{f}}}+T_{\mathrm{f0}} \tag{9.1-5}$$

其中，$S_{\mathrm{S}}-S_{\mathrm{L}}=\dfrac{\Delta H_{\mathrm{f}}}{T_{\mathrm{sh}}}$，$\Delta H_{\mathrm{f}}$ 是水分结晶焓，J/mol。

由上述推导结果可知，结合能越大，结合水的结晶点越低，结合水在低温条件下抗拒结晶的能力越强。基于上述原理，两种基于低温条件下非结晶水的定量方法也随之被提出，实验中通常以 $T_{\mathrm{sh}}=-20$℃的水为结合水，一是通过测定污泥在−20℃时的体积膨胀率来反推未结晶水的含量；二是利用热重分析仪，测定污泥在−20℃时冷冻结晶所释放的热量，反推未结晶水含量（结合水含量）[3,26-28]。结合水的能量界定方法明确了污泥脱水不是直接的固液分离物理过程，污泥固液两相间的化学亲和作用是制约水分离的主要因素，削减污泥固液两相化学键力，成为脱水调理技术的关键。然而，上述能量界定方法虽具有热力学理论依据，但并不能进一步细化结合水可能存在的不同赋存形态及空间位置（胞内水、颗粒表面附着水、间隙水等），无法确定不同预处理工艺在污泥絮体结构特征以及结合水型分布影响机制的潜在差异，无法为污泥预处理工艺效能的提升提供有效理论支持。

污泥脱水工程常用的脱水性能评价指标有毛细吸水时间和比阻等，但这类指标均依托小尺度模拟实验测得，无法完全模拟工程尺度污泥脱水的固液分离过程。污泥的水存在形式反映了固体与水的结合强度，影响污泥的水去除效率。因此，构建一种通过污泥水存在形式和水—固结合强度的综合指标评价污泥脱水性能，具有广阔的推广应用前景。

9.1.2 污泥结合水分类分型现象及其研究进展

将污泥中水简单划定为自由水、结合水，难以完整解析污泥脱水调理作用机制和水脱除的微观过程。因此，在自由水、结合水界定方式的基础上，Vesilind[2]、Möller[29] 和 Smollen[30] 等基于污泥水的微尺度空间分布特征，进一步提出了污泥结合水的细化分型理论假说（图 9.1-1）：

间隙水：束缚于污泥絮体间隙及微生物组织中的水分。

表面附着水：通过氢键作用束缚于污泥固体颗粒表面的多层水分子。

水合水：通过化学键力束缚于污泥固相中且只能通过加热作用才能脱除的水分。

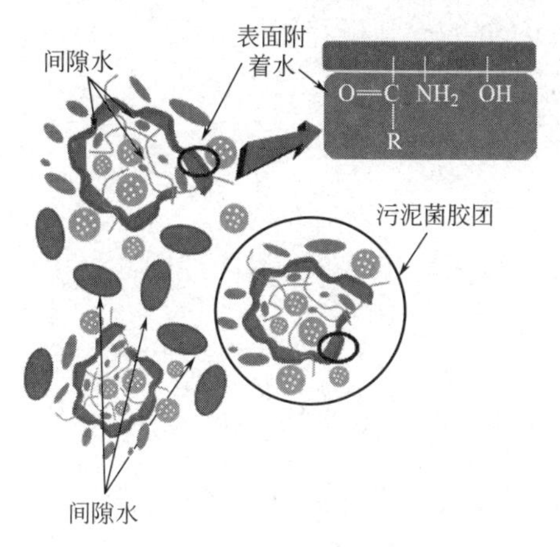

图 9.1-1 污泥结合水的细化分型状态示意图

近年来，还有研究通过同步辐射 X 射线计算显微断层成像技术，原位观测污泥生物絮体中的微观空间水分布。根据横 X 射线成像结果，区分了两类结合水，即附着在有机物表面的附着水和被机械捕获在生物絮体网状结构中的间隙水[31]。此外，利用低场核磁共振（NMR）的横向自旋—自旋弛豫时间（T_2）分布谱可定量揭示污泥中水的赋存状态[32,33]。通过应用 Carr-Purcell-Meiboom-Gill (CPMG) 脉冲序列，低场 NMR 的信号衰减率因质子与周围环境相互作用强度的不同而不同[34,35]。因此，T_2 对质子状态的变化特别敏感[36]，并且能够表征污泥不同水组分中质子的结构信息。此外，T_2 分布谱各峰下的积分面积占总积分面积的比例即为不同状态束缚水占污泥中总水量的比例[32]。

9.1.3 污泥水分分类分型体系的研究展望及应用潜力

针对污泥水分分类分型体系的研究展望及应用潜力，应开发基于时间分辨的同步辐射 X 射线计算显微成像技术，进一步深入分析污泥脱水过程中水—固两相的流动状态，进而实现不同类型机械脱水设备在污泥固液分离过程中的流态优化，提高脱水处理效率。此外，常用的脱水性指标毛细吸水时间和比阻，均通过小尺度脱水实验测得，可能无法完全模拟工程尺度的污泥脱水固液分离过程。污泥水分赋存状态反映了水—固结合强度，并影响其脱水效率，且特定结合水的相对含量应与机械脱水所能达到的极限含水率密切相关。因此，还需对污泥固液界面相互作用进行热力学分析，深化水分子与固相结合强度的定量表征，明确水—固结合能与水分所处空间位置的相关关系，建立兼顾水—固结合能与空间赋存特征的水分分型理论体系，进而提出一种基于不同类型水分相对含量及水—固结合强度的综合性污泥脱水性能评价指标，同时辅以基于核磁共振的非破坏性水分赋存状态分析手段，大幅度提高污泥脱水性能评价的精度和便利性，从而优化提高污泥脱水调理技术选型的匹配度和运行调控的准确性，有效地避免药剂过度投加或能量过度输入，降低二次污染风险，对于提高污泥脱水工艺效率、创新开发高效低耗污泥脱水调理技术均具有重要意义。

9.2 污泥脱水性能影响因素的研究进展

9.2.1 污泥物理性质对脱水性能的影响

污泥流变性质是污泥固液混合体系中悬浮物颗粒相互作用力、絮体稳定性以及絮体持水性能的综合性反映指标，对以离心脱水为代表的污泥固液分离过程有重要影响。污泥黏度与毛细吸水时间和比阻呈正相关关系[37,38]。另有一些研究发现，污泥黏度越大，有机相与水分的亲和能力越强，结合水比例也越高[39-43]。近年来，污泥絮凝体的黏度、抗剪性能和稳定性之间的关系也日益受到关注。污泥黏度的降低往往伴随着弹塑性模量的下降，反映了污泥颗粒[44,45] 之间相互作用的减弱；弹性模量与分形维数呈正相关，这两个性质共同影响了离心过程中污泥脱水性能[46-50]。作为脱水泥饼的关键流变特性，压缩性和孔隙率对过滤除水效率也很重要[51]。一般认为，低压缩性保持脱水污泥的多孔结构不具有流动性，可抑制变形并促进强化除水[52]，较低的压缩性总是伴随着较高的渗透率[52]。

除宏观流变性质之外，颗粒粒径也被认为是与污泥脱水性能最为密切相关的影响因素之一，包括颗粒表面电性、絮体微观形貌等其他各类污泥脱水影响因素，也会通过影响颗粒粒径对污泥脱水性能的提升或恶化产生效应。大量长链状纤维的存在可以使得污泥颗粒凝聚，增大污泥颗粒粒径，有利于污泥中固体通过自然沉降或机械离心等手段得以分离[53]。相反，临界胶体颗粒、稳定胶体颗粒等细微颗粒易稳定悬浮于污泥液相中，同时，在压滤脱水的过程中，细微颗粒会不断向滤布或过滤介质迁移，堵塞过滤介质孔径，增大污泥混合体系过滤阻力，对污泥水分脱除造成不利影响[54]。此外，污泥颗粒粒径越小，分散度越大，小颗粒堆积形成毛细孔，表面张力使得更多水分赋存于毛细孔中，结合水含量也相应较高[1]。

随着微观表征技术的发展，微观形貌和孔隙率的影响受到越来越多关注。在微观形态学的定量分析方面，分形维数是以往研究中广泛应用的参数[39,46,55,56]。随着分形维数的增加，污泥中束缚水含量增加，分形维数与基于毛细吸水时间的污泥脱水性呈正线性关系[39,46,55,56]。此外，提高滤饼的孔隙率可以提高滤饼的除水效率，在压缩过滤时，中孔和大孔的存在可以保持污泥的渗透性[57,58]。

表面电性决定了污泥絮体颗粒间的相互作用，并进一步影响颗粒的凝聚状态，进而决定污泥孔隙率、颗粒粒径，影响污泥沉降性能及固液分离效率[59]。已有研究主要分析了共存离子和 pH 调节对污泥表面电荷和脱水性能的影响。由于微生物细胞聚集体的外表面化合物（胞外聚合物）的等电点为 2.6～3.6，污泥絮体通常带负电荷，电荷随 pH 的增加而增加，酸性 pH 有利于脱水[60]。pH 为 3 时，胞外聚合物（EPS）聚集体表面电荷通常为 5×10^3meq/g；而 pH 为 11 时，EPS 聚集体表面电荷值为 -14×10^3meq/g；pH 为 11 时，污泥比阻是 pH 为 3 时污泥比阻的 2 倍[39,60,61]。水的硬度或电导率（反映多价离子的浓度）与污泥脱水性密切相关[62]。高电导率通常伴随着水相中的高离子浓度，而络合作用又是一种动态平衡过程，取决于水相离子与络合位点的比值。因此，高浓度的水相离子应与高含量的络合离子相对应，有利于表面电荷的中和，有利于污泥脱水性能的提高[62-65]。此外，已有研究认为，高浓度的单价 K^+ 和 Na^+ 会弱化絮体强度[66]，进而恶化污泥脱水性能。由于一价离子和二价离子之间的离子交换，一价离子（M^+）和二价阳离子（D^{++}）之间的比率不能高于 2meq/L，这样才能保持良好的脱水性能[39,66,67]。

9.2.2　污泥化学组成对脱水性能的影响

污泥组成物质的官能团种类决定了其表面的亲（疏）水性，进而影响污泥固相与水相的相互作用形式，污泥固—液混合体才能呈现出不同的流变特性与微观样貌。EPS作为污泥絮体的最外层包被物与水分子直接接触，是决定污泥絮体亲疏水性的重要物质组成基础，也被认为是污泥水分分型和脱水性能的最重要影响因素[68-70]。近年来，国内外学者主要从EPS角度分析污泥物质组成对脱水性能的影响。

大量研究首先分析了污泥脱水性能与EPS含量的相关性，EPS含量的增加可降低污泥对于剪切力作用的敏感性[71,72]，因此，在一定范围内增加的EPS含量，可通过强化细胞间的凝聚效应提升污泥絮凝能力，但过度增加的EPS会增加由于静电吸附和氢键作用而形成的结合水层，会在过滤介质表面形成一污染薄膜，恶化机械压榨脱水工艺效果[73]。然而，对有利于污泥脱水性能的最佳EPS含量仍存在一定争议，这些争议可能是由于不同研究中污泥来源不同而造成的。另一个可能的原因是不同提取方法对EPS的提取效率有很大影响，常用的EPS提取方法，如超声波—离心法[70]、碱处理[74]、热处理[37]、甲醛—NaOH法[75]均可能造成细胞裂解，进而导致胞内物质的释放，但对EPS提取过程中胞内物质的释放程度难以定量分析。此外，虽然阳离子交换树脂法引起的细胞裂解程度低，但该方法只能提取与Ca^{2+}或Mg^{2+}络合的物质[76]。上述EPS提取方法的不足，均会对EPS的定量造成干扰，进而对EPS与脱水性能相关关系的研究造成不利影响，导致不同研究间的结果差异。因此，EPS的原位分析方法或以EPS完全溶解为目标而不释放胞内分子的提取方法，是EPS研究中的前沿问题。

随着对污泥絮体分层结构的认识，已有研究进一步分析了不同层级EPS对污泥脱水性能的影响[37,69,70,77,78]。虽然离心力和超声波功率等参数会导致不同的EPS提取量，但一般认为，松散附着型EPS（LB-EPS）的增加，会降低污泥脱水性能，这认识已逐渐为学界所广泛认同，原因是LB-EPS所组成的松散絮体缩小了固相组分与水的密度差异，造成污泥絮体稳定悬浮分散于水中，同时，松散絮体还会使得间隙水含量增加，增大有机组分对水分的束缚阻力[37,70,79-82]。此外，也有研究将LB-EPS和溶解性EPS（S-EPS）统一定义为黏液层EPS，黏液层EPS通常占EPS总含量的18％～40％[83]，去除黏液层EPS，可使比阻降低40％以上。S-EPS和紧密附着型EPS（TB-EPS）对污泥脱水性能的影响程度均小于LB-EPS。S-EPS可随滤液排出[84]，而TB-EPS则可以保护细胞完整性[85]，对TB-EPS的裂解通常会进一步破坏微生物细胞，促进胞内水的释放[70,82,85,86]。同时，一定范围内增加的TB-EPS可提高污泥絮体的抗剪切性能，有利于水分脱除[71]。

在EPS化学组成方面，大量统计结果表明，胞外蛋白质是EPS中的主要亲水性组分，因此，降低EPS中的蛋白质含量，有助于减少结合水含量，提升污泥脱水性能[69,70,73,87-90]。此外，也有学者认为，污泥亲（疏）水性由EPS中多糖与蛋白质的比例决定[87,90,91]，多糖和蛋白质分别是EPS正电荷和负电荷的提供者，因此，多糖与蛋白质比例，决定了污泥的表面电荷和疏水性，低表面电荷有助于提高污泥的混凝效应，促进污泥细小颗粒的聚沉，进而避免颗粒间孔隙水的赋存[78,92]，提高脱水性能；EPS中腐殖质、核酸含量对污泥脱水性能并无显著影响[76]。然而，上述定量分析结果均基于常规的显色方法，即蛋白质的Lowry定量法和多糖的苯酚—磺酸定量法，只能得到以参照物为当量浓度的结果，而不能得到蛋白质和多糖的绝对浓度。同时，显色方法还可能受到共存有机分子或离子的干扰，因此，需要进一步研究EPS中蛋白质和多糖的具体化学组成。

针对EPS具体化学组成的分析需求，使用三维荧光光谱的平行因子分析，是目前广泛应用的方法之一[93,94]。污泥脱水性能的提升，主要受位于三维荧光光谱Ⅳ区的络氨酸蛋白类物质和色氨酸蛋白类物质的制约，而Ⅴ区腐殖酸和Ⅲ区富里酸荧光强度与脱水性能指标的关联性不大，削减络氨酸和色氨酸蛋白类物质，对于提升脱水性能有明显促进作用，这两类物质是EPS中的主要持水性物质[47,81,82,84,95,96]。近年来，蛋白质组学被引入污泥研究领域，它可识别胞外蛋白质的来源、分子功能、相关的生物学过程[97-100]。相应的研究表明，膜相关蛋白质和与生物黏附相关的蛋白质，在污泥絮体持水能力形成过程中起主要作用[98]。

在EPS物质组成成分研究的基础上，进一步深入分析EPS官能团种类、含量、空间构象与污泥脱水性能的相关性。通过X射线光电子能谱（XPS）对S-EPS、LB-EPS和TB-EPS的分析发现，附着性EPS中胺基氮的减少，氰基氮的增加，以及S-EPS中无机氮的增加往往伴随着脱水性能的提升，说明含氮官能团是EPS中的主要亲水性官能团[95]。傅里叶变换红外光谱（FT-IR）对EPS的分析也得到与XPS类似的结论[88,101]，高级氧化等处理作用可使得O—H伸缩振动峰、C—N伸缩振动峰强度相应减弱，表明EPS羟基、胺基等亲水性官能团减少，有利于污泥脱水性能提升[27,102]。近年来，在官能团种类及含量的研究基础上，最新研究将污泥亲（疏）水性能分析引入EPS分子结构水平，例如，利用圆二色光谱（CD）技术可分析污泥调理过程中胞外蛋白质二级结构的变化[97,103]，结果表明：表面亲水性指数与α—螺旋相对含量存在较强的相关性（$R_p>0.97$，$p<0.03$）。这意味着污泥絮体水分亲和性能更多地依赖于亲水功能基团的空间分布，而非含量。破坏细胞外蛋白质的二级和三级结构，拉伸或阻止多肽的聚集，是削减生物聚集体亲水性的关键[97]，可从胞外蛋白质分子结构变性角度研发新型污泥脱水调理药剂。

9.2.3 污泥脱水性能影响机制研究展望

已有研究系统分析了污泥各类物化性质对污泥脱水性能的影响规律，分别建立了宏观流变特性、微观絮体结构以及EPS化学组成与污泥静态持水能力的统计学相关性，然而，尚缺乏以上各类物化性质的关联分析，未能完整认知污泥化学组成对污泥物理性质的决定机制，导致现有研究未能准确识别污泥脱水性能的主要或关键影响因素。宏观流变性质、粒径分布等物理性质随化学组成的变化而同步发生变化，无法通过靶向调控某一类或特定几类物化性质改善污泥脱水性能，使污泥脱水性能各项影响因素的研究结果难以指导脱水调理技术的优化提升，以及污泥脱水性能的准确预测和评价。

事实上，污泥化学组成决定物理性质，应从化学组成及不同组成成分微尺度空间分布特征、相互作用机制的角度，系统解析污泥胶状絮体结构形成的本质原因。已有研究认为，胞外蛋白质是影响污泥持水能力的关键组分[69,87-90,104,105]，因此，胞外蛋白质应是污泥持水能力影响机制研究的主要切入点。最新研究表明[106,107]，胞外蛋白质是兼具亲疏水性二级结构单元的两亲性大分子（α—螺旋亲水、β—折叠疏水），亲水端与水分子亲和接触，而疏水端既可以包裹在亲水性结构单元中（如β—折叠嵌入α—螺旋的筒体中），也可能与其他疏水性物质亲和（如细胞壁纤维素类、细胞膜磷脂类等），进而导致亲水性组分包裹疏水性组分，形成稳定悬浊于水中的胶体结构。此外，亲水性结构单元还可能分布于颗粒内部，从而在颗粒内部形成孔隙结构，并维持水分在颗粒内部的赋存状态。因此，污泥固体组分之间的排斥能垒不仅源自表面官能团解离所导致的电性斥力，还取决于同为亲水性官能团而产生的极性排斥力。无法单纯通过阳离子浓度的提升，降低污泥固体组分之间的排斥能垒，必须削减固体组分与水分的亲和力，才能凝聚固体组分，促进颗粒内部间隙水被有效排出。就污泥化学组成而言，应深入研究污泥关键持水物质（胞外蛋白质）分子构象、官能团空间相对位置关系与其亲（疏）水性能的关系（特别是亲水性结构单元和疏水性结构单元相对位置关系的影响），识别削减胞外蛋白质两亲性分子结构的关键反应途径，破坏亲水性结构单元包裹疏水性结构单元而形成的稳定胶体结构，从而为新型污泥脱水调理技术的研发奠定理论基础（图 9.2-1）。

污泥各类物理性质，特别是流变特性，是水—固相互作用的结果，因此，应避免只关注污泥流变特性与脱水性能统计学关系，而忽视决定流变性质的水—固界面机制，应将研究重点从脱水性能单一影响因素，转向污泥化学组成特性分析。此外，污泥脱水是固液分离的动态过程，随着含水率的逐步降低，污泥黏度、抗压缩性能、孔隙结构、粒径等宏（微）观性质也会发生相应变化，进而影响机械脱水设备的固液分离性能。后续研究应分阶段实时分析污泥脱水过程中微观形貌与宏观流变特性的动态演变规律，进而优化设计与污泥宏（微）观物理性质不同变化阶段相匹配的智能型机械脱水设备单元，提高脱水处理效率。

污泥脱水性能影响机制复杂，涉及多个物理、化学过程，现阶段研究若难以提出准确预测评价污泥脱水性能的物化模型，可考虑大数据模型在污泥脱水性能

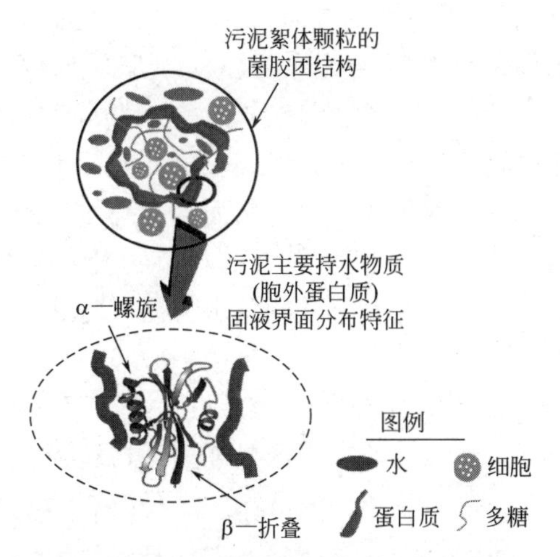

图 9.2-1　污泥胶状絮体结构及主要持水组分微尺度空间分布特征示意图

预测方面的应用潜力。人工神经网络是大量处理单元互联组成的非线性、自适应信息处理系统，是由大量代表特定输出函数节点（或称神经元）之间的相互联结构成的网络，再通过权重值和激励函数改变网络连接方式以调控网络输出，最终实现非确切物化关系的输入变量与输出变量的关联性拟合，具有非局限性、自适应性、自组织能力等特点，对规模大、结构复杂、信息不明确的系统模拟具有明显优势。因此，可基于人工神经网络模型整合，影响污泥脱水性能的各类理化性能指标，从而完整归纳污泥泥质变化规律与脱水性能的相关关系，并预测相应药剂调理方案下的污泥脱水性能，有望大幅度提高污泥脱水性能的预测精度，为污泥脱水调理药剂的选择和工艺过程控制提供稳定、可靠的指标依据。

9.3　污泥脱水调理技术与工艺的研究进展

9.3.1　物理调理

物理调理是指向污泥中投加非反应性调理剂或通过加热、冻融、超声波、电场等形式，向污泥输入能量，提高其脱水性能的技术方法。

1. 多孔性材料投加

非反应性调理剂主要是指提高污泥抗压缩性、提供水流出通道的硬质多孔材料。粉煤灰[108]、褐煤[57,58]、沸石[109]、钢渣[110]、石膏[51]、木屑[111]、稻草[112]等，均可被应用于降低污泥可压缩性、增强水排除通透性。其中，碳质多孔材料较矿物质材料更有优势，因为其在增加污泥内部孔道的同时，不会影响污泥热值，使得脱水后污泥更适合被焚烧处置[53]。所投加多孔材料的粒径范围不应过小（不小于 10μm），否则，会堵塞过滤介质，影响调理后污泥比阻的削减率[52]。无机多孔材料可以通过不溶性磷酸盐的形成，降低滤液中磷的含量，消除污泥颗粒上负电荷的积累，提高污泥絮凝性能。然而，多孔材料的加入会增加脱水污泥的最终体积，增加处理成本。碳基材料与其他矿物基材料相比，具有提高透气性，不降低污泥热值的能力，有利于焚烧脱水污泥。此外，多孔材料的粒径应超过 10mm，以免堵塞过滤介质。

2. 汽蚀、超声波及水力空化处理

除反应性调理剂外，其他一些非药剂投加型的物理调理手段也可改善污泥絮体结构，影响脱水性能。汽蚀是指污泥液相中，局部点的压力低于水的饱和蒸气压，因此，一些微空穴或微气泡在液相中产生，并逐渐长大，当达到一定非稳定的尺度时，会剧烈破裂。水相中微空穴的生成和破裂会在液相相应的局部位点中产生长达数毫秒的高温（500～15000K）、高压（10～500MPa）[113,114]，在污泥液相中，形成汽蚀微空穴的常用方法有超声波和水力空化。

超声波是指频率超过 20kHz 的声振动波，包括循环交替传播的正压和负压。伴随声振动波的局部负压可在污泥中形成汽蚀空穴，改变污泥粒径分布、上清液浊度[113,115]、水相中 S-EPS 含量[113,116] 以及污泥中生物对氧的消耗量[114,117-119]，同时超声波产生的水力作用会破坏细胞壁，导致胞内物质的释放，也会裂解污泥絮体结构，将大粒径有机颗粒分裂为小颗粒，最终使得污泥固相组成呈现海绵状特性，促进水分子在振动作用下从污泥内部孔道中流出[53]。然而，利用超声波空化调理污泥的多个研究结论并不一致，Bien[120] 和 Hogan[121] 报道超声波预处理可以提高污泥脱水性能，但 Wang 等[122] 则认为超声波作用下的细胞裂解和生物高聚物释放会恶化脱水性能。Feng 等[123] 认为超声波对污泥脱水性能的影响取决于能量投入，800kJ/kg TS 被认为是最佳的超声波能量输入，可取得最大幅度的毛细吸水时间和比阻削减率，但是过高的能量投入会过度释放污泥 EPS，S-EPS 和 LB-EPS 的增加会提高污泥黏度，同时增加过滤层表面附着的 EPS 含量，增大过滤脱水阻力。

水力空化是指通过设置孔板或文丘里管增加流动污泥的流速。根据伯努利定律，增加的流速会降低流体压强，因此处于突缩流道的流动污泥局部压力会低于相应操作温度下的水饱和蒸气压，进而在污泥中形成汽蚀空穴[53]。这种由水力作用形成的汽蚀空穴同超声波空化相似，也能够破坏细胞膜，促进胞内水的释放，同时也可以缩短污泥厌氧消化处理的水解停留时间，提高厌氧消化产气率[114,124]。水流动态的优化是水力空化发挥调节作用的关键，水力空化虽不需要添加化学物质，但能耗可能高于其他污泥脱水调理技术。

3. **热处理**

热处理是另一类被广泛报道的，非药剂投加型污泥物理调理方法。热水解是在密闭加压条件下，在60～180℃，对污泥的热处理技术手段，它可以有效地加速污泥中脂质和碳水化合物的水解，同时可以破坏细胞壁膜，促进蛋白质的释放，也在一定程度上加强胞外蛋白质酶的作用效果[125,126]。已有的研究还发现，热处理可加速EPS中蛋白质和多糖的降解[127,128]，通过加速EPS由固相至液相的溶出，破坏污泥胶体网状结构。絮体破解程度则取决于温度和反应时间，在最优工艺条件175℃、反应时间10～30min，可有效增加液相中氨基酸、挥发酸、单糖浓度，降低固体对于水的亲和力，处理后，大幅降低污泥黏度，大幅提升可过滤性能[127]。同济大学开展了厌氧消化前置/后置热水解对污泥脱水性能的影响研究，发现，前置热水解＋机械脱水，或热水解＋厌氧消化＋机械脱水的工艺运行方式，均可实现良好的脱水效果。

国内外研究及工程实践均证实水热处理（温度180～250℃，压力1～4MPa）可导致污泥组成物质发生水解、脱水、脱羧、芳香化等一系列反应[129]，最终，脱除大部分污泥有机质的亲水性官能团，污泥固体组分碳质化，持水能力大幅下降（缺点是水热反应会产生高有机污染负荷废水）。此外，由于美拉德反应，水热处理的缺点是产生大量难处理的含杂环氮化合物的有机废水，设备腐蚀也是限制水热处理大规模应用的主要因素。

微波处理是指利用微波波段（波长0.1mm～1m、频率300MHz～3THz）电磁波进行污泥热处理的技术手段，Wojciechowska[130]和Yu[131]等发现，碱性条件下的微波处理可提升污泥脱水性能。近年来，还有研究引入单腔膜构件，突破了管式微波反应器的工程放大瓶颈，通过微波，在降低均相催化剂Fe（Ⅱ）的同时，大幅度提高芬顿反应，改善污泥脱水性能的处理效率。

4. **冻融处理**

冻融处理是削减污泥结合水含量、改变絮体微观结构的有效手段，近20年来，冻融处理得到污泥处理技术领域的广泛关注。在冻融处理中，污泥首先在远低于水凝固点的温度下进行冷冻处理（通常为－15℃），在一定时间内保温，然后升温冷冻污泥至常温[53]。由于连续均一冰晶体的形成，水分子被吸纳到冰晶体结构中，而污泥固体颗粒则被排斥在冰晶体之外，实现污泥固体与水的有效分离；当冰晶体逐渐融化，水分即可排出，浓缩得到的固体组分被单独收集[126]。Martel等[132]将自然冻融处理技术用于好氧消化污泥、厌氧消化污泥及含铝矾泥，其中，含铝矾泥通过冻融处理，可以得到含固率82%的脱水产物。此外，Franceschini等[133]研究了冷冻温度和冻融循环次数对脱水性能提升的影响，反复的冻融可以使细胞内水结晶，体积膨胀，进而发生细胞的溶胀作用，破裂的细胞使得污泥中胞内水比例下降，也减少了污泥中附着水的比例，有利于污泥的深度脱水。冻融脱水通常只适用于气候寒冷地区，大规模反复冷却污泥的大量能量消耗，是限制冻融处理广泛应用的主要原因。

5. **污泥电脱水**

电场与机械压滤结合可提高污泥脱水效果，污泥电脱水也是代表性的物理脱水调理方法之一。污泥有机组成成分由于含有羧基、胺基等两性官能团，通常使得污泥固体颗粒表面带负电，带电颗粒会在电场作用下定向移动，进而沉积在带有相反电荷的电极附近，这一电迁移过程实现了污泥固体颗粒与水的分离。同时，污泥水中含有大量水合离子，定向电场可实现水合离子的定向移动，水分子在随离子的定向移动中，可透过同时作为过滤介质的电场极板，强化了水从污泥混合物中的脱除。再者，发生在正负电极表面的氧化还原反应，分别析出氢气和氧气，这一电化学反应可以减少污泥中的含水率。电解作用还会促进污泥EPS和细胞的裂解，对于破坏稳定絮体结构、降低黏度有积极作用，也有助于絮体内部结合水的脱除[134]。在近些年，开发了多种形式的污泥电脱水装置，而单一使用10～60V的直流电压，通常可使污泥含水率降至40%以下[135-139]，将机械压滤脱水与电场作用相结合，会得到更高的脱水速率[140-143]，但高能耗（1.5～3kW·h/kg干污泥）和电极板腐蚀是电脱水工程化应用的主要限制因素[134]。

9.3.2 化学调理

化学调理是指向污泥中投加反应性调理剂，改变污泥理化性质，从而提高污泥脱水性能的技术方法。根据反应不同，污泥的化学处理一般可分为混凝处理、絮凝处理、高级氧化（AOP）处理、酸碱处理和酶处理。化学调理因其具有效果可靠、设备简单、操作方便、节省投资和运行成本低等优点而得到国内外广泛应用。最初，国内外主要以石灰、铁盐、铝盐等无机絮凝剂作为添加剂，而近些年来，由于有机絮凝剂技术的快速发展，高分子絮凝剂也得到了较为普遍的应用。但化学调理同样具有比较明显的缺点：絮凝剂投加量多、产泥量大，调理后产生的化学污泥不易被生物降解，限制了污泥的后续处理和利用，会造成二次污染等。

1. **混凝/絮凝**

根据反应类型，现有污泥脱水调理剂可大体分为混凝剂、絮凝剂、酸/碱试剂、高级氧化试剂等几种。混凝剂通过增加污泥固液混合体系中的正电荷密度，促进污泥颗粒团聚增密，排出颗粒间隙水，并强化固体颗粒沉降分离性能。现有混凝剂主要包括铝盐、铁盐为代表的无机盐。通过 $Al_2(SO_4)_3$ 和 $FeCl_3$ 的对比研究发现[144]，投加铝盐可以得到更大污泥絮体，实现相对较好的沉降性能。Verrelli 等[145] 报道，在高投加量和较高 pH 条件下，投加铝盐的污泥较投加铁盐的污泥有更差的脱水性能，原因是较高pH会导致更高的Al^{3+}水解比例。前期研究还分析了不同形态含铝离子的脱水调理效果[56,146]，结果发现与单体铝离子相比（Al_{mon}），中聚合度铝离子（Al_{13}）和高聚合度铝离子（Al_{un}）投加后，污泥絮体粒径更小、抗压缩性更弱，但絮体更密实、稳定性较佳，Al_{13}和Al_{un}对EPS中蛋白质类物质的凝聚去除能力更强，因此，二者的脱水调理效果优于Al_{mon}。Bratby[147]和Lee[148]等认为，铁盐较铝盐具有毒性低、适用pH范围广、在低温条件下脱水调理性能强于铝盐等特点。铁离子与污泥中蛋白质类物质有更强的亲和能力，实现与污泥主要亲水性组分的良好团聚[149-151]。此外，较高的Fe^{3+}浓度还会减少污泥絮体中1～10nm孔隙的容积比，相应增大10nm以上孔径的比例，降低小孔隙中毛细水的含量[151]。$FeCl_3$和Na_2SiO_3联合调理则可以重构污泥絮体网状结构，形成更高的机械强度与抗压缩性能，对于提升污泥压滤脱水性能有积极作用[152]。近年来，对钛盐、镁盐与碱性条件的联合使用也得到研究者的关注[153-155]。

聚合物多价无机盐具有较高的电荷密度和分子量，可以在低剂量下促进电荷平衡。聚合硫酸铁（PFS）的投加，可将污泥胶状絮体的电荷中和比率几乎提高至100%，而相同投加量的$FeCl_3$电荷中和率只有50%，多聚无机盐更高的电荷密度与分子量更有利于电荷平衡[156]。已有研究对比分析了聚合氯化铝（PACl）、聚合氯化铁（PFC）、复合型混凝剂对于S-EPS的混凝去除作用[157]，结果表明，S-EPS含量、Zeta电位绝对值、多聚无机盐投加量分别与比阻呈正相关关系，同时，PACl、PFC、高效聚合氯化铝（HPAC）较相同投加量的$FeCl_3$可得到更大颗粒粒径，但絮体结构却更疏松，总体上展现出更优的脱水调理效果[38]。除聚合铁盐、铝盐外，最新研究还开发了共价结合的有机硅酸铝混凝剂合成方法[158]，其具有更高的聚合度和分子量，较常规混凝剂表现出更强的混凝效果。

絮凝剂多是有机大分子，通过长链分子的吸附架桥作用团聚污泥颗粒、增大絮体粒径、创造水分流道。因污泥絮体通常带有负电荷，阳离子型聚丙烯酰胺（CPAM）及其衍生物是最常用的絮凝剂。CPAM具有电性中和脱稳污泥絮体颗粒和使颗粒再团聚的双重作用，通常由丙烯酰胺和阳离子单体共聚合而成，阳离子单体又包括2—(丙烯酰氧基)—乙基三甲基氯化铵（DAC）、甲基丙烯酰氧乙基三甲基氯化铵（DMC）和二甲基二烯丙基氯化铵（DMDAAC）等[159-161]。此外，近年来，科学界还研发出一些具有特殊结构的阳离子型聚合物。Chen等[162]采用模板聚合法合成由丙烯酰胺和DAC单体构成的正电荷微团聚型聚合物，正电荷微团聚单元的存在增加了局部电荷密度，增强了负电性颗粒与共聚物的吸引能力，在pH为7、投加量40mg/L的条件下，削减比阻至1.99×1012m/kg。Guo等[163]合成了带有五元环结构的CPAM，实现更高的阳离子聚合度与疏水性，在60mg/L投加量条件下，可降低污泥含水率至77.7%。

为了最大限度地减少污泥处理的二次污染，天然有机聚合物因其生物可降解性和非毒性而得以开发利用，主要包括向多糖类物质接枝DMC和DMDAAC而形成的淀粉基聚合物（STC-*g*-DMC、STC-*g*-DMDAAC）[164,165] 和壳聚糖基聚合物[166,167]。天然有机聚合物还包括微生物絮凝剂，有研究采用碱热处理后污泥中分离的*Rhodococcus erythropolis* 微生物絮凝剂降低污泥比阻至 3.4×10^{12} m/kg，经30min、0.05MPa抽滤后，含水率降低至22.5%[168]。近年来，还有研究使用植物源大分子絮凝剂改善污泥脱水性能的尝试，Ge等[169] 发现单宁酸等鞣酸类药剂可以诱导胞外蛋白质分子结构变性，进而凝聚污泥的胞外蛋白质，在削减污泥固体表面亲水性的同时，提高脱水性能，但单宁酸的投加量较高，占污泥干基质量的20%～25%；单宁酸虽只含C、H、O三种元素，不影响污泥热值，但具有生物毒性，这可能会限制单宁酸的广泛使用。

污泥混凝的关键是如何根据目标污泥的理化性质选择适宜的调理药剂。根据理论依据，而不是工程经验确定聚合多价无机盐和有机絮凝剂应联合使用还是单独使用。现有混凝/絮凝理论通常只适用于低悬浮固体含量（含固率低于1wt.%）的水处理工艺，而污泥高含固条件下（含固率高于5wt.%）的混凝/絮凝技术缺乏专属理论依据，药剂在污泥中的扩散、反应性能较差，有必要开发新型分散药剂，促进混凝剂、絮凝剂与污泥固体颗粒的混合反应，从而提高混凝/絮凝效率，同时，由于污泥的复杂性和可变性，有必要开发污泥脱水调理实时控制的可靠指标。目前仍缺乏调理药剂的动态用量调节指标，这可能会导致调理剂的过量添加。广泛应用于混凝处理高浊度废水的商用仪器已经通过激光散射实现了对颗粒粒径分布的实时监测，这些仪器可以对污泥处理进行过程监测。此外，还应考虑混凝剂/絮凝剂的潜在环境风险，特别是常用的PACl和PFC所引入的氯，可能会增加脱水污泥焚烧过程中二噁英形成的风险，但与之相关的系统分析内容还不充足。

2. 酸/碱处理

NaOH、$Ca(OH)_2$ 和CaO是代表性的碱基条件反应试剂[170]。从积极的方面看，碱预处理可以破坏污泥中的生物絮凝体和微生物细胞，促进结合水的减少。但在消极方面，由于污泥组分中有机质的过度积累，可能会增加过滤阻力，导致脱水性变差[171]。因此，用低剂量NaOH处理污泥，脱水能力明显下降，而用高剂量NaOH处理污泥，脱水能力可以在一定程度上得到恢复[172]。$Ca(OH)_2$ 比NaOH更适合改善污泥脱水性。因为 Ca^{2+} 可以促进可溶性有机成分的再絮凝，这将抵消负面影响所带来的污泥过度解体[172,173]。CaO能通过放热水化反应，降低污泥含水率，但可能存在预处理污泥体积增大的缺点。

酸性环境还可以调节污泥颗粒的表面电荷，分解生物絮凝体，减少水的束缚。然而，另一些研究表明，过度酸化会使污泥絮凝体裂解，从而导致细颗粒被释放到液相，造成过滤介质堵塞的风险[174-176]。因此，对于不同类型的污泥，仍需确定提高污泥脱水性能的适宜酸度。此外，有文献发现，游离的亚硝酸或硫酸可以降解 EPS，使其失去结合水的能力，使细菌细胞被打开，细胞内的水被释放[118,177]。由于亲水/疏水基团的空间构象显著影响 EPS 基质的表面性质，一些有机酸（鞣酸和过乙酸）通过诱导亲水性的类蛋白质物质变性，或调节蓄水物质的空间分布，改变 EPS 分子结构，提高污泥脱水性能[169,178,179]。

3. **高级氧化**

EPS 的存在是污泥结合水存在的主要原因。EPS 的大量裂解和释放有助于污泥絮凝体中细胞内水和间隙水的释放，因此，以高级氧化（AOP）为代表的，旨在破坏细胞壁和 EPS 的方法，被广泛用于改善污泥脱水性能。芬顿反应被证实可以有效地消除 EPS 的持水能力。高活性和非选择性 ·OH 可以提高 EPS 的降解和解聚[180]。与在酸性条件下发生的芬顿反应不同，热活化[96]、过渡金属催化[84,181]、电催化均可在中性 pH 范围内诱导过硫酸盐对污泥有机质的氧化反应[82]。还有学者研究了纳米级 CaO_2 在污泥调理中的性能，在接近中性的条件下，也有效地改善了污泥的脱水性能[182,183]。此外，微波诱导过氧化[54] 和 TiO_2—光催化[184] 能够提高厌氧消化中污泥脱水能力和生物降解性，同时去除 Fe^{2+}。近年来，为了减少高级氧化调理试剂的用量，在污泥中应用了以零价铁为催化剂的非均相芬顿反应。为非均相催化剂、零价铁的磁回收和再利用提供了可能[185]。同样，Tao 等[186] 将芬顿处理的污泥，通过热解转化为富铁生物炭，所得富铁生物炭被用于原污泥诱导非均相芬顿反应，从而建立了一个接近零处理的体系。

尽管已证实 AOP 可有效地改善污泥的脱水性能，但现有大多数研究仅关注 AOP 引起的污泥絮体微观形态变化和不同 EPS 组分的含量[27,69,82,85,96,187,188]。根据 EPS 组分与脱水性之间的相关分析，人们普遍认为，细胞外蛋白质是污泥中的主要亲水性物质，在确定脱水性方面比多糖和腐殖质更重要[69,87-90,104]。因此，我们分析了 AOP 诱导的细胞外蛋白质混合物亲水特性的变化，鉴定并相对定量了 AOP 前后污泥的细胞外蛋白质，揭示了 AOP 诱导的生物聚集亲水性的代表性细胞外蛋白质分子结构改变[97]。但是，AOP 引起的脱水性能提高是由于大分子 EPS 的自由基氧化，还是由于 AOP 的无机催化剂（例如亚铁盐）引起的凝结，仍存在一些争论，因为这些非均相催化剂的用量是干污泥质量的 10wt.%～20wt.%。然而，已有的研究对于 AOP 改善污泥脱水性能的能力还有争议。例如，自由基氧化是非选择性反应，一些添加的 AOP 试剂，可能因不利的反应而被消耗，不利于污泥脱水性能的提高。因此，AOP 在多大程度上影响 EPS 的分子组成，进而影响污泥的脱水性，仍需对它进一步研究。傅里叶变换回旋共振质谱仪（FT-ICR MS）是分析 EPS 分子组成变化的潜在工具，例如分析 EPS 分子不饱和度（双键指数、芳香烃指数）以及C、H、O、N原子数等分子结构参数。FT-ICR MS可进一步精准确定降低EPS亲水性所消耗的AOP反应剂数量，有利于减少基于AOP的污泥调理药剂消耗量。

4. 酶处理

与AOP类似，水解酶能促进EPS的降解，破坏黏性生物絮体，降低污泥的持水能力，但水解酶的用量通常比氧化剂的用量低得多，相应的环境风险较小。Lü等[189] 通过量化分析多种有机物（蛋白质、多糖、DNA、荧光有机物）在外层EPS、内层EPS和细胞中的空间分布，确定了多种酶（淀粉酶、纤维素酶、蛋白酶、DNA酶和多聚半乳糖醛酸酶）裂解污泥絮体的有效性。结果表明，多聚半乳糖醛酸酶使EPS总多糖含量增加了7倍，脱水性能显著提高，纤维素水解导致各种有机物被大量释放[189]。Ayol[190,191]、Lu[192] 和Wu等[105] 证实了复合水解酶提升污泥脱水性能的可行性。Dentel[193] 从消化污泥抗剪切性能的角度，评价了酶提升污泥脱水性能的作用机理。这些研究均强调了复合酶在污泥调理方面的优势，然而，酶处理方法耗费时间长，反应条件苛刻，所以，限制了其规模化应用。

9.3.3 其他新型污泥脱水技术

为降低污泥脱水调理的药剂消耗与能量消耗，最新研究开发了若干种免药剂投加或调理剂循环利用型污泥脱水调理新技术。Liu等[194] 采用生物淋洗的方法处理污泥，以硫单质和亚铁离子（Fe^{2+}）为能源物质培养化能自养型细菌*Acidithiobacillus thiooxidans* TS6和*Acidithiobacillus ferrooxidans* LX5，并将其接种至待处理污泥，通过化能自养型细菌生物氧化单质硫和亚铁离子（Fe^{2+}），降低污泥体系的pH，提升氧化还原电位，削减污泥颗粒表面电荷，促进颗粒凝聚，提高脱水性能。此外，生物淋洗作用还能同步降低污泥固体中的重金属含量，但生物淋洗普遍存在反应周期长、处理负荷低等问题。

Wu等[195] 向污泥中通入丙烷气体，通过低温、高压条件（0～5℃，170～530kPa）下的结晶反应，生成丙烷水合物晶体，连续致密水合物晶体的形成，可萃取污泥中的水分，降低污泥含水率。同时，伴随着水合物形成过程中氢、氧原子的氢键吸引作用，水分子的晶体化排布使得水合物固体的密度低于液态水，因此丙烷水合物在污泥中合成后具有上浮倾向[196]，最终实现丙烷水合物与脱水污泥的自然分离。待排出脱水污泥后，系统释放压力，则丙烷水合物重新分解为丙烷气体和水，丙烷气体被重复收集利用。Wu等[195] 设计开发了基于丙烷水合物合成的污泥脱水工艺系统，该系统能将初始含水率90wt.%的污泥，脱水至40wt.%，脱除每千克水的单位能耗为125kcal，低于机械脱水+热干化工艺的能耗。同时，该系统可实现丙烷气体的循环利用，较传统污泥脱水技术在能量、物料消耗方面具有显著优势。基于水合物合成的免调理污泥深度脱水工艺概念图见图 9.3-1。

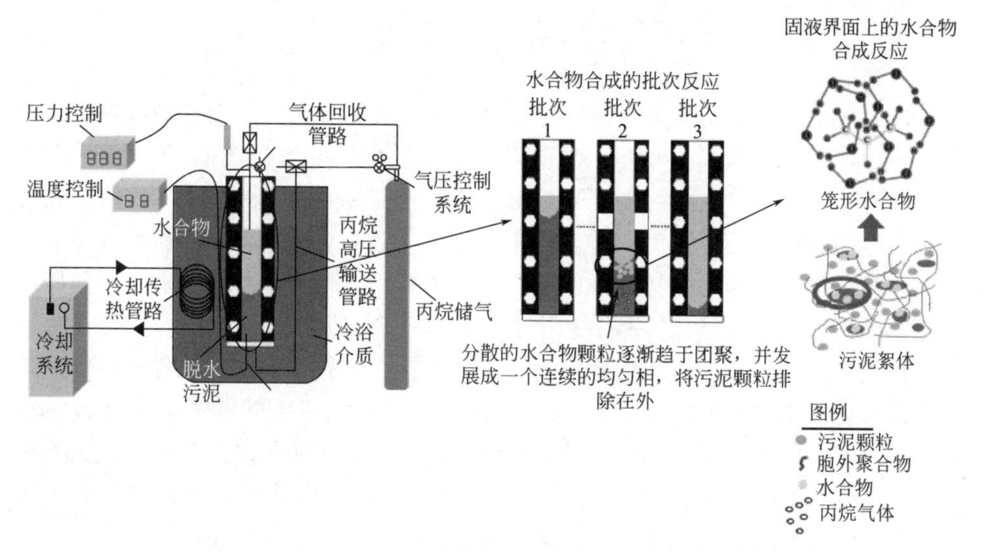

图 9.3-1　基于水合物合成的免调理污泥深度脱水工艺概念图

此外，Wu 等[197] 还提出了一种通过液相极性调控改善污泥固液分离性能的新工艺流程（图 9.3-2）。该工艺流程通过筛选、投加适宜的有机溶剂，将污泥液相的介电常数降至 55 以下，从而降低液相极性，削减液相组成分子与极性官能团（亲水性官能团）的亲和性，提高固体与液体的可分离性能。机械分离所得滤液中的残余溶剂可通过盐析分离方式回收，而泥饼中溶剂则通过减压蒸馏方式回收。在相同的处理能力下，液相极性调控的污泥脱水工艺与热干化工艺相比，既

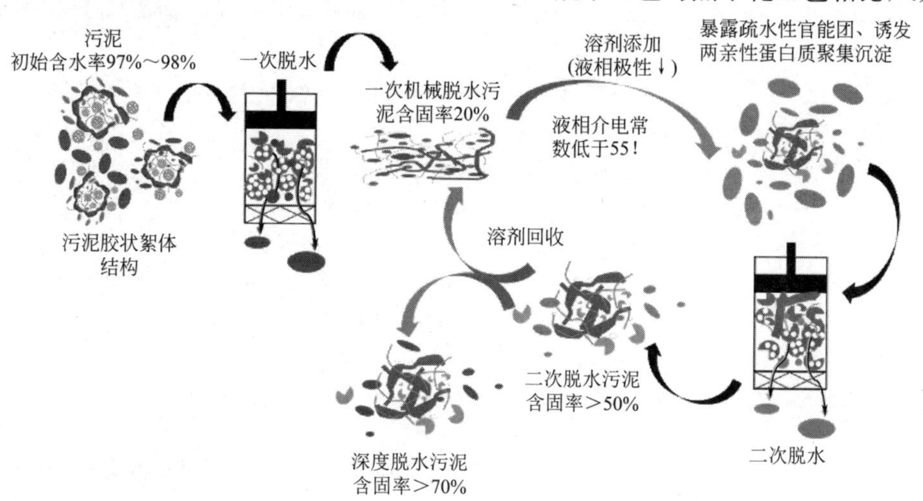

图 9.3-2　通过液相极性调控改善污泥固液分离性能的新工艺流程图

节约能量，又实现溶剂型调理药剂的循环利用，使之有希望替代传统高药耗、高能耗的混凝/絮凝+热干化工艺。

9.3.4 污泥脱水调理技术研究展望

现有污泥脱水调理技术普遍通过非特异性地破坏污泥絮体结构而降低其持水能力，导致现有技术仍存在药剂消耗量大、能耗高、技术效率低等问题。因此，仍需立足于污泥持水性能的关键影响因素研发新型污泥脱水调理技术，重点研究各类物理场对污泥关键持水物质（胞外蛋白质）分子结构的影响，识别破坏胞外蛋白质两亲性分子结构的特定物理场的特定频率，进而研发基于物理场靶向破坏污泥关键持水物质分子结构的脱水调理新技术方法，提高反应效率，降低能耗。

在化学调理方面，应通过调控离子主导的界面性质，以及胞外蛋白质两亲性分子结构特征削减污泥持水能力，重点关注调理剂循环型的污泥脱水调理技术思路，通过液相极性调控，影响关键持水组分转移及分子结构的反应规律，进而完善调理剂循环型的污泥脱水工艺流程设计，全面革新污泥脱水技术，通过药剂的循环利用降低药耗、能耗及二次污染风险。

参考文献

[1] KATSIRIS N，KOUZELI-KATSIRI A. Bound water content of biological sludges in relation to filtration and dewatering [J]. Water Research，1987，21 (11)：1319-1327.

[2] VESILIND P A. The role of water in sludge dewatering [J]. Water Environment Research，1994，66 (1)：4-11.

[3] COLIN F，GAZBAR S. Distribution of water in sludges in relation to their mechanical dewatering [J]. Water Research，1995，29 (8)：2000-2005.

[4] LEE D J，HSU Y H. Measurement of bound water in sludges：a comparative study [J]. Water Environment Research，1995，67 (3)：310-317.

[5] LEE D J. Measurement of bound water in waste activated sludge：use of the centrifugal settling method [J]. Journal of Chemical Technology & Biotechnology，1994，61 (2)：139-144.

[6] SØRENSEN P B，AAGE HANSEN J. Extreme solid compressibility in biological sludge dewatering [J]. Water Science & Technology，1993，28 (1)：133-143.

[7] NOVAK J T，AGERBÆK M L，SØRENSEN B L，et al. Conditioning，filtering，and expressing waste activated sludge [J]. Journal of Environmental Engineering，1999，125 (9)：816-824.

[8] TILLER F. Basic data fitting in filtration [J]. Journal of the Chinese Institute of Chemical Engineers，1980，11 (1)：61-67.

[9] WILLIS M，SHEN M，GRAY K. Investigation of the fundamental assumptions relating

compression-permeability data with filtration [J]. Canadian Journal of Chemical Engineering, 1974, 52 (3): 331-337.

[10] MATSUDA A, KAWASAKI K, MIZUKAWA Y. Measurement of bound water in excess activated sludges and effect of freezing and thawing process on it [J]. Journal of Chemical Engineering of Japan, 1992, 25 (1): 100-103.

[11] SMOLLEN M. Categories of moisture content and dewatering characteristics of biological sludges [C] //Proceedings of the Fourth World Filtration Congress, 1986.

[12] LEE D J. Moisture distribution and removal efficiency of waste activated sludges [J]. Water Science & Technology, 1996, 33 (12): 269-272.

[13] CHEN G W, HUNG W T, CHANG I L, et al. Continuous classification of moisture content in waste activated sludges [J]. Journal of Environmental Engineering, 1997, 123 (3): 253-258.

[14] ROBINSON J, KNOCKE W R. Use of dilatometric and drying techniques for assessing sludge dewatering characteristics [J]. Water Environment Research, 1992, 64 (1): 60-68.

[15] TSANG K, VESILIND P. Moisture distribution in sludges [J]. Water Science & Technology, 1990, 22 (12): 135-142.

[16] KOPP J, DICHTL N. Prediction of full-scale dewatering results by determining the water distribution of sewage sludges [J]. Water Science & Technology, 2000, 42 (9): 141-149.

[17] KOPP J, DICHTL N. Influence of the free water content on the dewaterability of sewage sludges [J]. Water Science & Technology, 2001, 44 (10): 177-183.

[18] KING M B. Phase Equilibrium in Mixtures: International Series of Monographs in Chemical Engineering [M]. Elsevier, 2013.

[19] LEE D J, LEE S F. Measurement of bound water content in sludge: the use of differential scanning calorimetry (DSC) [J]. Journal of Chemical Technology & Biotechnology, 1995, 62 (4): 359-365.

[20] LÉONARD A, BLACHER S, MARCHOT P, et al. Use of X-ray microtomography to follow the convective heat drying of wastewater sludges [J]. Drying Technology, 2002, 20 (4-5): 1053-1069.

[21] VAXELAIRE J, PUIGGALI J R. Analysis of the drying of residual sludge: From the experiment to the simulation of a belt dryer [J]. Drying Technology, 2002, 20 (4-5): 989-1008.

[22] HALDE R. Sewage sludge characterization by vacuum drying [J]. Journal of Filtration & Separation, 1979, 16 (3): 238-242.

[23] VAXELAIRE J, BONGIOVANNI J, MOUSQUES P, et al. Thermal drying of residual sludge [J]. Water Research, 2000, 34 (17): 4318-4323.

[24] CATALANO E. Comments on Some of the Physical Chemical Questions Associated with

the Analysis of Water in Earth Materials [C] //Proceedings of Symposium on Engineeering with Nuclear Explosive，1970：493-504.

[25] LEE D J. Interpretation of bound water data measured via dilatometric technique [J]. Water Research，1996，30 (9)：2230-2232.

[26] SMITH J K，VESILIND P A. Dilatometric measurement of bound water in wastewater sludge [J]. Water Research，1995，29 (12)：2621-2626.

[27] HE D Q，WANG L F，JIANG H，et al. A Fenton-like process for the enhanced activated sludge dewatering [J]. Chemical Engineering Journal，2015，272 (1)：128-134.

[28] WU C C，HUANG C，LEE D J. Bound water content and water binding strength on sludge flocs [J]. Water Research，1998，32 (3)：900-904.

[29] MÖLLER U，CARBERRY J B. Sludge Characteristics and Behavior：water binding [M]. London：Springer，1983：182-194.

[30] SMOLLEN M. Moisture retention characteristics and volume reduction of municipal sludges [J]. Water SA，1988，14 (1)：25-28.

[31] WU B R，ZHOU M，DAI X H，et al. Mechanism insights into bio-floc bound water transformation based on synchrotron X-ray computed microtomography and viscoelastic acoustic response analysis [J]. Water Research，2018，142 (1)：480-489.

[32] WU B R，ZHOU K，HE Y P，et al. Unraveling the water states of waste-activated sludge through transverse spin-spin relaxation time of low-field NMR [J]. Water Research，2019，155 (1)：266-274.

[33] MAO H Z，WANG F，MAO F Y，et al. Measurement of water content and moisture distribution in sludge by 1H nuclear magnetic resonance spectroscopy [J]. Drying Technology，2016，34 (3)：267-274.

[34] GOH K S，BHAT R，KARIM A A. Probing the sol-gel transition of egg white proteins by pulsed-NMR method [J]. European Food Research and Technology，2009，228 (3)：367-371.

[35] CARNEIRO C D S，MÁRSICO E T，RIBEIRO R D O R，et al. Quality attributes in shrimp treated with polyphosphate after thawing and cooking：a study using physicochemical analytical methods and low-field ^{1}H NMR [J]. Journal of Food Process Engineering，2013，36 (4)：492-499.

[36] JEPSEN S M，PEDERSEN H T，ENGELSEN S B. Application of chemometrics to low-field ^{1}H NMR relaxation data of intact fish flesh [J]. Journal of the Science of Food and Agriculture，1999，79 (13)：1793-1802.

[37] LI X Y，YANG S F. Influence of loosely bound extracellular polymeric substances (EPS) on the flocculation，sedimentation and dewaterability of activated sludge [J]. Water Research，2007，41 (5)：1022-1030.

[38] NIU M Q，ZHANG W J，WANG D S，et al. Correlation of physicochemical properties and sludge dewaterability under chemical conditioning using inorganic coagulants [J].

Bioresource Technology，2013，144（1）：337-343.

[39] JIN B，WILÉN B-M，LANT P. Impacts of morphological，physical and chemical properties of sludge flocs on dewaterability of activated sludge [J]. Chemical Engineering Journal，2004，98（1-2）：115-126.

[40] VESILIND P A. Capillary suction time as a fundamental measure of sludge dewaterability [J]. Journal of Water Pollution Control Federation，1988，60（1）：215-220.

[41] ZITA A，HERMANSSON M. Effects of bacterial cell surface structures and hydrophobicity on attachment to activated sludge flocs [J]. Applied and environmental microbiology，1997，63（3）：1168-1170.

[42] ERIKSSON L，STEEN I，TENDAJ M. Evaluation of sludge properties at an activated sludge plant [J]. Water Science & Technology，1992，25（6）：251-265.

[43] ZHEN G Y，LU X Q，SU L H，et al. Unraveling the catalyzing behaviors of different iron species（Fe^{2+} vs. Fe^0）in activating persulfate-based oxidation process with implications to waste activated sludge dewaterability [J]. Water Research，2018，134（1）：101-114.

[44] SHENG G P，YU H Q. Characterization of extracellular polymeric substances of aerobic and anaerobic sludge using three-dimensional excitation and emission matrix fluorescence spectroscopy [J]. Water Research，2006，40（6）：1233-1239.

[45] SHENG G P，YU H Q，LI X Y. Stability of sludge flocs under shear conditions：roles of extracellular polymeric substances（EPS）[J]. Biotechnology and Bioengineering，2006，93（6）：1095-1102.

[46] ZHANG J S，LI N，DAI X H，et al. Enhanced dewaterability of sludge during anaerobic digestion with thermal hydrolysis pretreatment：new insights through structure evolution [J]. Water Research，2018，131（1）：177-185.

[47] BAUDEZ J-C，GUPTA R K，ESHTIAGHI N，et al. The viscoelastic behaviour of raw and anaerobic digested sludge：strong similarities with soft-glassy materials [J]. Water Research，2013，47（1）：173-180.

[48] ESHTIAGHI N，YAP S D，MARKIS F，et al. Clear model fluids to emulate the rheological properties of thickened digested sludge [J]. Water Research，2012，46（9）：3014-3022.

[49] LI Z T，ARNOT M，HUGHES J，et al. Reducing viscosity of thickened waste activated sludge，improving dewaterability of digested sludge，and increasing biogas production through thermochemical hydrolysis process [J]. Proceedings of the Water Environment Federation，2017，2017（5）：5062-5069.

[50] XIAO K K，CHEN Y，JIANG X，et al. Variations in physical，chemical and biological properties in relation to sludge dewaterability under Fe（Ⅱ）-Oxone conditioning [J]. Water Research，2017，109（1）：13-23.

[51] ZHAO Y Q，BACHE D H. Conditioning of alum sludge with polymer and gypsum [J]. Colloids and Surfaces A：Physicochemical and Engineering Aspects，2001，194（1-3）：

213-220.
[52] QI Y，THAPA K B，HOADLEY A F. Application of filtration aids for improving sludge dewatering properties：a review [J]. Chemical Engineering Journal，2011，171 (2)：373-384.
[53] MOWLA D，TRAN H，ALLEN D G. A review of the properties of biosludge and its relevance to enhanced dewatering processes [J]. Biomass and Bioenergy，2013，58 (1)：365-378.
[54] ZHOU X，JIANG G M，WANG Q L，et al. A review on sludge conditioning by sludge pre-treatment with a focus on advanced oxidation [J]. RSC Advances，2014，4 (92)：50644-50652.
[55] LI Y F，WANG D B，YANG G J，et al. Enhanced dewaterability of anaerobically digested sludge by in-situ free nitrous acid treatment [J]. Water Research，2020，169 (1)：115-124.
[56] CAO B D，ZHANG W J，WANG Q D，et al. Wastewater sludge dewaterability enhancement using hydroxyl aluminum conditioning：role of aluminum speciation [J]. Water Research，2016，105 (1)：615-624.
[57] THAPA K B，QI Y，CLAYTON S A，et al. Lignite aided dewatering of digested sewage sludge [J]. Water Research，2009，43 (3)：623-634.
[58] QI Y，THAPA K B，HOADLEY A F A. Benefit of lignite as a filter aid for dewatering of digested sewage sludge demonstrated in pilot scale trials [J]. Chemical Engineering Journal，2011，166 (2)：504-510.
[59] CHRISTENSEN M L，KEIDING K，NIELSEN P H，et al. Dewatering in biological wastewater treatment：a review [J]. Water Research，2015，82 (3)：14-24.
[60] LIAO B Q，ALLEN D G，LEPPARD G，et al. Interparticle interactions affecting the stability of sludge flocs [J]. Journal of Colloid and Interface Science，2002，249 (2)：372-380.
[61] LIAO B Q，ALLEN D G，DROPPO I G，et al. Surface properties of sludge and their role in bioflocculation and settleability [J]. Water Research，2001，35 (2)：339-350.
[62] HIGGINS M J，TOM L A，SOBECK D C. Case study I：application of the divalent cation bridging theory to improve biofloc properties and industrial activated sludge system performance--direct addition of divalent cations [J]. Water Environment Research，2004，76 (4)：344-352.
[63] BIGGS C，FORD A，LANT P. Activated sludge flocculation：direct determination of the effect of calcium ions [J]. Water Science & Technology，2001，43 (11)：75-82.
[64] COUSIN C，GANCZARCZYK J. Effect of calcium ion concentration on the structure of activated sludge flocs [J]. Environmental Technology，1999，20 (11)：1129-1138.
[65] SOBECK D C，HIGGINS M J. Examination of three theories for mechanisms of cation-induced bioflocculation [J]. Water Research，2002，36 (3)：527-538.

[66] HIGGINS M J, NOVAK J T. The effect of cations on the settling and dewatering of activated sludges: laboratory results [J]. Water Environment Research, 1997, 69 (2): 215-224.

[67] PEETERS B, DEWIL R, LECHAT D, et al. Quantification of the exchangeable calcium in activated sludge flocs and its implication to sludge settleability [J]. Separation and Purification Technology, 2011, 83: 1-8.

[68] PARK C, NOVAK J T. Characterization of activated sludge exocellular polymers using several cation-associated extraction methods [J]. Water Research, 2007, 41 (8): 1679-1688.

[69] SHAO L M, HE P P, YU G H, et al. Effect of proteins, polysaccharides, and particle sizes on sludge dewaterability [J]. Journal of Environental Science, 2009, 21 (1): 83-88.

[70] YU G H, HE P J, SHAO L M, et al. Stratification structure of sludge flocs with implications to dewaterability [J]. Environmental Science & Technology, 2008, 42 (21): 7944-7949.

[71] MIKKELSEN L H, KEIDING K. Physico-chemical characteristics of full scale sewage sludges with implications to dewatering [J]. Water Research, 2002, 36 (10): 2451-2462.

[72] MIKKELSEN L H. The shear sensitivity of activated sludge: relations to filterability, rheology and surface chemistry [J]. Colloids and Surfaces A: Physicochemical and Engineering Aspects, 2001, 182 (1-3): 1-14.

[73] SPONZA D T. Extracellular polymer substances and physicochemical properties of flocs in steady and unsteady-state activated sludge systems [J]. Process Biochemistry, 2002, 37 (9): 983-998.

[74] SHENG G P, YU H Q, YU Z. Extraction of extracellular polymeric substances from the photosynthetic bacterium Rhodopseudomonas acidophila [J]. Applied Microbiology and Biotechnology, 2005, 67 (1): 125-130.

[75] LIU H, FANG H H P. Extraction of extracellular polymeric substances (EPS) of sludges [J]. Journal of Biotechnology, 2002, 95 (3): 249-256.

[76] SHENG G P, YU H Q, LI X Y. Extracellular polymeric substances (EPS) of microbial aggregates in biological wastewater treatment systems: a review [J]. Biotechnology Advances, 2010, 28 (6): 882-894.

[77] JIA F X, YANG Q, LIU X H, et al. Stratification of extracellular polymeric substances (EPS) for aggregated anammox microorganisms [J]. Environmental science & technology, 2017, 51 (6): 3260-3268.

[78] WEN Y, ZHENG W L, YANG Y D, et al. Influence of Al^{3+} addition on the flocculation and sedimentation of activated sludge: comparison of single and multiple dosing patterns [J]. Water Research, 2015, 75 (1): 201-209.

[79] HIGGINS M J，NOVAK J T. Characterization of exocellular protein and its role in bioflocculation [J]. Journal of Environmental Engineering，1997，123 (5)：479-485.

[80] DAI Q X，MA L P，REN N Q，et al. Investigation on extracellular polymeric substances，sludge flocs morphology，bound water release and dewatering performance of sewage sludge under pretreatment with modified phosphogypsum [J]. Water Research，2018，142 (1)：337-346.

[81] ZHEN G Y，LU X Q，WANG B Y，et al. Synergetic pretreatment of waste activated sludge by Fe (Ⅱ)-activated persulfate oxidation under mild temperature for enhanced dewaterability [J]. Bioresource Technology，2012，124 (9)：29-36.

[82] ZHEN G Y，LU X Q，LI Y Y，et al. Innovative combination of electrolysis and Fe (Ⅱ)-activated persulfate oxidation for improving the dewaterability of waste activated sludge [J]. Bioresource Technology，2013，136 (3)：654-663.

[83] POXON T L，DARBY J L. Extracellular polyanions in digested sludge：measurement and relationship to sludge dewaterability [J]. Water Research，1997，31 (4)：749-758.

[84] ZHEN G Y，LU X Q，LI Y Y，et al. Novel insights into enhanced dewaterability of waste activated sludge by Fe (Ⅱ)-activated persulfate oxidation [J]. Bioresource Technology，2012，119 (9)：7-14.

[85] ZHOU X，JIANG G M，ZHANG T T，et al. Role of extracellular polymeric substances in improvement of sludge dewaterability through peroxidation [J]. Bioresource Technology，2015，192 (1)：817-820.

[86] SUN F T，XIAO K K，ZHU W Y，et al. Enhanced sludge solubilization and dewaterability by synergistic effects of nitrite and freezing [J]. Water Research，2018，130 (1)：208-214.

[87] CETIN S，ERDINCLER A. The role of carbohydrate and protein parts of extracellular polymeric substances on the dewaterability of biological sludges [J]. Water Science & Technology，2004，50 (9)：49-56.

[88] YUAN H P，CHENG X B，CHEN S P，et al. New sludge pretreatment method to improve dewaterability of waste activated sludge [J]. Bioresource Technology，2011，102 (10)：5659-5664.

[89] HOUGHTON J I，STEPHENSON T. Effect of influent organic content on digested sludge extracellular polymer content and dewaterability [J]. Water Research，2002，36 (14)：3620-3628.

[90] YU G H，HE P J，SHAO L M. Novel insights into sludge dewaterability by fluorescence excitation-emission matrix combined with parallel factor analysis [J]. Water Research，2010，44 (3)：797-806.

[91] JIN B，WILÉN B-M，LANT P. A comprehensive insight into floc characteristics and their impact on compressibility and settleability of activated sludge [J]. Chemical Engineering Journal，2003，95 (1-3)：221-234.

[92] LI H S，WEN Y，CAO A S，et al. The influence of additives (Ca^{2+}，Al^{3+}，and Fe^{3+}) on the interaction energy and loosely bound extracellular polymeric substances (EPS) of activated sludge and their flocculation mechanisms [J]. Bioresource Technology，2012，114 (1)：188-194.

[93] CHEN W，WESTERHOFF P，LEENHEER J A，et al. Fluorescence excitation-emission matrix regional integration to quantify spectra for dissolved organic matter [J]. Environmental Science & Technology，2003，37 (24)：5701-5710.

[94] STEDMON C A，BRO R. Characterizing dissolved organic matter fluorescence with parallel factor analysis：a tutorial [J]. Limnology and Oceanography：Methods，2008，6 (11)：572-579.

[95] XIAO K K，PEI K Y，WANG H，et al. Citric acid assisted Fenton-like process for enhanced dewaterability of waste activated sludge with in-situ generation of hydrogen peroxide [J]. Water Research，2018，140 (1)：232-242.

[96] KIM M S，LEE K M，KIM H E，et al. Disintegration of waste-activated sludge by thermally-activated persulfates for enhanced dewaterability [J]. Environmental Science & Technology，2016，50 (13)：7106-7115.

[97] WU B R，NI B J，HORVAT K，et al. Occurrence state and molecular structure analysis of extracellular proteins with implications on the dewaterability of waste-activated sludge [J]. Environmental science & technology，2017，51 (16)：9235-9243.

[98] WU B R，SU L H，SONG L Y，et al. Exploring the potential of iTRAQ proteomics for tracking the transformation of extracellular proteins from enzyme-disintegrated waste activated sludge [J]. Bioresource Technology，2017，225 (1)：75-83.

[99] ZHANG P，SHEN Y，GUO J S，et al. Extracellular protein analysis of activated sludge and their functions in wastewater treatment plant by shotgun proteomics [J]. Scientific Reports，2015，5.

[100] ZHANG P，GUO J S，SHEN Y，et al. Microbial communities，extracellular proteomics and polysaccharides：a comparative investigation on biofilm and suspended sludge [J]. Bioresource Technology，2015，190 (1)：21-28.

[101] BADIREDDY A R，CHELLAM S，GASSMAN P L，et al. Role of extracellular polymeric substances in bioflocculation of activated sludge microorganisms under glucose-controlled conditions [J]. Water Research，2010，44 (15)：4505-4516.

[102] XU H，SHEN K L，DING T G，et al. Dewatering of drinking water treatment sludge using the Fenton-like process induced by electro-osmosis [J]. Chemical Engineering Journal，2016，293 (1)：207-215.

[103] XU Q Y，WANG Q D，ZHANG W J，et al. Highly effective enhancement of waste activated sludge dewaterability by altering proteins properties using methanol solution coupled with inorganic coagulants [J]. Water Research，2018，138 (1)：181-191.

[104] WU B R，CHAI X L. Novel insights into enhanced dewatering of waste activated sludge

based on the durable and efficacious radical generating [J]. Journal of Air & Waste Management Association, 2016, 66 (11): 1151-1163.

[105] WU B R, CHAI X L, ZHAO Y C. Enhanced dewatering of waste-activated sludge by composite hydrolysis enzymes [J]. Bioprocess and Biosystems Engineering, 2016, 39 (4): 627-639.

[106] PENG S N, HU A B, AI J, et al. Changes in molecular structure of extracellular polymeric substances (EPS) with temperature in relation to sludge macro-physical properties [J]. Water Research, 2021, 201: 1-11.

[107] WU B R, WANG H, DAI X H, et al. Influential mechanism of water occurrence states of waste-activated sludge: specifically focusing on the roles of EPS micro-spatial distribution and cation-dominated interfacial properties [J]. Water Research, 2021, 202: 117461.

[108] NELSON R, BRATTLOF B. Sludge pressure filtration with fly ash addition [J]. Journal of Water Pollution Control Federation, 1979, 51: 1024-1031.

[109] 成官文，吴志超，章非娟，等. 沸石强化生物 A/O 工艺污泥脱水性能研究 [J]. 工业水处理，2005，25 (8)：42-45.

[110] CZACZYK K, MYSZKA K. Biosynthesis of extracellular polymeric substances (EPS) and its role in microbial biofilm formation [J]. Polish Journal of Environmental Studies, 2007, 16 (6): 799-806.

[111] LIN Y F, JING S R, LEE D Y. Recycling of wood chips and wheat dregs for sludge processing [J]. Bioresource Technology, 2001, 76 (2): 161-163.

[112] LEE D Y, LIN Y F, JING S R, et al. Effects of agricultural waste on the sludge conditioning [J]. Journal of Chinese Institue of Environmental Engineering, 2001, 11 (3): 209-214.

[113] LI H, JIN Y Y, MAHAR R B, et al. Effects of ultrasonic disintegration on sludge microbial activity and dewaterability [J]. Journal of Hazardous materials, 2009, 161 (2-3): 1421-1426.

[114] GOGATE P R, KABADI A M. A review of applications of cavitation in biochemical engineering/biotechnology [J]. Biochemical Engineering Journal, 2009, 44 (1): 60-72.

[115] KHANAL S, ISIK H, SUNG S, et al. Ultrasonic conditioning of waste activated sludge: evaluation of sludge disintegration and aerobic digestibility [C] //Proceedings of IWA world water congress and exhibition, Beijing, China, 2006.

[116] KHANAL S, ISIK H, SUNG S, et al. Ultrasonic conditioning of waste activated sludge for enhanced aerobic digestion [C] //Proceedings of the Proceedings of the IWA specialized conference on sustainable sludge management: state-of-the-art, challenges and perspectives, Moscow, Russia, 2006.

[117] YIN X, HAN P F, LU X P, et al. A review on the dewaterability of bio-sludge and ultrasound pretreatment [J]. Ultrasonics Sonochemistry, 2004, 11 (6): 337-348.

[118] CHEN Y G，YANG H Z，GU G W. Effect of acid and surfactant treatment on activated sludge dewatering and settling [J]. Water Research，2001，35 (11)：2615-2620.

[119] KHANAL S K，GREWELL D，SUNG S，et al. Ultrasound applications in wastewater sludge pretreatment：a review [J]. Critical Reviews in Environmental Science and Technology，2007，37 (4)：277-313.

[120] BIEN J，WOLNY L. Changes of some sewage sludge parameters prepared with an ultrasonic field [J]. Water Science & Technology，1997，36 (11)：101-106.

[121] HOGAN F，MORMEDE S，CLARK P，et al. Ultrasonic sludge treatment for enhanced anaerobic digestion [J]. Water Science & Technology，2004，50 (9)：25-32.

[122] WANG F，JI M，LU S. Influence of ultrasonic disintegration on the dewaterability of waste activated sludge [J]. Environmental Progress，2006，25 (3)：257-260.

[123] FENG X，DENG J C，LEI H Y，et al. Dewaterability of waste activated sludge with ultrasound conditioning [J]. Bioresource Technology，2009，100 (3)：1074-1081.

[124] CAULFIELD P. Unlocking the value in sludge [J]. PULP & PAPER-CANADA，2012，113 (3)：18-19.

[125] WANG W，LUO Y X，QIAO W. Possible solutions for sludge dewatering in China [J]. Frontiers of Environmental Science & Engineering in China，2010，4 (1)：102-107.

[126] TUNÇAL T. Improving thermal dewatering characteristics of mechanically dewatered sludge：response surface analysis of combined lime-heat treatment [J]. Water Environment Research，2011，83 (5)：405-410.

[127] EVERETT J G. The effect of pH on the heat treatment of sewage sludges [J]. Water Research，1974，8 (11)：899-906.

[128] NEYENS E，BAEYENS J，WEEMAES M. Hot acid hydrolysis as a potential treatment of thickened sewage sludge [J]. Journal of Hazardous materials，2003，98 (1-3)：275-293.

[129] WANG L P，ZHANG L，LI A M. Hydrothermal treatment coupled with mechanical expression at increased temperature for excess sludge dewatering：influence of operating conditions and the process energetics [J]. Water Research，2014，65 (1)：85-97.

[130] WOJCIECHOWSKA E. Application of microwaves for sewage sludge conditioning [J]. Water Research，2005，39 (19)：4749-4754.

[131] YU Q，LEI H Y，YU G W，et al. Influence of microwave irradiation on sludge dewaterability [J]. Chemical Engineering Journal，2009，155 (1-2)：88-93.

[132] MARTEL C J. Fundamentals of sludge dewatering in freezing beds [J]. Water Science & Technology，1993，28 (1)：29-35.

[133] FRANCESCHINI O. Dewatering of sludge by freezing [D]. Luleå University of Technology，2010.

[134] MAHMOUD A，OLIVIER J，VAXELAIRE J，et al. Electrical field：a historical review of its application and contributions in wastewater sludge dewatering [J]. Water Research，2010，44 (8)：2381-2407.

[135] LAI C K. Salinity effect on biological sludge dewatering [D]. Arizona State University, 2001.

[136] ZHOU J X, LIU Z, SHE P, et al. Water removal from sludge in a horizontal electric field [J]. Drying Technology, 2001, 19 (3-4): 627-638.

[137] CHU C P, LEE D J, LIU Z, et al. Morphology of sludge cake at electroosmosis dewatering [J]. Separation Science and Technology, 2005, 39 (6): 1331-1346.

[138] ESMAEILY A, ELEKTOROWICZ M, HABIBI S, et al. Dewatering and coliform inactivation in biosolids using electrokinetic phenomena [J]. Journal of Environmental Engineering and Science, 2006, 5 (3): 197-202.

[139] TUAN P A, JURATE V, MIKA S. Electro-dewatering of sludge under pressure and non-pressure conditions [J]. Environmental Technology, 2008, 29 (10): 1075-1084.

[140] LAURSEN S, JENSEN J B. Electroosmosis in filter cakes of activated sludge [J]. Water Research, 1993, 27 (5): 777-783.

[141] GAZBAR S, ABADIE J, COLIN F. Combined action of electro-osmotic drainage and mechanical compression on sludge dewatering [J]. Water Science & Technology, 1994, 30 (8): 169-175.

[142] WENG C H YUAN C. Enhancement of sludge dewatering: application of electrokinetic technique [J]. Journal of the Chinese institute of Environmental Engineering, 2002, 12 (3): 235-242.

[143] YUAN C, WENG C H. Sludge dewatering by electrokinetic technique: effect of processing time and potential gradient [J]. Advances in Environmental Research, 2003, 7 (3): 727-732.

[144] TURCHIULI C, FARGUES C. Influence of structural properties of alum and ferric flocs on sludge dewaterability [J]. Chemical Engineering Journal, 2004, 103 (1-3): 123-131.

[145] VERRELLI D I, DIXON D R, SCALES P J. Effect of coagulation conditions on the dewatering properties of sludges produced in drinking water treatment [J]. Colloids and Surfaces A: Physicochemical and Engineering Aspects, 2009, 348 (1-3): 14-23.

[146] PAMBOU Y B, FRAIKIN L, SALMON T, et al. Enhanced sludge dewatering and drying comparison of two linear polyelectrolytes co-conditioning with polyaluminum chloride [J]. Desalination & Water Treatment, 2016, 1-18.

[147] BRATBY J. Coagulation and flocculation in water and wastewater treatment [J]. Water, 2006, (12): 1-10.

[148] LEE C S, ROBINSON J, CHONG M F. A review on application of flocculants in wastewater treatment [J]. Process Safety and Environmental Protection, 2014, 92 (6): 489-508.

[149] CHEN Z, ZHANG W J, WANG D S, et al. Enhancement of activated sludge dewatering performance by combined composite enzymatic lysis and chemical re-flocculation with in-

organic coagulants: kinetics of enzymatic reaction and re-flocculation morphology [J]. Water Research, 2015, 83 (1): 367-376.

[150] WEI H, REN J, LI A M, et al. Sludge dewaterability of a starch-based flocculant and its combined usage with ferric chloride [J]. Chemical Engineering Journal, 2018, 349 (1): 737-747.

[151] YU W B, YANG J K, SHI Y F, et al. Roles of iron species and pH optimization on sewage sludge conditioning with Fenton's reagent and lime [J]. Water Research, 2016, 95 (15): 124-133.

[152] ZHANG J Z, YUE Q Y, XIA C, et al. The study of Na_2SiO_3 as conditioner used to deep dewater the urban sewage dewatered sludge by filter press [J]. Separation and Purification Technology, 2017, 174 (1): 331-337.

[153] WANG X M, LI M H, SONG X J, et al. Preparation and evaluation of titanium-based xerogel as a promising coagulant for water/wastewater treatment [J]. Environmental Science & Technology, 2016, 50 (17): 9619-9626.

[154] WU Q, BISHOP P, KEENER T, et al. Sludge digestion enhancement and nutrient removal from anaerobic supernatant by $Mg(OH)_2$ application [J]. Water Science & Technology, 2001, 44 (1): 161.

[155] ZHANG W J, CHEN Z, CAO B D, et al. Improvement of wastewater sludge dewatering performance using titanium salt coagulants (TSCs) in combination with magnetic nano-particles: Significance of titanium speciation [J]. Water Research, 2017, 110 (1): 102-111.

[156] WATANABE Y, KUBO K, SATO S. Application of amphoteric polyelectrolytes for sludge dewatering [J]. Langmuir, 1999, 15 (12): 4157-4164.

[157] ZHANG W J, XIAO P, LIU Y Y, et al. Understanding the impact of chemical conditioning with inorganic polymer flocculants on soluble extracellular polymeric substances in relation to the sludge dewaterability [J]. Separation & Purification Technology, 2014, 132 (132): 430-437.

[158] ZHAO C L, ZHENG H D, ZHANG Y X, et al. Advances in the initiation system and synthesis methods of cationic poly-acrylamide: a Review [J]. Mini-Reviews in Organic Chemistry, 2016, 13 (2): 109-117.

[159] SUN Y J, ZHU C Y, XU Y H, et al. Comparison of initiation methods in the structure of CPAM and sludge flocs properties [J]. Journal of Applied Polymer Science, 2016, 133 (40): 44-52.

[160] YANG Z L, GAO B Y, LI C X, et al. Synthesis and characterization of hydrophobically associating cationic polyacrylamide [J]. Chemical Engineering Journal, 2010, 161 (1-2): 27-33.

[161] ZHU J R, ZHENG H L, JIANG Z Z, et al. Synthesis and characterization of a dewatering reagent: cationic polyacrylamide (P (AM-DMC-DAC)) for activated sludge dewate-

ring treatment [J]. Desalination and Water Treatment, 2013, 51 (13-15): 2791-2801.

[162] CHEN W, ZHENG H L, GUAN Q Q, et al. Fabricating a flocculant with controllable cationic microblock structure: characterization and sludge conditioning behavior evaluation [J]. Industrial & Engineering Chemistry Research, 2016, 55 (10): 2892-2902.

[163] GUO B, YU H, GAO B Y, et al. Novel cationic polyamidine: synthesis, characterization, and sludge dewatering performance [J]. Journal of Environmental Sciences, 2017, 51: 305-314.

[164] LV S H, SUN T, ZHOU Q F, et al. Synthesis of starch-gp (DMDAAC) using HRP initiation and the correlation of its structure and sludge dewaterability [J]. Carbohydrate Polymers, 2014, 103 (1): 285-293.

[165] POURJAVADI A, FAKOORPOOR S M, HOSSEINI S H. Novel cationic-modified salep as an efficient flocculating agent for settling of cement slurries [J]. Carbohydrate Polymers, 2013, 93 (2): 506-511.

[166] GUIBAL E, VAN VOOREN M, DEMPSEY B A, et al. A review of the use of chitosan for the removal of particulate and dissolved contaminants [J]. Separation Science and Technology, 2006, 41 (11): 2487-2514.

[167] WANG D F, ZHAO T Q, YAN L Q, et al. Synthesis, characterization and evaluation of dewatering properties of chitosan-grafting DMDAAC flocculants [J]. International Journal of Biological Macromolecules, 2016, 92 (1): 761-768.

[168] GUO J Y, MA J. Bioflocculant from pre-treated sludge and its applications in sludge dewatering and swine wastewater pretreatment [J]. Bioresource Technology, 2015, 196 (1): 736-740.

[169] GE D D, ZHANG W R, YUAN H P, et al. Enhanced waste activated sludge dewaterability by tannic acid conditioning: efficacy, process parameters, role and mechanism studies [J]. Journal of Cleaner Production, 2019, 241 (1): 118-128.

[170] LI H, JIN Y Y, MAHAR R B, et al. Effects and model of alkaline waste activated sludge treatment [J]. Bioresource Technology, 2008, 99 (11): 5140-5144.

[171] SHAO L M, WANG X Y, XU H C, et al. Enhanced anaerobic digestion and sludge dewaterability by alkaline pretreatment and its mechanism [J]. Journal of Environmental Sciences, 2012, 24 (10): 1731-1738.

[172] LI H, JIN Y Y, NIE Y F. Application of alkaline treatment for sludge decrement and humic acid recovery [J]. Bioresource Technology, 2009, 100 (24): 6278-6283.

[173] SU G Q, HUO M X, YUAN Z G, et al. Hydrolysis, acidification and dewaterability of waste activated sludge under alkaline conditions: combined effects of NaOH and $Ca(OH)_2$ [J]. Bioresource Technology, 2013, 136 (1): 237-243.

[174] RAYNAUD M, VAXELAIRE J, OLIVIER J, et al. Compression dewatering of municipal activated sludge: effects of salt and pH [J]. Water Research, 2012, 46 (14): 4448-4456.

［175］ LI C W，LIN L，KANG S F，et al. Acidification and alkalization of textile chemical sludge：volume/solid reduction，dewaterability，and Al（Ⅲ）recovery［J］. Separation and Purification Technology，2005，42（1）：31-37.

［176］ MACDONALD B A，OAKES K D，ADAMS M. Molecular disruption through acid injection into waste activated sludge：a feasibility study to improve the economics of sludge dewatering［J］. Journal of Cleaner Production，2018，176（1）：966-975.

［177］ WEI W，WANG Q L，ZHANG L G，et al. Free nitrous acid pre-treatment of waste activated sludge enhances volatile solids destruction and improves sludge dewaterability in continuous anaerobic digestion［J］. Water Research，2018，130：13-19.

［178］ DEVLIN D C，ESTEVES S R R，DINSDALE R M，et al. The effect of acid pretreatment on the anaerobic digestion and dewatering of waste activated sludge［J］. Bioresource Technology，2011，102（5）：4076-4082.

［179］ ZHANG W J，CAO B D，WANG D S，et al. Influence of wastewater sludge treatment using combined peroxyacetic acid oxidation and inorganic coagulants re-flocculation on characteristics of extracellular polymeric substances（EPS）［J］. Water Research，2016，88（1）：728-739.

［180］ BUYUKKAMACI N. Biological sludge conditioning by Fenton's reagent［J］. Process Biochemistry，2004，39（11）：1503-1506.

［181］ LI Y F，PAN L Y，ZHU Y Q，et al. How does zero valent iron activating peroxydisulfate improve the dewatering of anaerobically digested sludge?［J］. Water Research，2019，163：114-123.

［182］ WU B R，SU L H，DAI X H，et al. Development of montmorillonite-supported nano CaO_2 for enhanced dewatering of waste-activated sludge by synergistic effects of filtration aid and peroxidation［J］. Chemical Engineering Journal，2016，307（1）：418-426.

［183］ WU B R，DAI X H，CHAI X L. Simultaneous enhancement of sludge dewaterability and removal of sludge-borne heavy metals through a novel oxidative leaching induced by nano-CaO_2［J］. Environmental Science and Pollution Research，2017，24（19）：16263-16275.

［184］ LIU C G，LEI Z F，YANG Y N，et al. Improvement in settleability and dewaterability of waste activated sludge by solar photocatalytic treatment in Ag/TiO_2-coated glass tubular reactor［J］. Bioresource Technology，2013，137（1）：57-62.

［185］ LI Y F，YUAN X Z，WANG D B，et al. Recyclable zero-valent iron activating peroxymonosulfate synchronously combined with thermal treatment enhances sludge dewaterability by altering physicochemical and biological properties［J］. Bioresource Technology，2018，262（1）：294-301.

［186］ TAO S Y，YANG J K，HOU H J，et al. Enhanced sludge dewatering via homogeneous and heterogeneous Fenton reactions initiated by Fe-rich biochar derived from sludge［J］. Chemical Engineering Journal，2019，372（1）：966-977.

［187］ YANG S F，LI X Y. Influences of extracellular polymeric substances（EPS）on the characteristics of activated sludge under non-steady-state conditions [J]. Process Biochemistry, 2009, 44 (1): 91-96.

[188] MO R S, HUANG S S, DAI W C, et al. A rapid fenton treatment technique for sewage sludge dewatering [J]. Chemical Engineering Journal, 2015, 269 (1): 391-398.

[189] LÜ F, WANG J W, SHAO L M, et al. Enzyme disintegration with spatial resolution reveals different distributions of sludge extracellular polymer substances [J]. Biotechnology for biofuels, 2016, 9 (1): 29-35.

[190] AYOL A. Enzymatic treatment effects on dewaterability of anaerobically digested biosolids-I: performance evaluations [J]. Process Biochemistry, 2005, 40 (7): 2427-2434.

[191] AYOL A, DENTEL S K. Enzymatic treatment effects on dewaterability of anaerobically digested biosolids-Ⅱ: laboratory characterizations of drainability and filterability [J]. Process Biochemistry, 2005, 40 (7): 2435-2442.

[192] LU J, RAO S, LE T, et al. Increasing cake solids of cellulosic sludge through enzyme-assisted dewatering [J]. Process Biochemistry, 2011, 46 (1): 353-357.

[193] DENTEL S K, DURSUN D. Shear sensitivity of digested sludge: comparison of methods and application in conditioning and dewatering [J]. Water Research, 2009, 43 (18): 4617-4625.

[194] LIU F W, ZHOU J, WANG D Z, et al. Enhancing sewage sludge dewaterability by bioleaching approach with comparison to other physical and chemical conditioning methods [J]. Journal of Environmental Sciences, 2012, 24 (8): 1403-1410.

[195] WU B R, HORVAT K, MAHAJAN D, et al. Free-conditioning dewatering of sewage sludge through in situ propane hydrate formation [J]. Water Research, 2018, 145 (1): 464-472.

[196] SLOAN E D, KOH C A. Clathrate Hydrates of Natural Gases [M]. Boca Raton: CRC Press, 2008.

[197] WU B R, WANG H, WANG C X, et al. Environmentally-friendly dewatering of sewage sludge: a novel strategy based on amphiphilic phase-transfer induced by recoverable organic solvent [J]. Chemical Engineering Journal, 2021, 409 (1) .

第10章 污泥处理处置过程碳排放研究

10.1 污泥处理处置过程中碳排放的基本特征

1992年5月9日，联合国大会通过了《联合国气候变化框架公约》，在会上，150多个国家以及欧洲经济共同体共同签署了这份公约。该公约的目标是将大气温室气体浓度维持在一个稳定的水平，减少人类活动产生的温室气体对环境造成的伤害[1]。通过国际合作，各个国家采取一定的措施应对气候变化。在全球范围内，由于温室效应的影响，人类的各项活动导致大气中的 CO_2 含量不断增加。各种化石燃料的燃烧以及树木的乱砍滥伐都会导致温室效应，这不仅会导致海平面上升，还会破坏生态系统的平衡，影响粮食产量。根据《自然·气候变化》，全球温度每升高1℃，小麦产量将下降4.1%～6.4%。全球各地气候研究机构对地球温度数据的采集方式不同，2020年的地球温度记录排名之间存在差异，但是毫无疑问2020年是炎热的一年。2020年的全球平均气温为14.9℃，比1850～1900年（前工业化时期）的平均气温高出1.2℃。有效控制和减少温室气体排放是减少全球温室效应的重要步骤之一[2]。人类的各项活动所产生的 CO_2 是导致全球变暖的主要原因。CO_2 排放量的增加从某种程度上导致了全球各地气候异常和极端灾难的暴发，全球气候变化成为全人类面临的重大挑战之一，21世纪是人类历史上 CO_2 排放增长最快的时期。2014年欧洲通过了《废物框架指令》(Directive 2008/98/EC) 的修订，指出，到2030年，回收利用和准备再利用的城市废物（包括生物废物）将增加到70%，同时明确提出要落实废物管理优先原则（即预防、循环前准备、循环利用、处理过程中能源回用和最终处置的优先级依次递减）。欧盟在2019年提出在2050年实现碳中和的目标，并发布《欧洲绿色新政》，提出了重点领域关键政策与核心技术及相应详细计划。欧盟在《欧洲绿色新政》增订了欧盟2030年及2050年的气候目标，提出提供干净、可负担的清洁能源的理念，驱动干净经济与循环经济产业，以有效使用能源与资源的方式修建和翻新建筑，同时驱动绿色研究并促进创新，实现无毒环境的零污染目标，进行生态系统及生物多样性的保存。为加速实现城市生活废物的减量化、资源化和无害化，欧盟各国普遍制定了由法律、经济、管理相结合的三位一体政策，把管理目标向源头减量化延伸，通过对废物的全过程控制，实现商品生产、流通、消费的全过程循环，从而减少固体废物的最终处理量。美国在 2020 年公布了相关的行动计划，以帮助美国实现 2050 年净零排放。日本发布了《绿色增长战略》，明确了到 2050 年实现碳中和的目标，针对重点产业提出了具体的发展目标和重点发展任务。

我国一直是 CO_2 的排放大国，CO_2 排放力争于 2030 年前达到峰值，努力争取 2060 年前实现碳中和是我国目前的重要目标。现代社会的生活离不开石油、煤炭、天然气等化石燃料的燃烧，而化石燃料的燃烧无疑会产生大量的 CO_2，CO_2 又导致全球变暖，继而产生一系列的生态问题。碳达峰指的是，在某一个时间节点，CO_2 的排放达到峰值不再增长，之后 CO_2 的排放会逐步回落。碳中和指的是，在一定时间内，通过植树造林、节能减排等途径，抵消自身所产生的 CO_2 排放量，实现 CO_2 "零排放"。2020 年 12 月 25 日，《碳排放权交易管理办法（试行）》由生态环境部部务会议审议通过，2021 年 2 月 1 日起正式施行。《碳排放权交易管理办法（试行）》可以在应对气候变暖和绿色低碳中发挥市场机制作用，从而推动 CO_2 的减排，规范碳排放交易，控制温室气体的排放，促进绿色发展，维护环境的生态平衡，为应对全球气候变化作出贡献。2020 年我国的减污降碳行动取得初步成效，我国极力促进绿色能源转型，优化能源结构和产业结构，可再生能源开发利用规模相当于替代煤炭近 10 亿 t，减少 CO_2 排放量约 17.9 亿 t。我国目前要求各行各业制定 2030 年前碳排放达峰行动方案。实现碳中和需要从能源结构转型，用可再生能源等清洁能源代替煤炭、石油、天然气等化石能源。碳达峰表面是约束碳排放强度的问题，本质是能源转型和生态环境保护的问题，事关人民群众的切实生活和经济的高质量可持续发展。这意味着产业结构、能源结构、投资结构、生活方式等方方面面的深刻转变。落实新发展理念，建立健全绿色低碳循环发展经济体系，推动全面绿色转型深化改革。实现碳达峰碳中和目标，需要政府、社会、资本市场、企业等多方面共同协作。碳中和将重构产业格局，重新定义经济版图，同时，改变石油地缘政治格局。

按照主要发达国家的统计，水务行业碳排放量占全社会总碳排放量的 1%～2%[3]。据欧盟统计局（Eurostat）2014 年的统计报告，污水处理与固体废物处理组成的废物处理行业是第五大碳排放行业，占全社会总碳排放量的 3.3%。

尽管污水处理行业碳排放占比较低，但是由于涉及民生，减排的社会效益显著，此外，由于污水中 30%～50%的有机物会聚集到污泥中，好氧菌和厌氧菌降解有机污泥排放的气体主要成分是 CH_4 和 N_2O，这两种气体都是温室气体[4]，如果污泥不经过合理处置，简单堆存或填埋会导致甲烷气体的无序排放，加剧温室效应，因此，污泥带来的碳排放不可忽略，污泥的减污降碳具有较大的社会和环境效益。

10.2　污泥碳排放的核算方法及减碳路径

10.2.1　碳排放核算方法

联合国政府间气候变化专门委员会（以下简称 IPCC）在 2006 年发布的国家温室气体排放清单指南中，将碳源主要分成四个部分，分别是：能源，工业过程和产品用途，农业、林业和其他土地利用，废物。目前我国污水处理厂大部分采用的都是 IPCC 所提出的碳排放核算方法，主要包括排放因子法、质量平衡法以及实测法[5]。IPCC 的排放因子是由经验值进行估算，而由于大部分国家是通过相关人口数据，以及人均产污能力来进行估算，因此，排放因子具有很大的不确定性。虽然现有的碳排放核算方法详细地针对固体废物的处理处置过程中的碳排放进行了核算，但是，目前并没有对污泥的碳排放核算方法做出系统的分析介绍。国内外的大部分污水处理厂在进行污泥的碳排放核算时，仍然使用固体废物的核算方法。基于不同污水处理厂污泥泥质特点，在 IPCC 基础上进行细化和具体化，指导我国进行污泥碳排放核算是未来研究的重点。

1. 排放因子法

排放因子是量化每单位活动水平的温室气体排放量的系数。排放因子通常基于抽样测量或统计分析获得，表示在给定操作条件下某一活动水平的代表性排放率。排放因子法是由 IPCC 提出的，是主要考虑温室气体总的排放情况的一种碳排放的估算方法，由于操作简单且易于理解而被广泛使用。排放因子法的核算公式简单，主要针对排放源及碳排放直接相关的具体使用数量和排放系数，以活动数据和排放因子的乘积作为该排放项目的碳排放量[6]。

$$\text{温室气体排放量} = AD \times EF \tag{10.2-1}$$

式中　AD——排放源及碳排放直接相关的具体使用数量，kg；

EF——排放系数（指单位某排放源所释放的温室气体数量）。

这里的 AD 主要来源于国家统计数据和相关监测数据，EF 主要来源于 IPCC 报告中给出的缺省值（依照全球平均水平给的参考值）。

2. 质量平衡法

质量平衡法是目前污水处理厂最常用的碳排放核算方法之一。质量平衡法将 IPCC 的模型与污水处理厂实际情况下的运行数据结合，进一步区分了自然排放源与各类设施设备之间存在的差异。该方法可以反映污泥处理处置过程中任意一个阶段的碳排放量，但同时质量平衡法需要纳入考虑范围的排放中间过程较多，容易出现系统误差，数据获取困难，且不具权威性。计算 CH_4 和 CO_2 的排放量，IPCC 的经验模型为[7]：

$$E_{CH_4} = W \times DOC \times DOC_f \times MCF \times F \times 16/12 \quad (10.2\text{-}2)$$

$$E_{CO_2} = W \times DOC \times DOC_f \times (1 - MCF \times F) \times 44/12 \quad (10.2\text{-}3)$$

式中　W——污泥的质量，kg；

DOC——可降解有机碳，IPCC 的推荐值为干污泥的 0.4～0.5 倍[8]，kg；

DOC_f——实际分解的可降解有机碳，IPCC 的推荐值为干污泥的 0.5 倍，kg；

MCF——甲烷修正因子，通常为 1；

F——产生的气体中 CH_4 的体积比，取 0.5；

16/12——CH_4 和 C 分子量比；

44/12——CO_2 和 C 分子量比；

E_{CH_4}、E_{CO_2}——CH_4 和 CO_2 的碳排放量，kg。

当污水处理厂主要的处理处置工艺为卫生填埋或者厌氧消化时，计算碳排放量会使用到上述公式，但污泥进场处理之前，需要把含水率降至 60%，部分污水处理厂会用到热干化技术，而计算热干化过程中的碳排放则需要考虑其他的参数，同样使用质量平衡法，计算公式如下：

$$E_{CO_2} = W \times CF \times OF \times 44/12 \quad (10.2\text{-}4)$$

式中　CF——污泥的碳含量，取 10%，kg；

OF——氧化因子，取 85%。

3. 实测法

实测法是根据现场排放源实测的基础数据汇总，进而得到的碳排放量。实测法的中间环节相对较少，得出的碳排放结果较为准确，但是，实测法获取数据的过程比较困难，需要较大的投入，且由于实测法需要送样检测，利用相关设备和技术进行分析，因此，实测法还受到样品采集过程和样品处理过程的影响。目前，实测法的应用比较少，大多应用在小区域、简单生产排链的碳排放源，或小区域、有能力获取一手监测数据的自然排放源。

4. 核算边界单独核算法

核算边界单独核算法是在确定了碳排放的核算边界需要考虑的各项因素之后，通过对碳排放过程中各核算边界的分别计算，得到最后总的碳排放量，主要包括直接碳排放、间接碳排放、碳汇计算。

（1）直接碳排放

直接碳排放是指污泥在处理处置过程中直接逸散温室气体的排放，主要包括 CH_4 和 N_2O。

污泥中的有机物在厌氧消化过程分解，以及污泥在进行卫生填埋的过程中产

生的 CH_4，可以直接用质量平衡法进行计算。

$$E_{CH_4} = W \times DOC \times DOC_f \times MCF \times F \times 16/12 \tag{10.2-5}$$

式中　W——污泥的质量，kg；

DOC——可降解有机碳，IPCC 的推荐值为干污泥的 0.5 倍，kg；

DOC_f——实际分解的可降解有机碳，IPCC 的推荐值为干污泥的 0.5 倍，kg；

MCF——甲烷修正因子，通常为 1；

F——产生的气体中 CH_4 的体积比，取 0.5；

16/12——CH_4 和 C 分子量比。

除此之外，还需要计算污泥在厌氧消化土地利用过程中释放的 N_2O[9]。

$$E_{N_2O} = W \times w_N \times EF_{N_2O} \times 44/14 \tag{10.2-6}$$

式中　W——干污泥质量，kg；

w_N——污泥的含氮量百分比，一般通过实验检测获得；

EF_{N_2O}——N_2O 的排放因子，这里采用国家发展和改革委员会发布的《省级温室气体清单编制指南（试行）》中给出的推荐值 0.0109；

44/14——N_2O 和 N 分子量比。

（2）间接碳排放

间接碳排放主要包括能量源碳排放和药品消耗碳排放等。能量源碳排放主要包括电耗（例如风机、水泵、曝气、电机等）和热量消耗（化石燃料的燃烧等）。药品消耗碳排放主要包括反硝化消耗外加碳源絮凝剂、脱水药剂等。电量消耗和药剂消耗的碳排放计算如下：

$$E_{电能} = C_{电能} \times EF_{电能} \tag{10.2-7}$$

$$E_{药剂} = C_{药剂} \times EF_{药剂} \tag{10.2-8}$$

式中　$E_{电能}$——电量消耗的碳排放量，t/a；

$E_{药剂}$——药剂消耗的碳排放量（此处主要指 CO_2），t/a；

$C_{电能}$——耗电量，MW·h/a；

$EF_{电能}$——电耗 CO_2 的排放因子，有时可直接取其平均值 $0.94tCO_2/(MW \cdot h)$ 作为电能生产碳排放因子[10]，不同地域以及不同年份的排放因子不同，因此，需要查询具体年份、具体区域数据；

$C_{药剂}$——不同药剂的消耗量，t/a；

$EF_{药剂}$——药剂的 CO_2 排放因子，不同药剂的排放因子也是不同的，污泥处理处置中常用的药剂主要包括生石灰和氯化铁等，氯化铁的排放因子为 8.3t/t，生石灰是 1.4t/t。

间接排放过程中热量消耗的碳排放核算，需要不同的计算方法，主要是根据等效能源产能的碳排放进行计算：

$$E_{he} = FC_{hc} \times COEF \tag{10.2-9}$$

式中 E_{he}——处理处置过程中，热量消耗所产生的碳排放量，kg；

FC_{hc}——能源燃烧量，kg；

$COEF$——此类能源的 CO_2 排放因子。

（3）碳汇

碳汇指的是污泥在处理处置的过程中，减少温室气体在大气中的释放，使能量资源回收进行碳替代，进而减少碳排放。将厌氧消化过程产生的沼气和填埋气回收利用后可用于发电，尾水回用，以及氮磷营养物质回收利用。1m^3 沼气可以发电 1.7kW·h，产生热量 2kW·h[11]。根据质量平衡公式可以计算出沼气的产量，然后就可以得出发电量和产生的热量，将计算所得值代入到间接排放得到的电耗和热量消耗的公式中，就可以计算出沼气回用所产生的碳汇。

10.2.2 污泥处理处置过程碳排放核算关键要素

当不考虑工业废水的排放，市政污水处理厂污泥中的有机质来自污水中的有机物及污水中有机物的生物分解和合成，污泥有机物的分解和转化会产生 CO_2，根据 IPCC 的指南，污泥有机物的分解和转化产生的 CO_2 是自然界碳循环中的一部分，不会引发大气中 CO_2 的净增长，属于中性碳。

根据污泥处理处置过程碳排放的来源不同，碳排放可分为能量源碳排放、逸散性碳排放和碳补偿[2]（图 10.2-1）。能量源碳排放主要是回收过程中能量输入带来的排放量，是指由于污泥处理处置过程中消耗一次能源（煤炭、天然气等）、二次能源（电、柴油等）和化学品、药剂等引起的碳排放。电耗碳排放以电耗量和电网平均排放因子的乘积计算，能源碳排放以能源消耗量和能源（天然气、柴油等）排放因子分别进行计算。逸散性碳排放主要是回收过程中释放的逸散性温室气体（CH_4、N_2O 等）造成的碳排放量，IPCC 指南给出了 CH_4 和 N_2O 的 100 年全球变暖潜势值，1t 的 CH_4 相当于 21t CO_2 的增温能力，1t 的 N_2O 相当于 310t CO_2 的增温能力，CH_4 碳排放以 CH_4 逸散量和 CH_4 全球变暖潜势的乘积计算，N_2O 碳排放以 N_2O 逸散量和 N_2O 全球变暖潜势的乘积计算。碳补偿是指污泥中能源或资源回收利用，替代化石类能源及化学品等，从而降低温室气体的排放，能量回收以能量回收量和替代能源排放因子的乘积计算。评价污泥处理处置全过程的碳排放，应该采用全生命周期的方法，包括建设、拆除、运行过程的能耗、逸散性气体、材料药耗，以及碳补偿等。

10.2.3 不同污泥处理处置方式的碳排放分析

污泥处理处置有不同的技术路线，对不同污泥处理处置技术路线的碳排放分析，是目前行业减污降碳的研究重点，对现有技术的发展和新技术的开发具有重要意义。

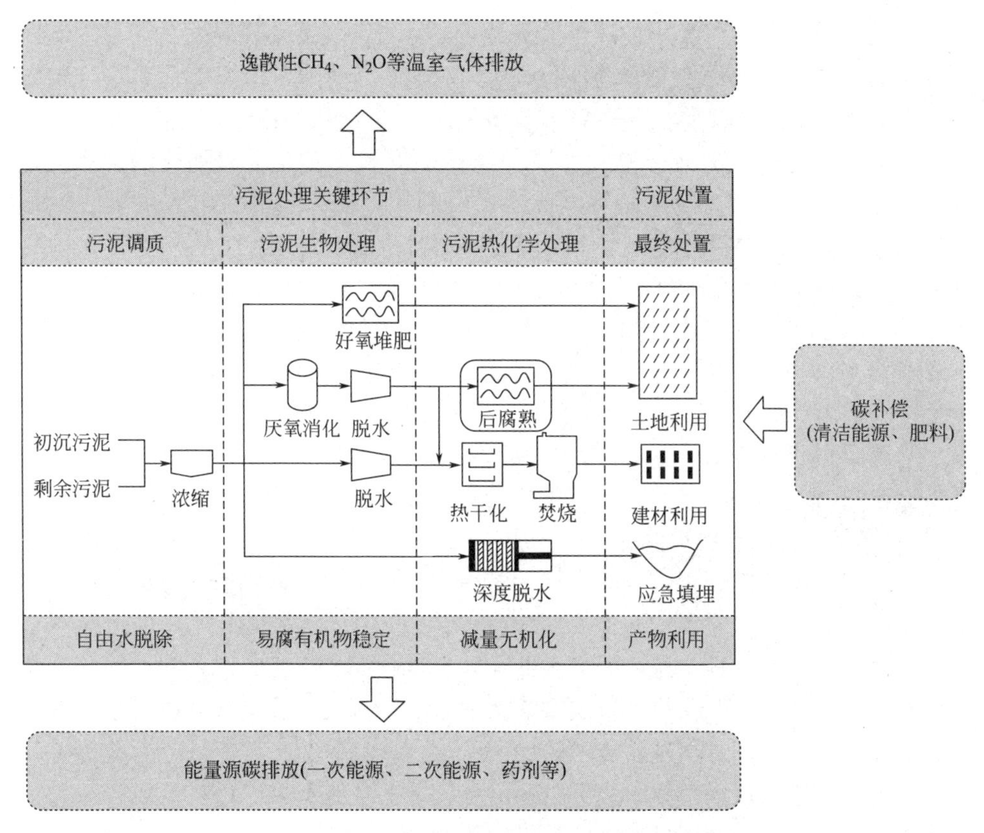

图 10.2-1　污泥处理处置过程碳排放来源

1. 厌氧消化—土地利用

从碳排放的角度分析，对厌氧消化—土地利用主要有以下几个考虑因素：①厌氧消化过程中加热能耗和搅拌电耗、脱水药剂，以及土地利用过程能源消耗等，会造成能量源碳排放；②土地利用过程中释放的 CH_4 和 N_2O 等，会造成逸散性温室气体排放；③厌氧消化产生的沼气替代化石燃料，消化产物土地利用替代氮磷与磷肥，可实现碳补偿，降低温室气体的排放。

Yasui[12] 等使用生命周期评价方法，研究了对污泥进行臭氧氧化的厌氧消化工艺对温室气体产量的影响，结果发现，这种工艺不但减少了温室气体的排放，同时，使后续焚烧设施的 CH_4 和 N_2O 排放量大幅度减少，减少了污泥处理处置的碳排放。Liu[13] 等对污泥厌氧消化产生的温室气体进行了量化，结果表明：厌氧消化过程中无须考虑温室气体的产生，间接排放主要来自现场电力和化石燃料消耗以及污泥运输过程，而由于沼气产品的再利用导致厌氧消化碳排放减少，将污泥厌氧消化过程中产生的 CH_4 收集起来可以代替化石燃料进行能源利用，这样不仅减少了碳排放，还避免了 CH_4 排放到大气中造成环境污染。

污泥在厌氧消化过程中的碳排放量比较低，具备实现负碳排放的可能。但污泥在厌氧处理过程中的生物降解性低，停留时间长[14,15]，污泥消化系统比较复杂，对污水处理厂的工作人员和设备要求较高，很多污泥厌氧消化系统运行状况不佳，这直接影响了碳减排的效果[16]。部分研究显示污泥厌氧消化耦合沼气热电联产项目，可以实现热电两种能源的回收利用，提高能源利用效率[17]。赫晓地等人[18] 对我国典型污水处理厂的碳中和运行机制进行研究，通过建立耦合评价模型，发现剩余污泥进行常规厌氧消化所产生的能量能满足总能耗的 50%，废水中含有的有机能和热能能有效地提供足够的等效电能，实现碳中和操作。厌氧消化效率的提升（生物质能回收）、高级厌氧消化技术的应用（降低系统能耗）、沼渣脱水环节绿色药剂的替代，以及沼液氮磷资源高效回收是该工艺未来碳减排发展的重点方向。工程实践表明，考虑到厌氧消化产生的沼液资源回收利用和就地处理，建议厌氧消化工程依托污水处理厂建设。

2. 好氧发酵—土地利用

从碳排放的角度分析，好氧发酵—土地利用考虑的因素主要包括以下几个部分：①脱水过程药剂消耗，好氧发酵过程辅料输运、供氧及废气处理能耗和药耗，以及土地利用过程能源消耗等会造成能量源碳排放；②好氧发酵和土地利用过程释放的 CH_4 和 N_2O 等会造成逸散性温室气体排放；③发酵产物土地利用可替代氮肥与磷肥使用，实现碳补偿。

传统好氧堆肥过程中由于含氮物质的释放而产生氮损失，污泥中的含氮有机物在堆肥过程中分解会产生大量的温室气体 N_2O，这不仅造成了氮元素损失，堆肥产品质量下降，还会导致温室效应加剧等问题[19,20]。在堆肥过程中，N_2O 的释放主要来自含氮化合物的硝化和反硝化作用，在 O_2 充裕的条件下物料中的铵态氮会经过不完全硝化作用形成 N_2O，而在 O_2 供应不足的条件下，物料中的硝态氮和亚硝态氮会经过反硝化作用形成 N_2O[21]。污泥堆肥过程中，温度过高，碳氮比过低等原因都会造成含氮温室气体的形成。目前主要通过污泥堆肥反应条件的优化来减少含氮温室气体的排放。通过在系统中加入沸石、生物炭等添加剂可以减少 N_2O 的产生，这是因为沸石和生物炭可以提高持水性、孔隙率和微生物的活性，减少温室气体的排放，消除病原微生物。Awasthi 等[22] 经过研究发现，采用生物炭与沸石和低剂量石灰复合处理脱水污泥，可以减少污泥堆肥过程中温室气体的排放。磷石膏会增加堆肥中 N_2O 的排放，但显著降低 NH_3 的排放，提高了堆肥中矿物质和 TN 的含量。虽然添加钙镁磷肥可以减少 N_2O 的排放，但 NH_3 的排放却明显增加，导致堆肥过程中 TN 的损失增加，通过混合这两种添加剂，可以减少 NH_3 和 N_2O 的排放，实现堆肥过程中有效的氮保存，协同提高堆肥的成熟度和品质[23]。污泥堆肥过程中 N_2O 的形成与曝气量有关，与连续曝气相比，间歇曝气堆肥系统的 N_2O 排放量减少了 8.24%～49.80%[24]。

除此之外，污泥自身的理化性质以及污泥中微生物群落的分布也是影响污泥堆肥过程中 N_2O 形成的关键因素。Wang 等[25] 通过研究发现，在污泥堆肥的过程中，电脱水预处理可以改变污泥的性质（水分、pH、氧化还原电位、氨氮、硝酸盐和亚硝酸盐的浓度），并影响 N_2O 的相关功能基因（hao、amoA、hao、narG、nirK 和 nosZ），污泥的水分、氧化还原电位和硝酸盐是影响堆肥系统中 N_2O 生成的主要理化因子，而电脱水预处理显著降低了 nirK 和 amoA 基因的数量，分别抑制了堆肥初期和腐熟期 N_2O 的生成，在 60d 的堆肥过程中使累积的 N_2O 排放量减少 77.04%。Wu 等[26] 利用生物淋滤预处理降低污泥堆肥过程中 N_2O 形成，结果表明，生物淋滤预处理后，堆肥系统中 N_2O 的累计排放量减少了 54.76%。经过生物淋滤预处理，具有较低的水分和 pH，较高的氧化还原电位和氨氮、硝酸盐和亚硝酸盐的浓度，此外，生物浸出预处理提高了堆肥过程中污泥中 hao 的相对丰度，但降低了 amoA、nirK 和 norB 数量。污泥中 nirK 和 norB 的减少是 N_2O 排放减少的主要原因。

总体而言，根据现有的核算，好氧发酵和土地利用是一种低水平碳排放的工艺，重点在于提高好氧发酵工艺的智能化控制水平，减少臭气处理的能耗和药耗，降低辅料添加，以及创新污泥产品的高效利用技术。

3. 干化焚烧—灰渣填埋或建材利用

污泥焚烧可以最大限度地减少污泥的体积，当污泥的土地利用受到限制时，污泥干化焚烧是一种有效的污泥处理处置方式。通过污泥的干化焚烧，可以将污泥中的化学能转化为热能，并回收利用，同时，实现有机物的矿化，污泥焚烧后的灰渣可以进行建材的资源化利用。但是，污泥在焚烧过程中能耗高，物质循环利用率低，因为污泥的组分复杂，所以对焚烧环境要求高。而污泥的直接焚烧能耗较大，并伴随有害气体的产生，因此，当前的研究多集中于污泥协同焚烧，并从中回收电能和热能[27]。污泥焚烧之前需要进行深度脱水和干化处理，而污泥的脱水和干化处理会消耗一定的药剂和能量。从碳排放的角度分析，干化焚烧—灰渣填埋或建材利用应考虑以下几个因素：①污泥脱水过程中产生的能耗和药耗、干化过程中产生的能耗，以及焚烧过程中燃料的消耗等都会造成碳排放；②干化焚烧过程产生的 CH_4 和 N_2O 等温室气体会造成逸散性碳排放；③焚烧过程中产生的能量回收利用可替代污泥干化过程中的能量消耗，实现碳补偿。

在污泥焚烧过程中会产生大量的温室气体。污泥焚烧过程中会产生大量的氮氧化物，污泥中燃料氮的释放特性与污泥本身特性（含水量、污泥灰的成分等），反应温度，反应气氛有关。在污泥燃烧过程中，燃料氮的迁移转化机理主要包括两个途径：①挥发分中含氮化合物的迁移转化；②焦炭中氮的迁移转化。对于 NO 和 N_2O 的生成机理，所涉及的反应有几千个[28]。污泥燃烧产生的高 NO_x 排放量是由于污泥中的高含量的氮和金属氧化物（如氧化铁和氧化镁）所引起的。现有的研究已经证实，含有这些金属氧化物的固体通过将 HCN 和 NH_3 氧化为 NO_x，增加了燃烧过程中的 NO_x 排放[29]。由于含水率的不同，干污泥和湿污泥的燃烧特性和气体排放量有显著差异。研究表明，NO_x 和 N_2O 随着过量空气比的增加而增加，而燃烧温度的升高导致 NO_x 的增加和 N_2O 的减少[30]。

与污泥的干化焚烧相比，污泥厌氧消化—干化焚烧工艺路线在系统能耗方面具有明显的优势，其原因主要在于通过厌氧消化回收生物质能，并在同等条件下改善了污泥的脱水性能，大大降低了干化的能耗，使得生物质能回收的能量加上污泥干化系统节省的能量总和，大于厌氧消化有机物降解损失的能量。尽管厌氧消化延长了污泥处理的工艺流程，但是对于污泥处理系统碳减排具有重要的作用。同时，由于厌氧消化过程污泥的减量，后续干化焚烧设施的投资成本也会降低。综合考虑碳减排及干化焚烧投资成本的节省，该组合工艺相比于污泥独立干化焚烧具有良好的发展潜力。如果实现该组合工艺与低品位热源的高效利用（如基于低品位热源的污泥脱水干化技术)，优势将会进一步提高。优化热源、减少药剂使用可以实现碳减排；推行污泥与城市有机固废高效协同厌氧，提高沼气产率，增加碳汇，也可以减少总碳排放量[31]。总体来讲，污泥的干化焚烧属于中等水平碳排放路线，未来的重点研究主要在于开发高效低耗的深度脱水技术，降低污泥干化产生的能耗，以及提升工艺设计合理性和整体智能化集成水平。

4. 深度脱水—应急填埋

从污泥碳排放的角度进行分析，深度脱水—应急填埋考虑的因素主要有：污泥在脱水的过程中需要大量的脱水药剂，同时需要消耗大量的能量，产生 CH_4、CO_2、N_2O 等温室气体，造成一定的碳排放。从环境效应来看，在污泥卫生填埋过程中，当没有对 CH_4 进行强化处理时，碳排放量达到最大值。深度脱水—应急填埋属于高水平碳排放路线，该工艺仅仅只是一种暂时的污泥应急处理处置的方式。

Zhao 等[32] 对我国东部两个污水处理厂的温室气体排放特征进行了分析，调查了三种典型污泥处理和处置路线的温室气体排放（包括土地利用、焚烧和填埋）后发现，填埋产生的温室气体排放量最高，而提高沼气产率、电回收效率和填埋气体收集效率可以显著降低温室气体排放。填埋富含氮的纸浆和造纸厂污泥，会产生大量的 N_2O 排放，填埋富含氮的纸浆和造纸厂污泥也导致 CH_4 排放量变高，长期环境足迹估算表明，填埋纸浆和造纸厂的污泥产生的温室气体是将这些污泥作为土地利用时产生的温室气体的 3 倍[33]。Liu 等[34] 对中国太湖流域污水污泥处理和处置方案的温室气体排放进行分析，调查了各种污泥处理技术和六种温室气体排放处置策略（包括填埋、单一焚烧、联合焚烧、制砖、水泥制造和城市绿化肥料)，发现，单一焚烧效果最好，填埋效果最差。

针对国内不同技术路线典型工程碳排放情况（图 10.2-2）进行分析汇总，可以看出，不同的污泥处理处置过程之间的碳排放量存在较大的差异，在一定条件下，厌氧消化—土地利用路线的碳汇大于碳源，可以实现负碳排放，而脱水填埋的碳排放水平较高。厌氧消化是目前国内外普遍认为对减少污泥碳排放贡献最大的污泥处理处置方式之一，目前，我国主要致力于研发高含固污泥高级厌氧消化技术与装备，研发低有机质污泥协同强化厌氧消化关键技术。

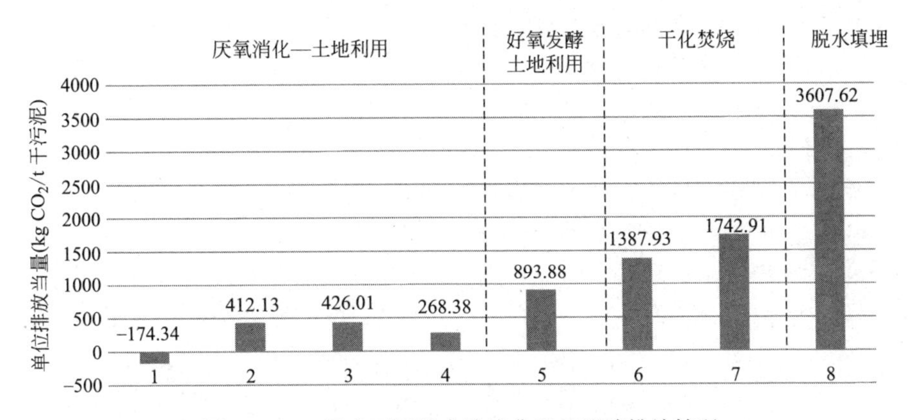

图 10.2-2　国内不同技术路线典型工程碳排放情况

10.2.4　污泥处理处置过程中的碳排放研究展望

目前，已有各种针对生活垃圾等固体废物的碳排放核算方法，但由于污泥与其他固体废物的组分和性质存在较大差异，对污泥碳排放研究尚有不足。

（1）污泥处理处置过程中排放因子的修正和优化

不同种类及不同泥质的污泥碳排放对应的排放因子不同，将现有的核算方法直接应用到污泥碳排放核算，会导致核算边界不清晰[35]。比如，将污泥作为肥料用于土地时，不仅仅包括土壤施肥后产生的 CH_4 和 N_2O 等温室气体排放，还需要考虑这一施用抵消了化肥生产过程所产生的碳排放，因此，在核算土地利用的碳排放情况时，需要考虑直接的碳排放和减少化肥生产所产生的碳补偿。IPCC 给的很多排放因子的数值过于笼统，比如，IPCC 将污泥和化肥的排放因子定为一致，但土地利用过程中污泥和化肥对土壤 N_2O 排放量的影响结果是有区别的。除了排放因子的某些数值存在偏差，IPCC 提供的其他推荐值也会因为实际发生的情况和不同的研究物质之间的差异性产生较大的偏差[36]。比如，在污泥堆肥的过程中，IPCC 推荐的堆肥过程 CH_4 和 N_2O 排放因子缺省值分别为 10kg/t 干污泥和 0.6kg/t 干污泥，而根据实验测定，用机械翻堆的污泥堆肥，CH_4 和 N_2O 排放因子缺省值分别为 3.14kg/t 干污泥和 0.028kg/t 干污泥[37]。

（2）逸散性气体（CH_4 和 N_2O）监测、控制和利用

在污泥处理处置的过程中，对逸散性气体（CH_4 和 N_2O）的监测是进行碳排放核算的重要步骤之一，目前，测定逸散性气体（CH_4 和 N_2O）主要有两种方法：一种是用在线气体分析仪对逸散性气体进行在线监测，实时了解污泥处理处置过程中逸散性气体的释放；另一种是在现场对逸散性气体进行取样，然后在实验室利用气相色谱仪进行测定。由于 N_2O 是微溶性气体，所以还需要对污泥中的 N_2O 进行测定。钟佳等[37] 在污泥堆肥过程中，使用静态箱平衡法对逸散性气体进行测定，在采样箱内壁贴上对 N_2O 有隔离作用的铝箔，同时外接采气口，密封所选采样点，之后进行采样。在土地利用过程中，使用组合不锈钢静态采样箱（由底座和顶箱两部分构成），对逸散性气体（CH_4 和 N_2O）采集，再将采集的气体在实验室利用气相色谱仪进行测定。对溶解态 N_2O 采用顶空平衡法：用 50mL 注射器抽取 20mL 污泥混合液，再抽取 30mL 空气，向其中注入 1mL 的 1mol/L 的 H_2SO_4，以抑制微生物活性。之后，立即用橡胶塞密封注射器，将注射器放入恒温震荡箱，在室温条件下，震荡 1h 后，静置 2h，然后，用进样针抽取 100μL 注射器上部空间气体，用气相色谱仪检测[38]。在现场利用在线气体分析仪测定逸散性气体（CH_4 和 N_2O），也需要对产生的气体进行一定的预处理，因此会有较高的费用。而在现场取样，在实验室对逸散性气体（CH_4 和 N_2O）进行测定，则存在取样点有限、工作量巨大的问题。如何改进逸散性气体（CH_4 和 N_2O）的采集与测量技术，提高逸散性气体测定效率是未来的研究重点和难点。除此以外，污泥未被处理，被直接放置在空地堆放，会产生一定的 CH_4 和 N_2O。在污泥堆存时，对污泥进行覆盖可以减少 N_2O 的排放，这可能是因为覆盖减少了空气的流动，但是覆盖所导致的厌氧条件在一定程度上会使 CH_4 增加。通过对污泥进行一定的消毒处理，也可减少温室气体的产生。Willén[39] 等调查了在消化污泥储存期间，对污泥进行覆盖、高温厌氧消化、氨添加之后，对温室气体排放的影响，得出的结论是：与未覆盖污泥相比，被覆盖污泥的 N_2O 排放量较低，CH_4 排放量较高；通过氨处理可减少污泥 N_2O 的产生，并减少污泥在堆放过程中 CH_4 的排放；与中温厌氧消化相比，高温厌氧消化有可能减少污泥储存期间 CH_4 的产生。在未来污泥处理处置的过程中，不但要尽量减少污泥堆放的时间，还要选择合适的污泥处理处置方式，加快污泥处理处置的效率，减少逸散气体的产生，减少污泥的碳排放。

（3）污泥及生物碳进入土地后碳排放机制及计算模型

污泥进入土地后，污泥中的碳和氮的迁移转化是一个复杂的动态的过程，研究其相关规律比较困难。目前，填埋场产沼气模型大致可以分为动力学模型和统计模型两种类型，其中，动力学模型主要有 Gardner 模型和 SheldonArleta 模型，统计模型有 IPCC 模型、化学计量式模型和 COD 估算模型[40]。朱英等[40] 对污

泥填埋厂的CH_4产量进行预测，用化学计量法和IPCC模型预测的CH_4气体产量分别为60.6kg/t干污泥、61.7kg/t干污泥。曹楠楠[41]针对改性污泥的填埋进行了研究，建议对填埋气进行收集利用的填埋场选择矿化垃圾作为改性材料，因为它可以加速污泥进入产CH_4阶段，提高CH_4产率，进行能量利用；对于填埋气无法收集的填埋厂选择镁盐进行改性，它可以有效地抑制填埋气生成，防止CH_4逸散，有利于CH_4减排。而土壤碳库对全球陆地碳循环与气候变化具有关键影响。基于一个确定时期内（如20年），核算参照条件（未退化或改良的自然植被下）与土地利用管理措施变化后的土壤碳库的变化，采用模型法，通过整理文献数据，按不同管理措施分别计算土壤有机碳年增加量和年增长率，采取有机碳随时间线性增长的模式估算土壤有机碳年增加量和增长率[35]。但污泥的土地利用对土壤的影响是长期的、复杂的，对污泥土地利用的碳排放核算，需要建立长期定位的试验系统，研究土壤、水、温度等因素对逸散性气体排放因子的影响，同时，进一步完善数据采集系统，合理评估土地利用的温室气体排放。

基于碳中和的目标，在选择污泥处理处置的技术路线时，碳排放被作为重要的考虑因素之一。碳排放核算可以进一步量化能源的消耗，有助于国家的可持续发展。通过对碳排放定量分析，可以了解和对比不同的污泥处理处置工艺，确定它们对于环境的影响。基于碳减排的发展要求，在污泥处理处置过程中，排放因子的修正与优化，逸散性气体CH_4、N_2O的监测、控制与利用，污泥及生物碳进入土地后碳排放机制及计算模型，是未来实现污泥碳减排的重要研究方向。

参考文献

[1] VISWANATHAN B，KANCHINADHAM S B K，KALYANARAMAN C. Carbon sequestration potential in domestic sewage treatment plants of Indian cities [J]. Environmental Progress & Sustainable Energy，2017，36 (1)：162-170.

[2] 戴晓虎，张辰，章林伟，等. 碳中和背景下污泥处理处置与资源化发展方向思考 [J]. 给水排水，2021，47 (3)：1-5.

[3] LUO H B，ZHUANG D W，YANG J P，et al. Carbon dioxide and methane emission of denitrification bioreactor filling waste sawdust and industrial sludge for treatment of simulated agricultural surface runoff [J]. Journal of Environmental Management，2021，289.

[4] HENG L K. Bio gas plant green energy from poultry wastes in Singapore [J]. Energy Procedia，2017，143：436-441.

[5] 刘明达，蒙吉军，刘碧寒. 国内外碳排放核算方法研究进展 [J]. 热带地理，2014，34 (2)：248-258.

[6] 程豪. 碳排放怎么算：《2006年IPCC国家温室气体清单指南》 [J]. 中国统计，2014 (11)：28-30.

[7] 李欢，金宜英，李洋洋．污水污泥处理的碳排放及其低碳化策略 [J]. 土木建筑与环境工程，2011，33 (2)：117-121，131.

[8] BELLMANN F，STARK J. The role of calcium hydroxide in the formation of thaumasite [J]. Cement and Concrete Research，2008，38 (10)：1154-1161.

[9] 林文聪，赵刚，刘伟，等．污水厂污泥典型处理处置工艺碳排放核算研究 [J]. 环境工程，2017，35 (7)：175-179.

[10] 张岳，葛铜岗，孙永利，等．基于城镇污水处理全流程环节的碳排放模型研究 [J]. 中国给水排水，2021，37 (9)：65-74.

[11] 杭世珺，关春雨．污泥厌氧消化工艺运行阶段的碳减排量分析 [J]. 给水排水，2013，49 (4)：44-50.

[12] YASUI H，KOMATSU K，GOEL R，et al. Minimization of greenhouse gas emission by application of anaerobic digestion process with biogas utilization [J]. Water science and technology：A journal of the International Association on Water Pollution Research，2005，52 (1-2)：545-552.

[13] LIU H T，KONG X J，ZHANG G D，et al. Determination of greenhouse gas emission reductions from sewage sludge anaerobic digestion in China [J]. Water science and technology：a journal of the International Association on Water Pollution Research，2016，73 (1)：137-143.

[14] GONZALEZ A，HENDRIKS A T W M，LIER J B V，et al. Pre-treatments to enhance the biodegradability of waste activated sludge：elucidating the rate limiting step [J]. Biotechnology Advances，2018，36 (5)：1434-1469.

[15] ZAN F X，ZENG Q，HAO T W，et al. Achieving methane production enhancement from waste activated sludge with sulfite pretreatment：feasibility，kinetics and mechanism study [J]. Water Research，2019，158：438-448.

[16] 赵恩泽，张云．污泥厌氧消化系统的碳减排效果分析 [J]. 绿色环保建材，2019 (4)：22-23.

[17] 常纪文，井媛媛，耿瑜，等．推进市政污水处理行业低碳转型，助力碳达峰、碳中和 [J]. 中国环保产业，2021 (6)：9-17.

[18] HAO X D，LIU R B，HUANG X. Evaluation of the potential for operating carbon neutral WWTPs in China [J]. Water research，2015，87：424-431.

[19] ERMOLAEV E，SUNDBERG C，PELL M，et al. Greenhouse gas emissions from home composting in practice [J]. Bioresource Technology，2014，151：174-182.

[20] LI S Q，SONG L N，JIN Y G，et al. Linking N_2O emission from biochar-amended composting process to the abundance of denitrify (nirK and nosZ) bacteria community [J]. AMB Express，2016，6 (1)：1-9.

[21] 孟利强．碳源调控污泥堆肥氮素转化与含氮气体释放生物机制研究 [D]. 哈尔滨：哈尔滨工业大学，2019.

[22] AWASTHI M K，WANG Q，REN X N，et al. Role of biochar amendment in mitigation

of nitrogen loss and greenhouse gas emission during sewage sludge composting [J]. Bioresource Technology，2016，219：270-280.

[23] LI Y，LUO W H，LI G X，et al. Performance of phosphogypsum and calcium magnesium phosphate fertilizer for nitrogen conservation in pig manure composting [J]. Bioresource Technology，2018，250：53-59.

[24] ZENG J F，YIN H J，SHEN X L，et al. Effect of aeration interval on oxygen consumption and GHG emission during pig manure composting [J]. Bioresource Technology，2018，250：214-220.

[25] WANG K，WU Y Q，WANG Z，et al. Insight into effects of electro-dewatering pretreatment on nitrous oxide emission involved in related functional genes in sewage sludge composting [J]. Bioresource Technology，2018，265：25-32.

[26] WU Y Q，WANG K，HE C，et al. Effects of bioleaching pretreatment on nitrous oxide emission related functional genes in sludge composting process [J]. Bioresource Technology，2018，266：181-188.

[27] 苏书宇，郭靖东．污水厂碳中和运行潜力及能源利用技术 [J]. 科技风，2018 (22)：107.

[28] 牛欣．污泥化学链燃烧特性及氮磷迁移转化机理 [D]. 南京：东南大学，2017.

[29] LIANG Y，XU D H，FENG P，et al. Municipal sewage sludge incineration and its air pollution control [J]. Journal of Cleaner Production，2021，295.

[30] SÄNGER M，WERTHER J，OGADA T. NO_x and N_2O emission characteristics from fluidised bed combustion of semi-dried municipal sewage sludge [J]. Fuel，2001，80 (2)：167-177.

[31] 次瀚林，王先恺，董滨．不同污泥干化焚烧技术路线全链条碳足迹分析 [J]. 净水技术，2021，40 (6)：77-82，99.

[32] ZHAO G，LIU W，XU J C，et al. Greenhouse gas emission mitigation of large-scale wastewater treatment plants (WWTPs)：optimization of sludge treatment and disposal [J]. Polish Journal of Environmental Studies，2021，30 (1)：955-964.

[33] FAUBERT P，BELISLE C L，BERTRAND N，et al. Land application of pulp and paper mill sludge may reduce greenhouse gas emissions compared to landfilling [J]. Resources Conservation and Recycling，2019，150.

[34] LIU B B，WEI Q，ZHANG B，et al. Life cycle GHG emissions of sewage sludge treatment and disposal options in Tai Lake Watershed，China [J]. Science of The Total Environment，2013，447：361-369.

[35] 郑海霞，孔祥娟，刘洪涛，等．城市污泥土地利用碳排放的研究进展 [J]. 中国给水排水，2013，29 (22)：22-24.

[36] 郭恰．IPCC 污泥碳排放核算模型中 DOC 取值的不足与修正 [J]. 中国给水排水，2020，36 (16)：49-53.

[37] 钟佳，魏源送，赵振凤，等．污泥堆肥及其土地利用全过程的温室气体与氨气排放特征

[J]. 环境科学，2013，34 (11)：4186-4194.
[38] 付昆明，傅思博，刘凡奇，等. 不同碳源对反硝化 SBR 反应器 N_2O 释放的影响 [J]. 环境工程，2021，39 (9)：56-62.
[39] WILLÉN A，RODHE L，PELL M，et al. Nitrous oxide and methane emissions during storage of dewatered digested sewage sludge [J]. Journal of Environmental Management，2016，184：560-568.
[40] 朱英，赵由才，李鸿江. 污泥填埋场气体产量的预测方法研究 [J]. 中国环境科学，2010，30 (2)：204-208.
[41] 曹楠楠. 改性污泥稳定化过程及其卫生填埋技术研究 [D]. 太原：太原理工大学，2010.